材料科学与工程高新科技译丛

二维纳米异质结构材料的合成、性能和应用

[印] 萨提亚布拉塔·吉特
（Satyabrata Jit）　　　◎ 编

[印] 桑塔努·达斯
（Santanu Das）

刘冬青　赵莉芝
　　　　　　　　　　◎ 译
杨　宁

中国纺织出版社有限公司

内 容 提 要

随着石墨烯研究的不断深入，二维材料的基础研究和深层次商业应用得到长足发展。本书主要介绍了二维异质结构材料的合成方法和基本特性，并对其理论模型、合成、表征、集成设备和应用进行探究。

本书适合从事二维材料制备和开发的科研人员阅读，也可供相关领域高校师生参考。

本书中文简体版经Elsevier Ltd.授权由中国纺织出版社有限公司独家出版发行。本书内容未经出版者书面许可，不得以任何方式或任何手段复制转载或刊登。

著作权合同登记号：图字：01-2023-2445

图书在版编目 (CIP) 数据

二维纳米异质结构材料的合成、性能和应用 / （印）萨提亚布拉塔·吉特（Satyabrata Jit），（印）桑塔努·达斯（Santanu Das）编；刘冬青，赵莉芝，杨宁译.北京：中国纺织出版社有限公司，2025.4. --（材料科学与工程高新科技译丛）. -- ISBN 978-7-5229-1882-2

Ⅰ. TB383

中国国家版本馆 CIP 数据核字第 2024DL5487 号

责任编辑：陈怡晓　刘夏颖　　责任校对：高　涵
责任印制：王艳丽

中国纺织出版社有限公司出版发行
地址：北京市朝阳区百子湾东里 A407 号楼　邮政编码：100124
销售电话：010—67004422　传真：010—87155801
http://www.c-textilep.com
中国纺织出版社天猫旗舰店
官方微博 http://weibo.com/2119887771
三河市宏盛印务有限公司印刷　各地新华书店经销
2025 年 4 月第 1 版第 1 次印刷
开本：710×1000　1/16　印张：16.25
字数：287 千字　定价：168.00 元

前　言

21 世纪以来，二维（2D）材料的基础研究和深层次商业应用均得到长足发展，其研究成果促进了多学科的交叉和跨越式发展。其中，石墨烯、六方硼氮化物（h–BNs）和过渡金属二卤化物（TMDs，如 MoS_2、WS_2）因性能卓越，发展潜力巨大而备受关注。

2004 年 Andre Geim 和 Konstantin Novoslev 发现了石墨烯独特的电学和光学特性（可自发形成碳薄层），二维材料的研究取得突破性进展。石墨烯独特的性质及应用为二维材料研究开辟了崭新的领域。继石墨烯之后，六方硼氮化物和过渡金属二卤化物也展示了独特的性质和应用潜力。过渡金属二卤化物是一类分子通式为 MX_2 的二维纳米材料，其中，M 为任意过渡金属，X 为ⅥA 族元素，如硫（S）、硒（Se）、碲（Te）。

最近，硅烯、锗烷烯、锡烯和磷烯等二维材料也因其丰富的应用潜力而备受关注。具体来说，二维材料就是薄层原子构成的基本单元，因不带电荷而在一个维度不能自由旋转（如 z 轴），但在另两个维度（如 x 轴和 y 轴）可自由移动。当这些二维层横向结合为单层时，称为横向二维异质结构材料；当它们堆叠起来，以多层膜的形式存在时，称为垂直二维异质结构材料。单一元素组成的二维材料往往不能满足实际需求，因此二维异质结构材料应运而生，全新的性能使其在器件中的应用潜力大幅提高。

因为半导体器件属于二维异质结构材料，新型二维材料有望促进半导体器件集成电路的发展。此外，这种材料也有望在下一代超大规模集成电路（VLSI）设计、凝聚态物理和量子电子学领域发挥出巨大作用。目前，理论和实验研究都集中在垂直和横向二维异质材料上，致力于实现二维异质结构的电子和光电性能、界面特性、热性能和机械性能、超可靠性及制备简便性。

本书介绍了二维异质结构材料新的、通用先进的合成方法和基本特性，重点关注其在高性能、低功耗传感器、场效应器件、柔性电子、应变电子学、自旋电子学、脑电波电子学、电子、能量俘获和能量储存装置中的应用。从二维材料及其异质结构的理论模型开始，涵盖了多种结构的合成和表征、功能和电催化性能，以及各种电子和光电应用、生物应用和能源应用。

全书共9章，第1章介绍了二维材料及其异质结构的发现与表征，重点是研究方法和理论上预测二维异质结构材料，以及使用密度泛函理论计算其结构，研究表明，二维异质结构基本特性是基于晶格错配引发的界面应变形成的。第2章介绍了二维材料及其异质结的设计与合成。第3章介绍了纳米级二维材料和异质结构的表征，涵盖了大部分二维材料的评价表征和技术。第4章介绍了共轭聚合物/二维材料纳米异质结构的制备与应用，展示了多种自上而下和自下而上的合成技术对二维异质结构的功能化改性，以及通过缝合、堆叠和化学计量控制二维材料及其异质结构。第5章介绍了面向光电应用的过渡金属硫化物基二维异质结构。第6章介绍了由二维复合杂化器件材料的电子和光电特性，二维异质结构的电子和光电子效应，包括二维异质结构的能带结构、带间隧穿和光学性质及其各种应用，如数字电子、逻辑电路、光电探测器、发光二极管和光伏。第7章介绍了二维异质结构的器件物理和器件集成，描述了基于二维异质结构材料的各种电子器件的物理参数及集成方式，包括半金属/半导体、半金属/绝缘体和半导体/半导体，以及半导体/绝缘体，还阐述了电荷在二维层中传输的基本概念和机制，如介电屏蔽、准粒子能带结构，激发子和等离子体。第8章介绍了二维过渡金属二硫化物的性能、异质结构及应用，描述了二维材料及其异质结构在各种能源应用中的电催化性能，包括光电催化水分解、氢燃料生成、锂离子电池、超级电容器等。第9章介绍了新兴二维异质结构材料在生物学上的应用。

这本书综合了全球多位二维纳米尺度异质结构材料领域科学家的研究成果，汇总了他们的理论模型、合成、表征、集成设备和应用方面的开创性工作。在此对他们的大力支持和卓越贡献深表感谢。

Satyabrata Jit，Santanu Das

目　录

第1章　二维材料及其异质结构的发现与表征

Kamal Choudhary，Francesca Tavazza
国家标准与技术研究所，材料科学与工程学部　马里兰州盖瑟斯堡，美国

1.1　引言

固体中的化学键主要有 4 种类型：金属键、共价键、离子键和范德瓦耳斯力，通常，一种材料只含有一种类型的化学键，如硅是通过共价键结合的。然而，二维（2D）材料的特征是层内通过共价键结合而层间通过范德瓦耳斯力结合，如石墨烯、黑磷和 MoS_2（图 1-1）。2D 材料的特性往往不同于其三维（3D）对应物，如由于量子限制效应，通常裂变的能量差从本体增加到 ML，甚至从间接转变到直接（$2H-MoS_2$），从而提高其可调节性。与传统的半导体（硅）不同，2D 材料表面没有悬挂能带，而是以独立的单原子形式存在，这个特性促进其在微型电子设备中的应用与开发。多种不同化学性质和带隙的材料均可以获得 2D 材料。例如，石墨烯是半金属材料；1T′ 相—碲化钼是金属材料；MoS_2 是半导体材料；六方氮化硼是绝缘体材料。因此，2D 材料能够成为磁性和主体拓扑非平凡带材料。图 1-1 是一些常见 2D 材料。2D 材料的带隙范围很宽，例如：1T′ 相—碲化钼是金属，石墨烯是半金属，黑磷、$2H-MoS_2$ 和硫化亚锡（N 型和 P 型）是半导体，六方氮化硼和氯化铝氧化物是绝缘体材料。2D 材料最重要的特点之一是没有悬挂键，可不通过严格的点阵匹配实现不同种类材料的高度整合。广泛集成多种 2D 材料来制备通过范德瓦耳斯力（vdW）结合的异质结构。vdW 异质结构的产生为超高增益宽带光检测器、超速和无级变速的新一代晶体管等具有卓越性能的器件制造领域带来新希望。

2D 材料是一类特殊的通过范德瓦耳斯力相互作用，按照一个结晶方向生长的小尺寸材料。天然 1D 和 0D 小尺寸材料的特点是分别在 2 个和 3 个结晶方向上出现范德瓦耳斯力（图 1-2）。不同种类的材料，在 1D、2D 或 3D 晶格中存在 vdW 键，导致材料维数降低。

除了 2D-2D vdW 异质结构，2D-1D 和 2D-0D vdW 异质结构的研究同样受到广泛关注。随着电子设备中元件的数量每两年翻一番（摩尔定律），晶体管已经

缩小到不能再安装在传统的半导体（如硅芯片）上。但 2D vdW 异质结构却因具有可控的电子能带结构和超薄结构，可实现这种集成。

带隙E_g

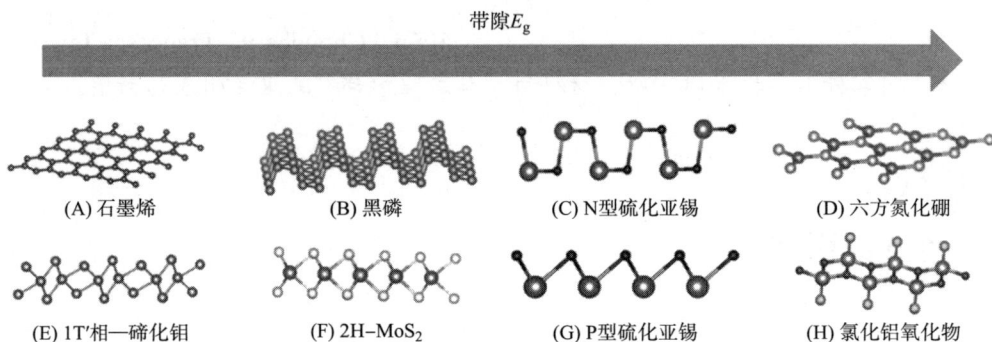

| (A) 石墨烯 | (B) 黑磷 | (C) N型硫化亚锡 | (D) 六方氮化硼 |
| (E) 1T′相—碲化钼 | (F) 2H–MoS₂ | (G) P型硫化亚锡 | (H) 氯化铝氧化物 |

图 1–1　二维材料中的带隙趋势

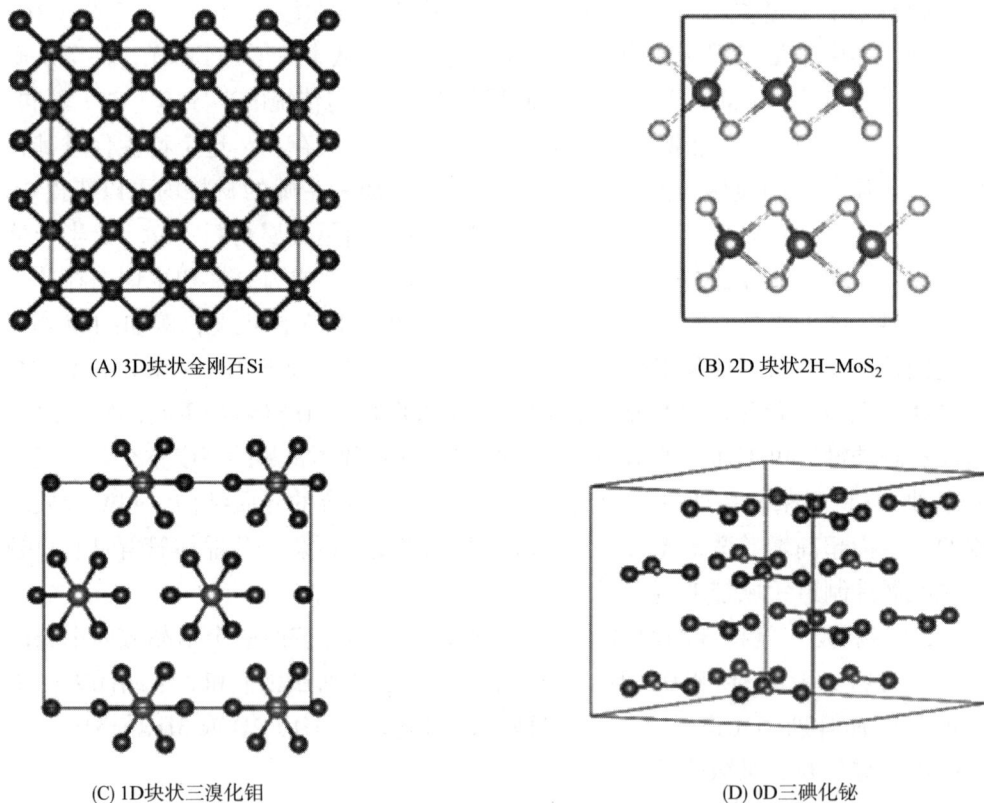

(A) 3D块状金刚石Si

(B) 2D 块状2H–MoS₂

(C) 1D块状三溴化钼

(D) 0D三碘化铋

图 1–2　范德瓦耳斯力与材料维度

1.2　二维材料的发现和分类

曼彻斯特大学的 Andre Geim 教授和 Kostya Novoselov 教授在 2004 年报道了第一种 2D 材料——石墨烯。他们使用胶带剥离法从石墨中分离出单层石墨烯。在此之后，出现了许多 2D 材料，如黑磷、MoS_2、六方氮化硼（h–BNS）等。尽管这些材料大多是由试错实验合成出来的，但目前已经可以用理论预测许多新型二维材料存在的可能性，主要的理论方法是密度泛函理论（DFT）。DFT 是一个可以预测材料的性能的量子力学的方法，只输入结晶结构，可计算总能、能带隙等。使用 DFT 公式可计算剥离能，通过式（1.1）计算块体和单层之间的能量差。

$$E_f = \frac{E_{1L}}{N_{1L}} - \frac{E_{2D} - 体积}{N_{2D} - 体积} \tag{1.1}$$

共价键体系的剥离能为 1000 ~ 6000meV/atom[❶]，而弱范德瓦耳斯力键合的 2D 材料的剥离能通常小于 200meV/atom。尽管，DFT 是计算材料剥离能的一种有效工具，但是计算成千上万种可能材料的组合需要极高的时间成本。因此，为了快速确定 2D 材料，亟须研发一些预筛工具。一些课题组已经为该任务制定了标准，多数情况下是使用拓扑相关算法。例如，Cheon 等提出了一种深挖数据的方法，其中弱键组分的维度取决于三维晶体结构中的原子位置。Mounet 等和 Ashton 等推广的算法核心是寻找具有大层间距的化合物，该算法可以识别范德瓦耳斯力键合层不垂直于晶胞轴的材料。Choudhary 等提出了一种更简便的算法。此法使用 DFT（Perdew–Burke–Ernzerhof，GGA–PBE）中最常见的形式，对晶格常数估计值较高，特别是沿着范德瓦耳斯力相互作用的方向的晶格常数。目前已有使用 GGA–PBE 泛函计算材料及其性能的数据库，如 AFLOW、材料项目（Materials-project）、开放量子材料数据库（open quantum materials database，OQMD）等。范德瓦耳斯力结合和非范德瓦耳斯力结合的材料均可采用 PBE 泛函进行计算。Choudhary 等认为，PBE 计算范德瓦耳斯力键合的材料存在晶格参数误差，反之亦然，即使用 PBE 预测的材料存在晶格误差，则其应为范德瓦耳斯力键合。由于 PBE 计算的点阵参数与实验值通常存在约 2% 的误差，因此他们以 5% 为误差标准预测了大约 1356 种可能的 2D 材料，并计算了这些材料的一个子集的剥离能，此算法标准对 89% 的材料适用（图 1-3）。大多数材料具有 200meV/atom

---

❶　atom：原子。

的剥离能，表明可制备层状结构。每个柱状图内的材料属于一组，分组讨论如下。大部分材料的剥离能在 60 ~ 100meV 内。他们还基于上述工作开发了在线资源。

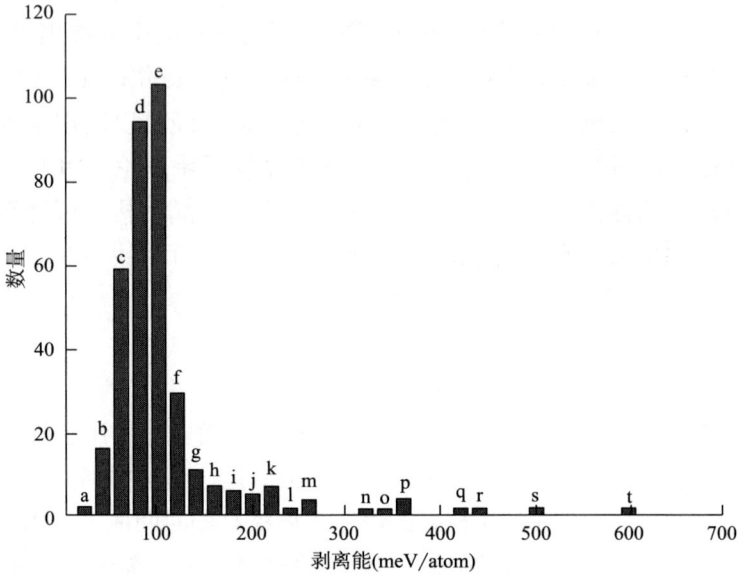

图 1-3　基于体相和层状相能量差的材料剥离能

有趣的是，大多数预测出的层状结构材料的剥离能都在 60 ~ 100meV/atom 范围。最近，Choudhary 等人还提出了利用剥离能量回归模型对 2D 材料进行预筛选的计算模型。由图 1-4 可见，2D 材料中最常见的化学成分是硫化合物，其次是卤化物和烟肽。AB_2 是最常见的晶体原型，接下来分别是 AB、ABC。

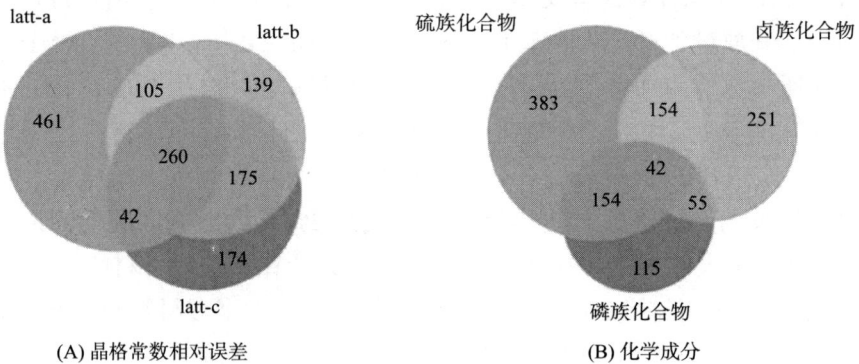

(A) 晶格常数相对误差

(B) 化学成分

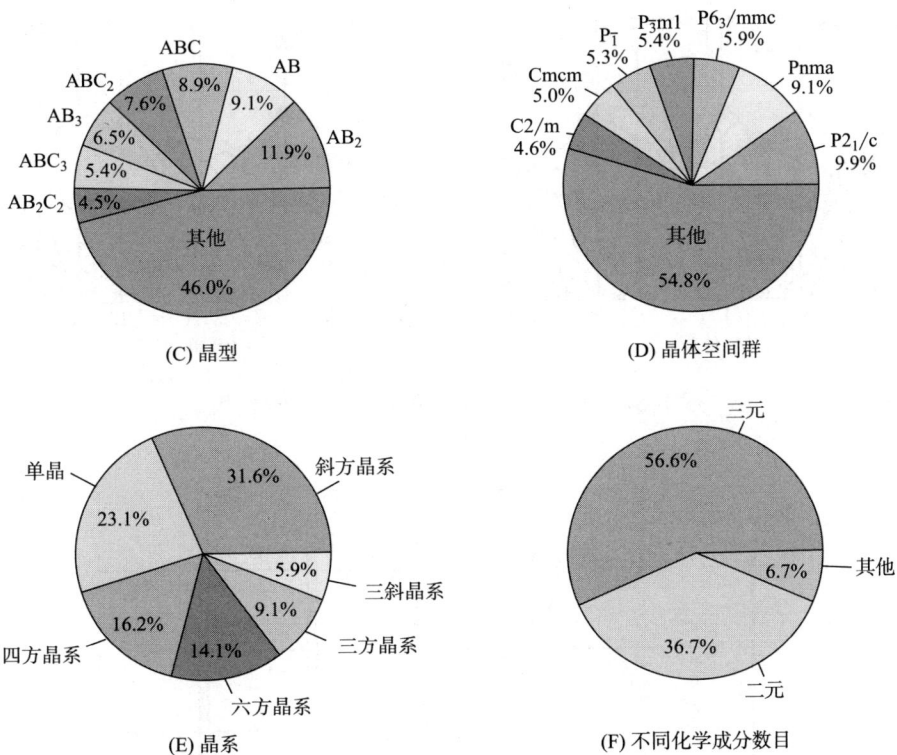

(C) 晶型

(D) 晶体空间群

(E) 晶系

(F) 不同化学成分数目

图 1-4　按不同方式对预测层状材料进行分类

1.3　二维材料的特性

2D 材料具有多种独特的性质，如电子带隙、晶格参数和弹性常数是 vdW 异质结的关键性能。在电性能方面，单层膜的主要优点之一是带隙可以改变，在很多情况下由间接变为直接。图 1-5 为 2H-MoTe$_2$ 按不同方式的分类。

低维材料中的弱键合作用在体积特性中体现出明显特征，如弹性模量。由于 vdW 键合的存在，低维材料的弹性模量普遍较低，弹性模量随着维数的降低而降低，如图 1-6 所示。

此外，由于 2D 材料具有的表面特性，弹性模量（C_{11}）单位用 N/m 表示，而不是传统的 GPa（N/m^2）。除了带隙、弹性常数外，个别二维材料的晶格参数和功函数对界面的形成起着重要作用。表 1-1 给出了 2D 材料在 vdW 作用下展现出的一些重要性质。

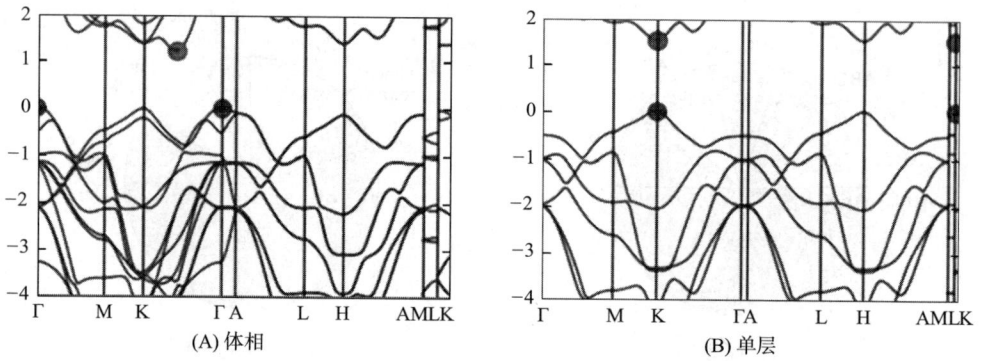

(A) 体相

(B) 单层

图 1-5　2H-MoTe₂ 在体相和单层相中的带结构

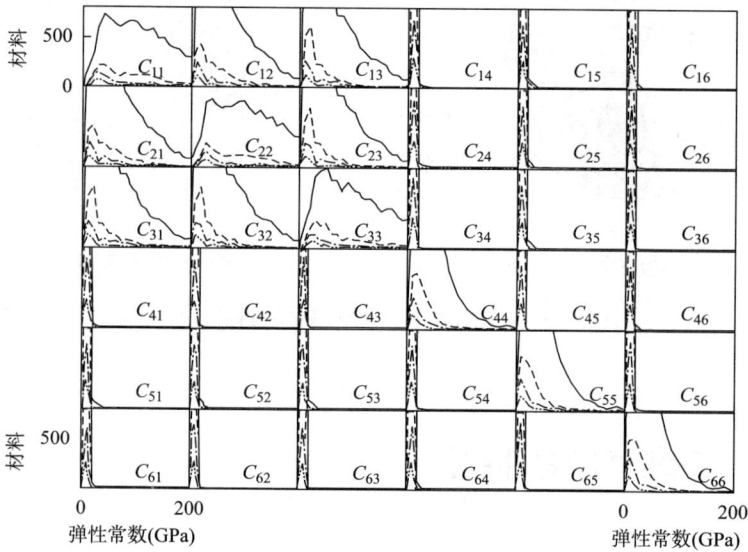

图 1-6　材料的弹性常数分布

表 1-1　一些常见 2D 材料的结晶、电子和弹性性质

2D 材料	空间基团	a（Å）	E_g（eV）	C_{11}（N/m）	Φ_r（eV）
C	P6/mc	2.464	0	354.9	−4.43
MoS₂	P-6m2	3.188	2.48	134.1	−5.07
WSe₂	P-6m2	3.324	2.08	121.5	−4.21
MoSe₂	P-6m2	3.324	2.18	111.8	−4.57
MoTe₂	P-6m2	3.562	1.72	84.8	−4.29

2D 材料	空间基团	a（Å）	E_g（eV）	C_{11}（N/m）	Φ_r（eV）
WS$_2$	P-6m2	3.191	2.43	146.5	−4.73
h-BN	P-6m2	2.51	4.5	293.3	−5.21

注　1. Å=0.1nm。

　　2. G_1 指层状材料弹性系数。

1.4　二维异质结

如前所述，由于对晶格匹配的要求不太严格，使用 2D 材料制作异质结构比标准 3D 材料更容易。然而，由于异源物质混入和自组装调控问题的存在，引入异质结构仍然是一个复杂且未被完全研究清楚。下面介绍了一些常见的堆叠工艺以及制备多种异质结构的方法。利用石墨烯、六方氮化硼、磷烯和过渡金属二硫化物合成了多种垂直和横向异质结构。

1.4.1　二维异质结的制备

制备 2D 异质结有多种方法。首先，机械或化学剥离的 2D 薄片可以人工堆叠形成 2D 异质结构。在这些体系中，层间 vdW 力可维持不同层的异质结构，例如石墨烯—氮化硼的界面作用。与 Dean 等研究的在 SiO$_2$ 上的石墨烯相比，这些异质结的主要优点是原子平坦、电荷捕获近乎自由、载流子迁移率高、化学稳定性高、粗糙度低。Chiu 等人利用相似方法，通过人工堆叠化学气相沉积（CVD）法制备了由 MoS$_2$ 和 WSe$_2$ 单层组成的垂直结构的 MoS$_2$/WSe$_2$ 质结。证明热处理可以增强层间耦合作用。有趣的是，这种异质结的能带排列和激发结合能可通过扫描隧道光谱（STS）和 X 射线光电子能谱（XPS）来确定。机械堆积法是在膜上生长层状的 2D 晶体，然后将膜移除。使另一薄片生长并排列在第一个薄片上，然后通过化学方法去除基底膜。该技术可以实现高能量的界面，其迁移率高达 100cm^2/（V·s），这一现象是在石墨烯器件中退火去除污染物时发现的。因此，机械堆叠法为构造任意 2DHs 提供了简便的方法。然而，界面的特性在很大程度上取决于用于转移的捕获溶剂或化学物质，这仍然是一个有待解决的问题。层间累积的杂质难以清除，会改变纯材料的特性，影响性能发挥，同时也削弱了层间的键合。石墨烯、h-BN 和过渡金属二硫化物（TMD）之间的界面往往存在自清洁机制。因而杂质会聚集在一起，而不是沿界面均匀分布，因而可以获得大面积无污染物的材料。不是所有的 2D 材料都可产生清洁过程，这可能取决于它们所生长的基底材料类型，例如，在原子层氧化物基底材料上生长的石墨烯不会发生自清洁作用。

尽管剥离技术可以生产出高质量的 2D 晶体用于基础研究，但由于难以控制异质结的位置、层数和界面特性，其在工业上的应用仍受限。化学气相沉积（CVD）法为 2D 材料的工业化应用提供一种可选择的方法，此法在制备大尺寸 TMD 异质结及 2D 构件中显示出巨大的应用前景。此外，通过 CVD 法还可以直接合成具有垂直堆叠或横向缝合界面的各种 2D 异质结。此外，Shi 等人在石墨烯表面热分解硫代钼酸铵前驱体，制备了垂直堆叠的 MoS_2/ 石墨烯结构。值得注意的是，虽然 MoS_2 的晶格常数比石墨烯大 28% 左右，但仍可在石墨烯表面生长。

与垂直叠层的二维异质结相比，横向缝合的二维异质结构可以用直接生长法制备。例如，Levendorf 等人通过 CVD 法在石墨烯上生长 h-BN，合成了横向缝合的石墨烯 /h-BN 异质结，从而得到连续的 2DHs。横向异质结的一个关键问题是两种材料之间的应变释放。Lu 等人利用原位扫描隧道显微镜研究了石墨烯 /h-BN 侧结界面在 Ru（0001）表面的晶格应变释放。

1.4.2　二维异质结的类型和应用

除了把 vdW 力分为横向和纵向外，还可以根据能带排列来分类。异质结构一般可以分为 3 种类型，即Ⅰ型（对称）、Ⅱ型（交错）或Ⅲ型（破碎），这也适用于 2DHs。不同能带排列可满足不同器件的要求。Ⅰ型能带排列在光学器件中应用最为广泛，如发光二极管（LED）和激光器等。Ⅱ型能带排列主要应用于单极电子器件，因为它们允许一侧有较大的偏移（无论是导带还是价带），从而耐受极强的载流子限制。Ⅲ型异质结用于场效应晶体管。具体来说，当材料 A 和材料 B 合并时，如果 $VBM_A < VBM_B < CBM_B < CBM_A$，则产生的异质结构为Ⅰ型；如果 $VBM_A < VBM_B < CBM_A < CBM_B$，则为Ⅱ型；若 $VBM_A < CBM_A < VBM_B < CBM_B$，则为Ⅲ型。其中 CBM 为导带极小值，VBM 为价带极大值。最近，Tony Low 等人利用计算机 DFT 技术生成了许多 2DHs 的周期表，如图 1-7 所示。对角线区域左下方和右上方分别给出 PBE 和 HSE06 计算的结果。在 DFT 研究的误差范围内，对应于相同能量的方块表示对应材料形成两种不同类型异质结的概率相等。

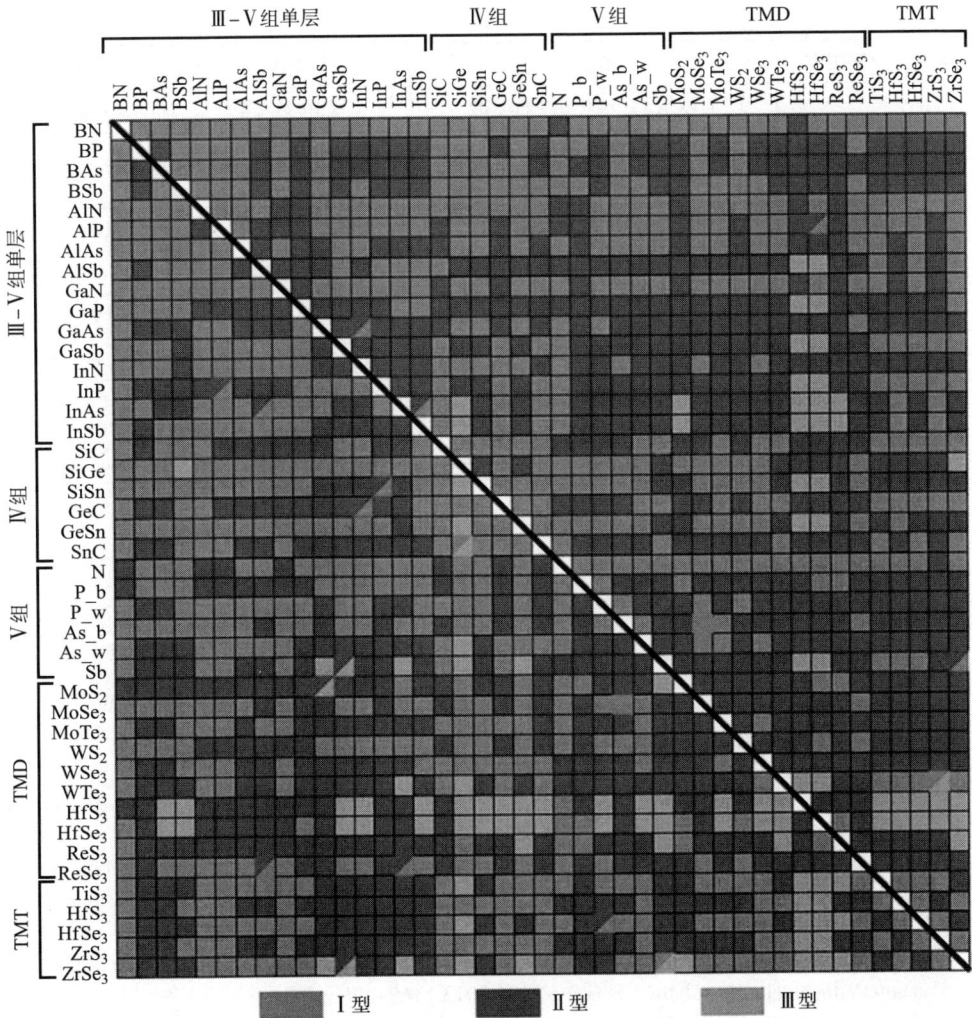

图 1-7　异质结构周期表

表 1-2 将 2DHs 应用于 DNA 生物传感器、太阳能电池及场效应晶体管（FETs）等。

表 1-2　2D 异质结的应用实例

异质结材料类型	叠层	应用	参考文献
半金属 / 半导体	石墨烯 /MoS_2	DNA 生物传感器	Loan 等
	石墨烯 / 二硫化钨	太阳能电池	Shanmugam 等
	石墨烯 / 氮化硼 /MoS_2/ 石墨烯	FETs	Roy 等

续表

异质结材料类型	叠层	应用	参考文献
半金属/半导体	石墨烯/二硫化钨/石墨烯	光电探测器	Britnell 等
	石墨烯/氮化硼/MoS₂（二硫化钨）/氮化硼/石墨烯	电致发光	Withers 等
半金属/绝缘体	石墨烯/氮化硼	FETs	Dean 等
半导体/半导体	硒化钨/MoS₂	太阳能电池	Furchi 等
	p-硒化钨/n-硒化钨	CMOS	Yu 等
	黑磷/MoS₂	p-n 二极管光电探测器	Deng 等
半导体/绝缘体	MoS₂/氮化硼/石墨烯	FETs	Lee 等
磁性/非磁性	硒化钨/碘化镉	能谷电子学	Seyler 等

参考文献

［1］ C. Kittel, P. McEuen, P. McEuen, Introduction to Solid State Physics, Vol. 8, Wiley, New York, 1976.

［2］ P. Avouris, T.F. Heinz, T. Low, 2D Materials, Cambridge University Press, 2017.

［3］ K.F. Mak, C. Lee, J. Hone, J. Shan, T.F. Heinz, Atomically thin MoS₂: a new direct-gap semiconductor, Phys. Rev. Lett. 105（2010）136805.

［4］ A.K. Geim, I.V. Grigorieva, Van der Waals heterostructures, Nature 499（2013）419.

［5］ B. Huang, et al., Electrical control of 2D magnetism in bilayer CrI₃, Nat. Nanotechnol. 13（2018）544.

［6］ C.-Z. Chang, et al., Experimental observation of the quantum anomalous hall effect in a magnetic topological insulator, Science 340（2013）167–170.

［7］ M.-Y. Li, C.-H. Chen, Y. Shi, L. Li, Heterostructures based on two-dimensional layered materials and their potential applications, Mater. Today 19（2016）322–335.

［8］ K.S. Novoselov, et al., Electric field effect in atomically thin carbon films, Science 306（2004）666–669.

［9］ K. Choudhary, I. Kalish, R. Beams, F. Tavazza, High-throughput identification and characterization of two-dimensional materials using density functional theory, Sci. Reports. 7（2017）5179.

［10］ G. Cheon, et al., Data mining for new two-and one-dimensional weakly bonded solids and latticecommensurate heterostructures, Nano. Lett. 17（2017）1915–1923.

［11］ M. Ashton, J. Paul, S.B. Sinnott, R.G. Hennig, Topology-scaling identification of layered solids and stable exfoliated 2D materials, Phys. Rev. Lett. 118（2017）106101.

［12］ N. Mounet, et al., Two-dimensional materials from high-throughput computational exfoliation of experimentally known compounds, Nat. Nanotechnol. 13（2018）246.

［13］ S. Curtarolo, et al., AFLOWLIB. ORG: A distributed materials properties repository from highthroughput ab initio calculations, Computational Mater. Sci. 58 (2012) 227–235.

[14] A. Jain, et al., Commentary : The materials project : A materials genome approach to accelerating materials innovation, APL Mater. 1 (2013) 011–002.

[15] S. Kirklin, et al., The Open Quantum Materials Database (OQMD): assessing the accuracy of DFT formation energies, NPJ Computational Mater. 1 (2015) 15010.

[16] K. Choudhary, B. DeCost, F. Tavazza, Machine learning with force–field–inspired descriptors for materials : Fast screening and mapping energy landscape, Phys. Rev. Mater. 2 (2018) 083801.

[17] K. Choudhary, G. Cheon, E. Reed, F. Tavazza, Elastic properties of bulk and low–dimensional materials using van der Waals density functional, Phys. Rev. B. 98 (2018) 014107.

[18] C. Gong, et al., Band alignment of two–dimensional transition metal dichalcogenides : Application in tunnel field effect transistors, Appl. Phys. Lett. 103 (2013) 053513.

[19] F.A. Rasmussen, K.S. Thygesen, Computational 2D materials database : Electronic structure of transitionmetal dichalcogenides and oxides, J. Phys. Chem. C 119 (2015) 13169–13183.

[20] J. Zhang, W. Xie, J. Zhao, S.J.D.M. Zhang, Band alignment of two–dimensional lateral heterostructures, 2D Mater. 4 (2016) 015038.

[21] C.R. Dean, et al., Boron nitride substrates for high–quality graphene electronics, Nat. Nanotechnol. 5 (2010) 722.

[22] M.–H. Chiu, et al., Spectroscopic signatures for interlayer coupling in MoS_2–WSe_2 van der Waals stacking, ACS Nano 8 (2014) 9649–9656.

[23] S. Haigh, et al., Cross–sectional imaging of individual layers and buried interfaces of graphene–based heterostructures and superlattices, Nat. Materials. 11 (2012) 764.

[24] A. Kretinin, et al., Electronic properties of graphene encapsulated with different two–dimensional atomic crystals, Nano Lett. 14 (2014) 3270–3276.

[25] W. Yang, et al., Epitaxial growth of single–domain graphene on hexagonal boron nitride, Nat. Mater. 12 (2013) 792.

[26] Y. Shi, et al., Van der Waals epitaxy of MoS_2 layers using graphene as growth templates, Nano Lett. 12 (2012) 2784–2791.

[27] M.P. Levendorf, et al., Graphene and boron nitride lateral heterostructures for atomically thin circuitry, Nature 488 (2012) 627.

[28] J. Lu, L.C. Gomes, R.W. Nunes, A. Castro Neto, K.P. Loh, Lattice relaxation at the interface of twodimensional crystals : Graphene and hexagonal boron–nitride, Nano Lett. 14 (2014) 5133–5139.

[29] V.O. Özcelik, J.G. Azadani, C. Yang, S.J. Koester, T. Low, Band alignment of two–dimensional semiconductors for designing heterostructures with momentum space matching, Phys. Rev. B. 94 (2016) 035125.

[30] S. Nakamura, M. Senoh, N. Iwasa, S.–I. Nagahama, High–brightness InGaN blue, green and yellow lightemitting diodes with quantum well structures, Jpn J. Appl. Phys. 34 (1995) L797.

[31] P.T.K. Loan, et al., Graphene/MoS_2 heterostructures for ultrasensitive detection of DNA hybridisation, Adv. Mater. 26 (2014) 4838–4844.

[32] M. Shanmugam, R. Jacobs–Gedrim, E.S. Song, B.J.N. Yu, Two–dimensional layered semiconductor/graphene heterostructures for solar photovoltaic applications, Nanoscale. 6 (2014) 12682–12689.

[33] T. Roy, et al., Field–effect transistors built from all two–dimensional material components,

ACS Nano. 8（2014）6259–6264.

[34] L. Britnell, et al., Strong light–matter interactions in heterostructures of atomically thin films, Science. 340（2013）1311–1314.

[35] F. Withers, et al., Light–emitting diodes by band–structure engineering in van der Waals heterostructures, Nat. Materials. 14（2015）301.

[36] M.M. Furchi, A. Pospischil, F. Libisch, J. Burgdörfer, T. Mueller, Photovoltaic effect in an electrically tunable van der Waals heterojunction, Nano Lett. 14（2014）4785–44791.

[37] W.J. Yu, et al., Vertically stacked multi–heterostructures of layered materials for logic transistors and complementary inverters, Nat. Materials. 12（2013）246.

[38] Y. Deng, et al., Black phosphorusmonolayer MoS_2van der Waals heterojunction pn diode, ACS Nano. 8（2014）8292–8299.

[39] G.–H. Lee, et al., Flexible and transparent MoS_2 field–effect transistors on hexagonal boron nitridegraphene heterostructures, ACS Nano. 7（2013）7931–7936.

[40] K.L. Seyler, et al., Valley manipulation by optically tuning the magnetic proximity effect in WSe_2/CrI_3 heterostructures, Nano Lett. 18（2018）3823–3828.

[41] Choudhary K, Kalish I, Beams R, et al. High–throughput identification and characterization of two–dimensional materials using density functional theory[J], Sci. Reports, 2017（7）: 5179.

[42] Choudhary K, Cheon G, Reed E, et al. Elastic properties of bulk and low–dimensional materials using van der Waals density functional［J］. Phys. Rev. B, 2018（98）014107.

第 2 章 二维材料及其异质结的设计与合成

Urwashi Gupta，Divyansh Gautam，Vatsal Jain，Bratindranath Mukherjee

印度理工学院（贝拿勒斯印度教大学），冶金工程系，

瓦拉纳西，印度

2.1 引言

从块状石墨中剥离出单原子层厚的 sp^2 杂化碳层获得二维（2D）材料石墨烯，开辟了一个全新的研究领域。此后，2D 材料在世界范围被广泛研究，得到包括过渡金属二硫化物、六方氮化硼、过渡金属碳化物、黑磷等在内的性能独特、前景光明的 2D 材料。石墨烯具有超高的电导率、非平行向的机械强度、透明性及柔性，成为光电和光伏应用的重要材料。材料从体相到二维的转变导致量子限制效应，从而增强了其电子、力学、热学、光学的性质以及各向异性。钼和钨基过渡金属二硫化物（TMDC）从体相到 2D 的转变，间接—直接带隙过渡和催化活性增强。此外，2D 材料提供了可调谐的带隙、带偏、载流子密度、载流子极性和开关特性，这些特性对应用在器件上具有重要意义。这些性能受 2D 材料尺寸、层数、缺陷形貌和取向等因素的影响，需要深入了解材料的结构与性能之间的关系。

2D 材料的合成有两种基本方法：自上而下和自下而上。自上而下的方法包括机械剥离、液相剥离、化学插层和电化学剥离，制备过程从块体材料开始，最终得到数层纳米片。自下而上的方法包括化学气相沉积、物理气相沉积、物理气相传输以及湿化学方法，下面会详细讨论这些方法。

尽管新型 2D 材料的研究有了突飞猛进的进展，但还不能满足应用于特定器件的要求。例如，研究广泛的 2D 材料石墨烯，由于其具有零带隙性质，在器件应用中存在较大缺陷。由于体相材料层之间存在弱范德瓦耳斯力相互作用，可将其进一步剥离，并将各层叠在一起，从而形成具有理想性能的异质结构。尽管剥离技术被广泛研究并应用于制作电子和光子器件，但化学气相沉积（CVD）和物理气相沉积（PVD）等自下而上技术的最新进展为大规模开发高质量无缺陷异质结构材料开辟了新道路。在自下而上的方法中，原子堆叠在一起，进一步组装形成

二维纳米结构的单胞。对这些异质结构进行有序而精确的设计可以帮助优化电荷转移特性和能带排列，同时保持每个元件的特性，为高性能器件研发提供可能。本章通过介绍剥离和直接合成技术来讨论 2D 材料及其异质结的合成技术。

2.2 自上而下的方法

常见的层层堆积块状材料的减薄方法有 3 种：一是利用剥离力、剪切力或压缩力的微机械剥离法获得分层材料。二是液相剥离振动能作用于晶体上，或与空化场内部产生的力相作用。在化学插层和剥离过程中，小的原子或分子被插入体相晶体的层间中，插层剂的溶胀作用使层裂开。三是刻蚀减薄破坏性地从晶体中去除不需要的层，在衬底上产生一层或几层纳米片。下面给出自上而下剥离法制备二维纳米片的方法，并详细介绍纳米片的质量控制方法。图 2-1 给出了自上而下方法中用于剥离纳米片的驱动力。

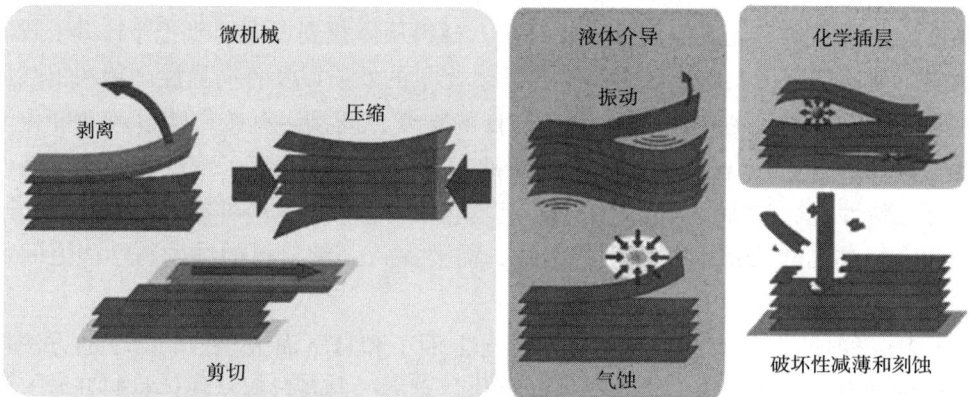

图 2-1　自上而下的方法中用于剥离纳米片的驱动力

2.2.1　微机械剥离法

1966 年，Frindt 首次用胶带法分离二硫化钼（MoS_2）层，得到 10nm 厚的片状 MoS_2。这种方法称为胶带法（scotch tape method）（图 2-2），即胶带粘在片层晶体上，通过剥离使其解离。由于胶带与层之间的黏结力大于层与层之间的弱 vdW 力，使层与层之间相互分离。通过在新剥离的片状材料上重复这一过程，产生单层和数层厚度的纳米片。

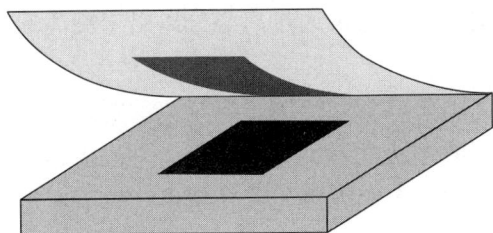

图 2-2　采用胶带法和适当的基底对二维材料
进行机械剥离

微机械剥离过程也可使用弹性体转印法，在分层时起与胶带相同的作用。利用聚（二甲基硅氧烷）印章，通过反复剥离得到黑磷（BP）、二硒化铌（NbSe$_2$）、硒化钽（TaSe$_2$）、二硫化钼（MoS$_2$）等纳米片，然后转移到另一种基底（如 Si/SiO$_2$ 和玻璃片）上。这种方法可得到真正的原始纳米片。

在基底上研磨片状层晶体可以获得剥离纳米片所需的剪切力。Geim 和 Novoselov 发明了这种简便的方法，得到的纳米片体积更大。

Gacem 等人开发了静电辅助剥离法和二硫化钛（TiS$_2$）、NbSe$_2$ 和 MoS$_2$ 剥层法。TMDC 晶体和玻璃衬底在温度和压力升高的条件下，受到电场作用，使玻璃衬底上的 Na$_2$O 分解为可移动的 Na$^+$ 和固定的 O^{2-} 离子。钠离子的迁移产生负空间电荷，并在片晶内部产生静电场。晶体表面与衬底之间的相互作用使得 TMDC 层被牢固黏附在玻璃基底之上。通过这种方法只能获得较大的纳米片，不能剥离出单层 2D 材料。该方法所施加的微机械力在晶体表面较为均匀，可获得横向尺寸高达 100μm 的薄片。

微机械剥离可产生 1 ~ 20μm 尺度的单层和数层厚的纳米片。制备的纳米层纯度高于其他制备方法。TMDC 纳米片的纯度是通过测试以其制备的器件中的电子迁移率（μ_e）和 I_{ON}/I_{OFF} 的最高值而间接获得的。片层内部的单层区域被双层、三层和较厚的区域所包围，进而导致片层具有许多不同厚度的截面。厚度不可控和延展性差是这个方法的主要缺点。

为了提高机械剥离 TMDC 晶体的延展性，可采用湿法研磨工艺，即通过对 MoS$_2$、二硫化钨（WS$_2$）、NbSe$_2$ 等 TMDC 的胶体溶液施加剪切和压缩力制备纳米片。Chu 等发现，湿法研磨工艺制备 MoS$_2$ 和 WS$_2$ 纳米片产率高，但不能获得单片层。在无溶剂研磨介质中使用无机盐研磨 TMDC 晶体，造成了反复的压缩和剪切。这样的研磨技术具有可调节性，能够生产出大量高比表面积材料。但是横向尺寸的急剧减小，使生产出的片材不适用于大多数电子产品。

2.2.2　液相剥离法

除机械方法外，最近许多剥离的方法都是超声处理含有块状晶体的液体样品，通过振荡能使其剥离。超声波通过交替的高低压循环，产生振动和空腔化作用。晶体受到这些力的作用，形成分散的纳米片，还可通过离心分离出未剥离的材料。

控制振动和空化过程对最大限度地提高剥落效率和分级剥离至关重要。超声水浴或探头是形成胶体纳米片分散体最常用的方法之一，故液相剥离一般指超声剥离，然而最近发展起来的射流空化和高剪切混合等方法也是在超声背景下应运而生的。

超声能量在液体中传播时，振动能量由溶剂产生的横波传播，进而引发片层晶体内部的振动。在层状材料界面上施加足够的超声功率压缩波和反射在块体材料上的拉应力波，可以克服片层间的 vdW 力。增大超声功率会产生空化力，空化力蕴含的能量大于振动力。内部高—低压循环产生空化泡，其内爆产生快速而强大的冲击波，获得较高的局部压力（kPa 至 MPa 水平），且温度范围在 100 ~ 1000℃。这种由气泡爆破机制产生的空化力促进了晶体的剪切剥离。

能量输入、振动能量和空化能量都会导致剥离过程中纳米片的断裂。在振动诱导剥离过程中有轻微的切屑效应，剥离过程中，暴露在振动模式下的纳米片外表面被破坏。在空化剥落过程中，气泡在分散的片状表面附近的内爆会导致纳米片垂直于基面的剪切破坏。因此，高能空化力的产生会对纳米片的横向尺寸产生不利影响。空化是以牺牲片层横向尺寸为代价的，与振动方法相比获得的分散材料浓度更大。

2.2.2.1　液相剥离法的影响因素

（1）溶剂选择。选择合适的溶剂对有效剥离至关重要，其在剥离过程中有 3 个重要作用：一是作为从声导杆传递声波能量的介质；二是选择性溶剂使液体与层间的混合焓最小，从而使层间界面允许溶剂插层；三是可以稳定薄片，为防止纳米片重新团聚提供空间位阻。

（2）超声功率和类型。有超声波水浴锅和声纳探测器两种类型的声学装置。从 N-甲基吡咯烷酮（NMP）中剥离石墨烯时发现，超声水浴（100h）后得到（0.6mg/mL）石墨烯分散体；然而声纳探测器能量输出高，高能量可直接作用于分散介质中，从而在相对较短的时间（6h）内制备出高浓度（2mg/mL）的石墨烯分散液。通过观察石墨烯片的尺寸，发现声纳探测器得到分散体尺寸更小，因为增大的输入能量会促进纳米片的剪切。

（3）超声时间。超声次数的增加也能导致纳米片剪切力的增加，使剥离的片层厚度（更接近单层）和横向尺寸均减小。因此，必须合理地控制剥离时间，以控制剥离下来的纳米片的厚度和尺寸分布，同时获得较大的分散浓度。

（4）添加剂的使用。溶剂 / 表面活性剂混合物在低沸溶剂中作为添加剂用于剥离反应。添加剂调节了溶剂的表面张力，提高了剥离片的分散性，通过在纳米片表面吸附产生额外的斥力来防止纳米片重团聚的发生。

表面活性剂的类型并不重要，只要能够消除固液界面内液相和纳米片界面的表面张力，促进胶体溶液分散即可。小配位分子、聚合物、表面活性剂和共聚物等多种表面活性剂稳定都可用来制备分散稳定的纳米片。剥离的程度与表面活性剂浓度密切相关。由于片层被剥离，表面活性剂被吸附，液相表面张力增大，限制了剥离的程度。维持表面活性剂浓度的稳定可维持液相表面张力，促进连续剥离，进而提高产率。

但稳定剂难以完全去除，无法得到高纯度的贵金属纳米片。因此表面活性剂往往作为电子组装体内部组分的一部分被保留下来，这会降低纳米片的性能和使用范围。虽然表面活性剂的去除存在困难，但表面活性剂分子的合理设计、应用仍有增强或弥补纳米片各向异性的可能性。例如，重新堆叠的 WS_2 通过聚合物表面活性剂聚氧化乙烯—聚氧化丙烯—聚氧化乙烯（PEO–PPO–PEO）包覆，仍保持其发光性能，从而增加层间距离，使纳米片之间保持电子解耦。

（5）尺寸选择过程。在选择性条件下，液相剥离产生的纳米片具有非常广泛的横向尺寸分布。Coleman 等人提出了一种横向尺寸选择机制，该机制通过控制离心过程与沉淀物回收步骤相结合，制备出具有一定尺寸范围的纳米片。这种方法可用于分离特定精确尺寸的纳米片。

（6）前驱体的来源。对于过渡金属硫化物（TMDCs），前驱体来自市售 TMDCs 的纯粉末。MoS_2 纳米片可从全球钼矿区开采的未经加工、天然辉钼矿中剥离出来。从其中剥离出来的纳米片表面有从原料中带来的纳米级碳酸钙聚集体。

2.2.2.2　液相剥离法的发展

液相剥离法的持续发展增加了纳米片尺寸可调节性。高剪切混合和射流空化是传统超声探针剥落方法的更新替代。Coleman 等人利用实验室高剪切混合器和普通家用搅拌器进行高剪切混合剥离 MoS_2、$MoSe_2$ 和 WS_2。此法非常简便且产品尺寸可控。与超声法相比，生成的纳米片尺寸更小，在最优剥离率下，在极少的时间内可以获得较高的产率。

2.2.3　化学插层和剥离法

化学插层和剥离法是在层间空腔中插入某种物质，扩大层间距离，减弱层间分散力，实现剥离。在某些情况下，超声作用足以削弱 vdW 力形成纳米片分散体。插入的物质一般是在反应后能形成气体的物质。气体在层间空隙内膨胀，提供了剥离力形成剥离层，此法比其他剥离方法产率更高。锂是最常用的插层剂，也有实验人员尝试直接插入气态物质或酸。图2-3为常见化学插层剥离法。

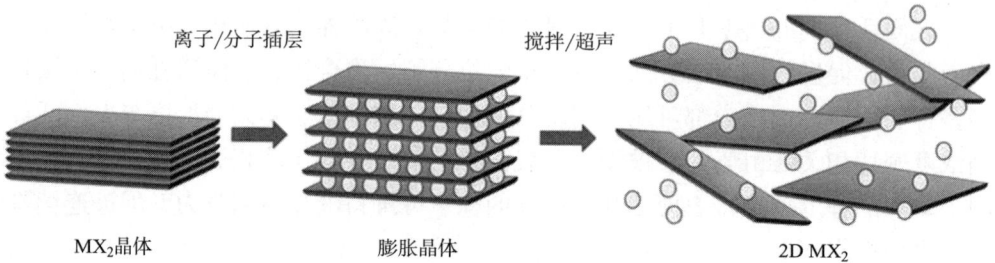

图 2-3　常见化学插层剥离法

2.2.3.1　锂的插层

小原子碱金属盐的插层已成为 TMDC 纳米片剥离的有效手段。研究表明，锂离子是块体 TMDC 最有效的插层剂。在利用金属锂进行剥离时，插层的锂离子与水发生反应，在超声辅助下形成 LiOH 和 H_2，产生剥离驱动力。氢气在晶体层间生成并膨胀，产生了内部剥离力，使 TMDC 纳米片发生分离。一些 TMDC 由于插层而发生结构和电子变化，因而被称为化学剥离型 TMDCs（ce-TMDC）。可以看出插层的方法对片状产品的影响很大。

锂插层对 TMDC 的影响。在 TMDC 晶体的层间插入小分子，增大了层间空间，从而减弱了层间作用力。锂的插层不仅是一个物理过程，也是一个化学过程。此法中，能量的输入是通过单电子从金属离子转移到 MX_2 晶体金属 d 带的最低能级来实现的。这种电荷转移影响了插层晶体的电子能带结构，依赖于金属中心的 d 电子数。VI族 MX_2 晶体发生明显的变化。当 WS_2、WSe_2、MoS_2 和 $MoSe_2$ 晶体与 n-BuLi 插层时，由于电子转移和随后的锂离子配位，晶体被还原为 $[Li_x^+MX_2^{\delta-}]_n$。能量代偿的最小化是通过金属中心 d^3 轨道被迫从金属配位几何构型转变为电荷稳定的扭曲八面体（1T′—）几何构型实现的。$[Li_x^+MX_2^{\delta-}]_n$ 与水的后续反应，去除了纳米片内部的金属阳离子和正电荷，并在较高的能量和 1T′—几何构型下剥离出中性的 MX_2 纳米片。

1T′—MoS_2 具备金属特性，对析氢反应催化活性更高。锂插层的程度决定了 1T′—结构的转化程度。TMDC 纳米片具有独特的跨 1H—1T′ 界面的电子异质结，这些异质结是在部分插层的纳米片中形成的，具有化学均一性和制备分子电子器件的潜力。

相反，由于 1T′ 相不稳定，Ce—MoS_2 的发展受到阻碍。此类纳米片在几天内就会转变为 2H—结构，分析可能是在惰性气氛中 400℃ 退火加速了结构的转变。

2.2.3.2　其他插层和化学改性工艺

用有机锂盐大规模进行放大插层方法存在风险。Zhao 等人通过酸插层剥离了 MoS_2 和 WS_2 纳米片。采用无溶剂 NaCl 溶液和浓硫酸在 90℃ 下研磨 8 ~ 24h，对预磨的 WSe_2 和 MoS_2 粉体进行层间插层。将插层后的纳米片与助剂一起洗涤并重新分散在水中来帮助分散。超声的作用是促进插层的 OH^- 和 SO_4^{2-} 基团分解产生膨胀气体 O_2 和 SO_2。此工艺可以高产率制备 WS_2 和 MoS_2 纳米片。所得 MoS_2 片一般为单层，WS_2 片为双层。片材的横向尺寸平均为 60 ~ 80nm。这种酸插层方法是完全物理的，得到的 WS_2 和 MoS_2 纳米片保留了 2H—结构。

Patil 等人通过压缩 H_2SO_4 插层 MoS_2 粉末制备球团，使其处于受控状态，并逐渐与水面接触，促进球团的剥离。通过浸涂可获得 200nm ~ 2μm 的 MoS_2 纳米片悬浮液。

以 MoS_2 为阳极，在硫酸根电解液（0.5mol/L H_2SO_4 或 Na_2SO_4）中施加低电压偏压，考察酸性插层的电化学过程。发现反应分两个阶段：在初始低偏压下发生水的氧化，产生羟基和氧自由基；与边缘位点和晶界发生反应，产生缺陷位点。这些缺陷位点为高效插层提供了空间。剥离循环 30min 后，发现剥离的 MoS_2 平均厚度为 1.8nm，即 3 ~ 4 层厚；所得到的横向尺寸很大，为 5 ~ 50μm；产量为 0.007 ~ 0.014mg/mL，产率较低仅为 5% ~ 9%。

2.2.4　破坏性减薄和刻蚀技术

细化和刻蚀技术是一种"按需"的方法，可以进一步减小或修改预剥离纳米片的 z 维度，以满足应用要求。此法可以通过控制纳米片的图案来生成多层异质结构，这是其他方法无法比拟的。

微机械剥离产生的数层 MoS_2 的减薄是在有氧或无氧的条件下，通过控制退火完成的。减薄过程依赖于吸附在纳米片层内的热能。由于层间具有弱的范德华力 - 范德瓦耳斯力相互作用，导致热能传递受阻，从而促进了上层物质的升华。无氧时，控制温度保持在适当值，可在基底上保留单层 MoS_2。SiO_2/Si 衬底通过热沉积耗散多余能量，保护底层。此法制备的单层纳米片表面光滑，但由于各向异性刻蚀，含有 100's nm 的三角形孔。减薄的纳米片保留了 MoS_2 的 2H 晶格。通过扩展各向异性腐蚀形成单层 MoS_2 网格。有氧气存在时，MoS_2 被氧化成 MoO_3。这种技术也被用于逐层减薄，但会导致表面不均匀，如 8 层纳米片被减薄至 6 层和 7 层。各向异性刻蚀在制备较厚的纳米片时应用更广泛。

拉曼显微镜的扫描激光可用于微机械剥离 MoS_2。此过程类似于热刻蚀，激

光诱导的热量引起 MoS_2 上层的升华，而与基底接触的下层作为热沉积层保持完整。此法可以微观机械剥离和 CVD 生长的 MoS_2 为原料以 $8\mu m^2/min$ 的速率制备单层纳米片。原位拉曼光谱有助于精确识别并控制减薄过程，也能判断所制备的 MoS_2 是否为单层。所得到的样品比其剥落前体粗糙得多，是杂质或上层未完全清除所致。杂质的存在降低了 μ_e 值，MoS_2 单层比微机械剥离单层产率低一个数量级。

氩等离子体也被用于微机械剥离 MoS_2 纳米片的减薄。这种精细的方法是通过控制辐照时间来逐层减薄纳米片。通过光致发光监测，顶层用 Ar^+ 等离子体辐照，引起顶层无序。连续的辐照使材料的上层逐渐消散直至升华。随着材料厚度的降低，光致发光强度会突然增强。化学蚀刻剂也可用于制备单层 MoS_2 和 XeF_2 氧化 MoS_2 晶体表面。通过控制反应时间，可从数层厚的纳米片中制得所需厚度的纳米片，从而促进层层减薄。石墨烯或聚甲基丙烯酸甲酯可以作为刻蚀掩膜，在样品内部形成减薄区域。

2.2.5　电化学剥离法

石墨烯是通过电化学剥离法从石墨中剥离出来的，碳源（石墨棒或箔片）在水或非水电解质溶液中作为电极。Munuera 等人探索了一种在水中以卤化钠为电解质对石墨进行电化学分层，制备低含氧量和即用型石墨烯材料的简便方法。将卤化物催化得到的石墨烯作为油类吸附剂、染料吸附剂、超级电容器电极和非极性有机溶剂进行测试，发现其性能优于其他类型石墨烯。电化学剥离石墨烯如图 2-4 所示。图 2-4（A）为恒温恒流模型下石墨电极电化学剥离石墨烯的示意图，温度范围为 300 ~ 333K；图 2-4（B）为电化学剥离石墨烯的 SEM 图像。

Hossain 等以石墨棒为电极，在 25 ~ 95℃的（NH_4）$_2SO_4$ 溶液中，考察 H_2O_2 存在和不存在时电化学剥离，制备了双层或两个交叠的单层的低缺陷石墨烯。结果发现，温度和 H_2O_2 是制备高质量石墨烯的关键因素。

采用石墨阳极在 0.1mol/L 硫酸钾溶液中电化学剥离制备石墨烯纳米片，用在柔性超级电容器中。采用一种新颖的电化学剥离模式，获得了在透明导电薄膜中具有应用前景的石墨烯片。此法以 NaOH 溶液为电解液，石蜡涂覆石墨电极在受限空间内剥离，为了减少缺陷数量，提高成品率，剥离在低电压（3V）下进行。

与上述方法不同，也可采用非电化学剥离法制备少层石墨烯纳米片。在 1mol/L 六氟磷酸锂/碳酸丙烯酯电解液中，石墨粉与金属 Li 发生直接电化学反应，使石墨剥离而不消耗电能。

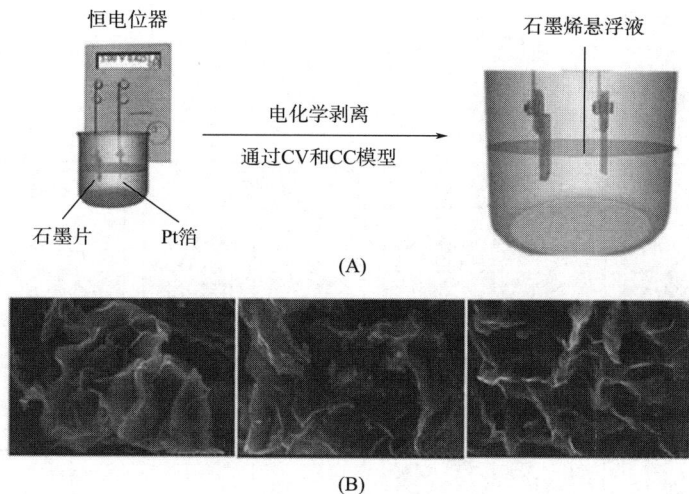

图 2-4　电化学剥离石墨烯

2.2.6　氧化剥离—还原法

氧化石墨烯（GO）大多是通过氧化剥离石墨，随后还原形成石墨烯片或还原氧化石墨烯（rGO）。合成 GO 的 4 种主要方法是 Brodie 法、Staudenmaier 法、Hofmann 法和 Hummers 法。图 2-5 为 100℃时 4 种方法发生的反应途径。Hummers 工艺相对快速、安全，使用频率较高。

在石墨氧化过程中，石墨层间距会增加 0.335 ~ 0.625nm，有时更大，这是由于会产生石墨层间化合物。在合适的溶剂中超声可以产生单层、双层和少层的 GO。GO 具有亲水性，可以分散在不同的溶液中，如水、N- 甲基 -2- 吡咯烷酮（NMP）、乙二醇和四氢呋喃（THF）。

还原氧化石墨烯（rGO）的制备是为了恢复石墨烯的蜂窝状晶格。化学、热学和电化学方法是制备 rGO 的主要途径。还原过程中 GO 中的氧官能团，如羟基、羧基和羰基被消除。利用纯 rGO 获得纯石墨烯是不可能的。rGO 与纯石墨烯相似，但存在缺陷和尺寸的差异。rGO 的质量受还原剂的种类和还原的时间、温度、压力、电压等工艺条件的影响。rGO 中，还原剂的质量可以通过 C/O 比例来决定。C/O 比越高，说明脱氧程度越高，rGO 质量越好。

GO 的化学还原，以肼（N_2H_4）作为还原剂。肼价格贵、存在毒性，不适合大规模使用。可采用氢化铝、硼氢化物、氢卤酸、氮基试剂、硫基试剂、氧基试剂、金属碱性试剂、金属酸、氨基酸、微生物、植物提取物、蛋白质、激素等多种还原剂替代 N_2H_4。盐酸 / 锌（33.5）、苯甲醇（30）、氯化亚砜（8.48）、咖啡

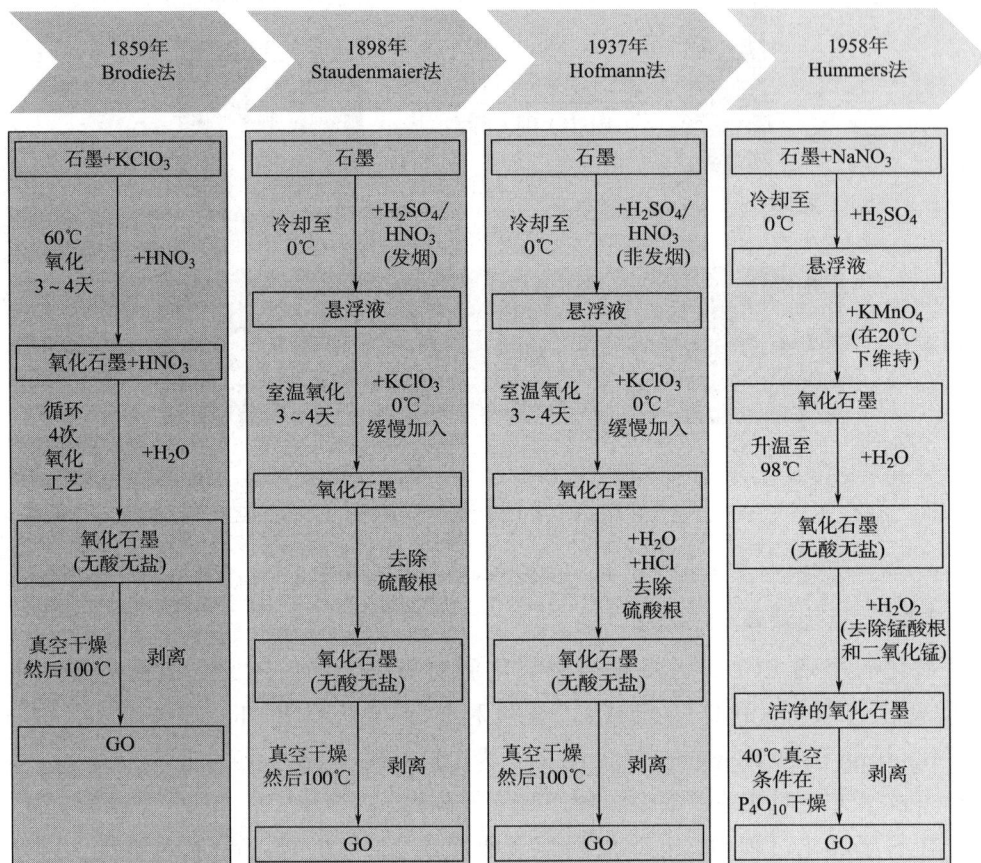

图 2-5　石墨氧化路线图

酸（7.15）、硼氢化钠（6.9）、面包酵母（5.9）（括号内数字为 C10 原子比）在化学还原过程中可获得较高 C/O 比的 rGO，但大规模生产必须考虑成本、安全、合成时长和环境污染等问题。因此，其他 GO 还原方法，如热还原和水热还原也有研究。热还原的主要问题是高温增加了生产成本，还会产生 CO_2 的排放。水热过程使 GO 在较低温度下还原，对能量需求较低。与化学还原法相比，电化学还原法具有还原性快、环境友好性、成本效益高和可行性强等优点，所用还原剂毒性较小。微波、光催化、光热、声化学、等离子体和激光处理等原理的还原过程也有报道。

　　氧化剥离法制备氧化石墨烯并将其进一步还原制备 rGO 具有低成本、高回收率的优点。rGO 具有电子导电性差、比表面积相对较低、片层的叠层不可逆（由于 vdW 相互作用）和溶解性低等缺点。合成过程存在一定的不确定性，如氧化还原过程中化学成分的变化、产品批次间重现性低和氧化过程产生永久缺陷。即便如此，运行成本低和可扩展性高的优点一定程度弥补了此法的缺陷。

2.3　自下而上的方法

顾名思义，这种合成纳米材料的方法涉及原子、分子和离子，材料的尺度为纳米级。在固相、液相和气相中进行了不同的反应，来进行 2D 材料的合成。这些反应涉及某些前驱体或反应物，根据合成前驱体的状态进行分类，在气相合成中，反应物和前驱体均是气相状态，基底作为反应的固态蒸发沉积层。在液相合成中，前驱体要溶于一定的溶剂中，反应在高压条件下进行，利用溶剂的潜热进行所需的快速动力学反应。在固相合成中，首先在固体基底上沉积一种单源前驱体状的四硫钼酸铵（NH_4）$_2MoS_4$，缓慢加热熔化前驱体，进而形成纳米材料。上述 3 种合成方法中，气相合成是最有效的二维材料合成方法，其不受纳米材料的絮凝或团聚的影响。絮凝和团聚在液相和固相反应中更容易发生。本章在介绍CVD 时参考了大量的气相方法，还介绍了 CVD 法、PVD 法、气相传输（VPT）法、种子促进法。这些气相生长方法因具有生产的产品品质高和可实现大量生产的优点，在 2D 材料的合成中非常重要。

2.3.1　过渡金属二硫键化合物的合成

CVD 主要有两个步骤：一是气相生成，二是气相在基底上沉积。TMDC 的蒸汽生成需要高温（500 ~ 900℃）、低压（< 13.33kPa）和易产生挥发性的固体前驱体。蒸汽的产生是基于前体的挥发和热分解。在 TMDC 中，反应性过渡金属氧化物或氯化物（任何易挥发的盐）与硫原子前驱体（S 或 Se 粉末）在气相中反应生成 TMDC 单体。对于 MoS_2 和 $MoS_{2(1-x)}Se_{2x}$ 的合成来说，MoO_3 价格低廉、易于处理、熔点低和蒸发温度低，最为适合。同样，WO_3 经常用于 WS_2 和 $WS_{2(1-x)}$ Se_{2x} 的合成。金属氯化物（$MoCl_5$）也是常见的 CVD 前驱体。

金属箔和泡沫金属常被用作金属前驱体。在金属箔、泡沫金属或金属薄膜上沉积硫，被称为硫化作用。Mo 溅射在基片上预沉积，然后浸入（NH_4）$_2MoS_4$ 和DMF 溶液中，惰性氛围中退火后在预沉积基片上得到 MoS_2。泡沫金属和网格是高度多孔结构，为有效反应提供了更多的比表面积。表 2-1 给出了 CVD 法合成多种 TMDC。

表 2-1　CVD 法合成多种 TMDC

TMD	前驱体	生长条件	形态	参考文献
WS_2	WO_3 和 S；Al_2O_3；$Ar+H_2$	900℃和 30Pa 气压（CVD）	片状 WS_2	117
	WO_3+S+H_2——$WS_2+SO_2+H_2O$			
$MoSe_2$	MoO_3 和 Se；Al_2O_3	700～900℃，MoO_3；270℃，Se；Ar 40～70sccm，H_2 10sccm（CVD）	三角形晶体	118
$ZrSe_2$	纯 Zr；Se；I 蒸汽 5mg/cm³	中心 900～950℃（CVT）	小板；深绿色晶体	119
$MoTe_2$	MoO_3，$MoCl_5$，Te；SiO_2/Si；Ar/H_2	780℃，5min；Ar/H_2 分别为 200sccm 和 15sccm	片状	120
WTe_2	WO_3 和 WCl_6；Te；SiO_2/Si；Ar/H_2	700～850℃，5min；Ar/H_2 分别为 150sccm 和 15sccm	厚片	
WSe_2	WO_3；Se；Ar/H_2；SiO_2/Si	WO_3 在 950℃，Se 在 540℃；Ar/H_2 为 320/20	单层薄片	121
ReS_2	Re/S（粉末）；SiO_2/Si；Ar	750℃，10min；Ar 气压 60sccm	片状和棒状	122
$MoTe_2$	通过 EBV 在 SiO_2/Si 上沉积 Mo 膜；氧化得到 MoO_3；Te；Ar/H_2	700℃，60min；Ar 4sccm，H_2 3sccm	六角形片状	123
TiS_2	Ti（NMe_2）$_4$；Bu^tS_2；N_2	600℃，60s；0.2L/min N_2	球形特征的薄膜	124
MoS_2	MoO_3；S；SiO_2/Si；N_2	650℃，15min；1sccm N_2	单层薄膜	125
NbS_2	NbO_x；NaCl；Se；SiO_2/Si；Ar/H_2	795℃，13min；120sccm Ar 和 24sccm H_2	三角形和六角形晶体	126
NbS_2	$NbCl_5$；S；SiO_2/Si；Ar/H_2	500～650℃	小片状	127
TaS_2	$TaCl_5$；S；SiO_2/Si；Ar/H_2（10%）	820℃，5～30min	原子薄片状	128
GaS	Ga_2S_3；SiO_2/Si；Ar/H_2	800℃；冷却期间 H_2 70sccm，Ar 150sccm	三角形单层片状	129
InSe	In_2O_3；Se；云母基板；Ar/H_2	630℃，15min；5～30sccm Ar 和 60sccm H_2	三角形片状	130

注　sccm 为标准下 mL/min。

　　在气相中形成单体后，蒸汽沉积在基底上。沉积的性质决定了产生的 TMDC 的形态。合成装置如图 2-6 所示。最初，气体单体沉积在基底上并随机成核形成纳米晶体。气态分子先在晶核边缘扩散，使纳米晶体侧向生长，形成单个的纳米片。连续薄膜是由离散的纳米片聚结而成的。这些纳米结构由于边缘 TMDC 原子的化学各向异性，具有很高的生长各向异性。惰性的硫原子表面钝化，具有悬挂键的边缘，更容易生长，从而形成高度对称的三角形薄片。这种各向异性生长是由两个三角片的边缘之间的静电斥力引起的。TMDC 相对于基底的生长既可以是垂直的，也可以是平行的。大多数情况下，为降低表面能，沉积材料垂直于衬底表面生长。然而，某些表面改性剂与反应参数结合可抑制垂直生长而得到横向生长的产物。这种横向和垂直方向的增长大大改变了 TMDC 的性质。

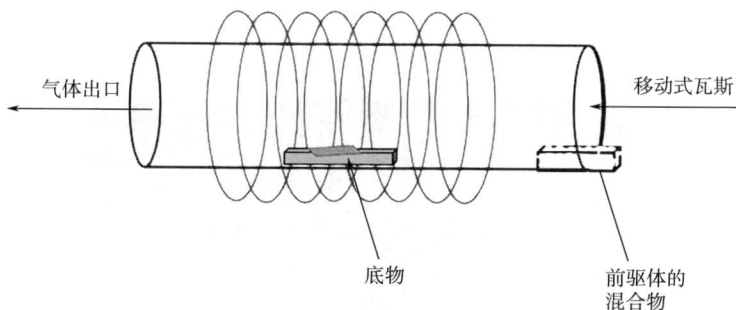

图 2-6　合成 TMDC 的 CVD 装置

　　外延生长是指单晶材料在单晶衬底上有序的或按一定排列的原子生长。外延生长可通过以下几点来实现：一是基底层应该是原子扁平、惰性和不含悬挂键的。二是衬底和 TMDC 表面之间的原子晶格失配最小。三是沿基面，基底与晶体之间应该存在 vdW 相互作用。

　　通过将块体 TMDC 汽化使其沉积在所需基底上，可便捷地制备出纳米结构 TMDC，此法称为 PVD。这种方法容易实现大规模生产。需要注意的是，PVD 的过程中只发生相变，不发生反应。2D 材料的形成只通过相变过程。如果在石英管内部保持低压，使 TMDC 在可实现的高温下容易发生升华，又称低压 PVD，可以通过蒸发或溅射来实现。基底温度、压力和气体流量决定了 TMDC 在基底上的成核速率（图 2-7 和图 2-8）。在 WSe_2 合成过程中，750℃下得到成核密度为 4200 位点 $/mm^2$ 的单层，并生长出边长为 300nm 的单分子层。当温度降低至 735℃时，成核密度降低了 75%，单分子层边长为 10μm。管内整体压力也可影响 TMDC 的分压。

　　种子促进剂是指石墨烯类分子，如 rGO、苝 – 3，4，9，10- 四羧酸四钾盐（PTAS）和苝 –3，4，9，10- 四羧酸二酐（PTCDA）等，用于在 SiO_2/Si 衬底上生长均匀的二维 MoS_2。一些芳香族分子，如酞菁铜（CuPc）和浴铜灵（BCP）也

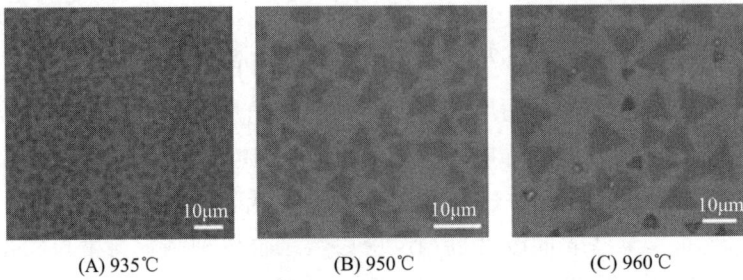

(A) 935℃   (B) 950℃   (C) 960℃

图 2-7 在不同 MoS$_2$ 蒸发温度下合成的单层 MoS$_2$ 的 SEM 图像
资料来源：经 John Wiley and Sons 许可。

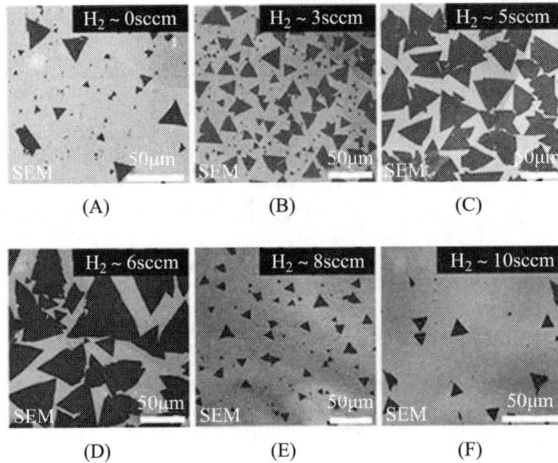

(A)   (B)   (C)

(D)   (E)   (F)

图 2-8 不同氢气流量下 Au 箔上生长 MoS$_2$ 的 SEM 图
资料来源：经 John Wiley 和 Sons 许可。

可以在水溶液中与所需的底物一起纺丝而制备。在不同基质（包括疏水基质）上的热蒸发过程中可以使用一些种子促进剂。PTAS 可用于 WS$_2$ 的合成。

水热合成 TMDC 是生产大批量 2D 材料最常用的方法之一。结合表面修饰剂，可以改变生长各向异性，获得所期望的纳米 TMDC 结构。改性剂一般是表面活性剂或聚合物，用来帮助晶体延特定方向生长。（NH$_4$）$_6$Mo$_7$O$_{24}$·4H$_2$O 和硫脲可制备 MoS$_2$ 纳米片。溶剂热合成的主要缺点是难获得均匀的单层 TMDC，另外选择合适的表面活性剂去促进横向生长的同时阻碍纵向生长也是难点。

2.3.2 石墨烯的合成

CVD 合成的基本步骤是一个易挥发的前驱体可在基底材料特定区域上发生

化学反应，最后在表面生成产物。石墨烯的合成需要碳的气态前驱体和固体金属底物作为催化剂，要求金属底物可吸附高温气态碳。沉积可用于均相的气相沉积，也可用于 TMDC 或非均相的化学反应。过渡金属基底，如 Cu、Au、Pt、Fe、Ni 等通常被用作石墨烯合成的催化剂，这限制了通过 CVD 法在特定金属基表面合成石墨烯的应用。迄今为止所使用的固体碳前驱体有聚甲基丙烯酸甲酯（PMMA）、蔗糖、芴、聚苯乙烯和六氯苯。液体前体物为苯、甲醇和乙醇。气体前体是烃类，如甲烷、乙烯（1000℃）乙炔（650℃）。

以 PMMA 为媒介的纳米转印技术可使石墨烯从金属基底转移到其他基底上。首先，在所需的基体上，通过旋涂滴铸 PMMA 或聚丙烯腈（PAM）。再在 PMA/衬底上溅射铜、镍或金等过渡金属（沉积金属薄层），得到金属/PMA/衬底的薄膜。将制备好的基底裂解（700～1000℃）后，刻蚀金属层，得到期望的石墨烯层。六氯苯也被用来制备单层石墨烯生长的固体前驱体。用铜箔作为催化剂，在 360℃的低温下，提高 HCB 的脱氯速率，生成高质量的石墨烯（图 2-9）。

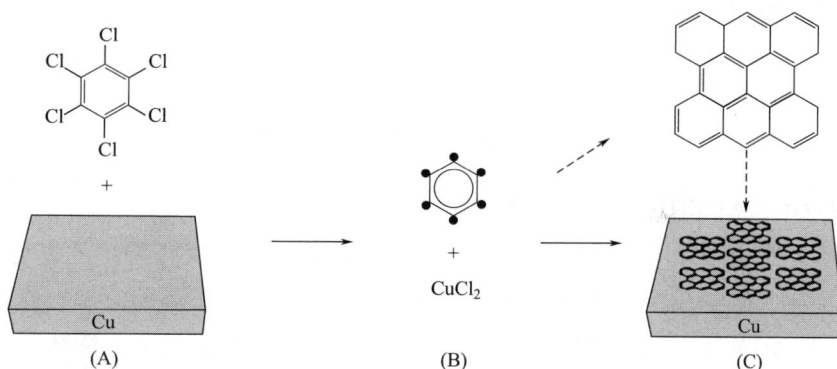

图 2-9　石墨烯片生长示意图

碳在基体（母材）中的溶解度、氢气和氧气的比例、气体流速等参数会影响石墨烯的合成。本节对 CVD 法合成石墨烯的参数进行简要讨论。

碳源（固体、液体或气体）在炉内高温挥发，在流动气体作用下转移到金属基体上。石墨烯的合成路径选择取决于金属基底：一是此法形成的碳原子溶于基体块状材料中，发生偏析并最终沉淀在金属基体表面，得到石墨烯片；二是气态碳原子可以被金属基底吸附，直接得到石墨烯片。

金属碳化物很容易在基体的本体中形成，控制冷却过程可增大石墨烯的获得率。热解碳原子首先溶于催化剂中，然后沉积在催化剂表面（金属基底），生成石墨烯片。也可能发生在碳在金属基体（Cu 和 Au）中溶解度较低的情况下，当温度较高时，碳原子扩散生成石墨烯片层。用 Cu 和 Au 作为基体，可以使表面的成核和生长位点增加，超过碳在体相中的扩散系数。

PMMA、聚苯乙烯和苯可分别作为固体烃和液体烃来源，在1000℃条件下用于在铜箔上生长单层石墨烯（SLG）。在通入甲烷之前，首先通入 H$_2$ 和 Ar 气有助于去除氧化性杂质，进而采用无氧常压化学气相沉积（APCVD）。多层石墨烯（MLG）也是利用具有高碳溶解度的催化剂制备的（图 2-10）。

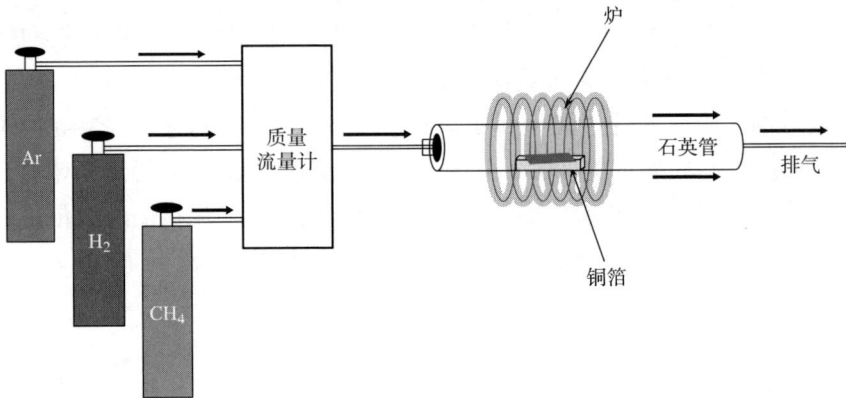

图 2-10　APCVD 合成石墨烯原理图

2.3.2.1　影响石墨烯生长的因素

（1）基底元素。Cu、Ni、Pd、Ru 和 Ir 等通常作为合成石墨烯的基底材料。上述各金属与碳的反应性（溶解性）不同，进而形成的石墨烯的质量、连续性和层数不同。铜和镍基底表现出两种不同的形成机制。在镍基底上，碳在高温下溶解度较高，碳原子进入基体形成碳化物，冷却后析出石墨烯片；而在铜基底上，碳在高温下溶解度降低，碳扩散到一定深度后才开始生成石墨烯。

（2）氧气供应。氧气减少无用的成核密度，能与来自体相和表面的多余碳原子反应，减少成核位点。

（3）氢气供应。氢气可减少表面污染和退火过程中的缺陷，控制石墨烯片层的形状、成核以及层数。过量的氢也会影响石墨烯的质量。石墨烯的吸附能力、稳定性、厚度、活性物质密度也受过量氢气的影响。氧化后的基底无法生长双层石墨烯，因此可以使用氢气去除氧化层。在铜箔上，用 APCVD 法生成石墨烯如图 2-11 所示。图（A）为成核的石墨烯晶粒；图（B）为石墨烯晶粒尺寸随 C-Cu 合金纳米颗粒薄膜收缩而增大；图（C）为第 2 层外延生长在第 1 层上；图（D）为多层外延生长产生的少层石墨烯。

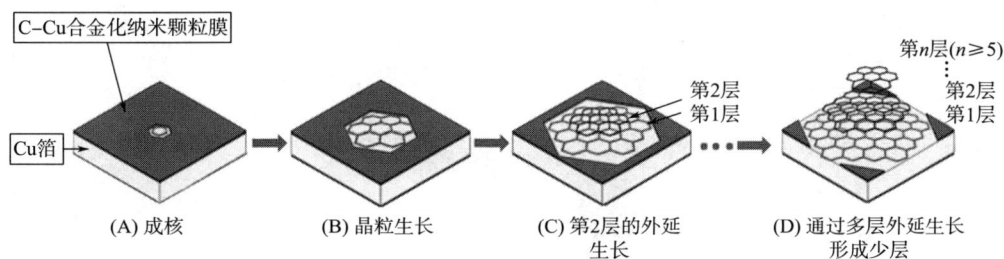

图 2-11　APCVD 法下铜箔上石墨烯生长的示意图

2.3.2.2　石墨烯在不同基底上的转移

在湿化学法中，基底的转移是通过使用一些聚合物，如 PMMA 或聚二甲基硅氧烷（PDMS）保护石墨烯层，再用氯化铁（$FeCl_3$）、盐酸（HCl）、硝酸（HNO_3）、硝酸铁（Ⅲ）[$Fe(NO_3)_3$]、氯化铜（$CuCl_2$）等刻蚀剂（溶剂）去除（腐蚀）下面的金属基体。聚合物保护的石墨烯可以转移到另一个基底上，然后聚合物层用丙酮溶解进而获得所需基底的石墨烯功能层。

干化学方法在转移过程中不涉及任何化学蚀刻剂。在温和的温度和压力下，通过机械剥离初始基片进行直接转移。聚合物涂层的作用是保护石墨烯层，方便转移。

2.3.3　六方氮化硼的合成

CVD 法合成 h-BN 需要某些含硼或同时含硼和氮的前驱体，如 BF_3/NH_3、BCl_3/NH_3、B_2H_6/NH_3。合成 h-BN 最关键的问题是硼和氮在产量子晶格中的化学计量比不可控。用硼嗪（$B_3N_3H_6$）、三氯硼吖嗪（$B_3N_3H_3Cl_3$）或六氯硼嗪（$B_3N_3Cl_6$）等单源前驱体可以实现 B 和 N 类 1：1 的化学计量比。过渡金属的衬底可以用来沉积生长单层或多层 h-BN 薄膜。镍被用作低温（400℃）CVD 生长，以硼嗪为前驱体，在 1000℃退火，得到高质量的 h-BN 薄膜。铜箔也可用作催化剂来大规模制备 h-BN 纳米片。铜箔的热退火和化学抛光（晶粒尺寸和表面平整度增加）导致 h-BN 的异向性降低。铂箔作为活性基底与氨硼烷前驱体用来生成单层 h-BN。此外，使用电化学鼓泡法可以将单层转移到任意基底上。这种电化学过程可以允许快速转移、铂回收和铂箔零残留（图 2-12）。

2.3.4　二维黑磷的合成

块状黑磷（BP）是一种直接带隙 p 型半导体，有 3 种结晶异向体：正交（半导体）、菱形（半金属）和简单立方。以白磷和红磷为原料，采用压力和温度的

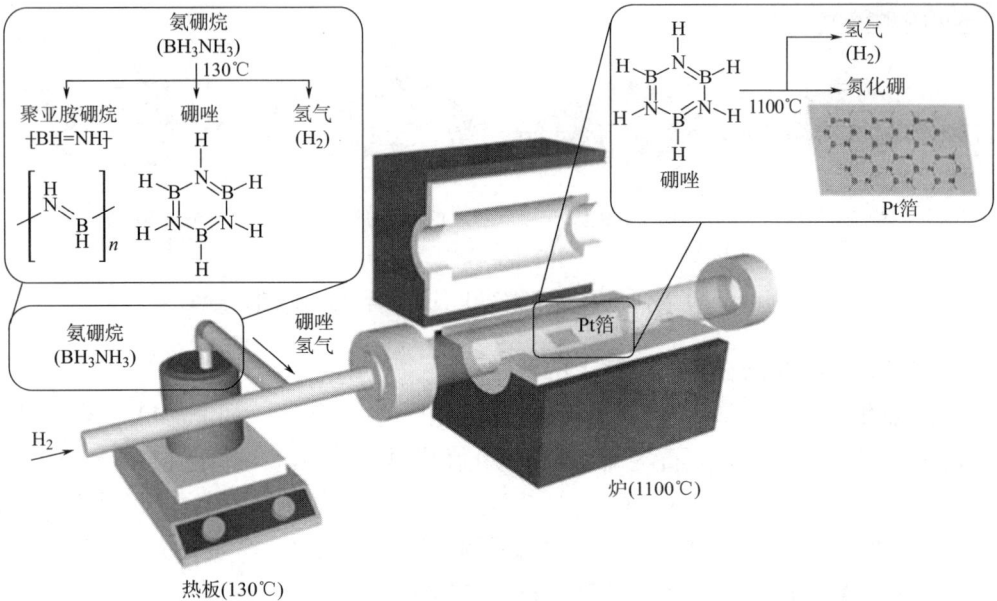

图 2-12　h-BN 生长的低压化学气相沉积（LPCVD）系统示意图

方法可以制备大批量 BP。BP 纳米片是一种单层的块状 BP，又称磷烯。它最早是采用胶带技术（机械剥离）制备的。目前基于 CVD 法合成磷烯的研究报道较少。红磷在氩气中，Sn/SnI_4（矿化剂）在高压下加热，再将混合物在 950℃ 下退火，得到晶相的 2BP 纳米片。

红磷和 NH_4F 在去离子（DI）水中湿法化学合成 BP 纳米片。搅拌后，溶液混合物转移到高压釜中，在 200℃ 下加热 16h，生成 BP 纳米片。

2.4　异质结构的生长

基于堆叠，可以将异质结构分为垂直堆叠异质结构和横向堆叠异质结构［图 2-13（B）］。垂直堆叠的异质结构是在弱的 vdW 力的帮助下，逐层堆叠不同的二维材料，也被称为 vdW 取向生长［图 2-13（C）］。在垂直生长过程中，由于对器件应用来说重要的是电子带隙的不同［图 2-13（A）］，两层间晶格匹配条件松弛，容易形成大量的肖特基（Schottky）和约瑟夫森（Josephson）接触。横向生长要求两种不同的材料在界面处发生原子的晶格匹配，进而拼接在同一平面内。异质结构不仅具有丰富的器件应用特性，而且对于研究层—层相互作用的物理性能也很重要。合成异质结构的两条主要途径是机械法和直接法。机械法会导致面对面异质结构的形成，而直接合成法可以同时生成面对面或边对边异质结构，本节将进行全面地描述。

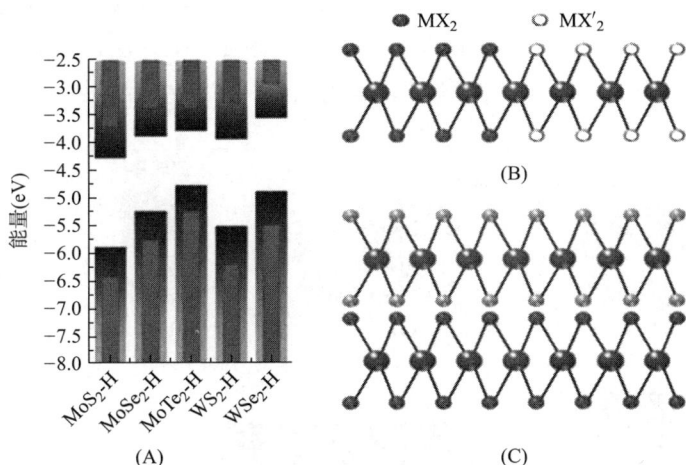

图 2-13　异质结构

2.4.1　面对面 / 垂直堆叠的异质结构

如前所述，垂直堆叠的异质结构可以通过自上而下（机械剥离、化学剥离等）和自下而上（CVD、PVD 等）方法来制备。

2.4.1.1　机械剥离和重叠式 2D 材料

机械剥离方法包括将二维晶体薄层分离，然后通过机械转移过程将其重新叠合在一起，以异质结构的形式组装。原则上涉及两个步骤：一是剥离并将第 1 层二维材料转移到目标基底上；二是将第 2 层二维材料层的剥离和转移到第 1 层上。

在上述两步法工艺中，刻蚀过程中需要一种载体聚合物来保护二维材料层。此方法是制备异质结的成熟工艺。Chiu 和 Hou 等人以 PMMA 为载体聚合物分别成功制备了 MoS_2/WSe_2 和 MoS_2/WS_2 异质结构。将微机械剥离的 WS_2 层转移到 MoS_2 片（剥离和旋涂 PMMA）上，然后以 NaOH 溶液为刻蚀剂去除基底。当衬底被刻蚀掉时，支撑层（本例中为聚合物）对转移的二维材料和最终异质结构的质量起着至关重要的作用。良好的支撑聚合物应具有柔韧性，提供足够的机械支撑，易于从表面去除而不影响薄膜的质量。

结合上述因素，对其他几种支撑聚合物和转移过程也有研究。Furchi 等人利用水溶性聚丙烯酸（PAA）和聚甲基丙烯酸甲酯（PMMA）组成的载体聚合物叠层，

在 MoS_2 表面沉积 WSe_2，在转移过程中将 PAA 溶解在水中，得到 PMMA/WSe_2/MoS_2 层。由于层间耦合对层叠取向的依赖性，转移过程的选择也会影响到第 1 层与第 2 层之间的夹角（也称扭转角），进而影响这些异质结构的性能。还有一种聚二甲基硅氧烷（PDMS）冲压方法，对图 2-14 中显示的界面处的取向进行优化。简单地利用水溶性层间聚合物发展起来的可溶聚合物增强冲压方法，所制材料具有长的层间激子寿命，可用于新的光电领域，如光伏和纳米激光器。

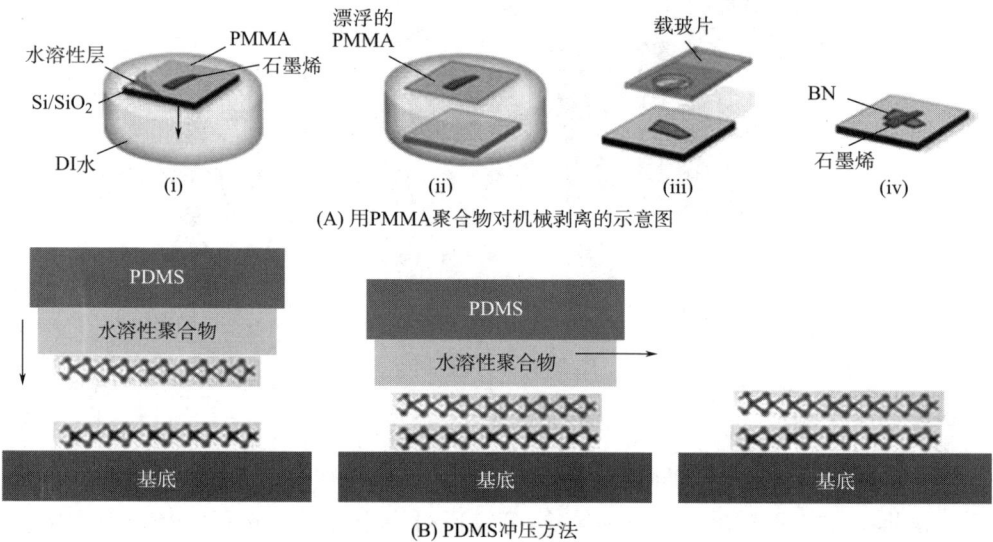

(A) 用PMMA聚合物对机械剥离的示意图

(B) PDMS冲压方法

图 2-14　重叠式异质结构的制备

　　机械剥离的异质结构虽然质量高，但在大规模制备均匀异质结构上缺乏可控和可扩展性，不便于实际应用。此外，此法所制异质结构的界面可能被有机分子污染，即使溶解支撑聚合物后，仍会降低部分异质结的质量。因此直接合成技术对于制备大面积垂直结构异质结的制备至关重要。

2.4.1.2　直接合成路线

　　如前所述，CVD、PVT 等自下而上的技术可用于在特定衬底上合成大面积、高质量的单层膜，采用同样的技术也可在称为 vdW 外延的顶部生长一层来制备异质结构材料。由于层与层之间存在范德瓦耳斯力相互作用易导致晶格失配。因此，防止晶格失配是合成这种异质结构的难点。两步和一步生长工艺可得到异质结构，根据其界面性质可分为 4 种：

　　（1）金属 / 半导体。这类结构主要由石墨烯 /TMDC 异质结构组成，结合了石墨烯的透明性、导电性和可调谐的功函数以及 TMDC 组成和带隙，并将它们集成在一起，形成高性能光电器件。底层石墨烯层的结构和形貌对 TMDC 的均匀生长起着至关重要的作用。为了保证石墨烯生长的均匀性，石墨烯应无悬挂键，表面无皱纹或缺陷。因为 TMDC 会在石墨烯缺陷位置贴层生长，使界面处的层数和层取向难以控制，这是决定器件性能的关键参数（图 2-15）。图 2-15（A）为横截面 MoS_2/QFEG 的 HRTEM 图，表明 MoS_2 在 QFEG 覆盖的 SiC 层边缘成核并沿侧向生长。在这种情况下，石墨烯的厚度在整个台阶上是一致的，导致石墨烯的弯曲和外延石墨烯（EG）层应变的变化。当顶层石墨烯层保持平整时，如图 2-15（B）所示，MoS_2 在不考虑下层形貌变化的情况下生长。当底层石墨烯存在缺陷时，如图 2-15（C）所示，会出现额外的 MoS_2 层，这表明石墨烯中的缺陷可以生成 MoS_2。最后，石墨烯的存在促进了 MoS_2 的成核和生长，而纯碳化硅上往往没有这种成核和生长。

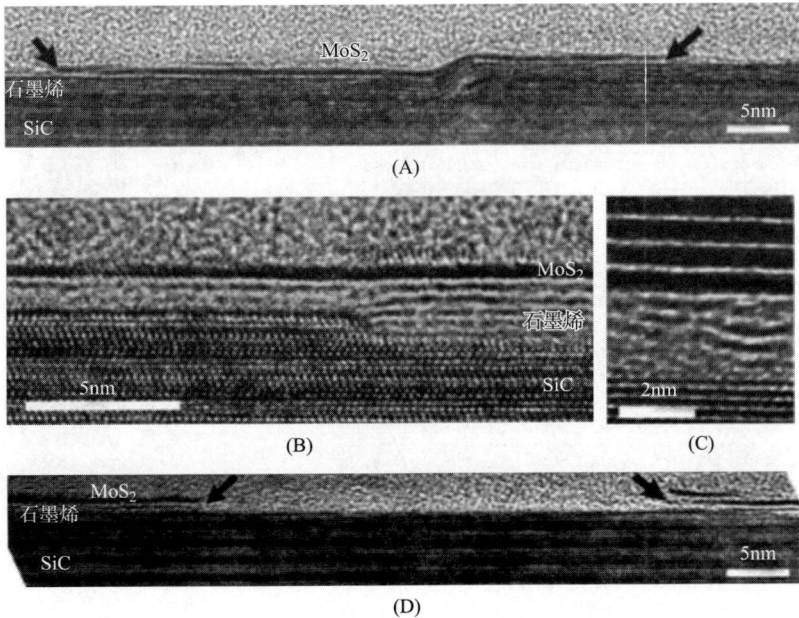

图 2-15　MoS_2/QFEG 的 HRTEM 图

（2）半导体 / 半导体。此结构通常涉及两个不同的 TMDC 半导体层的堆叠，电子结构和光学性质完全不同于原始 TMDC 层可分为 3 类：价带最大值和导带最大值均落在另一种材料的带隙内（跨界）。价带最大值出现在一种材料中，而导带的最小值出现在其他材料中（交错）；其中一种材料的导带极小值低于其他材料的价带极大值（断—隙）。

对于这些异质工艺或者两步 CVD 工艺，都可以归为异质结构制备工艺（图 2-16）。然而，一步法缺乏空间和尺寸控制能力，限制了其大规模应用。Gong 等首先介绍了一种两步法，利用常规 CVD 工艺合成 $WSe_2/MoSe_2$ 异质结构。在 SiO_2/Si 衬底上生长的 $MoSe_2$ 被转移到另一个 CVD 装置中，以 WO_3 和 Se 粉为前驱体在表面生长 WSe_2。这种工艺可得到 169μm 的无交叉污染异质结，为大规模制造 TMDC/TMDC 异质结提供可能。

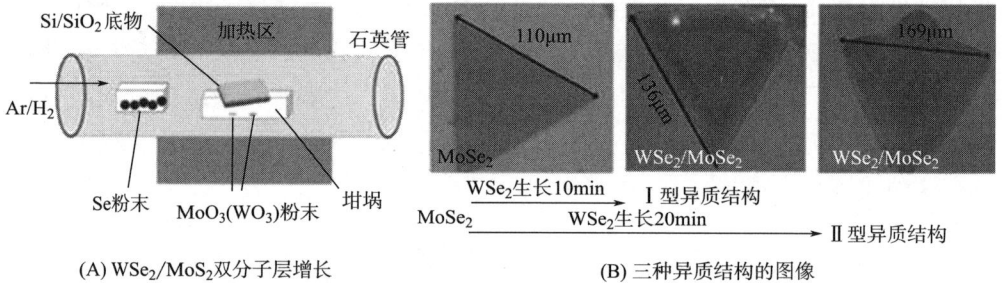

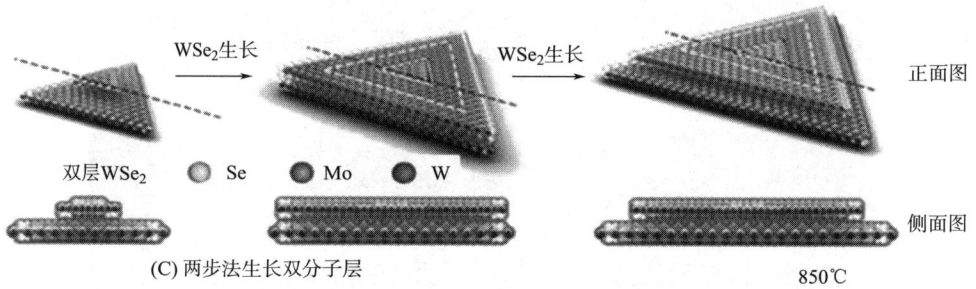

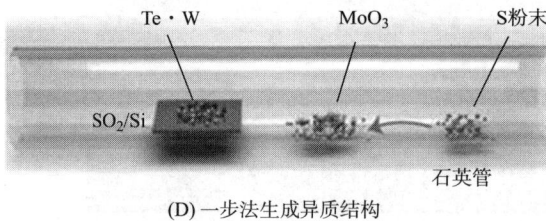

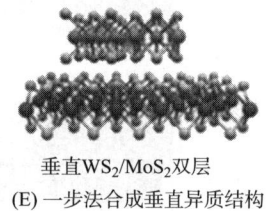

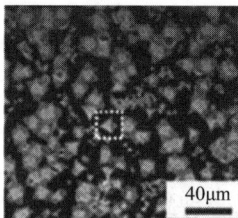

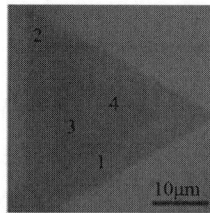

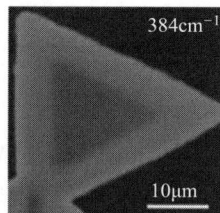

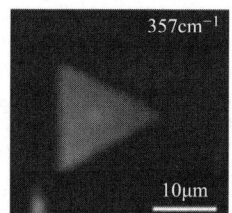

(A) WSe_2/MoS_2 双分子层增长

(B) 三种异质结构的图像

(C) 两步法生长双分子层

850℃

(D) 一步法生成异质结构

(E) 一步法合成垂直异质结构

(F) 垂直异质结构的 SEM

(G) 用于拉曼表征的图像

(H) 384cm⁻¹ 处的拉曼

(I) 357cm⁻¹ 处的拉曼

图 2-16　CVD 法制备 TMDC 垂直异质结构

（3）半导体 / 绝缘体。六方氮化硼作为绝缘体，由于原子平整、化学惰性和表面无悬挂键，是二维材料生长的理想衬底。组合方法（先剥离再 CVD）可以有效地用于合成 TMDC/h–BN 异质结，但在器件上的应用方向仍较为缺乏。为了克服这一困难，Wang 等人提出了一种全 CVD 方法生长 MoS_2/h–BN 垂直异质结构，具有较小的晶格应变、较低的掺杂水平、更清洁和更尖锐的界面以及高质量的层间接触，但这一方法并不能减少 h–BN 从 Cu 衬底转移到非反应衬底的转移步骤。这种转移过程是必须的，因为常见的 h–BN 生长的衬底，如 Cu 和 Ni 都不耐硫化物，会导致层质量下降。Fu 等人提出了一种新的方法，用顶部有钼箔的抗硫化物镍镓合金作为衬底，在 h–BN 表面生长大的区域（可达 200μm）内，不需要转移过程，如图 2-17（A）~（C）所示。这些变化增加了界面的层间相互作用，

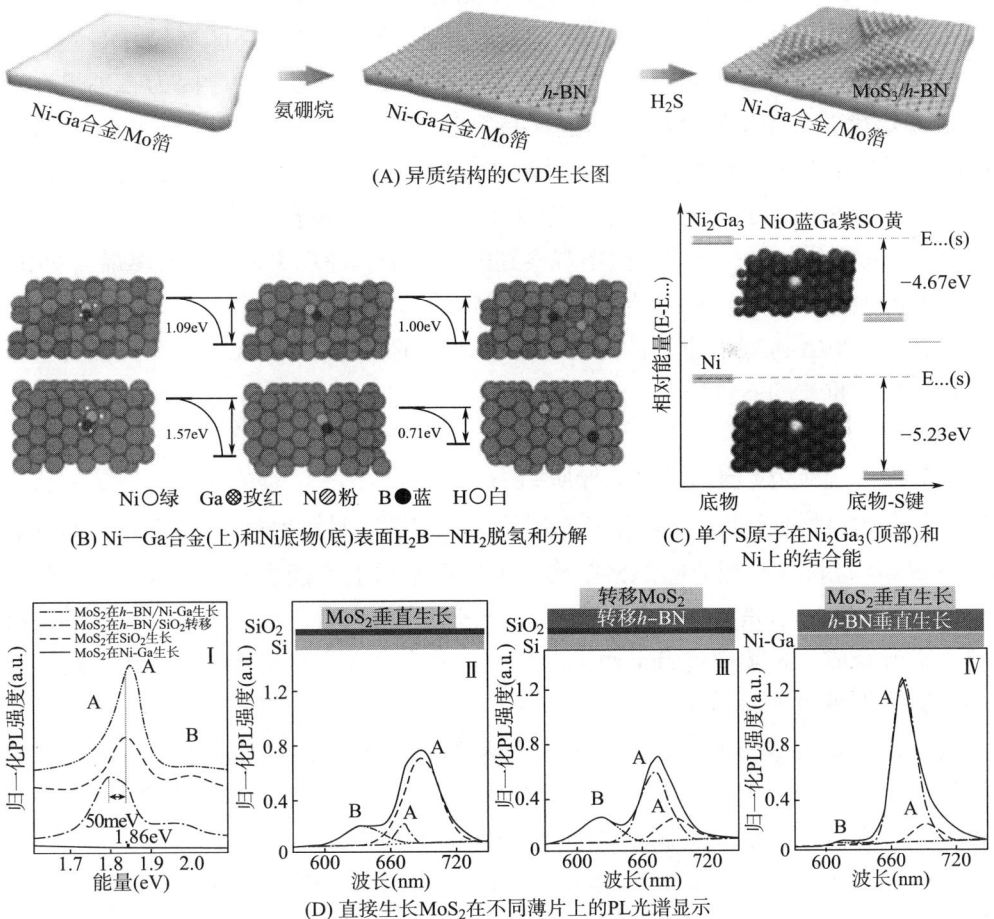

(A) 异质结构的CVD生长图

(B) Ni—Ga合金(上)和Ni底物(底)表面H$_2$B—NH$_2$脱氢和分解

(C) 单个S原子在Ni$_2$Ga$_3$(顶部)和 Ni上的结合能

(D) 直接生长MoS$_2$在不同薄片上的PL光谱显示

图 2-17　叠层 MoS_2/h–BN 异质结构通过 Ni–Ga 合金的生长

改善了器件应用的光致发光和电子特性，如图 2-17（D）所示。（A）为 Ni—Ga 上 MoS$_2$/h–BN 异质结构 CVD 生长的图像；（B）为 Ni—Ga 合金（上）和 Ni 基体（下）表面 H$_2$B—NH$_2$ 脱氢和 BN 分解的模拟；（C）为计算了单个 S 原子在 Ni$_5$Ga$_3$ 和 Ni 上的结合能。（D）直接生长的 TMDCs/h–BN 异质结的光致发光性能（D）在 BN/Ni$_2$Ga、Ni$_2$Ga 或 SiO$_2$ 上直接生长的 MoS$_2$ 的光致发光（PL）谱和转移到 h–BN 上的 MoS$_2$ 的 PL 谱，表明了与独立的 MoS$_2$ 片层（1.86eV，箭头所出）相比有不同带隙。注释表明了 3 个主峰的位置：B 激子跃迁，A 的中性激子跃迁和 A− 的带电激子跃迁。（Ⅰ～Ⅳ）与脉冲式金属 MoS$_2$ 的 PL 峰与 A、A−、B 三个亚峰对应。

（4）金属／绝缘体。另一个极其重要且经常研究的垂直异质结是石墨烯/h–BN 异质结构。虽然 h–BN 可以作为石墨烯合成的优良介电表面，但石墨烯生长会受到 h–BN 惰性催化活性和碳前驱体分解率低的影响。为了克服这一问题，Li 等引入了一种以镍原子为催化剂的二茂镍前驱体路线，实现了高区域尺寸石墨烯的快速生长。采用两步 CVD 法在石墨烯上合成 h–BN 是困难的，因为石墨烯在通过氨硼烷生长 h–BN 的过程中不能保持高温（>1000℃）。另外，h–BN 更稳定，G/h–BN 结构更适合实际应用。使用 h–BN 作为衬底也可以避免常见的石墨烯生长衬底，如 SiO$_2$ 所具有的表面粗糙度大、表面声子和电荷俘获等缺点。

在 h–BN 上合成石墨烯过程中观察到的另一个有趣现象是由于石墨烯与 h–BN 层之间的强相互作用导致石墨烯中一个带隙的打开。

在 h–BN/Ni 衬底上生长的外延单层石墨烯的带隙为 0.5eV，可在扫描隧道谱测量中作为重要的器件应用。

2.4.2 边对边／横向堆叠的异质结构

尽管 2D 材料层间的 vdW 相互作用较弱，但它们是沿着材料平面共价键合的。大多数 2D 材料具有相似的晶格结构，可以在平面上连接起来，形成晶格失配很少的异质结构。但是这些结构不能通过机械剥离或组合方法，将阻碍合成的层叠起来进行合成。必须通过自下而上的合成方法在平面上直接缝合在一起，这需要一个原子尖锐的界面形成边缘到边缘的异质结构。由于晶格匹配条件的要求，很难制备出晶格间失配较大的二维材料异质结构。因此，只有以下类型的异质结构得到验证：金属／绝缘体（尤其是石墨烯和 h–BN）；半导体／半导体（TMDC/TMDC）；金属／半导体（金属 TMDCs/半导体 TMDCs）。

由于石墨烯与 TMDC 之间存在较大的失配，在界面处通过共价键结合形成横向异质结十分困难。尽管有证据表明在 vdW 力较弱的结合部位有异质结生长。这导致在非外延生长的界面处没有取向关系。

石墨烯 /h-BN 横向结构由于具有非常相似的晶格结构及在器件中的重要应用而得到广泛的研究。一步法和两步法 CVD 工艺均有报道（图 2-6）。以甲烷和氨硼烷为前驱体的一步法工艺可以帮助制备杂化片，但不能控制区域和界面的形状和尺寸。两步 CVD 工艺可以通过图案化 CVD 生长 h-BN，再在 h-BN 上生长石墨烯，从而控制区域和界面的形状和尺寸来解决这个问题。

同样，TMDC/TMDC 异质结可以采用一步和两步 CVD 工艺形成。采用两步法制备 WS₂—MoS₂ 横向异质结，MoS₂ 层是以 SiO₂ 为基底合成的，随后在入水测中生长层与水合钨铵和硫粉反应。这样就形成了如图 2-18 所示的最终的横向异质结构。

除了克服晶格失配的难题外，还需要通过阻碍 TMDC 合金的形成来获得良好的界面。同一步法过程一样，这两种前驱体都处于气相中，在较高温度下，热力

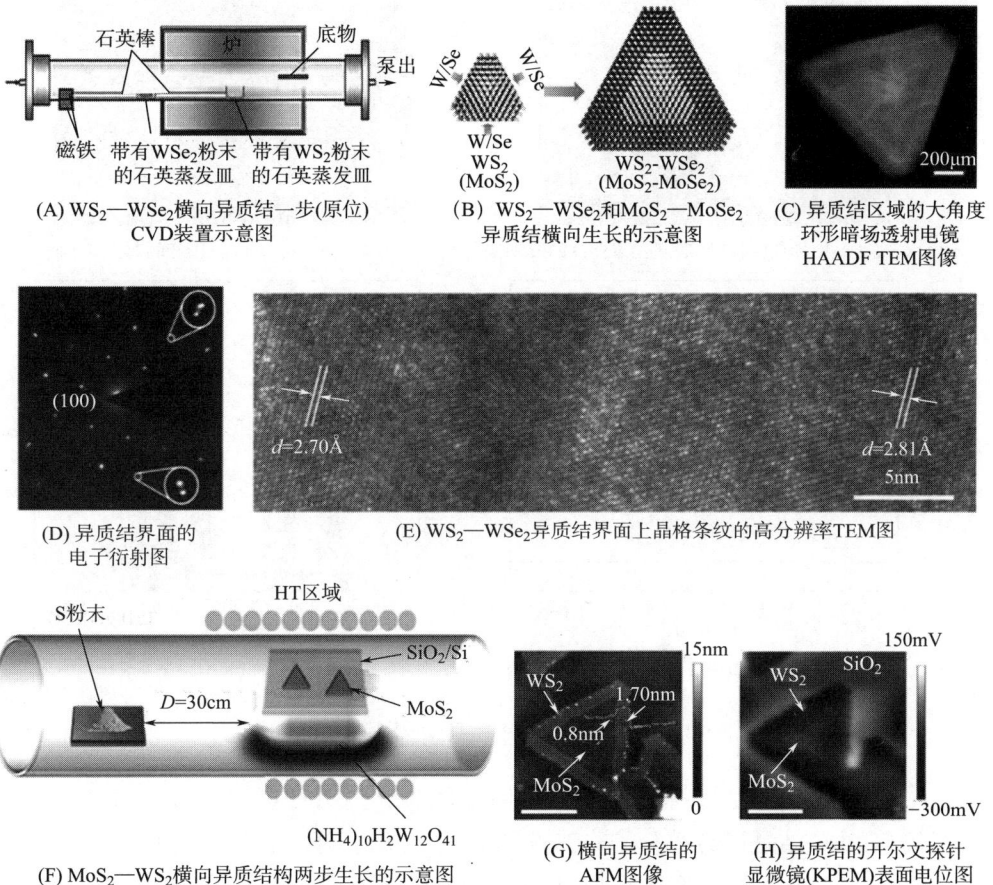

(A) WS₂—WSe₂横向异质结一步(原位)
CVD装置示意图

(B) WS₂—WSe₂和MoS₂—MoSe₂
异质结横向生长的示意图

(C) 异质结区域的大角度
环形暗场透射电镜
HAADF TEM图像

(D) 异质结界面的
电子衍射图

(E) WS₂—WSe₂异质界面上晶格条纹的高分辨率TEM图

(F) MoS₂—WS₂横向异质结构两步生长的示意图

(G) 横向异质结的
AFM图像

(H) 异质结的开尔文探针
显微镜(KPEM)表面电位图

图 2-18　用 CVD 法制备 TMDC 横向异质结构

学上优先生成合金。降低生长温度有助于形成原子尖锐的面内异质结构，但此法不允许使用两种不同的硫族元素。这一问题可以通过两步工艺，精确控制 CVD 第二步使用的 TMDC 前驱体的相对蒸气量来控制。

正如前面讨论的，根据生长条件和工艺，TMDC 可以是金属或半导体。基于此，有可能利用 CVD 工艺合成金属 TMDC—半导体 TMDC 横向异质结构。一般来说，这些异质结构是通过将常规 CVD 生长的 s–TMDC 区域用正丁基锂等化合物处理，将 s–TMDC 转变为 m–TMDC。激发光（EM）和 PL 谱清晰地指示了金属相的形成，如图 2–19 所示。

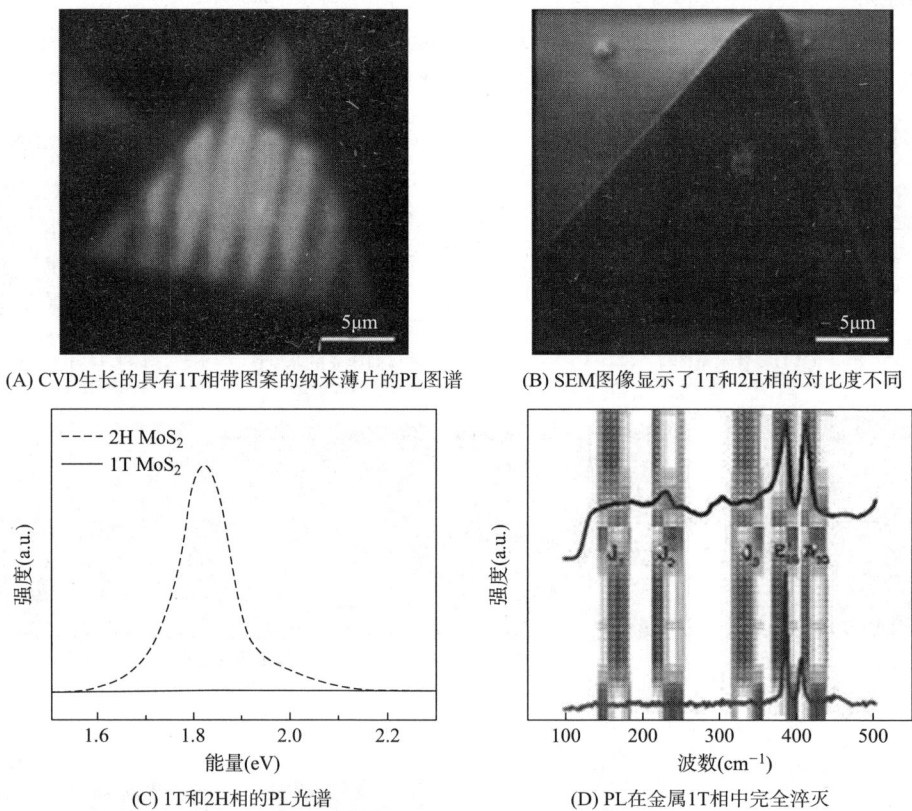

(A) CVD 生长的具有 1T 相带图案的纳米薄片的 PL 图谱

(B) SEM 图像显示了 1T 和 2H 相的对比度不同

(C) 1T 和 2H 相的 PL 光谱

(D) PL 在金属 1T 相中完全淬灭

图 2–19　金属 TMDC 图谱

尽管大晶格失配材料的合成存在诸多困难，但有证据表明在 CVD 过程中，石墨烯 /TMDC 结是以芳香分子作为选择性核，以利于面内异质结构的生长。

生长过程中的温度变化可以在较高的温度下使生长从横向向纵向过渡。利用 W 和 Te 的混合物合成的 MoS_2/WS_2 异质结已经显示出这种温度依赖性。在

650 ~ 850℃ 的较低温度下，WS$_2$ 在 MoS$_2$ 表面的成核势垒很难克服，导致在 MoS$_2$ 边缘成核，因而形成面内异质结构。高温可以克服这种势垒，从而得到垂直异质结构（图 2-20）。图 2-20（A）为 CVD 生长过程示意图；图 2-20（B ~ D）850℃ 合成的垂直 WS$_2$/MoS$_2$ 异质结图像，其中图 2-20（B）为示意图；图 2-20（C）为光学图；图 2-20（D）为高分辨率 STEM Z- 衬度图像，其中的虚线表示结合边缘，两个三角形表示 MoS$_2$（顶部）和 WS$_2$（底部）层的取向。图 2-20（E）~（G）为 650℃ 生长的 WS$_2$—MoS$_2$ 面内异质结的结构；图 2-20（E）为示意图；图 2-20（F）为光学图图（G）为 STEM Z- 衬度图像。图 2-20（G）中的虚线指椅式方向，实线为锯齿方向的原子平面。图（B）和图 2-20（E）中的深色、浅色和白色球分别代表 W、Mo 和 S 原子。图 2-20（D）和图 2-20（G）中的深色、浅色和白色球分别代表 W、Mo 和 S 原子。石墨烯 /h–BN 横向和纵向异质结构也有类似的温控生长。

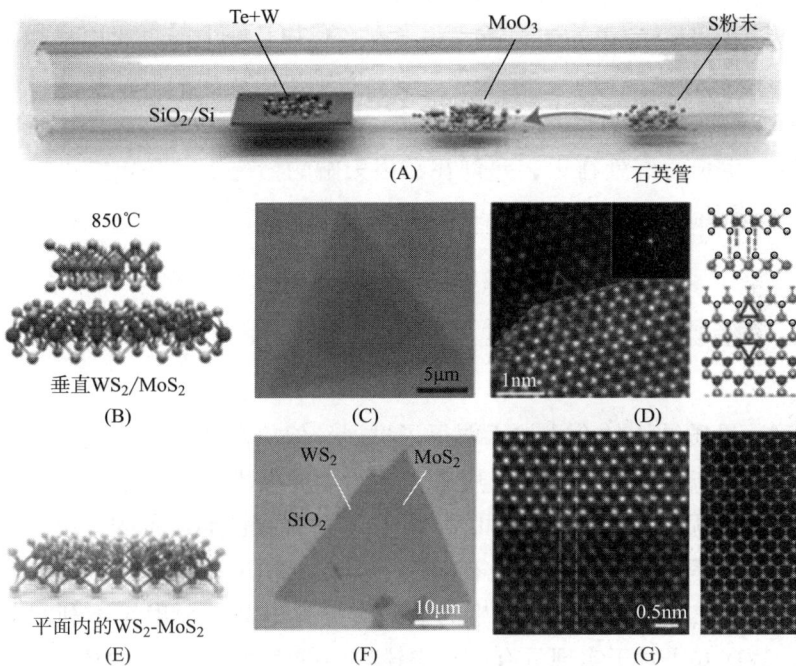

图 2-20　WS$_2$ 和 MoS$_2$ 垂直和平面异质结的温度选择性生长

2.4.3　新兴的合成技术和异质结构

二维异质结构研究面广，随着加工技术的进步，新的二维材料不断涌现。除了上述讨论的石墨烯、TMDCs 和 h–BN 外，黑磷、碲化物、硅烯和 Pt 基硫系异质结构等新型二维材料也被广泛研究。CVD 法生长 MoS_2 后在薄膜顶部剥离黑磷制备的 BP/MoS_2 异质结构，在 633nm 处的最大光响应度为 418mA/W，量子效率为 0.3%。溶液处理也是合成 BP/石墨烯异质结构的理想方法，因为磷在液体环境下稳定性低。NMP 中的溶液剥离有助于 BP 的保护，并可与 GO 分散体结合形成杂化复合材料。BN–BP–BN 异质结构的夹层结构保证了黑磷在湿润环境下质量也不会损失。尽管化学气相沉积（CVD）是一种重要的合成大尺寸材料的技术，但不能大批量生产，且成本较高。液相超声法、电化学插层法和水热合成法等湿化学合成方法可以批量制备这些异质结构。将不同的 2D 材料分别剥离，将剥离后的分散体混合并滴注到所需的基体上，是形成这些杂化复合材料的常用方法。利用 Teflon 内衬高压釜（水热）通过分散合适的化学物质，在非水溶剂中加热到约 200℃，合成这些纳米复合材料也可以同时合成所需的结晶材料。因合成温度较高，结构中的相互作用和稳定性提高。

除了采用 CVD、剥离和湿法化学合成方法外，MBE 也是开发高质量异质结构的有效方法，但异质结的生长需要超高真空。在基底上的沉积速率和温度是影响单层生长以及异质结构生长的重要参数。它利用电子束蒸发器作为过渡金属原子的来源，一个渗出池作为硫族元素来源，它们凝聚在一起并沉积在基底上。利用 MBE 进行生长的好处在于，允许在晶格失配的情况下制备出无可检测缺陷和应变的异质结构。

2.5 结论

尽管 2D 异质结构的合成技术取得了进展，但仍需要开发大规模、无缺陷的 2D 异质结构生产工艺。生产中应用最广的为剥离技术，但非常耗时，涉及的转移过程导致界面质量下降，方向和域大小也不适合高性能设备的应用。

虽然 CVD 等直接生长技术很有前途，但在沉积过程中使用的固体前驱体成分很难精确调控。生长过程中产生的缺陷会导致电荷的散射，不利于器件的应用。所有 CVD 方法对于实现具有原子尖锐界面的大规模异质结的生长非常重要，但将其集成在器件中还有一定的困难。三层结构和三维超晶格等复杂异质结的生长机制仍需进一步探索研究，更好地开发及应用 CVD 技术。

参考文献

［1］ H. Wang, Y. Zhao, Y. Xie, X. Ma, X. Zhang, Recent progress in synthesis of two-dimensional hexagonal boron nitride, J. Semicond. 38（2017）.

［2］ B. Anasori, Y. Xie, M. Beidaghi, J. Lu, B.C. Hosler, L. Hultman, et al., Two-dimensional, ordered, double transition metals carbides（MXenes）, ACS Nano 9（2015）9507-9516.

［3］ N. Li, W. Ong, X. Chen, X. Zhao, P. Chen, The rising star of 2D black phosphorus beyond graphene: Synthesis, properties and electronic applications, 2D Mater. 5（2017）014002.

［4］ K.S. Novoselov, V.I. Fal'Ko, L. Colombo, P.R. Gellert, M.G. Schwab, K. Kim, A roadmap for graphene, Nature 490（2012）192-200.

［5］ A.A. Balandin, Thermal properties of graphene and nanostructured carbon materials, Nat. Mater. 10（2011）569-581.

［6］ H.P. Komsa, A.V. Krasheninnikov, Effects of confinement and environment on the electronic structure and exciton binding energy of MoS$_2$ from first principles, Phys. Rev. B – Condens. Matter Mater. Phys 86（2012）1-6.

［7］ K.F. Mak, C. Lee, J. Hone, J. Shan, T.F. Heinz, Atomically thin MoS$_2$: anew direct-gap semiconductor, Phys. Rev. Lett. 105（2010）2-5.

［8］ S.K. Kim, J.J. Wie, Q. Mahmood, H.S. Park, Anomalous nanoinclusion effects of 2D MoS$_2$ and WS$_2$ nanosheets on the mechanical stiffness of polymer nanocomposites, Nanoscale 6（2014）7430-7435.

［9］ S. Sahoo, A.P.S. Gaur, M. Ahmadi, M.J.F. Guinel, R.S. Katiyar, Temperature-dependent Raman studies and thermal conductivity of few-layer MoS$_2$, J. Phys. Chem. C 117（2013）9042-9047.

［10］ A. Splendiani, L. Sun, Y. Zhang, T. Li, J. Kim, C.Y. Chim, et al., Emerging photoluminescence in monolayer MoS$_2$, Nano Lett. 10（2010）1271-1275.

［11］ D. Kong, H. Wang, J.J. Cha, M. Pasta, K.J. Koski, J. Yao, et al., Synthesis of MoS$_2$ and MoSe$_2$ films with vertically aligned layers, Nano Lett. 13（2013）1341-1347.

［12］ V. Nicolosi, M. Chhowalla, M.G. Kanatzidis, M.S. Strano, J.N. Coleman, Liquid exfoliation of layered materials, Science 340（80）（2013）72-75.

［13］ H. Tao, Y. Zhang, Y. Gao, Z. Sun, C. Yan, J. Texter, Scalable exfoliation and dispersion of two-dimensional materials-an update, Phys. Chem. Chem. Phys. 19（2017）921-960.

［14］ A. Ambrosi, M. Pumera, Exfoliation of layered materials using electrochemistry, Chem. Soc. Rev. 47（2018）7213-7224.

［15］ Z. Cai, B. Liu, X. Zou, H.M. Cheng, Chemical vapor deposition growth and applications of two-dimensional materials and their heterostructures, Chem. Rev. 118（2018）6091-6133.

［16］ E. Soolo, Honeycomb Carbon: A Review of Graphene. What is graphene? 2010, pp. 132-145.

［17］ A.K. Novoselov, S.V. Geim, D. Morozov, Y. Jiang, S.V. Zhang, I.V. Dubonos, et al., Electric field effect in atomically thin carbon films, 666（2013）666-669.

［18］ A.K. Geim, I.V. Grigorieva, Van der Waals heterostructures, Nature 499（2013）419-425.

［19］ J.R. Brent, Exfoliation and Synthesis of Two-Dimensional Semiconductor Nanomaterials, 2016.

［20］ R.F. Frindt, Single Crystals of MoS$_2$ Several Molecular Layers Thick, 1928, 1966, pp. 13-15.

［21］ S. Wu，K.S. Hui，K.N. Hui，2D Black Phosphorus : From Preparation to Applications for Electrochemical Energy Storage，1700491，2018.

［22］ N. Agraït，Optical identification of atomically thin dichalcogenide crystals，213116，2014，pp.94–97.

［23］ A. Castellanos-gomez，E. Navarro-moratalla，G. Mokry，J. Quereda，E. Pinilla，Fast and reliable identification of atomically thin layers of TaSe₂ crystals，6，2013，pp. 191–199.

［24］ K.S. Novoselov，D. Jiang，F. Schedin，T.J. Booth，V.V. Khotkevich，S.V. Morozov，et al.，Two-dimensional atomic crystals，102，2005，pp. 10451–10453.

［25］ R. Molenaar，K. Gacem，M. Boukhicha，Z. Chen，A. Shukla，High quality 2D crystals made by anodic bonding : a general technique for layered materials，2012.

［26］ V.A. Online，M.A. Ibrahem，T. Lan，J.K. Huang，Y. Chen，K. Wei，et al.，RSC Adv.（2013）13193–13202.

［27］ K.M. Boopathi，Y. Hsiao，C. Chen，Diselenide to nanoscaled sheet，rod，and particle structures for Pt-free dye-sensitized solar cells，2014，11382–11390.

［28］ Z. Shen，J. Li，M. Yi，X. Zhang，Preparation of graphene by jet cavitation，2011.

［29］ B. Stoffel，B. Sirok，Development of a cavitation erosion model，261（2006）642–655.

［30］ D. Lohse，C. Wittenberg，Cavitation hots up，434（2005）.

［31］ Y. Hernandez，V. Nicolosi，M. Lotya，F.M. Blighe，Z. Sun，S. De，et al.，High-yield production of graphene by liquid-phase exfoliation of graphite，563–568.

［32］ J.N. Coleman，M. Lotya，A.O. Neill，S.D. Bergin，P.J. King，U. Khan，et al.，Produced by liquid exfoliation of layered materials，331（2011）568–572.

［33］ L.I. Jinzhi，Y.I. Min，S. Zhigang，M.A. Shulin，Z. Xiaojing，X. Yushan，Experimental study on a designed jet cavitation device for producing two-dimensional nanosheets，55（2012）2815–2819.

［34］ Varrla E.，Backes C.，Paton K.R.，Harvey A.，Gholamvand Z.，Mccauley J. and et al.，2015 Large-Scale Production of Size-Controlled MoS₂ Nanosheets by Shear Exfoliation，2015.

［35］ C.P. Wong，S. Yagang，As featured in，2012.

［36］ U. Khan，H. Porwal，A.O. Neill，K. Nawaz，P. May，J.N. Coleman，Solvent-Exfoliated Graphene at Extremely High Concentration，2011，9077–9082.

［37］ V.A. Online，Strongly Luminescent Monolayered MoS₂ Prepared by Effective Ultrasound Exfoliation，2013，33873394.

［38］ V.A. Online，W. Qiao，S. Yan，X. He，X. Song，Z. Li，et al.，RSC Advances Efficient Liquid-Exfoliation of MoS₂ Nanosheets，2014，50981–50987.

［39］ S. Zhang，H. Choi，H. Yue，W. Yang，Controlled exfoliation of molybdenum disulfide for developing thin film humidity sensor，14（2014）264–268.

［40］ Y. Hernandez，M. Lotya，D. Rickard，S.D. Bergin，J.N. Coleman，Measurement of multicomponent solubility parameters for graphene facilitates solvent discovery，3（2010）3208–3213.

［41］ S. Zu，B. Han，Aqueous Dispersion of Graphene Sheets Stabilized by Pluronic Copolymers : Formation of，2009，13651–13657.

［42］ J.I. Paredes，P. Solı，J.M.D. Tasco，High-throughput production of pristine graphene in an aqueous dispersion assisted by non-ionic surfactants，9（2010）.

［43］ J. Liu，Z. Zeng，X. Cao，G. Lu，L. Wang，Q. Fan，Preparation of MoS₂-Polyvinylpyrrolidone Nanocomposites for Flexible Nonvolatile Rewritable Memory Devices with Reduced Graphene Oxide Electrodes，2012，pp. 35173522.

［44］　V.A. Online，A.W. Sham，S.M. Notley，Soft Matter（2013）6645 6653.

［45］　R. Anbazhagan，H. Wang，H. Tsai，R. Jeng，Highly concentrated MoS₂ nanosheets in water achieved by thioglycolic acid as stabilizer and used as biomarkers，RSC Adv.（2014）42936 42941.

［46］　A. Chae，S. Park，B. Min，J.S. Ponraj，Z. Xu，S. Chander，et al.，Dielectric nanosheets made by liquidphase exfoliation in water and their use in graphene‐ based electronics dielectric nanosheets made by liquid‐phase exfoliation in water and their use in graphene‐based electronics，（2014）0–10.

［47］　R.S.C. Advances，K. Zhou，S. Jiang，C. Bao，L. Song，B. Wang，et al.，Preparation of poly（vinyl alcohol）nanocomposites with molybdenum disulfide（MoS₂）: structural characteristics and markedly enhanced properties，RSC Adv.（2012）11695–11703.

［48］　R. Bissessur，D. Gallant，R. Br，ning，Novel nanocomposite material consisting of poly［oxymethylene‐（oxyethylene）］and molybdenum disulfide，82（2003）316–320.

［49］　E. Ch，Preparation of Nanosheets by Ultrasonic Exfoliation With the Aidof Surfactant Poly（vinylpyrrolidone），2012，pp. 732–734.

［50］　P. May，U. Khan，J.M. Hughes，J.N. Coleman，Role of Solubility Parameters in Understanding the Steric Stabilization of Exfoliated Two‐Dimensional Nanosheets by Adsorbed Polymers，2012.

［51］　V.A. Online，S. Kim，J.J. Wie，Q. Mahmood，H.S. Park，Anomalous Nanoinclusion Effects of 2D MoS₂ and WS₂ Nanosheets on the Mechanical Stiffness of Polymer Nanocomposites，2014，pp. 7430–7435.

［52］　K. Zhou，J. Liu，B. Wang，Q. Zhang，Y. Shi，S. Jiang，et al.，Facile preparation of poly（methyl methacrylate）/ MoS₂ nanocomposites via in situ emulsion polymerization，Mater. Lett. 126（2014）159–161.

［53］　D.J. Finn，M. Lotya，G. Cunningham，R.J. Smith，D. Mccloskey，J.F. Donegan，et al.，MoS₂ nanosheets for printed device applications，（2014）925–932.

［54］　V. Photocatalysis，M.D.J. Quinn，N.H. Ho，S.M. Notley，Aqueous Dispersions of Exfoliated Molybdenum Disulfide for Use in Visible‐Light Photocatalysis，2013.

［55］　S.M. Notley，Journal of colloid and interface science high yield production of photoluminescent tungsten disulphide nanoparticles，J. Colloid Interface Sci. 396（2013）160–164.

［56］　A.O. Neill，U. Khan，J.N. Coleman，Preparation of High Concentration Dispersions of Exfoliated MoS₂ With Increased Flake Size，2012.

［57］　H. Performance，M. Particles，T. Wang，D. Gao，J. Zhuo，Z. Zhu，Size‐Dependent Enhancement of Electrocatalytic Oxygen‐Reduction，2013，pp. 11939–11948.

［58］　P.O. Brien，RSC advances exfoliation of molybdenite minerals from several，2014，pp. 35609–35613.

［59］　K.R. Paton，Exfoliation in liquids，13（2014）.

［60］　M S. Whittingham，F.R.G. Jr，No Title i，1975.

［61］　A. Ambrosi，Lithium Intercalation Compound Dramatically Influences the Electrochemical Properties of Exfoliated MoS₂，2014，pp. 605–612.

［62］　G.S. Bang，K.W. Nam，J.Y. Kim，J. Shin，J.W. Choi，S. Choi，Effective Liquid‐Phase Exfoliation and Sodium Ion Battery Application of MoS₂ Nanosheets，2014，pp. 27.

［63］　J. Zheng，H. Zhang，S. Dong，Y. Liu，C.T. Nai，H.S. Shin，et al.，High yield exfoliation of two‐dimensional chalcogenides using sodium naphthalenide，Nat. Commun. 5（2014）1–7.

［64］　A.N. Enyashin，L. Yadgarov，L. Houben，I. Popov，M. Weidenbach，R. Tenne，et al.，New Route for Stabilization of 1T–WS$_2$ and MoS$_2$ Phases，2011，pp. 24586–24591.

［65］ M.A. Lukowski, A.S. Daniel, F. Meng, A. Forticaux, L. Li, S. Jin, Enhanced Hydrogen Evolution Catalysis From Chemically Exfoliated Metallic MoS$_2$ Nanosheets，2013，pp. 1–4.

［66］ J.H. Lee, W.S. Jang, S.W. Han, H.K. Baik, Efficient Hydrogen Evolution by Mechanically Strained MoS$_2$ Nanosheets，2014.

［67］ C. Nanoparticles, U. Gupta, B.G. Rao, U. Maitra, B.E. Prasad, C.N.R. Rao, Visible–Light–Induced Generation of H$_2$ by Nanocomposites of Few–Layer，2014，pp. 1311–1315.

［68］ D. Voiry, H. Yamaguchi, J. Li, R. Silva, D.C.B. Alves, T. Fujita, et al., Exfoliated WS$_2$ nanosheets for hydrogen evolution，Nat. Mater. 12（2013）850–855.

［69］ D. Voiry, M. Salehi, R. Silva, T. Fujita, M. Chen, T. Asefa, et al., Conducting MoS$_2$ Nanosheets as Catalysts for Hydrogen Evolution Reaction，2013.

［70］ L. Guardia, J.I. Paredes, J.M. Munuera, S. Villar–rodil, M. Aya, A. Mart, et al., Chemically Exfoliated MoS$_2$ Nanosheets as an Efficient Catalyst for Reduction Reactions in the Aqueous Phase，2014.

［71］ U. Gupta, B.S. Naidu, U. Maitra, A. Singh, S.N. Shirodkar, U.V. Waghmare, et al., Characterization of few–layer 1T–MoSe$_2$ and its superior performance in the visible–light induced hydrogen evolution reaction，092802（2015）.

［72］ X. Fan, Y. Yang, P. Xiao, W. Lau, Single–layer polytypes for hydrogen evolution：basal plane and edges，（2014）20545–20551.

［73］ U. Maitra, U. Gupta, M. De, R. Datta, A. Govindaraj, C.N.R. Rao, Highly Effective Visible–Light–Induced H$_2$ Generation by Single–Layer 1T–MoS$_2$ and a Nanocomposite of Few–Layer 2H–MoS$_2$ With Heavily Nitrogenated Graphene Angewandte, 2, 2013, pp. 13057–13061.

［74］ R. Kappera, D. Voiry, S.E. Yalcin, B. Branch, G. Gupta, A.D. Mohite, et al., Phase–engineered low–resistance contacts for ultrathin MoS$_2$ transistors，Nat. Mater. 13（2014）1128–1134.

［75］ X. Yang, W. Fu, W. Liu, J. Hong, Y. Cai, C. Jin, et al., Engineering crystalline structures of two–dimensional MoS$_2$ sheets for high–performance organic solar cells，J. Mater. Chem. A 2（2014）7727–7733.

［76］ G. Eda, H. Yamaguchi, D. Voiry, T. Fujita, M. Chen, M. Chhowalla, Photoluminescence from chemically exfoliated MoS$_2$，Nano Lett. 11（2011）5111–5116.

［77］ W. Yin, L. Yan, J. Yu, G. Tian, L. Zhou, X. Zheng, et al., High–Throughput Synthesis of Single–Layer MoS$_2$ Nanosheets as a Near– Infrared Photothermal–Triggered Drug Delivery for Effective Cancer Therapy，2014，pp. 6922–6933.

［78］ Y. Yong, L. Zhou, Z. Gu, L. Yan, G. Tian, X. Zheng, et al., Nanoscale Combined Photodynamic and Photothermal Therapy of Cancer Cells，2014，pp. 10394–10403.

［79］ S. Patil, A. Harle, S. Sathaye, K. Patil, Development of a novel method to grow mono–/c，2014，pp. 10845–10855.

［80］ Y. Huang, J. Wu, X. Xu, Y. Ho, G. Ni, Q. Zou, et al., An innovative way of etching MoS$_2$：characterization and mechanistic investigation，6（2013）200–207.

［81］ J. Wu, H. Li, Z. Yin, H. Li, J. Liu, X. Cao, et al., Layer Thinning and Etching of Mechanically Exfoliated MoS$_2$ Nanosheets by Thermal Annealing in Air，2013，pp. 3314–3319.

［82］ M. Yamamoto, T.L. Einstein, M.S. Fuhrer, W.G. Cullen, Anisotropic Etching of Atomically Thin MoS$_2$，2013.

［83］ V.A. Online，Layer–by–layer thinning of MoS$_2$ by thermal annealing，2013，pp. 8904–8908.

［84］ M. Barkelid，A.M. Goossens，V.E. Calado，H.S.J.V.D. Zant，G.A. Steele，Laser–Thinning of MoS$_2$: On Demand Generation of a Single–Layer Semiconductor，2012，pp. 1–6.

［85］ Y. Liu，H. Nan，X. Wu，W. Pan，W. Wang，J. Bai，et al.，Layer–by–Layer Thinning of MoS$_2$ by Plasma，2013，4202–4209.

［86］ M. Coros，F. Pog，C. Socaci，M. Ros，G. Borodi，L. Magerus，et al.，RSC Advances electrochemical exfoliation of graphite rods，2016，2651–2661.

［87］ J.M. Munuera，J.I. Paredes，M. Enterr，A. Paga，M.F.R. Pereira，J.I. Martins，et al.，Electrochemical Exfoliation of Graphite in Aqueous Sodium Halide Electrolytes Toward Low Oxygen Content Graphene for Energy and Environmental Applications，2017.

［88］ C. Hsieh，J. Hsueh，RSC Advances from a natural graphite flask in the presence of sulfate ions at different temperatures，2016，64826–64831.

［89］ S.T. Hossain，R. Wang，Electrochemical Exfoliation of Graphite : Effect of Temperature and Hydrogen Peroxide Addition Electrochimica Acta Electrochemical Exfoliation of Graphite : Effect of Temperature and Hydrogen Peroxide Addition，2017.

［90］ R. Singh，C.C. Tripathi，Science direct electrochemical exfoliation of graphite into graphene for flexible supercapacitor application，Mater. Today Proc. 5（2018）1125–1130.

［91］ H. Wang，C. Wei，K. Zhu，Y. Zhang，C. Gong，J. Guo，et al.，Preparation of Graphene Sheets by Electrochemical Exfoliation of Graphite in Confined Space and Their Application in Transparent Conductive Films，2017.

［92］ P.C. Shi，J.P. Guo，X. Liang，S. Cheng，H. Zheng，Y. Wang，et al.，AC SC，Carbon N. Y.（2017）.

［93］ Z. Sofer，M. Pumera，S. Petr，New. J. Chem. 38（2014）.

［94］ X. Jiat，B. Yan，Z. Hiew，K. Chiew，L. Yee，S. Gan，et al.，Review on graphene and its derivatives : synthesis methods and potential industrial implementation，J. Taiwan. Inst. Chem. Eng.（2018）.

［95］ C.K. Chua，M. Pumera，Chemical reduction of graphene oxide : a synthetic chemistry viewpoint，Chem. Soc. Rev.（2014），291–312.

［96］ G. Yoon，D. Seo，K. Ku，J. Kim，S. Jeon，K. Kang，Factors Affecting the Exfoliation of Graphite Intercalation Compounds for Graphene Synthesis，2015.

［97］ D. Konios，M.M. Stylianakis，E. Stratakis，E. Kymakis，Journal of colloid and interface science dispersion behaviour of graphene oxide and reduced graphene oxide，J. Colloid Interface Sci. 430（2014）108–112.

［98］ Y.U. Shang，D. Zhang，Y. Liu，C. Guo，Preliminary comparison of different reduction methods of graphene oxide 38（2015）7–12.

［99］ D.R. Dreyer，S. Park，W. Bielawski，R.S. Ruoff，The chemistry of graphene oxide，2010.

［100］ X. Mei，J. Ouyang，Ultrasonication–assisted ultrafast reduction of graphene oxide by zinc powder at room temperature，Carbon N. Y. 49（2011）5389–5397.

［101］ D.R. Dreyer，S. Murali，Y. Zhu，S. Ruoff，C.W. Bielawski，Reduction of graphite oxide using alcohols，2011.

［102］ W. Chen，L. Yan，P.R. Bangal，Chemical Reduction of Graphene Oxide to Graphene by Sulfur–Containing Compounds，2010，pp. 19885–19890.

［103］ Z. Bo，X. Shuai，S. Mao，H. Yang，J. Qian，J. Chen，et al.，Green preparation of reduced graphene oxide for sensing and energy storage applications，2014，1–8.

［104］ L.G. Guex，B. Sacchi，K.F. Peuvot，R.L. Andersson，A.M. Pourrahimi，V. Ström，et al.，

Nanoscale experimental review : chemical reduction of graphene oxide (GO) to reduced graphene oxide (rGO) by aqueous chemistry, 2017, 9562–9571.

［105］ P. Khanra, T. Kuila, N. Hoon, S. Hyeong, D. Yu, J. Hee, Simultaneous bio-functionalization and reduction of graphene oxide by baker's yeast, Chem. Eng. J. 183 (2012) 526–533.

［106］ P.V. Kumar, N.M. Bardhan, G. Chen, Z. Li, A.M. Belcher, J.C. Grossman, New insights into the thermal reduction of graphene oxide : Impact of oxygen clustering, Carbon N. Y. 100 (2016) 90–98.

［107］ X. Zheng, Y. Peng, Y. Yang, J. Chen, H. Tian, Hydrothermal reduction of graphene oxide; effect on surface–enhanced Raman scattering, 2016.

［108］ W. Chen, L. Yan, Preparation of graphene by a low–temperature thermal reduction at atmosphere pressure, 2010, 559–563.

［109］ D. Voiry, R. Fullon, C. Lee, H.Y. Jeong, H.S. Shin, M. Chhowalla, High–quality graphene via microwave reduction of solution–exfoliated graphene oxide, 353 (2016) 1430–1433.

［110］ V. Abdelsayed, S. Moussa, H.M. Hassan, H.S. Aluri, M.M. Collinson, M.S. El–shall, Photothermal Deoxygenation of Graphite Oxide With Laser Excitation in Solution and Graphene–Aided Increase in Water Temperature, 2010, 2804–2809.

［111］ Y.S. Yun, G. Yoon, M. Park, S.Y. Cho, H. Lim, H. Kim, et al., Restoration of thermally reduced graphene oxide by atomic–level selenium doping, 8 (2016) e338–338.

［112］ M.D. Stoller, S. Park, Y. Zhu, J. An, R.S. Ruoff, Graphene–Based Ultracapacitors, 2008, 6–10.

［113］ H. Zhou, F. Yu, Y. Huang, J. Sun, Z. Zhu, R.J. Nielsen, et al., Efficient hydrogen evolution by ternary molybdenum sulfoselenide particles on self–standing porous nickel diselenide foam, Nat. Commun. 7 (2016) 1–7.

［114］ F. Wang, J. Li, F. Wang, T.A. Shifa, Z. Cheng, Z. Wang, et al., Enhanced electrochemical H_2 evolution by few–layered metallic WS $(1-x)$ Se$_{2x}$ nanoribbons, Adv. Funct. Mater. 25 (2015) 6077–6083.

［115］ Y. Zhan, Z. Liu, S. Najmaei, P.M. Ajayan, J. Lou, Large–Area Vapor–Phase Growth and Characterization of MoS$_2$ Atomic Layers on a SiO$_2$ Substrate, 2012, 966–971.

［116］ C. Chang, H. Li, Y. Shi, H. Zhang, C. Lai, L. Li, Growth of Large–Area and Highly Crystalline MoS$_2$ Thin Layers on Insulating Substrates, 2012.

［117］ Y. Zhang, Y. Zhang, Q. Ji, J. Ju, H. Yuan, J. Shi, et al., Controlled Growth of High–Quality Monolayer WS$_2$ Layers on Sapphire, 2013, 8963–8971.

［118］ Y. Chang, O.W. Zhang, O.Y. Zhu, Y. Han, J. Pu, J. Chang, et al., Monolayer MoSe$_2$ Grown by Chemical Vapor Deposition for Fast Photodetection, 2014, 8582–8590.

［119］ M.J. Mleczko, C. Zhang, H.R. Lee, H. Kuo, B. Magyari–köpe, R.G. Moore, et al., HfSe$_2$ and ZrSe$_2$: two–dimensional semiconductors with native high– k oxides, 2017.

［120］ J. Zhou, F. Liu, J. Lin, X. Huang, J. Xia, B. Zhang, et al., Large–Area and High–Quality 2D Transition Metal Telluride, 2017.

［121］ B. Liu, M. Fathi, L. Chen, A. Abbas, C. Zhou, E. Engineering, et al., Chemical Vapor Deposition Growth of Monolayer WSe$_2$ With Tunable Device Characteristics and Growth, 2015, 6119–6127.

［122］ X. He, F. Liu, P. Hu, W. Fu, X. Wang, Q. Zeng, et al., Chemical Vapor Deposition of High–Quality and Atomically Layered ReS, 2 (2015) 1–7.

［123］ L. Zhou，K. Xu，A. Zubair，A.D. Liao，W. Fang，F. Ouyang，et al.，Large-Area Synthesis of High-Quality Uniform Few-Layer MoTe，2（2015）2–5.

［124］ E.S. Peters，C.J. Carmalt，I.P. Parkin，Dual-source chemical vapour deposition of titanium sulfide thin films from tetrakisdimethylamidotitanium and sulfur precursors，2004.

［125］ Y. Lee，X. Zhang，W. Zhang，M. Chang，C. Lin，K. Chang，et al.，Synthesis of Large-Area MoS$_2$ Atomic Layers with Chemical Vapor Deposition，2012，2320–2325.

［126］ H. Wang，X. Huang，J. Lin，J. Cui，Y. Chen，C. Zhu，et al.，Grown by chemical vapour deposition，1–8.

［127］ X. Wang，J. Lin，Y. Zhu，C. Luo，K. Suenaga，C. Cai，et al.，Chemical vapor deposition of trigonal prismatic，2017，16607–16611.

［128］ H. Wang，Y. He，H. He，Q. Fu，K. Suenaga，T. Yu，Controlled Synthesis of Atomically Thin 1T-TaS 2 for Tunable Charge Density Wave Phase Transitions，2016，pp. 16.

［129］ X. Wang，Y. Sheng，R. Chang，J.K. Lee，Y. Zhou，S. Li，et al.，Chemical vapor deposition growth of two-dimensional monolayer gallium sulfide crystals using hydrogen reduction of Ga$_2$S$_3$，ACS Omega 3（2018）7897–7903.

［130］ H. Chang，C. Tu，K. Lin，J. Pu，T. Takenobu，C. Hsiao，et al.，Synthesis of Large-Area InSe Monolayers by Chemical Vapor Deposition，1802351（2018）1–9.

［131］ J.R. Brent，N. Savjani，P.O. Brien，Progress in materials science synthetic approaches to two-dimensional transition metal dichalcogenide nanosheets，Prog. Mater. Sci. 89（2017）411–478.

［132］ Anon，As featured in，2013.

［133］ H. Zhou，C. Wang，J.C. Shaw，R. Cheng，Y. Chen，X. Huang，et al.，Large area growth and electrical properties of p-type WSe$_2$ atomic layers，Nano Lett. 15（2015）709–713.

［134］ K.M. McCreary，A.T. Hanbicki，J.T. Robinson，E. Cobas，J.C. Culbertson，A.L. Friedman，et al.，Large-area synthesis of continuous and uniform MoS$_2$ monolayer films on graphene，Adv. Funct. Mater. 24（2014）6449–6454.

［135］ Q. Feng，Y. Zhu，J. Hong，M. Zhang，W. Duan，N. Mao，Growth of Large-Area 2D MoS$_2$（1−x）Se$_{2x}$ Semiconductor Alloys，2（2014）2648–2653.

［136］ J. Shi，Y. Yang，Y. Zhang，D. Ma，W. Wei，Q. Ji，et al.，Monolayer MoS$_2$ Growth on Au Foils and On-Site Domain Boundary Imaging，2015，842–849.

［137］ X. Ling，Y.H. Lee，Y. Lin，W. Fang，L. Yu，M.S. Dresselhaus，et al.，Role of the seeding promoter in MoS$_2$ growth by chemical vapor deposition，Nano Lett. 14（2014）464–472.

［138］ Y.H. Lee，L. Yu，H. Wang，W. Fang，X. Ling，Y. Shi，et al.，Synthesis and transfer of single-layer transition metal disulfides on diverse surfaces，Nano Lett. 13（2013）1852–1857.

［139］ J. Xie，J. Zhang，S. Li，F. Grote，X. Zhang，H. Zhang，et al.，Controllable disorder engineering in oxygen-incorporated MoS$_2$ ultrathin nanosheets for efficient hydrogen evolution，J. Am. Chem. Soc. 135（2013）17881–17888.

［140］ M. Kim，J. Woo，D. Geum，J.R. Rani，J. Jang，M. Kim，et al.，Effect of copper surface pretreatment on the properties of CVD grown graphene : effect of copper surface pre-treatment on the properties of CVD grown graphene，127107（2014）0–8.

［141］ S. Nie，N.C. Bartelt，J.M. Wofford，O.D. Dubon，K.F. Mccarty，K. Th，Scanning tunneling microscopy study of graphene on Au（111）: growth mechanisms and substrate interactions，205406（2012）1–6.

［142］ P. Sutter，J.T. Sadowski，E. Sutter，Graphene on Pt（111）: Growth and Substrate Interaction，2009，1–10.

［143］ N.A. Vinogradov, A.A. Zakharov, V. Kocevski, J. Rusz, K.A. Simonov, O. Eriksson, et al., Formation and Structure of Graphene Waves on Fe（110）, 026101（2012）1–5.

［144］ H. Kwon, J.M. Ha, S.H. Yoo, G. Ali, S.O. Cho, Synthesis of flake–like graphene from nickel–coated poly–acrylonitrile polymer, 2（2014）1–6.

［145］ Z. Sun, Z. Yan, J. Yao, E. Beitler, Y. Zhu, J.M. Tour, Growth of graphene from solid carbon sources, Nature 468（2010）549–552.

［146］ T. Wu, G. Ding, H. Shen, H. Wang, L. Sun, D. Jiang, Triggering the Continuous Growth of Graphene Toward Millimeter–Sized Grains, 2013, pp. 198–203.

［147］ X. Gan, H. Zhou, B. Zhu, X. Yu, Y. Jia, B. Sun, et al., A simple method to synthesize graphene at 633 K by dechlorination of hexachlorobenzene on Cu foils, Carbon N. Y. 50（2011）306–310.

［148］ G. Dai, P.H. Cooke, S. Deng, Direct growth of graphene films on TEM nickel grids using benzene as precursor, Chem. Phys. Lett. 531（2012）193–196.

［149］ S. Gadipelli, I. Calizo, J. Ford, G. Cheng, A.R. Hight Walker, T. Yildirim, A highly practical route for large–area, single layer graphene from liquid carbon sources such as benzene and methanol, J. Mater. Chem. 21（2011）16057–16065.

［150］ R.K. Paul, S. Badhulika, S. Niyogi, R.C. Haddon, V.M. Boddu, C. Costales–Nieves, et al., The production of oxygenated polycrystalline graphene by one–step ethanol–chemical vapor deposition, Carbon N. Y. 49（2011）3789–3795.

［151］ Z. Chen, W. Ren, B. Liu, L. Gao, S. Pei, Z. Wu, et al., Bulk growth of mono– to few–layer graphene on nickel particles by chemical vapor deposition from methane, Carbon N. Y. 48（2010）3543–3550.

［152］ S. Marchini, S. Günther, J. Wintterlin, Scanning Tunneling Microscopy of Graphene on Ru（0001）, 1–9（2007）.

［153］ G. Nandamuri, S. Roumimov, R. Solanki, Chemical Vapor Deposition of Graphene Films, 2010.

［154］ L. Jiao, B. Fan, X. Xian, Z. Wu, J. Zhang, Z. Liu, Creation of Nanostructures With Poly（Methyl Methacrylate）–Mediated Nanotransfer Printing, 2008, pp. 12612–12613.

［155］ H.C. Lee, W. Liu, S. Chai, R. Mohamed, Review of the Synthesis, Transfer, Characterization and Growth Mechanisms of Single and Multilayer Graphene, 2017, pp. 15644–15693.

［156］ C. Wang, K. Vinodgopal, C. Wang, We are IntechOpen, the world's leading publisher of Open Access books Built by scientists, for scientists TOP1 %.

［157］ S. Kwon, C.V. Ciobanu, V. Petrova, V.B. Shenoy, V. Gambin, I. Petrov, et al., Growth of Semiconducting Graphene on Palladium, 2009.

［158］ X. Li, Large–Area Synthesis of High–Quality, 1312, 2012.

［159］ L. Growth, C. Vapor, D. Using, L.C. Sources, Low–Temperature Growth of Graphene by Chemical Vapor Deposition Using Solid and Liquid, 2011, 3385–3390.

［160］ J. Jang, M. Son, S. Chung, K. Kim, C. Cho, B.H. Lee, et al., Low–temperature–grown continuous graphene films from benzene by chemical vapor deposition at ambient pressure, Nat. Publ. Gr.（2015）1–7.

［161］ R. Addou, A. Dahal, P. Sutter, M. Batzill, R. Addou, A. Dahal, et al., Monolayer graphene growth on Ni（111）by low temperature chemical vapor deposition, 021601, 2012.

［162］ B. Jiang, M. Pan, C. Wang, M.H. Wu, K. Vinodgopal, G. Dai, Controllable synthesis of circular graphene domains by atmosphere pressure chemical vapor deposition, J. Phys. Chem.

C 122（2018）13572–13578.

[163] P.W. Sutter, J. Flege, E.L.I.A. Sutter, Epitaxial graphene on ruthenium, 7（2008）.

[164] S. Nie, A.L. Walter, N.C. Bartelt, E. Starodub, A. Bostwick, E. Rotenberg, et al., Growth From Below：Graphene Bilayers on Ir（111）, 2011, 2298–2306.

[165] N. Elde, E. Ve, Factors Influencing Graphene Growth on Metal Surfaces, 2009.

[166] B. Wu, D. Geng, Z. Xu, Y. Guo, L. Huang, Y. Xue, et al., Self–organized graphene crystal patterns, 5（2013）e36–e37.

[167] E. Meca, J. Lowengrub, H. Kim, C. Mattevi, V.B. Shenoy, Epitaxial Graphene Growth and Shape Dynamics on Copper：Phase–Field Modeling and Experiments, 2013.

[168] R.M. Jacobberger, M.S. Arnold, Graphene Growth Dynamics on Epitaxial Copper Thin Films, 2013.

[169] X. Xu, C. Lin, R. Fu, S. Wang, R. Pan, G. Chen, et al., A simple method to tune graphene growth between monolayer and bilayer：a simple method to tune graphene growth between monolayer and bilayer, 025026, 2016.

[170] J. Zhang, P. Hu, X. Wang, Z. Wang, Structural evolution and growth mechanism of graphene domains on copper foil by ambient pressure chemical vapor deposition, Chem. Phys. Lett. 536（2012）123–128.

[171] M. Her, R. Beams, L. Novotny, Graphene transfer with reduced residue, Phys. Lett. A 377（2013）1455–1458.

[172] H.O. Pierson, H.O. Pierson, J. of. Compos. Mater.（1975）.

[173] Y. Shi, C. Hamsen, X. Jia, K.K. Kim, A. Reina, M. Hofmann, et al., Synthesis of Few–Layer Hexagonal Boron Nitride Thin Film by Chemical Vapor Deposition, 2010, pp. 4134–4139.

[174] S. Middleman, The role of gas–phase reactions in boron nitride growth by chemical vapor deposition, 163（1993）135–140.

[175] B. Laboratories, M. Hill, Technical Characterization of Films Formed by Pyrolysis of Borazine, 1878, 56.

[176] W. Auwa, H.U. Suter, H. Sachdev, T. Greber, Synthesis of One Monolayer of Hexagonal Boron Nitride on Ni（111）from B–Trichloroborazine（ClBNH）, 3（2004）343–345.

[177] G. Constant, R. Feurer, Preparation and characterization of thin protective films in silica tubes by thermal decomposition of hexachloroborazine, J. Less–Common Met. 82（1981）113–118.

[178] K.H. Lee, H. Shin, J. Lee, I. Lee, G. Kim, J. Choi, et al., Large–Scale Synthesis of High–Quality Hexagonal Boron Nitride Nanosheets for Large–Area Graphene Electronics, 2012.

[179] H.S. Shin, Growth of High–Crystalline, Single–Layer Hexagonal Boron Nitride on Recyclable Platinum Foil, 2013.

[180] J.B. Smith, D. Hagaman, H.F. Ji, Growth of 2D black phosphorus film from chemical vapor deposition, Nanotechnology 27（2016）.

[181] G. Zhao, T. Wang, Y. Shao, Y. Wu, B. Huang, X. Hao, A novel mild phase–transition to prepare black phosphorus nanosheets with excellent energy applications, Small 13（2017）1–7.

[182] Y. Gong, J. Lin, X. Wang, G. Shi, S. Lei, Z. Lin, et al., Vertical and in–plane heterostructures from WS_2/MoS_2 monolayers, Nat. Mater. 13（2014）1135–1142.

[183] H. Wang, F. Liu, W. Fu, Z. Fang, W. Zhou, Z. Liu, Two–dimensional heterostructures：fabrication, characterization, and application, Nanoscale 6（2014）12250–12272.

[184] H. Taghinejad, A.A. Eftekhar, A. Adibi, Lateral and vertical heterostructures in two–

dimensional transition- metal dichalcogenides〔Invited〕, Opt. Mater. Express 9（2019）1590.

［185］ L.A. Walsh, C.L. Hinkle, Van der Waals epitaxy : 2D materials and topological insulators, Appl. Mater. Today 9（2017）504–515.

［186］ C. Jin, J. Kim, J. Suh, Z. Shi, B. Chen, X. Fan, et al., Interlayer electron–phonon coupling in WSe₂/hBN heterostructures, Nat. Phys. 13（2017）127–131.

［187］ K.S. Kim, Y. Zhao, H. Jang, S.Y. Lee, J.M. Kim, K.S. Kim, et al., Large–scale pattern growth of graphene films for stretchable transparent electrodes, Nature 457（2009）706–710.

［188］ X. Hong, J. Kim, S.F. Shi, Y. Zhang, C. Jin, Y. Sun, et al., Ultrafast charge transfer in atomically thin MoS₂/WS₂ heterostructures, Nat. Nanotechnol. 9（2014）682–686.

［189］ M.H. Chiu, C. Zhang, H.W. Shiu, C.P. Chuu, C.H. Chen, C.Y.S. Chang, et al., Determination of band alignment in the single–layer MoS₂Wse₂ heterojunction, Nat. Commun. 6（2015）1–6.

［190］ M.H. Chiu, M.Y. Li, W. Zhang, W.T. Hsu, W.H. Chang, M. Terrones, et al., Spectroscopic signatures for interlayer coupling in MoS₂–WSe₂ van der waals stacking, ACS Nano 8（2014）9649–9656.

［191］ N. Huo, Z. Wei, X. Meng, J. Kang, F. Wu, S.S. Li, et al., Interlayer coupling and optoelectronic properties of ultrathin two–dimensional heterostructures based on graphene, MoS₂ and WS₂, J. Mater. Chem. C 3（2015）5467–5473.

［192］ N. Huo, J. Kang, Z. Wei, S.S. Li, J. Li, S.H. Wei, Novel and enhanced optoelectronic performances of multilayer MoS₂–WS₂ heterostructure transistors, Adv. Funct. Mater. 24（2014）7025–7031.

［193］ M. Chen, R.C. Haddon, R. Yan, E. Bekyarova, Advances in transferring chemical vapour deposition graphene : a review, Mater. Horiz. 4（2017）1054–1063.

［194］ M.M. Furchi, A. Pospischil, F. Libisch, J. Burgdörfer, T. Mueller, Photovoltaic effect in an electrically tunable Van der Waals heterojunction, Nano Lett. 14（2014）4785–4791.

［195］ C.-K. Shih, L.-J. Li, X. Ren, C. Zhang, C. Jin, M.-Y. Chou, et al., Interlayer couplings, Moiré patterns, and 2D electronic superlattices in MoS₂/WSe₂ hetero–bilayers, Sci. Adv. 3（2017）e1601459.

［196］ W.T. Hsu, Z.A. Zhao, L.J. Li, C.H. Chen, M.H. Chiu, P.S. Chang, et al., Second harmonic generation from artificially stacked transition metal dichalcogenide twisted bilayers, ACS Nano 8（2014）2951–2958.

［197］ S. Tongay, W. Fan, J. Kang, J. Park, U. Koldemir, J. Suh, et al., Tuning interlayer coupling in large–area heterostructures with CVD–grown MoS₂ and WS₂ monolayers, Nano Lett. 14（2014）3185–3190.

［198］ F. Ceballos, M.Z. Bellus, H.Y. Chiu, H. Zhao, Ultrafast charge separation and indirect exciton formation in a MoS₂–MoSe₂ van der waals heterostructure, ACS Nano 8（2014）12717–12724.

［199］ P. Rivera, J.R. Schaibley, A.M. Jones, J.S. Ross, S. Wu, G. Aivazian, et al., Observation of long–lived interlayer excitons in monolayer MoSe₂–WSe₂ heterostructures, Nat. Commun. 6（2015）4–9.

［200］ R. Dong, I. Kuljanishvili, Review article : progress in fabrication of transition metal dichalcogenides heterostructure systems, J. Vac. Sci. Technol. B Nanotechnol. Microelectron. Mater. Process. Meas. Phenom. 35（2017）030803.

［201］ C.R. Dean, A.F. Young, I. Meric, C. Lee, L. Wang, S. Sorgenfrei, et al., Boron nitride substrates for highquality graphene electronics, Nat. Nanotechnol. 5（2010）722–726.

［202］A. Koma，Van der Waals epitaxy for highly lattice–mismatched systems，J. Cryst. Growth. 201（1999）236–241.

［203］D.J. Merthe，V.V. Kresin，Transparency of graphene and other direct–gap two–dimensional materials，Phys. Rev. B 94（2016）1–5.

［204］R. Garg，N. Dutta，N. Choudhury，Work function engineering of graphene，Nanomaterials 4（2014）267–300.

［205］Y. Shi，W. Zhou，A.Y. Lu，W. Fang，Y.H. Lee，A.L. Hsu，et al.，Van der Waals epitaxy of MoS_2 layers using graphene as growth templates，Nano Lett. 12（2012）2784–2791.

［206］Y.C. Lin，N. Lu，N. Perea–Lopez，J. Li，Z. Lin，X. Peng，et al.，Direct synthesis of van der Waals solids，ACS Nano. 8（2014）3715–3723.

［207］X. Zhou，N. Zhou，C. Li，H. Song，Q. Zhang，X. Hu，et al.，Vertical heterostructures based on $SnSe_2$/ MoS_2 for high performance photodetectors，2D Mater. 4（2017）.

［208］Y. Gong，S. Lei，G. Ye，B. Li，Y. He，K. Keyshar，et al.，Two–step growth of two–dimensional Wse_2/$MoSe_2$ heterostructures，Nano Lett. 15（2015）6135–6141.

［209］A. Yan，J. Velasco，S. Kahn，K. Watanabe，T. Taniguchi，F. Wang，et al.，Direct growth of single– and few–layer MoS_2 on h–BN with preferred relative rotation angles，Nano Lett. 15（2015）6324–6331.

［210］S. Wang，X. Wang，J.H. Warner，All chemical vapor deposition growth of MoS_2:h–BN vertical van der Waals heterostructures，ACS Nano. 9（2015）5246–5254.

［211］L. Fu，L. Fu，Y. Sun，N. Wu，R.G. Mendes，L. Chen，et al.，Direct growth of MoS_2/h–BN heterostructures via a sulfide–resistant alloy，ACS Nano. 10（2016）2063–2070.

［212］Anon，No Title.

［213］S. Roth，F. Matsui，T. Greber，J. Osterwalder，Chemical vapor deposition and characterization of aligned and incommensurate graphene/hexagonal boron nitride heterostack on Cu（111），Nano Lett. 13（2013）2668–2675.

［214］S.M. Kim，A. Hsu，P.T. Araujo，Y.H. Lee，T. Palacios，M. Dresselhaus，et al.，Synthesis of patched or stacked graphene and hBN flakes：a route to hybrid structure discovery，Nano Lett. 13（2013）933–941.

［215］C. Oshima，A. Itoh，E. Rokuta，T. Tanaka，K. Yamashita，T. Sakurai，Hetero–epitaxial–double–atomiclayer system of monolayer graphene/monolayer h–BN on Ni（111），Solid. State Commun. 116（2000）37–40.

［216］J. Xue，J. Sanchez–Yamagishi，D. Bulmash，P. Jacquod，A. Deshpande，K. Watanabe，et al.，Scanning tunnelling microscopy and spectroscopy of ultra–flat graphene on hexagonal boron nitride，Nat. Mater. 10（2011）282–285.

［217］R. Decker，Y. Wang，V.W. Brar，W. Regan，H.Z. Tsai，Q. Wu，et al.，Local electronic properties of graphene on a BN substrate via scanning tunneling microscopy，Nano Lett. 11（2011）2291–2295.

［218］M. Zhao，Y. Ye，Y. Han，Y. Xia，H. Zhu，S. Wang，et al.，Large–scale chemical assembly of atomically thin transistors and circuits，Nat. Nanotechnol. 11（2016）954–959.

［219］X. Ling，Y. Lin，Q. Ma，Z. Wang，Y. Song，L. Yu，et al.，Parallel stitching of 2D materials，Adv. Mater. 28（2016）2322–2329.

［220］L. Ci，L. Song，C. Jin，D. Jariwala，D. Wu，Y. Li，et al.，Atomic layers of hybridized boron nitride and graphene domains，Nat. Mater. 9（2010）430–435.

［221］M.P. Levendorf，C.J. Kim，L. Brown，P.Y. Huang，R.W. Havener，D.A. Muller，et al.，Graphene and boron nitride lateral heterostructures for atomically thin circuitry，Nature 488

（2012）627–632.

［222］ Z. Liu, L. Ma, G. Shi, W. Zhou, Y. Gong, S. Lei, et al., In–plane heterostructures of graphene and hexagonal boron nitride with controlled domain sizes, Nat. Nanotechnol. 8（2013）119–124.

［223］ X. Duan, C. Wang, J.C. Shaw, R. Cheng, Y. Chen, H. Li, et al., Lateral epitaxial growth of two–dimensional layered semiconductor heterojunctions, Nat. Nanotechnol. 9（2014）1024–1030.

［224］ K. Chen, X. Wan, J. Wen, W. Xie, Z. Kang, X. Zeng, et al., Electronic properties of MoS_2–WS_2 heterostructures synthesized with two–step lateral epitaxial strategy, ACS Nano 9（2015）9868–9876.

［225］ L.M. Xie, Two–dimensional transition metal dichalcogenide alloys : preparation, characterization and applications, Nanoscale 7（2015）18392–18401.

［226］ J.H. Yu, H.R. Lee, S.S. Hong, D. Kong, H.W. Lee, H. Wang, et al., Vertical heterostructure of two–dimensional MoS_2 and WSe_2 with vertically aligned layers, Nano Lett. 15（2015）1031–1035.

［227］ E.G. Blackman, E.E. Mamajek, R.D. Cottrell, M.K. Watkeys, D. Bauch, J.W. Hernlund, N. Coltice, Magnetism Research reports.

［228］ Z. Zhang, Z. Zhang, P. Chen, X. Duan, K. Zang, J. Luo, et al., 天津理工－电镜合成 Robust epitaxial growth of two–dimensional.pdf, 6814, 2017, pp. 1–9.

［229］ R. Kappera, D. Voiry, S.E. Yalcin, W. Jen, M. Acerce, S. Torrel, et al., Metallic 1T phase source/drain electrodes for field effect transistors from chemical vapor deposited MoS_2, APL. Mater. 2.（2014）.

［230］ T. Gao, X. Song, H. Du, Y. Nie, Y. Chen, Q. Ji, et al., Temperature–triggered chemical switching growth of in–plane and vertically stacked graphene–boron nitride heterostructures, Nat. Commun. 6（2015）1–8.

［231］ Y. Deng, Z. Luo, N.J. Conrad, H. Liu, Y. Gong, S. Najmaei, et al., Black phosphorus–monolayer MoS_2 van der Waals heterojunction p–n diode, ACS Nano 8（2014）8292–8299.

［232］ D. Hanlon, C. Backes, E. Doherty, C.S. Cucinotta, N.C. Berner, C. Boland, et al., Electronics, 2015.

［233］ X. Chen, Y. Wu, Z. Wu, Y. Han, S. Xu, L. Wang, et al., High–quality sandwiched black phosphorus heterostructure and its quantum oscillations, Nat. Commun. 6（2015）1–6.

［234］ Y. Hu, X. Li, A. Lushington, M. Cai, D. Geng, M.N. Banis, et al., Fabrication of MoS_2–graphene nanocomposites by layer–by–layer manipulation for high–performance lithium ion battery anodes, ECS J. Solid. State Sci. Technol. 2（2013）M3034–M3039.

［235］ L. Jiang, B. Lin, X. Li, X. Song, H. Xia, L. Li, et al., Monolayer MoS_2–graphene hybrid aerogels with controllable porosity for Llithium–ion batteries with high reversible capacity, ACS Appl. Mater. Interfaces 8（2016）2680–2687.

［236］ A.T. Barton, R. Yue, S. Anwar, H. Zhu, X. Peng, S. McDonnell, et al., Transition metal dichalcogenide and hexagonal boron nitride heterostructures grown by molecular beam epitaxy, Microelectron. Eng. 147（2015）306–309.

［237］ Lee H C, Liu W, Chai S, et al. Review of the Synthesis, Transfer, Characterization and Growth Mechanisms of Single and Multilayer Graphene［J］. RSC Advances, 2017（6）: 15644–15693.

［238］ Gong Y, Lei S, Ye G, et al. Two–step growth of two–dimensional WSe_2 /$MoSe_2$ heterostructures ［J］. Nano Lett, 2015 (5) 6135–6141.

［239］ Gong Y，Lin J，Wang X，et al. Vertical and in-plane heterostructures from WS₂/MoS₂ monolayers ［J］. Nat. Mater, 2014 (3) : 1135–1142.

［240］ Chen K，Wan X，Wen J，et al. Electronic properties of MoS₂–WS₂ heterostructures synthesized with two-step lateral epitaxial strategy ［J］. ACS Nano, 2015(9) : 9868–9876.

［241］ Gong Y，Lin J，Wang X , et al. Vertical and in-plane heterostructures from WS₂/MoS₂ monolayers ［J］. Nat. Mater, 2014(13): 1135–1142.

第3章 纳米级二维材料和异质结构的表征

Anchal Srivastava，Chandra Shekhar Pati Tripathi，Vijay Kumar Singh，Rohit Ranjan Srivastava，Sumit Kumar Pandey，Suyash Rai，Ravi Dutt，Amit Kumar Patel

贝拿勒斯印度教大学，科学研究所物理系，瓦拉纳西，印度

3.1 引言

纳米材料是指在三维空间中至少有一维处于纳米尺寸的材料。在这个尺度上，材料的物理化学性质会发生质变。例如，半导体纳米材料中的量子限制效应、金属纳米材料中的表面等离子体共振，以及磁性纳米材料中的超顺磁性等，这些性质通常与构成材料的分子或原子的数量有关。从绝缘到超导（图 3-1）的 2D 原子薄晶体，如石墨烯、六方氮化硼（h-BN）、过渡金属硫化物（TMDs）等，因其优异的性能及在许多领域的潜在应用，引起了广泛关注，这些应用包括催化、纳米光电子学（如太阳能电池、发光二极管、光电探测器和光电晶体管）、存储器件、自旋电子学、扭旋电子学、能谷电子学、燃料电池、纳米生物传感、靶向药物递送等。

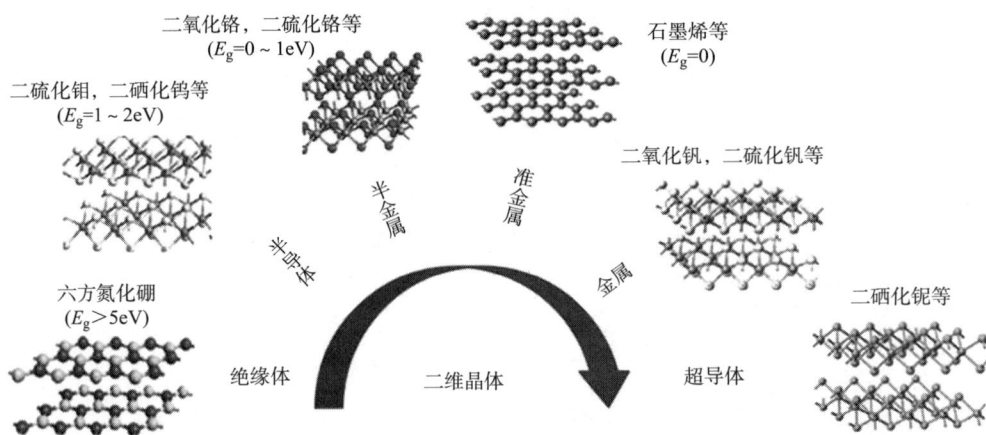

图 3-1 各种电性能的二维原子薄材料

3.1.1　石墨烯

石墨烯（Graphene）是一种以 sp² 杂化连接的碳原子紧密堆积成单层二维蜂巢晶格结构的材料，如图 3-2（B）所示。在发现石墨烯之前，无论从实验上还是从理论上，科学家们认为由于热膨胀的影响，二维晶体在有限温度下是不稳定的。然而，在 2004 年，Geim 和 Novoselov 利用微剥离技术得到了一层碳原子构成的薄片，他们分析了电场的影响，并对所产生的石墨烯进行了一系列的研究，推翻了之前的假设。

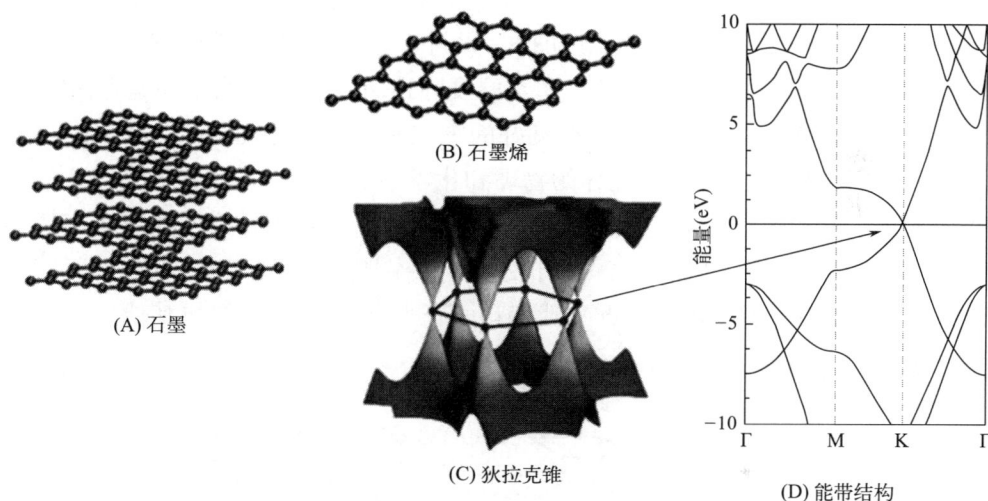

(B) 石墨烯

(A) 石墨

(C) 狄拉克锥

(D) 能带结构

图 3-2　石墨烯的来源与性能

石墨烯拥有独特的电子结构，具有准金属性质，其特征是 K 点的带隙为零，而在费米能级，其态密度为零。石墨烯的电子能带在二维六边形布里渊区（Brillouin zone）的 K 点处穿过费米能级，如图 3-2（C）所示。在这些 K 点处，它还具有线性 / 锥形色散关系，这导致空穴和电子的有效质量为零。因此，它们的行为就像由狄拉克（Dirac）方程控制的相对论性粒子，这些空穴和电子被称为狄拉克费米子，布里渊区六个角的 K 点被称为狄拉克点，如图 3-2（C）和（D）所示。此外，石墨烯是最薄、最硬的纳米材料，其弹性模量为 1.1TPa，抗拉强度为 125GPa，载流子迁移率为 $2 \times 10^5 \text{cm}^2/（V \cdot s）$，导热系数为 $5.5 \times 10^3 \text{W}/（m \cdot K）$ 理论比表面积高达 $2630 \text{m}^2/\text{g}$。这些独特的物理性质使石墨烯被广泛应用于纳米电子学、自旋电子学、扭旋电子学、能量存储与转换以及导热材料等领域。

3.1.2 六方氮化硼

二维六方氮化硼（h–BN）是石墨烯的同构体，因其具有和石墨烯非常相似的层状结构，也被称为白色石墨烯。六方氮化硼具有独特的二维绝缘性能，以及热稳定性、机械稳定性和化学惰性。在 h–BN 晶格中，硼原子和氮原子交替排列，形成二维蜂巢结构，如图 3–3 所示，且原子间以 sp^2 杂化连接，形成坚固的平面内 σ 键，为 h–BN 提供机械强度；而层与层之间通过弱范德瓦耳斯力堆垛起来，使各层易于滑动。h–BN 的带隙约为 5.9eV，而莫氏硬度约为 2，体积模量约为 36.5GPa，导热系数高达 $600 \sim 1000$W/（m·K），层的热膨胀系数约为 -2.73×10^{-6}/℃（中间层约为 30×10^{-6}/℃），折射率约为 1.8。此外，它还具有中子吸收能力。

h–BN 的抗氧化温度为 900℃，耐热温度高达 2000℃。在惰性环境中，h–BN 在 2700℃ 以下均可保持稳定，具有良好的工艺效率，如高抗击穿电场强度和抗电振动热冲击性。h–BN 拥有优异的物理和化学性能的同时，对各种金属或化学腐蚀都没有润湿性，并且有无毒环保的特点。因此，h–BN 被广泛研究用于隧穿器件、场效应晶体管（FET）、深紫外发射器、探测器、纳米填料和光电器件等。此外，二维 h–BN 还被认为是下一代微电子等技术中最有希望与其他二维材料（如石墨烯和 TMDCs）集成的材料之一。

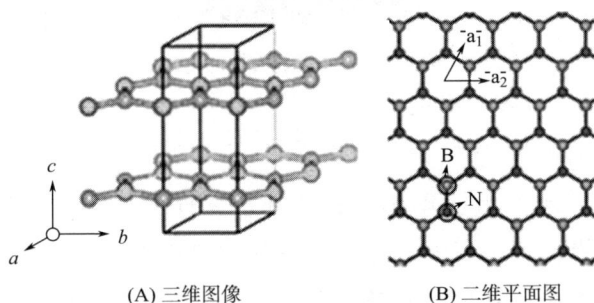

(A) 三维图像　　　　(B) 二维平面图

图 3–3　h–BN 结构

3.1.3 二硫化钼

石墨烯因其极具吸引力的性质而成为研究热点，但它缺乏带隙，因此需要开发其他具有半导体性质的二维材料。过渡金属硫化物（TMDs）就是其中一种，其通式为 MX_2，其中 M 是过渡金属原子（如 W 或 Mo），X 是硫族原子（如 S、Se 或 Te）。这些材料具有原子尺度厚度、直接带隙、强自旋—轨道耦合、良好的机械性能和电子性能，使它们成为基础研究领域以及高端电子学、自旋电子学、能量收集和 DNA 测序等应用领域中的一类材料。二硫化钼（MoS_2）是 TMDs 家族中具有代表性的材料。体相的 MoS_2 具有层状结构，与石墨类似，每一层由共价键合的 S—Mo—S 三个原子平面构成，而相邻层之间通过弱的范德瓦耳斯力堆垛起来（图 3-4）。与硅类似，体相 MoS_2 是一种间接带隙半导体（约 1.23eV），当从体相减薄到单层时，MoS_2 会从间接带隙半导体转变为直接带隙半导体（约 2.0eV），这也是其最吸引人的特性之一。单分子层 MoS_2 的这种直接带隙特性使其适用于光电器件和纳米电子器件。

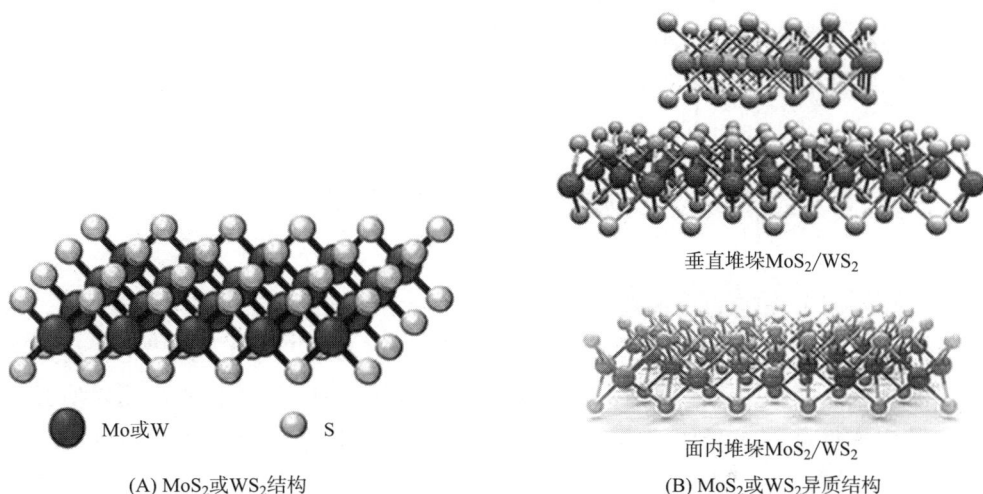

垂直堆垛MoS_2/WS_2

面内堆垛MoS_2/WS_2

● Mo或W　　　● S

(A) MoS_2或WS_2结构

(B) MoS_2或WS_2异质结构

图 3-4　MoS_2 和 WS_2

3.1.4　二硫化钨

原子薄层二硫化钨（WS_2）是一种通过范德瓦耳斯力堆垛的层状材料，其结构与 MoS_2 相似（图 3-4），由六边形晶格排列成 S—W—S 的三层结构，每层厚度为 6Å（0.6nm），具有强的面内共价键作用和弱的面间范德瓦耳斯力相互作用。WS_2 晶体属于 P63/mmc 空间群（a=3.155，c=12.36），在它的平面投影中，S 原子构成完美的六边形晶格，W 原子与 S 原子配位并交错排列形成三棱柱。与 MoS_2 类似，WS_2 在减薄为单层时也表现出直接带隙行为，从而产生非常强的光致发光（PL）特性。WS_2 的这些特点使其可以作为高性能的光电器件和自旋电子器件。

3.1.5　二维范德瓦耳斯异质结构

异质结构一词通常指具有不同能带隙的两种或两种以上材料的组合

（图 3-4），这为载体的调控提供了一种非常有效的手段，从而产生优越的性能。这种堆叠结构与传统的三维半导体异质结构不同，每一层都作为基体材料和界面共同发挥作用，减少了层内的电荷位移量。尽管如此，层间的电荷位移量可能会非常大，并产生大的电场，这为在能带工程中的应用提供了可能性。这些结构在现代半导体技术中发挥着重要作用。通常来说，范德瓦耳斯异质结构（vdWHs）的构筑需要先进的材料生长技术来产生干净的界面，如分子束外延（MBE）技术或金属有机化学气相沉积（MOCVD）技术。二维材料的异质结构不仅为研究这些现象提供了一种方法，还有可能集成到革命性技术中，如原子薄太阳能电池、光电探测器、可变势垒晶体管、隧穿晶体管和柔性电子器件，以及发光器件，为生产出色的性能和特殊功能的材料开辟新路径。

3.2 二维材料及其异质结构的表征

人们采用了先进的表征技术表征了这些新型的二维材料及其异质结构。透射电子显微镜（TEM）/高分辨率透射电子显微镜（HR-TEM）、扫描电子显微镜（SEM）、原子力显微镜（AFM）和扫描隧道显微镜（STM）等技术，用以研究材料的结构与性能；拉曼光谱（RS）、X 射线光电子能谱（XPS）、紫外可见光谱（UV-Vis）、光致发光光谱（PL）和扫描近场光学显微镜（SNOM）等技术，用来进行材料的光谱和化学表征。这些技术通过以下具体例子进行介绍。

3.2.1 扫描电子显微镜

扫描电子显微镜（SEM）用于研究样品的表面形态。原子薄层二维材料的原子对高能电子束非常敏感，在观察过程中，高能电子束会使二维材料产生破裂和损坏，所以二维材料比对应的体相材料的 SEM 成像要困难。因此，在进行 SEM 成像时应采取额外的预防措施，例如在较低的加速电压下进行观察。

下面讨论一些二维材料及其范德瓦耳斯力作用下的异质结构的 SEM 图像。

Anchal Srivastava 等人通过化学气相沉积（CVD）技术合成了石墨烯。在其 SEM 图像中，较暗区域为多层（ML）石墨烯，较亮区域则为单层（SL）石墨烯，如图 3-5（A）所示。同时，在石墨烯层表面可以观察到少量褶皱。

图 3-5（B）是 h-BN 晶体的 SEM 图像，这种 h-BN 晶体是在铜镍合金（镍的摩尔含量为 15%）基底上，采用 CVD 技术在 1085℃下生长 60min 得到的。从 SEM 图像中可以清楚地看到，生长的 h-BN 晶体呈三角形，最大边缘长度约为

90μm。同样，采用 CVD 技术在二氧化硅 / 硅（SiO₂/Si）基底上生长的 MoS₂ 晶体的 SEM 图像如图 3-5（C）所示。从图中可以清楚地看到一个形状完好、面积较大的三角形晶体，其边缘长度约为 200μm，同时也可以看到较小的三角形晶体。

图 3-5（D）为 CVD 技术合成的 WS₂ 晶体的 SEM 图。图中的 WS₂ 薄片呈三角形，边缘长度为 400μm。垂直堆垛的 WS₂/MoS₂ 杂化异质结构的 SEM 图像如图 3-5（E）所示。可以看到多面体上有一个三角形，其中多面体是一层 MoS₂ 晶体，在其上方的三角形为 WS₂ 晶体，在多面体的对比下清晰可见，这表明 CVD 技术合成的垂直堆垛的杂化异质结构。

图 3-5（F）显示了石墨烯 /h-BN 异质结构的 SEM 图像，该异质结构是通过对 h-BN 层进行掩蔽激光蚀刻，并在蚀刻区域进一步合成石墨烯而制备的。在浅色背景上可以观察到深色猫头鹰的形状，表明 h-BN 和石墨烯薄膜的存在。

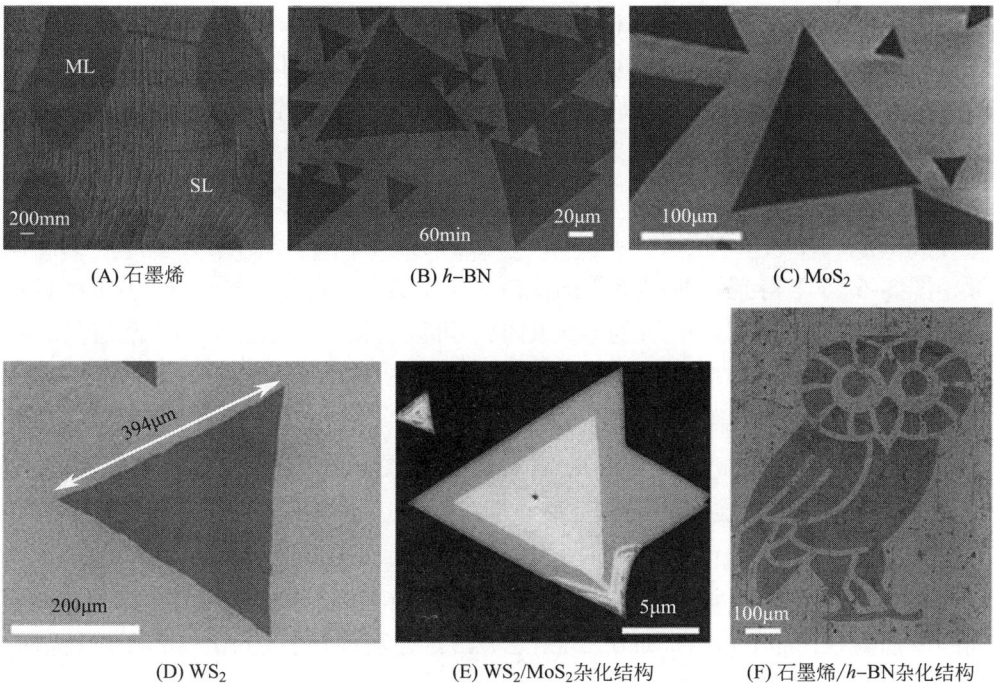

(A) 石墨烯　　　　　　　　　(B) h-BN　　　　　　　　　(C) MoS₂

(D) WS₂　　　　　　　(E) WS₂/MoS₂杂化结构　　　　　　(F) 石墨烯/h-BN杂化结构

图 3-5　SEM 图像

3.2.2　透射电子显微镜

探测原子尺寸的二维材料的结构和缺陷是一项极具挑战性的任务。TEM/HR-TEM/ 像差校正高分辨率透射电子显微镜（AC—HR—TEM）在原子薄结构的表征中起着非常关键的作用，有助于建立这些新型二维材料及其异质结构的结构与性能相关性。下面讨论将举例展开介绍。

3.2.2.1 石墨烯

图 3-6（A）显示了通过电化学还原氧化石墨烯合成的石墨烯薄膜的 TEM 图像，样品制备于碳涂层的 TEM 网格上。可以看出，石墨烯薄膜在一些区域连续出现皱起的波纹。在石墨烯薄膜的 HR—TEM 中，在图像（i）（ii）（iii）和（iv）中可以清楚地看到数目不等的条纹，分别对应于单层、双层、三层和四层石墨烯薄膜，如图 3-6（B）所示。此外，图 3-5（C）呈现了相对旋转 4° 的两片石墨烯薄片的结构信息。由莫尔（Moiré）图案产生的六边形图案可知，其周期长度接近 3.3nm。这些研究有助于开发有趣的材料，应用于新兴的扭旋电子学领域。

3.2.2.2 六方氮化硼

图 3-6（D）为 CVD 合成的 h-BN 薄膜转移至碳涂层 TEM 网格上的电子显微镜图像。图中显示，h-BN 主要由连续的薄膜组成，可以清楚地看到折叠边缘的 h-BN 层呈脆性，并且由于转移过程，还可观察到一些铜颗粒残留物（用箭头表示）。图 3-6（E）是 h-BN 薄膜边缘的 HR-TEM 照片，它表明该薄膜的某些区域是由双层 h-BN 组成的。层间距可以通过晶格条纹之间的距离来计算，这里计算的层间距为 0.35nm，与 Y.Shi 等报道的数据接近。借助降噪 TEM 明场成像，图 3-6（F）得到了两层重叠的乱层 h-BN 的莫尔图案。图 3-6（G）则显示了图 3-6（F）中正方形区域的放大图像，可以更清晰地看出 h-BN 乱层的详细信息。

3.2.2.3 二硫化钼

通过 CVD 合成的 MoS_2 薄膜的 TEM 图像如图 3-6（H）所示。可见 MoS_2 薄片是连续的，在碳涂层多孔铜网上形成深色区域。图像中还可以观察到样品在转移过程中产生的褶皱。图 3-6（H）中的插图显示了层间距为 0.65nm（6.5Å）的双层 MoS_2 薄片局部区域的 HR-TEM 图像。表明钼和硫原子呈蜂窝状排列，晶格间距分别为 0.16nm（1.6Å）和 0.27nm（2.7Å），分别对应于（110）和（100）晶面，如图 3-6（J）所示。

3.2.2.4 二硫化钨

图 3-6（J）显示了用碳涂层铜网制样的 WS_2 三角形薄片的 TEM 图像，薄片少量破裂的区域清晰可见，而薄片表面仍然干净未被污染。此外，图 3-6（K）中的 HR-TEM 图像表明钨原子和硫原子排列形成六方晶格，（100）晶面和（110）晶面的层间距分别为 0.271nm 和 0.155nm，这与其他研究人员的报道结果类似。

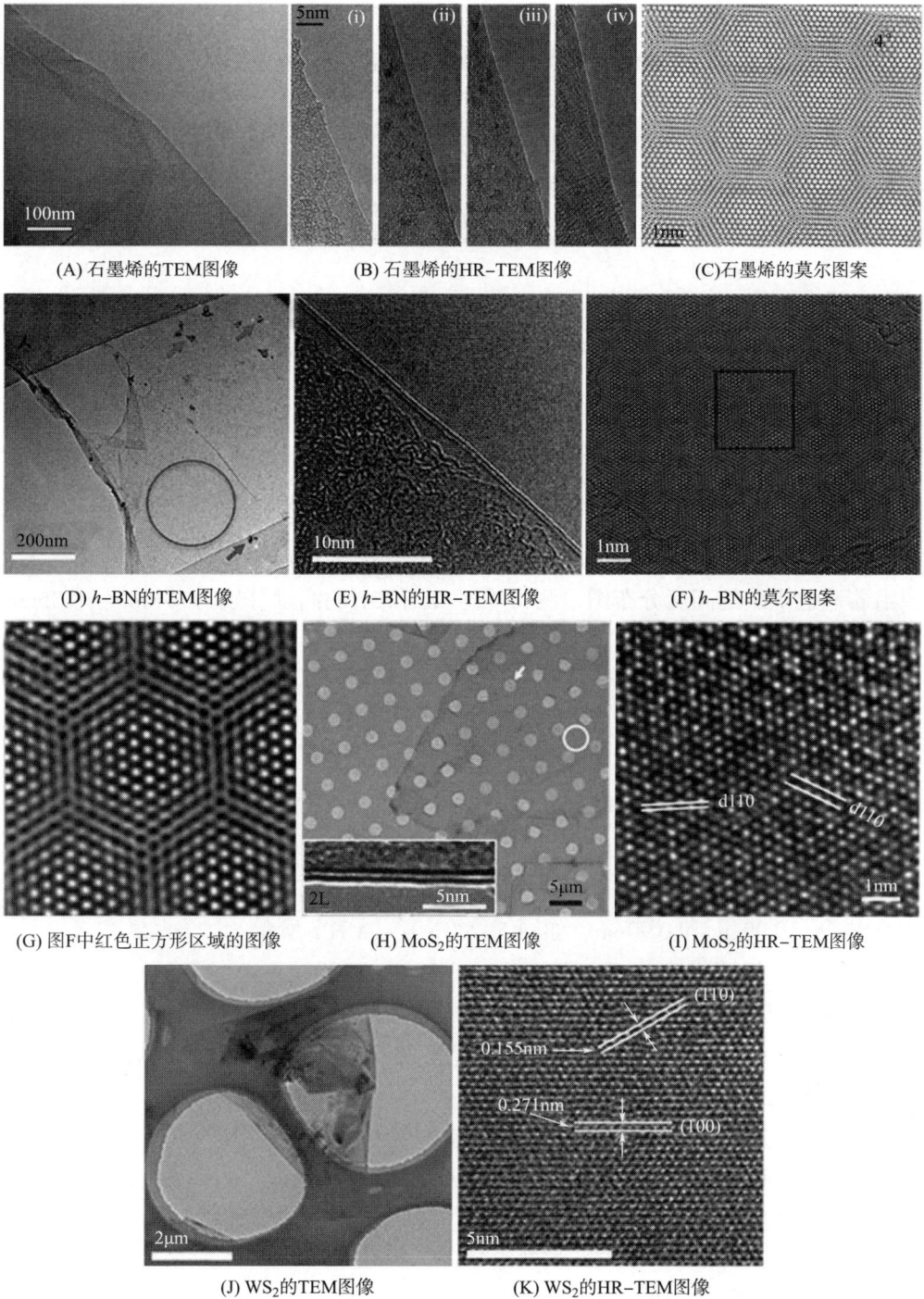

(A) 石墨烯的TEM图像　　　(B) 石墨烯的HR-TEM图像　　　(C)石墨烯的莫尔图案

(D) h-BN的TEM图像　　　(E) h-BN的HR-TEM图像　　　(F) h-BN的莫尔图案

(G) 图F中红色正方形区域的图像　　　(H) MoS₂的TEM图像　　　(I) MoS₂的HR-TEM图像

(J) WS₂的TEM图像　　　(K) WS₂的HR-TEM图像

图 3-6　透射电镜图像

3.2.3 原子力显微镜

原子薄层二维材料的性质具有对层的依赖性，因此准确确定层数极其重要。在这方面，原子力显微镜（AFM）在高度测量中起着非常关键的作用。AFM 是一种可以在垂直方向上提供埃（10^{-10}m）级分辨率的工具，它能够精确地分辨出 vdW 材料中的层数。AFM 的发展已经经历了漫长的时间。目前，它可用于探索纳米尺度的各种结构性能关系，如磁畴和电畴等。下面讨论几种二维材料的 AFM 图像。

3.2.3.1 石墨烯

AFM 通常用于精确确定二维材料的厚度。图 3-7（A）的 AFM 图像显示石墨烯薄膜的高度连续且均匀，同时存在大量的褶皱。从高度分布图可以看出厚度为 0.8nm，对应于单层石墨烯，如图 3-7（B）所示。

3.2.3.2 六方氮化硼

利用机械剥离技术合成的 1~3 层的 h-BN 的 AFM 图像，如图 3-7（C）所示，图像中记号 1L、2L 和 3L 分别对应于单层、双层和三层的 h-BN，可以看出它们因层数不同造成图像的对比度也存在差异。图 3-7（D）显示了图 3-7（C）中沿着蓝色虚线的高度分布图，测得 1L、2L 和 3L 的高度分别为 0.40nm、0.85nm 和 1.25nm。由于 h-BN 和石墨具有相似的层间距，单层 h-BN 的高度与单层石墨烯的高度也基本一致。

3.2.3.3 二硫化钼

机械剥离和 CVD 合成 MoS_2 的 AFM 图像如图 3-7（E）~（H）所示。MoS_2 的表面形貌图是 AFM 在接触模式下使用弹簧常数为 2N/m（AC240，奥林巴斯）的硅探针获得的。机械剥离法制备的单层 MoS_2 的厚度为 0.71nm，而 CVD 法制备的 MoS_2 的厚度与生长温度有关。当温度为 800℃、850℃ 和 900℃ 时，厚度分别为 0.86nm、0.90nm 和 0.90nm，如图 3-7（E）~（H）所示。

3.2.3.4 二硫化钨

图 3-7（I）是由 CVD 技术制备的三角形 WS_2 的 AFM 图像。通过高度测量可知其厚度为 1nm，对应于单层 WS_2 晶体的厚度，这与其他相关报道的结果一致。

3.2.3.5 二硫化钼／石墨烯异质结构

图 3-7（J）显示了 MoS_2 的 AFM 图像和高度分布，图中的 MoS_2 生长于氧辅助 CVD 法合成的石墨烯异质结构上。高度测量表明生成的 MoS_2 是单层的，厚度为 0.68nm。他们还记录了层间扭转角很小的 MoS_2 样品在石墨烯上的 AFM 图像。

3.2.4 扫描隧道显微镜

扫描隧道显微镜（STM）是一种非破坏性间接测量方法，用于在原子尺度上

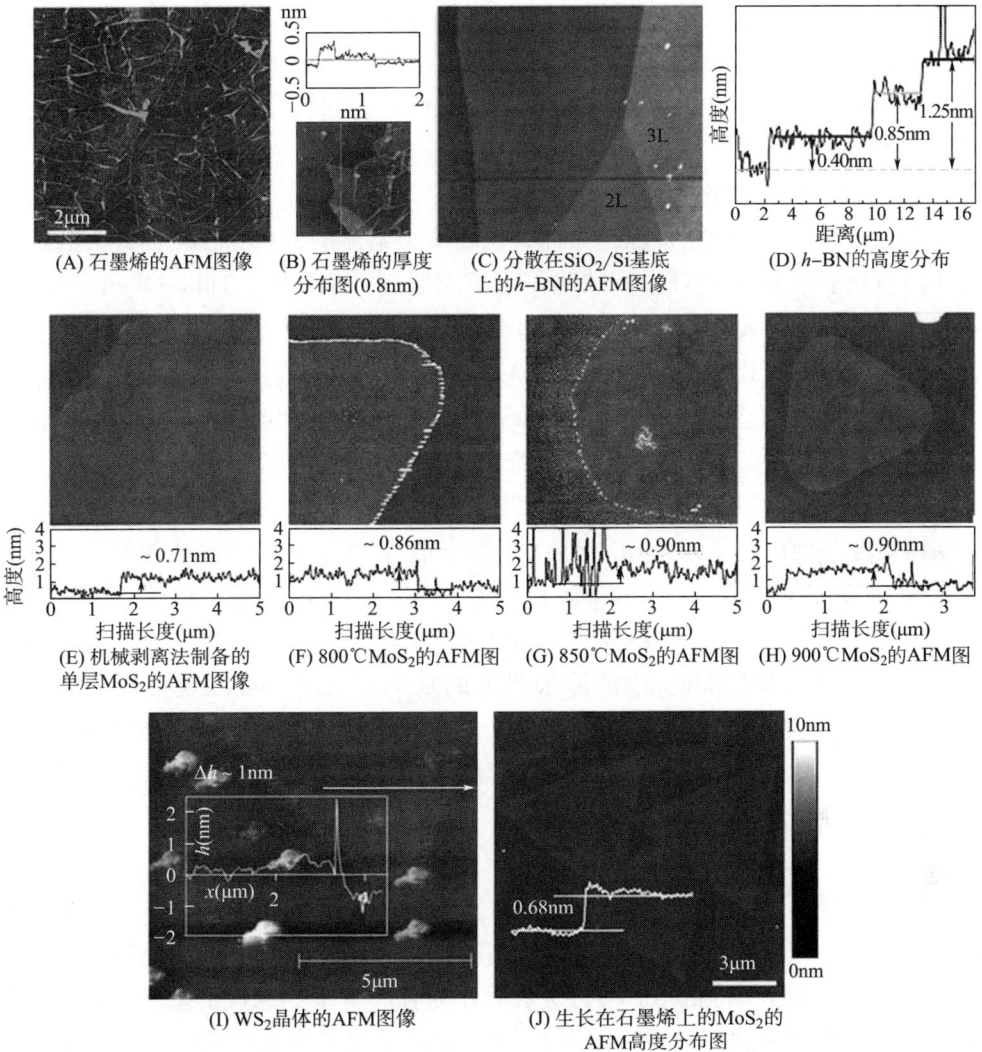

(A) 石墨烯的AFM图像　(B) 石墨烯的厚度　(C) 分散在SiO₂/Si基底　(D) h–BN的高度分布
分布图(0.8nm)　上的h–BN的AFM图像

(E) 机械剥离法制备的　(F) 800℃MoS₂的AFM图　(G) 850℃MoS₂的AFM图　(H) 900℃MoS₂的AFM图
单层MoS₂的AFM图像

(I) WS₂晶体的AFM图像　(J) 生长在石墨烯上的MoS₂的
AFM高度分布图

图 3-7　AFM 图

研究导电材料的表面形貌。STM 测量可以在室温下进行，也可以在超高真空下进行。该方法对于理解二维材料的原子尺度缺陷和局部态密度非常有帮助。

3.2.4.1　石墨烯

石墨烯的 STM 对这种材料给出了新的微观理解，并可表征其缺陷。Qingkai Yi 等报道了用 CVD 技术在铜基底上生长的单层石墨烯晶粒的 STM 图。在图中，石墨烯晶粒用虚线标记，如图 3-8（A）所示；其中灰色、黑色和白色正方形标记的三个区域使用滤光片后，STM 图像（V_b=-0.2V，I_t=20nA）的对比度得到改善，分辨率达到原子级图像中绘制的模型六边形用以确定石墨烯的六边形蜂巢晶格，箭头 Z 和 A 分别表示锯齿型（Zigzag）和扶手型（Armchair）两种晶体方向。由于 STM 探针的运动略微滞后，可以在图 3-8（A）中观察到石墨烯六边形结构的轻微变形。

3.2.4.2　六方氮化硼

由于 h-BN 是一种宽带隙绝缘体，缺乏隧道电流的漏极路径，因此无法通过 STM 对其进行表征和处理局部缺陷。为了克服这一局限性，Dillon Wong 等采用 h-BN/ 石墨烯异质结构得到了 h-BN 的 STM 图像，如图 3-8（B）所示。

3.2.4.3　二硫化钼

由于其固有的直接带隙，二维 MoS_2 是石墨烯在电子学和光电子学应用领域的新兴"竞争对手"。TEM 能够对二维 MoS_2 中的一些纳米级缺陷进行成像，但是在表征过程中，缺陷的分布和密度发生了显著的变化，所以由 TEM 获得的缺陷结构图像与使用电子器件探测到的图像不同。然而，在特殊的成像条件下，利用 STM 可以完全解析二维 MoS_2 原子尺度上的原始缺陷结构。图 3-8（C）显示了在优化成像参数下，机械剥离法制备的二维 MoS_2 在 Au（111）基底上的 STM 图像，用以研究单层 MoS_2 中的原子尺度的缺陷。从图中可以观察到周期长为（0.32 ± 0.01）nm 的六方晶格结构，证实了二维 MoS_2 上硫原子的原子晶格。图 3-8（C）中黑色三角形显示了原子尺度的缺陷，在长时间扫描过程中这些缺陷的位置和数量都是稳定的。

3.2.4.4　二硫化钨

Henrik 等报道了单层 WS_2 纳米簇的 STM 形貌。Au（111）已被证明是一种惰性的载体，适于合成 MoS_2 和其他与基底耦合较弱的硫化物和氧化物。在这项工作中，就是选择干净的 Au（111）表面作为合成 WS_2 纳米簇的基底的，其中钨薄膜在超高真空中进行硫化。图 3-8（D）显示了以 S 为边缘端的 WS_2 纳米团簇的原子分辨率 STM 图像（$V_t = -526mV$，$I_t = 0.710nA$）和对应于图像中指示线的线扫描测量。

3.2.5　拉曼光谱

拉曼光谱是一种研究原子薄层材料结构和电子特性的、无损、多功能的工具，具有重要作用。它作为一种"指纹"技术在二维材料的表征方面具有潜力，能表达出二维材料振动能带的信息。其最大的优点在于不需要任何特殊的制样过程。拉曼光谱可以提供有关层数、缺陷、掺杂、堆叠顺序、晶序、电子能带结构等详细信息。

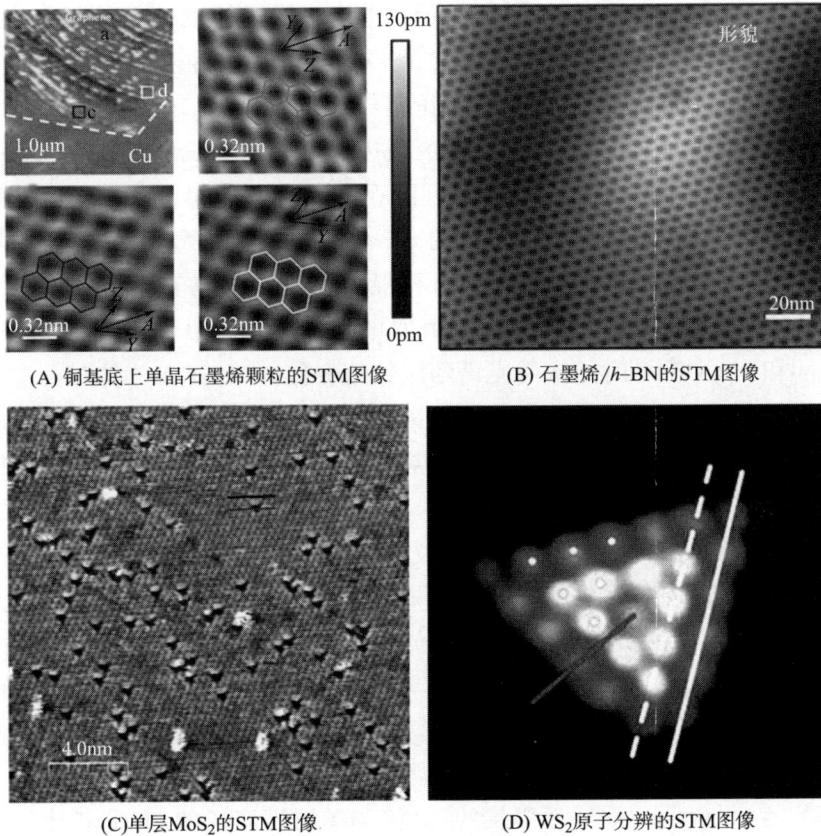

(A) 铜基底上单晶石墨烯颗粒的STM图像　　　　(B) 石墨烯/h–BN的STM图像

(C) 单层MoS₂的STM图像　　　　　　　　(D) WS₂原子分辨的STM图像

图 3–8　STM 图像

3.2.5.1　石墨烯

石墨烯是一种二维材料，其中，共价键合的碳原子在平面上形成 sp^2 六方网络。单层石墨烯的点群对称性为 D6h。晶胞由 2 个碳原子组成，形成 6 支声子色散带，其中有 3 支是声学波（A），为面内纵向声学支（LA）、面内横向声学支（TA）和面外声学支（ZA）；其余 3 支为光学波（O），分别为面内纵向光学支（LO）、面内横向光学支（TO）和面外光学支（ZO），它们分别对应于 Γ 处的 E_{2g}（LO 和 TO）和 B_{2g}（ZO）。单层石墨烯在布里渊区中心 Γ 的晶格振动可表示为 $\Gamma=A_{2u}+B_{2g}+E_{1u}+E_{2g}$。面内光学模式 E_{2g} 和面外光学模式 B_{2g} 是简并的。E_{2g} 模式的声子具有拉曼活性，而 B_{2g} 模式的声子既不具有拉曼活性，也不具有红外活性。

Ferrari 等报道了石墨烯和石墨烯层的拉曼光谱。该研究采用微机械剥离法制备石墨烯样品，并将单层、双层和多层石墨烯在 SiO₂/Si 基底上制样，进行室温拉曼光谱测量（Renishaw 光谱仪，激发波长 514nm 和 633nm，100 倍物镜，入射功率 0.04 ~ 4mW）。如图 3-9（A）所示，单层石墨烯的拉曼光谱有两个很强的峰：一是位于 1580cm^{-1} 左右的 G 峰；二是位于 2700cm^{-1} 左右的 G′ 峰。

在单层石墨烯的拉曼光谱中观察到的 G 峰是由 Γ 处的 E$_{2g}$ 声子引起的。一般在石墨样品中能观察到 G′ 峰，这是由区域边界声子的二阶散射造成的。而在有缺陷的石墨样品中，1350cm^{-1} 处附近可以观察到一个 D 峰，则是由区域边界声子引起的。因此，在石墨烯中观察到的 G′ 峰也称为 2D 峰。在无缺陷石墨烯层中则没有特征的 D 峰。图 3-9（A）为石墨烯和石墨的拉曼光谱（λ_{ex}=514nm），调整这两个光谱使其 2D 峰值具有相似的高度；图（B）和图（C）分别为 λ_{ex}=514nm 和 λ_{ex}=633nm 时的拉曼光谱随层数的变化；图（D）为体相石墨和单层石墨烯边缘 514nm 处的 D 带；图（E）为激发波长 514nm 和 633nm 时双层石墨烯中 2D 带的 4 个组分；图（F）和图（G）分别为单层和双层石墨烯 2D 峰的 DR 原理。

当石墨烯从单层向体相变化时，2D 峰的强度和形状也会发生显著的变化。在石墨的拉曼光谱中观察到的 2D 峰由两个组分 2D$_1$ 和 2D$_2$ 组成，其高度分别为 G 峰的 1/4 和 1/2。Ferrari 等进行的拉曼光谱测量结果表明，单层石墨烯中的 2D 峰强度是 G 峰的 4 倍。单层石墨烯的 G 峰强度和体相石墨烯的相当，然而，它在单层石墨烯中的位置比体相石墨高 3 ~ 5cm^{-1}。该课题组还报道了激发波长为 514nm 和 633nm 时的 2D 峰值随着层数增加而变化的情况，如图 3-9（B）和（C）所示。结果表明，双层石墨烯的 2D 峰与单层石墨烯的 2D 峰相比出现了展宽和向高波数位移，与体相石墨的 2D 峰也有很大差异。它含有 4 个组分，分别称为 2D$_{1B}$、2D$_{1A}$、2D$_{2A}$、2D$_{2B}$，其中的两个组分 2D$_{1A}$、2D$_{2A}$ 具有相对较高的强度。随着层数的进一步增加，低频 2D$_1$ 峰的强度呈下降趋势，如图 3-9（D）和（E）所示。还可观察到，对于超过 5 层的石墨烯，其拉曼光谱很难与体相石墨区分开来。

根据拉曼光谱可知，单层石墨烯拉曼光谱中单个的 2D 峰在双层石墨烯的情况下裂分成 4 个组分。在最高的光学支中，K 附近动量相反的两个声子是产生 2D 峰的原因。这一峰的位置随着激发波长的变化而变化。2D 峰的裂分产生于一个双共振（DR）过程，这一过程将声子波矢量与电子能带结构联系起来。在 DR 中，拉曼散射是一个四阶过程，即包括 4 种可能的跃迁：一是激光激发电子—空穴对；二是交换动量 q 接近 K 的电子和声子的散射；三是交换动量 q 的电子和声子的散射；四是电子和空穴的复合。当这 4 个可能的跃迁中能量守恒时，则具备了 DR 的条件。电子能带结构发生裂分最终导致了双层石墨烯的 2D 峰裂分为 4 个组分；石墨烯层之间的相互作用导致 π 和 π* 带分裂为 4 个带，其中电子和

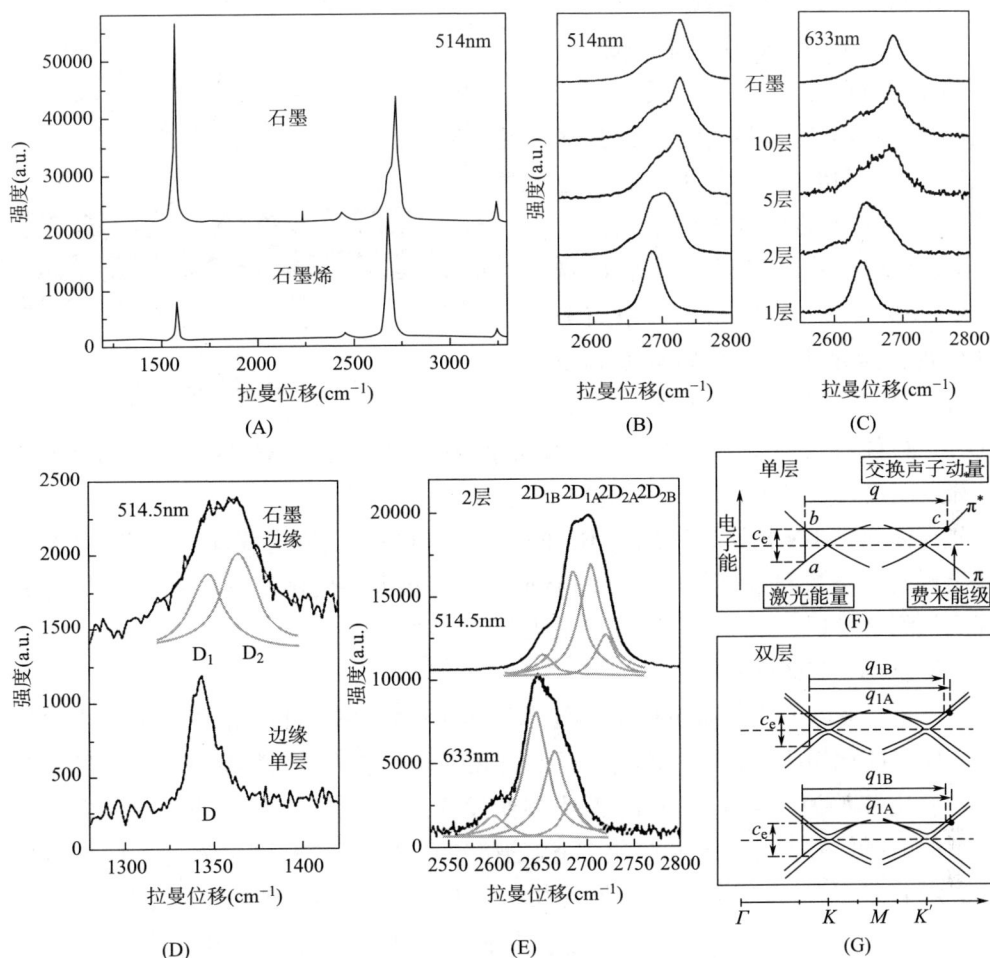

图 3-9　石墨烯的拉曼光谱

空穴的分裂不同，如图 3-9（F）和（G）所示。

可见，石墨烯的拉曼光谱可以提供关于其电子结构的、依赖于层数的所有信息。因此，拉曼光谱可以用来区分单层石墨烯和最多 5 层的多层石墨烯。

D 峰和 G 峰的峰强度之比 I_D/I_G 可以用来表征石墨烯中缺陷密度。Cancado 等报道了用 Ar^+ 轰击的石墨烯样品的拉曼光谱。在这项工作中，用不同的激发能来测量离子轰击样品的 I_D/I_G 值。结果表明，在缺陷密度较低的区域，I_D/I_G 值随着无序度的增加而增加；缺陷密度继续增大，由于较多的缺陷导致碳的无定形态越来越多，从而使拉曼光谱中所有的峰都衰减，因此 I_D/I_G 减小。缺陷密度较低的区域称为纳米晶石墨，较高的缺陷密度区域称为 sp^2 为主的非晶碳。

3.2.5.2　六方氮化硼

Gorbachev 等报道了通过剥离法制备的单层、双层和三层六方氮化硼（h-BN）的拉曼光谱。其在绿色激光（λ=514.5nm）作用下的拉曼光谱与石墨烯的拉曼光谱不同，由于 E_{2g} 振动模式，仅显示一个 G 峰（约 1366cm^{-1}）。测量显示并没有 D 峰出现，这是由于科恩异常（Kohn anomaly）的缺失导致的（图 3-10）。

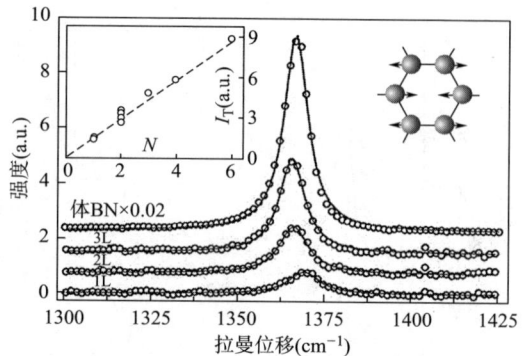

图 3-10　BN 的拉曼光谱

此外，拉曼峰的强度会随着层数的增加而增加，且在相同测量条件下，h-BN 的 G 峰强度比石墨烯中相同峰的强度小 50 倍。

与体相 h-BN 相比，单层 h-BN 的拉曼峰向高波数方向移动。双层 h-BN 的峰出现向低波数的位移。单层样品显示出相对较大的位移，在 2 ~ 4cm^{-1}，这和理论预测结果相一致，即单层样品最大蓝移为 4cm^{-1}。

3.2.5.3　二硫化钼

Ryu 等报道了使用微机械剥离技术从体相结构 2H—MoS_2 晶体中分离出单层和多层二硫化钼（MoS_2）薄膜的方法，并用显微拉曼光谱对样品进行了表征。其中，使用波长为 514.5nm 的 Ar^+ 激光器激发样品，利用 40 倍物镜收集反向散射体中的散射信号。在单层和多层 MoS_2 的拉曼光谱中，观察到了 E_{2g}^1 和 A_{1g} 两种模式。随着膜层厚度的增加，E_{2g}^1 出现红移，A_{1g} 出现蓝移。样品厚度超过 4 层时，两种模式的频率都趋向于体相晶体的值（图 3-11）。

3.2.5.4　二硫化钨

Terrones 等报道了单层和多层二硫化钨（WS_2）三角形微片晶的合成。根据单层 WS_2 的拉曼光谱，E_{2g}^1 和 A_{1g} 模分别位于 356cm^{-1} 和 417.5cm^{-1} 处（图 3-12）。体相 WS_2 的 E_{2g}^1 和 A_{1g} 模则为 355.5cm^{-1} 和 420.5cm^{-1}。还研究了这两个模式中频率与厚度的关系。随着层数的减少，A_{1g} 模发生红移。在体相 WS_2 中，由于层间的范德瓦耳斯力相互作用，晶格变硬，这与单层

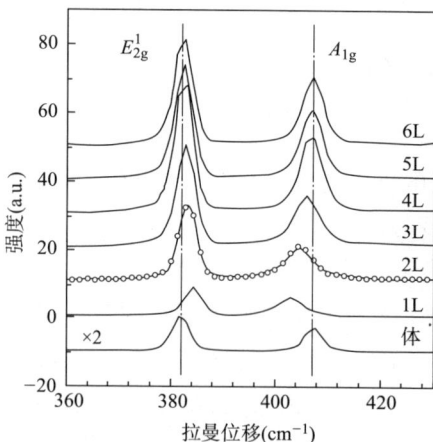

图 3-11　MOS_2 的拉曼光谱

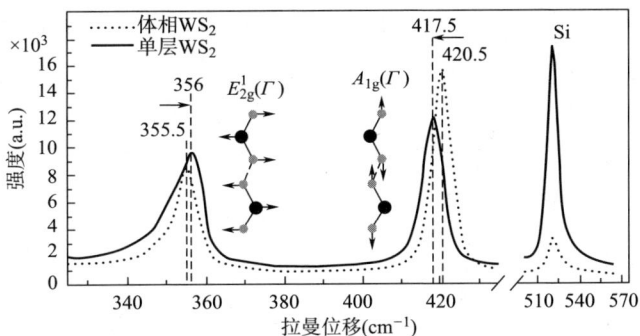

图 3-12　WS$_2$ 的拉曼光谱

中 A_{1g} 模的软化是一致的。E_{2g}^1 模随着层数的减少而显示蓝移，这是由于较厚样品中有效电荷之间长程库仑相互作用的强介电屏蔽导致的。此外，还发现频率差随着薄膜中 S—W—S 层数的增加而增加。

3.2.5.5　石墨烯 /MoS$_2$ 异质结构

Lain-Jong Li 等使用化学气相沉积（CVD）法合成了原子薄的石墨烯 / 二硫化钼（MoS$_2$）异质结构，并用拉曼光谱对其进行了表征。覆盖有 MoS$_2$ 的石墨烯的拉曼光谱显示了 E_{2g}^1 和 A_{1g} 峰，两者相隔 19cm^{-1}，这证实了单层 MoS$_2$ 的存在。2695.9cm^{-1} 和 1581.5cm^{-1} 处的 2D 峰和 G 峰表明了石墨烯薄膜是单层的。

3.2.6　X 射线光电子能谱

X 射线光电子能谱（XPS）是一种用于测定样品的经验式、电子状态、化学状态和元素组成的多功能、非破坏性技术。在超高真空中使用 XPS 可以进行达 10nm 的表面测量，灵敏度高。当 X 射线束照射到样品上时，它可以显示出与样品环境及其氧化态相对应的特征峰。

3.2.6.1　石墨烯

Reddy 等合成了用于锂电池的氮掺杂石墨烯薄膜。该报告显示了氮掺杂的石墨烯以及原始石墨烯膜的 XPS 光谱，其中，原始石墨烯薄膜的 XPS 光谱如图 3-13 所示。

3.2.6.2　六方氮化硼

XPS 也被用来研究六方氮化硼（h-BN）中硼和氮的化学组成和元素比。在纯 h-BN 晶体中，硼和氮的元素组成约为 1:1，具有独特的

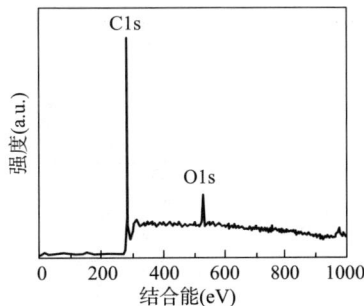

图 3-13　石墨烯的 XPS 光谱

化学计量学特征。在图 3–14 中，190.3eV 和 397.8eV 处的峰分别对应于 B 1s 和 N 1s 的结合能，这与其他报道的结果非常接近。

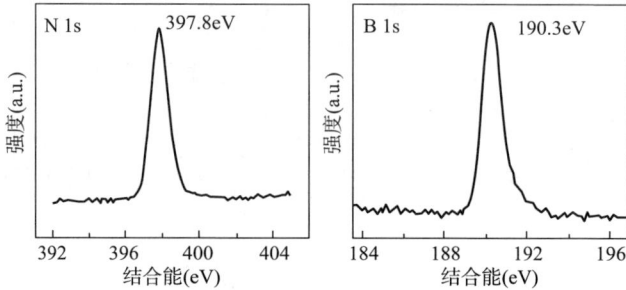

图 3–14　h–BN 的 N 1s 和 B 1s 的 XPS 光谱

3.2.6.3　二硫化钼

图 3–15（A）为单层和双层二硫化钼（MoS_2）的 XPS 谱图。Mo 3d 和 S 2p 的结合能如图 3–15（B）所示。在单层和双层 MoS_2 中，未观察到芯能级结合能的显著变化。在 MoS_2 的 XPS 光谱中，结合能分别位于 229.6eV、237.7eV 和 226.9eV，对应于 Mo $3d_{5/2}$、Mo $3d_{3/2}$ 和 S 2s。在硫的高分辨率 XPS 光谱中，163.6eV 和 162.4eV 处的峰分别对应于 S $2p_{3/2}$ 和 S $2p_{1/2}$。在单层和双层 MoS_2 的 XPS 光谱中，Mo 3d 主峰一侧存在两个弱肩峰，表明存在自旋轨道双重态。Mo $3d_{5/2}$ 和 Mo $3d_{3/2}$ 的双重态峰值分别为 228.4eV 和 225.3eV，对应于 MoS_{2-x} 中低配位的 Mo 和 MoS_2 层中的硫空位。结果表明，单分子层和双分子层的 MoS_2 的缺陷浓度分别为 10% 和 20%。

3.2.6.4　二硫化钨

XPS 光谱可用于确定二硫化钨（WS_2）中 W 和 S 的结合能。W 4f 和 S 2p 的结合能如图 3–16（A）和（B）所示。在 33.67eV、35.86eV 和 38.87eV 处的结合能分别对应于 W $4f_{7/2}$、W $4f_{5/2}$ 和 W $4f_{3/2}$。162.4eV 和 163.6eV 处的峰分别归属于 S

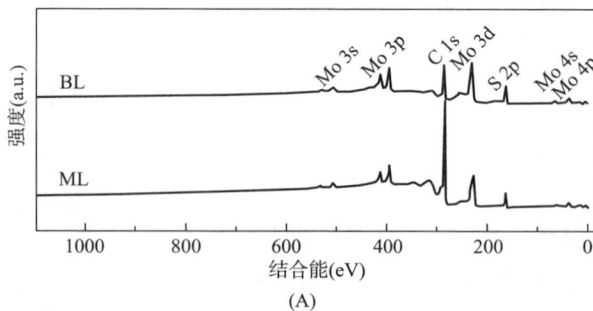

（A）

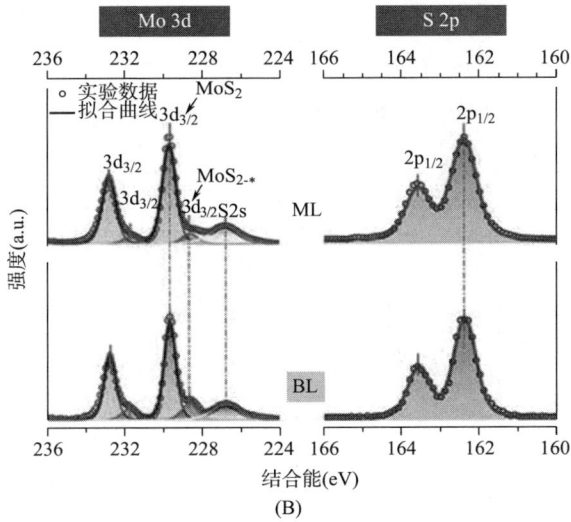

图 3-15　单层和双层 MoS$_2$ 的 Mo 3d 和 S 2p 的 XPS 光谱

2p$_{1/2}$ 和 S 2p$_{3/2}$ 的结合能。在 XPS 光谱中，W 的化合价为 +4，使其形成高质量的 WS$_2$ 晶体。

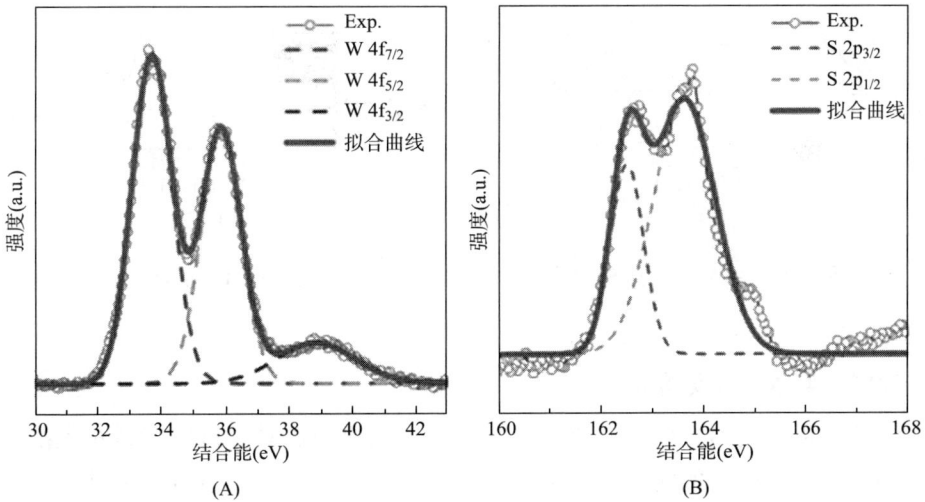

图 3-16　WS$_2$ 的 W 4f 和 S 2p 的 XPS 光谱

3.2.6.5　石墨烯 / 二硫化钼

在二硫化钼（MoS$_2$）和石墨烯的 XPS 光谱中，Mo 3d 和 S 2p 的结合能归因于石墨烯 /MoS$_2$ 异质结构中 MoS$_2$。在图 3-17（A）、（B）中，229.2eV 和 232.4eV 处

的峰分别对应于 Mo $3d_{5/2}$ 和 Mo $3d_{3/2}$。162.1eV 和 163.3eV 的结合能对应于 S $2p_{3/2}$ 和 S $2p_{1/2}$。在石墨烯的 C 1s 光谱中，sp^2 C—C、sp^3 C—O 和 C≡O 等不同的键合方式的结合能分别为 284.6eV、285.2eV 和 287.1eV［图 3-17（C）］。

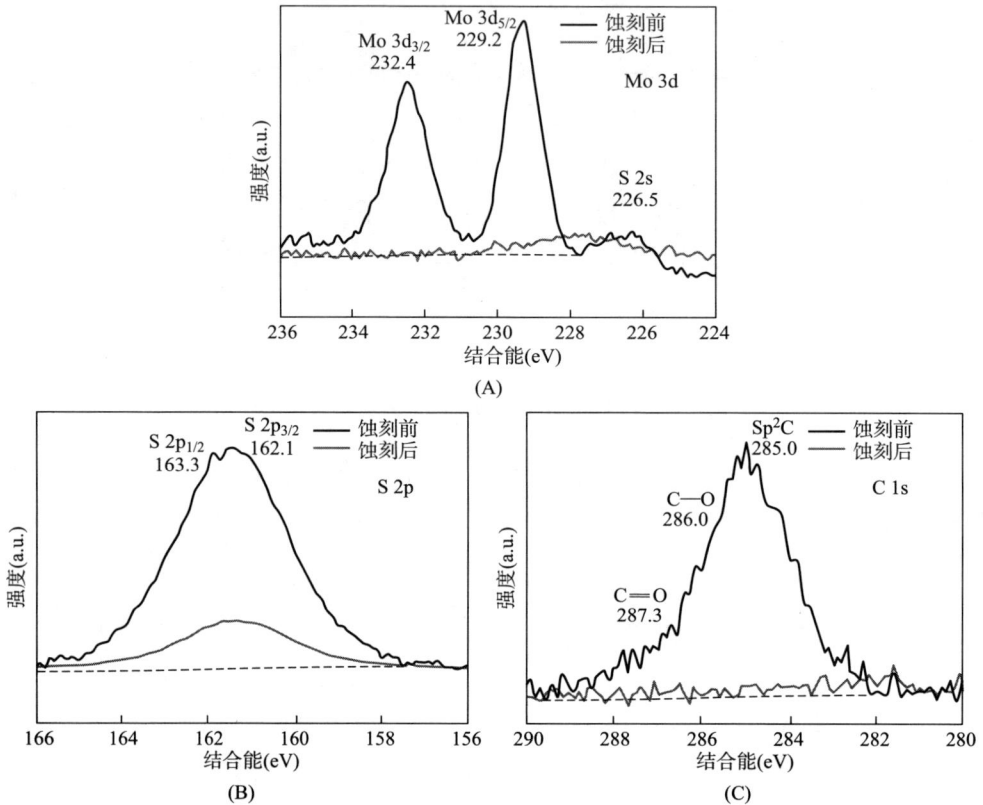

图 3-17　石墨烯—MoS_2 纳米复合材料的 Mo 3d、S 2p 和 C 1s 的 XPS 光谱

3.2.7　紫外—可见光谱

紫外—可见光谱是研究二维材料光学性质的重要工具。这些材料对大范围的电磁辐射表现出很好的响应性。紫外—可见光谱的吸光度测量可以帮助研究人员了解基态和激发态之间的转变以及电子能带结构。

下面讨论几种二维材料的光学吸收特性。

3.2.7.1　石墨烯

虽然单层石墨烯看起来是透明的，但它是一种很好的可见光吸收材料。由于石墨烯的无带隙电子光谱，其光学性质由基本常数以完全不同的方式定义。石墨烯的不透明度由精细结构常数定义，$a=e^2/\hbar_c \approx 1/137$（其中 c 是光速）。尽管石墨烯只有一个原子层厚，但它吸收了相当大一部分（约 2.3%）的入射白光。Nair 等人制备了石墨烯晶体，使其覆盖在金属支架上的亚毫米孔上（图 3-18），并研究了石墨烯的光学性质。他们报道了石墨烯的光学厚度为 2.3% ± 0.1%，反射率可忽略不计（< 0.1%）。通过光谱学观察到石墨烯的不透明度与波长完全无关，而是随膜厚的增加而增大，每多一层石墨烯增加 2.3% 的光吸收。石墨烯的这种独特的光学性质使其可以作为透明导电电极来应用。

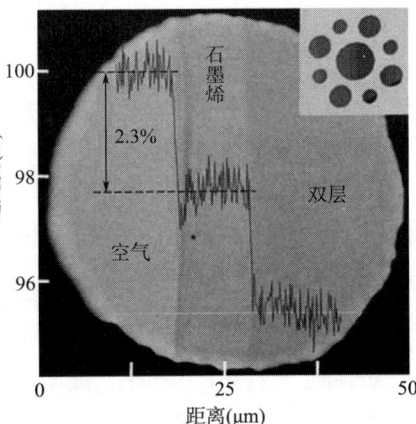

图 3-18　由石墨烯和双层石墨烯部分覆盖的铜网小孔（50μm）的照片

3.2.7.2　六方氮化硼

利用吸收光谱可以研究六方氮化硼（h-BN）纳米片的光学性质。Gao 等对 h-BN 纳米片进行了吸收光谱研究，如图 3-19 所示。在 251nm 左右的吸收峰对应于 h-BN 的能带隙（4.94eV）。紫外—可见光谱中 307nm（4.04eV）和 365nm（3.40eV）处的吸收峰可以归因于 h-BN 纳米片一维态密度中范霍夫奇点之间的光学跃迁。结构形态和尺寸的变化可能会导致电子态的变化，并导致能带隙的变化，这一点也得到了充分的证实。

3.2.7.3　二硫化钼

单层二硫化钼（MoS_2）是一种优良的光吸收材料。单层 MoS_2 在约 1nm 厚度范围内可吸收 5% ~ 10% 的可见光入射光。其对可见光的高吸收主要受激子效应的影响。Splendiani 等报道了原子薄的 MoS_2 层的吸收光谱。用反射光谱法记录的单层 MoS_2 的吸收光谱如图 3-20 所示，可以清楚地看到 670nm 和 627nm 处的两个明显的吸收带。这两个吸收带对应两个不同的电子跃迁，分别称为

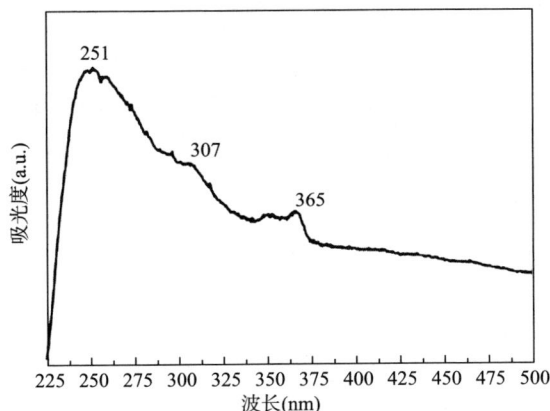

图 3-19　h-BN 吸收光谱

A 和 B。吸收峰 A 和 B 归属于布里渊区 K 点价带到导带的光学跃迁。此外，两个吸收带之间的能量差源于最大价带的分裂。这是由双层 MoS_2 的层间相互作用和自旋轨道耦合（SOC）以及单层 MoS_2 的 SOC 效应共同作用引起的。此外，据 Miao Zhou 等报道，随着横向尺寸的增加，吸收峰几乎保持不变。随着层数的增加，激子吸收带出现红移。其他文献也报道了激子峰位置的厚度依赖性。

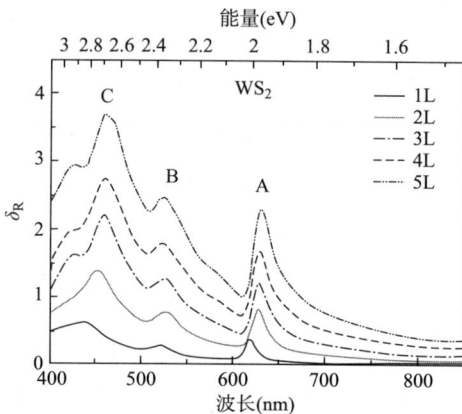

图 3-20　MoS_2 吸收光谱

3.2.7.4　二硫化钨

Beal 等和 Bromley 等研究了体相二硫化钨（WS_2）晶体的吸收特性。Zhao 等报道了透明基底上原子薄 WS_2 层的吸收光谱。图 3-21 显示了 1 ~ 5 层 WS_2 的差分反射光谱，可以明显看出，随着薄片厚度的减小，所有的峰都呈现出明显的蓝移。在 625nm 和 550nm 附近的 A 峰和 B 峰被称为 WS_2 的激子吸收峰，它们产生于 K 点的直接带隙跃迁。A 峰和 B 峰之间的能量差为 400MeV，能量差代表了自旋轨道相互作用强度的指示，这个值明显大于在 MoS_2 中观察到的约 160MeV。另外一个峰，标记为 C，约 450nm，是价带和导带中的态密度峰之间的光学跃迁。WS_2 中 A 峰、B 峰和 C 峰的能量与片层厚度的关系不大，这表明 X—W—X 夹心平面内的电子是导致这些光学跃迁的原因。

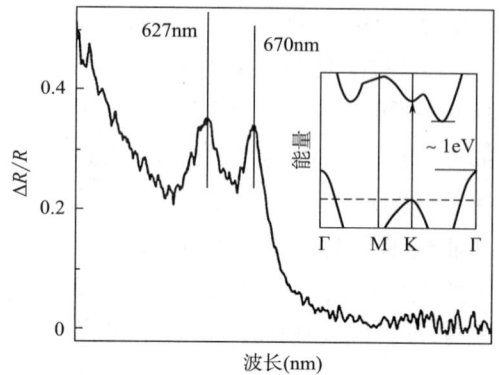

图 3-21　WS_2 吸收光谱

3.2.8　光致发光光谱

改性石墨烯和石墨烯类其他二维材料（如 TMDs）一样，因其独特的能带结构（直接带隙）和量子限制效应而表现出非常强的发光特性。在这方面，光致发光（PL）光谱是研究这些材料光学行为的重要工具之一。

在以下几节中讨论了一些二维材料的光致发光表征。

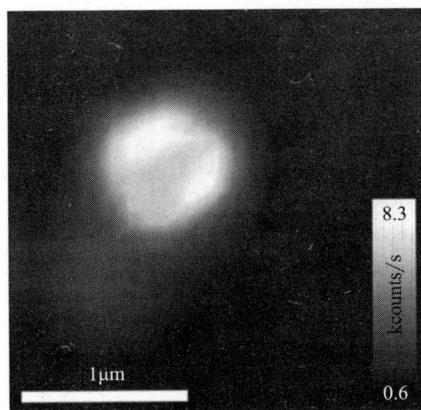

图 3-22　石墨烯氧化 3s 的石墨烯样品在波长 473nm 处（2.62eV）激发的共聚焦 PL 图像

3.2.8.1　石墨烯

在石墨烯的能带图中，锥形的价带和导带在布里渊区的 K 点相交，形成零带隙。为了获得合适的带隙，采用了不同的方法来修饰石墨烯的电子能带结构。据报道，使用氧等离子体处理可以在单层机械剥离的石墨烯中实现光致发光，如图 3-22 所示。在实验中，石墨烯样品被暴露在氧：氩 =1 ：2 的射频等离子体（RF，0.04mbar，10W）中 1～6s。对于较短的暴露时间，石墨烯样品显示出空间分辨的 PL。当石墨烯在等离子体中暴露时间增加时，可以观察到强且分布均匀的 PL 现象。PL 表现出宽带光谱，其峰值约在 700nm 波长处。其他研究小组也报道了通过 O_2 等离子体处理引起石墨烯电学和光学性质的变化。可以用单层石墨烯被氧原子功能化来解释。等离子体暴露的持续时间可控制氧功能化的程度。对 O_2 等离子体处理过的石墨烯的电学测量也证实了带隙的打开。

3.2.8.2　六方氮化硼

Li 等人研究了球磨法制备的 h-BN 纳米片的 PL 特性。与 h-BN 的体单晶相似，纳米片在 224nm 左右也显示出 PL 特性，即在深紫外范围内，可分解为 217nm、225nm 和 232nm 处的三个子带。这些子带的位置不随纳米片厚度的变化而变化（无蓝移）。这表明在 h-BN 纳米薄片中不存在量子约束效应。如图 3-23 所示，室温下，未研磨 h-BN 颗粒（0h）、对照样品（对照）和在苯甲酸苄酯中球磨不同时间（2～25h）的 h-BN 纳米片的 PL 光谱在制备 h-BN 的过程中，发现峰值强度随着研磨时间的增加而变化。

3.2.8.3　二硫化钼

体相二维材料是具有间接带隙的半导体。当它们减薄为单层时，由于限制效应，

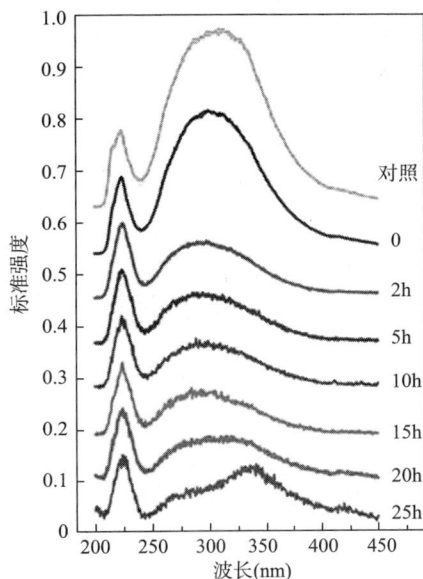

图 3-23　h-BN 的 PL 光谱

可以转化为直接带隙材料，使这些单层二维材料也表现出 PL 特性。

体相二硫化钼（MoS_2）是间接带隙半导体，带隙为 1.29eV。随着厚度减小到单层，能带能量变为 1.90eV 的直接带隙。Heinz 等报道了超薄 MoS_2 晶体的光学性质和电子结构随层数的变化规律。在 PL 的测试中，为了避免样品的加热和 PL 饱和，使用固体激光器（波长 532nm）在非常低的激光功率（50μW）下激发样品，在 1.3 ~ 2.2eV 的光子能量范围内进行测试（图 3-24）。对于单层 MoS_2，可以观察到 1.9eV 附近强的 PL 峰。随着厚度的增加，PL 强度度显著降低，而体相 MoS_2 因其间接带隙，光致发光几乎可以忽略不计。样品的发光效率可以用发射光子数与吸收光子数之比，即量子产率（QY）来描述。据报道，随着厚度的减少，QY 有了显著的增加，单层达到了非常高的值，约为 4×10^{-3}。这也表明单层样品的发光效率有所提高。单层 MoS_2 特殊的 PL 是由直接带隙引起的。双分子层样品的 PL 则显示出多个峰值；其中一个发射峰（A 峰）与单层样品在 1.90eV 时的发射峰相匹配，随着层数的增加，这一峰值略有偏移并变宽；在大于 A 峰 150meV 处观测到第二个峰（B 峰）；低于 A 峰处也观测到一个宽峰 I，该峰归因于间接带隙发光，随着层数的增加，该峰向能量较低的方向移动，接近 1.29eV 的间接带隙能量，且强度变弱。

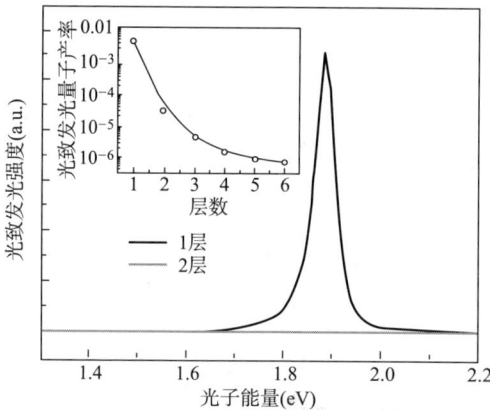

图 3-24　单层和双层 MoS_2 样品在 1.3 ~ 2.2eV 的光子能量范围内的 PL 光谱

3.2.8.4　二硫化钨

Terrones 等报道了具有三角形形貌的单层和多层二硫化钨（WS_2）薄膜的合成和室温 PL 特性。对于单层 WS_2，谱图中出现一个强的单峰，对应于 K 点处的直接激子跃迁。随着层数的增加，由于直接和间接电子跃迁之间的竞争，还观察到了额外的峰。研究者还发现光致发光的量子产率随着层数的增加而降低，体相样品的 PL 非常弱，并且仅显示出一个与间接跃迁相关的峰。

Yu 等报道了 WS_2 温度依赖的时间分辨 PL 测试。他们在硫源的不同加热条件下制备了两组 CVD 合成的 WS_2 样品（命名为 A 组和 B 组）。样品生长在 SiO_2/Si 基底上的单层 WS_2 的荧光图像如图 3-25 所示。在 A 组样品［图 3-25（A）］的荧光图像中，荧光亮度从外到内逐渐减小。然而，B 组样品单层 WS_2 的三角形显示出均匀而强的亮度［图 3-25

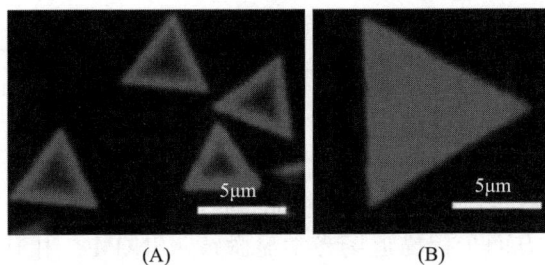

图 3-25　单层 WS₂ 三角形 A 组和 B 组晶体的荧光图像

（B）]。该研究小组还进行了显微光致发光（micro-PL）光谱分析，以深入研究 A 组和 B 组样品之间的差异。A 组样品的 PL 中相对于 B 组样品的蓝移现象是由于 N 掺杂造成的，其中 N 掺杂通过 WS₂ 中的带电结构缺陷引入样品中。样品 A 中由外及内 N 掺杂浓度的连续变化造成了 PL 光谱的逐渐蓝移。Lee 等对背栅晶体管电传输的测量也证实了这一点。

图 3-26 比较了在相同条件下（λ_{ex}=532nm，光谱范围 550～750nm），WS₂ 样品和 MoS₂ 样品的 PL 测量结果。实验发现，在激光连续激发 10min 内，单层 WS₂ 的荧光强度和稳定性是同条件下剥离法制备的单层 MoS₂ 的 50 倍。

3.2.8.5　异质结构的光致发光表征

由石墨烯覆于 MoS₂ 表面可得到石墨烯 /MoS₂ 异质结构，其 PL 光谱显示出与单层 MoS₂ 相似的峰型，但强度有所降低。垂直堆垛异质结构（其中两层二维材料垂直方向堆叠）的 PL 光谱显示出与各层对应的峰。Rivera 等报道了 MoSe₂/WSe₂ 异质结构的室温 PL 结果。其 PL 光谱显示了 1.65eV、1.57eV 和 1.35eV 处的 3 个主要特征峰。前两个峰对应单分子层 WSe₂ 和 MoSe₂ 的激子态。第三个峰则是在 PL 中的一个特征峰，它是由异质结构区域的层间激子引起的。在激发能量作用下，空间间接激子之间的排斥偶极—偶极相互作用，导致了这种蓝移现象。

3.2.9　扫描近场光学显微镜

杂质和缺陷包括点缺陷、晶界和边缘，显著影响过渡金属硫化物（TMDs）的机械性能、热性能、电性能和光学性能。据报道，在这些特殊的点位具有显著的光学现象。例如，在这些材料的晶界有

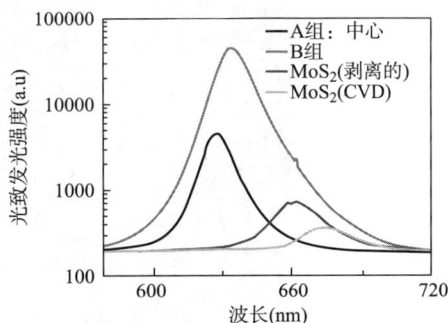

图 3-26　WS₂ 和 MoS₂ 样品在 λ_{ex}=532nm 处的 PL 光谱

明显的非线性光学行为。这些缺陷、晶界和杂质不可避免地存在于单层二维材料中，因此了解此类缺陷、晶界和杂质的光学行为是非常重要的。同样，利用亚衍射分辨率的手段理解这些位置周围的局域光学性质也具有重要的科学意义。透射电子显微镜（TEM）和扫描透射电子显微镜（STEM）已被用于晶界和缺陷及其电子结构的研究。然而，这些技术并不能直接将这些材料的局部结构与其光学性质联系起来。在这方面，扫描近场光学显微镜（SNOM）用于 TMDs 亚衍射长度分辨率的光学特性的研究已经引起了人们的兴趣。通常是使用 SNOM 获得位点选择的 PL 光谱，进而对晶界和缺陷的光学特性进行研究。

Yongjun Lee 等使用 SNOM PL 成像技术表征了 CVD 生长的单层 MoS_2 中小至 20nm 的结构缺陷。图 3-27 显示了蝴蝶状单层 MoS_2 的共聚焦 PL 和 SNOM PL 图像以及它们的放大图。其中放大的图像清楚地显示，共聚焦 PL 图像不能显示宽度为 20nm 的缺陷，而这在高分辨率的 SNOM PL 图像［图 3-27（B）］中清晰可见。

(A) 单层MoS_2的共聚焦PL图像

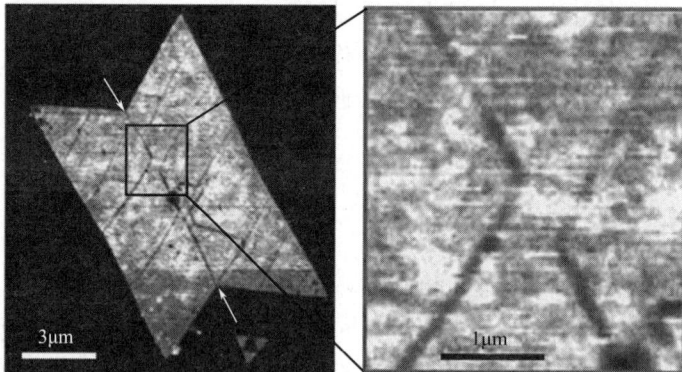

(B) 单层MoS_2的SNOM PL图像

图 3-27　单层 MoS_2 的 PL 图像

　　除此之外，由于光致发光 PL 受到许多因素的影响，如缺陷密度、能带弯曲、应力和载流子掺杂。因此，PL 不足以了解 TMDs 局域电子结构的细节。除此之外，对于含有金属的 TMDs，人们也无法从 PL 中研究其电子特性。因此，Nozaki Junji 等人也报道了另一种技术，如使用 SNOM 的吸收光谱法。他们用 SNOM 和超连续谱光源相结合的方法测试了单层 MoS_2 的局域光吸收光谱，发现该光谱对测试位置表现出很强的依赖性。

3.3　结论

　　二维材料因其卓越的性能而受到科学界的极大关注。二维材料领域的不断发展需要对其形态、结构、化学和光学特性进行详细研究。本章重点介绍了用于揭示原子薄二维材料及其异质结构的特性的各种表征技术：扫描电子显微镜（SEM）、透射电子显微镜（TEM）/ 高分辨透射电子显微镜（HRTEM）、原子力显微镜（AFM）、扫描隧道显微镜（STM）、拉曼光谱（Raman）、X 射线光电子能谱（XPS）、紫外—可见吸收光谱（UV—Vis）、光致发光（PL）和扫描近场光学显微镜（SNOM）。

参考文献

［1］ R. Mas-Balleste, C. Gomez-Navarro, J. Gomez-Herrero, F. Zamora, 2D materials : to graphene and beyond, Nanoscale 3（1）（2011）20–30.

［2］ F.A. Aldaye, A.L. Palmer, H.F. Sleiman, Assembling materials with DNA as the guide, Science 321（5897）（2008）1795–1799.

［3］ K. Liu, J. Feng, A. Kis, A. Radenovic, Atomically thin molybdenum disulfide nanopores with high sensitivity for DNA translocation, ACS Nano. 8（3）（2014）2504–2511.

［4］ A.L.M. Reddy, A. Srivastava, S.R. Gowda, H. Gullapalli, M. Dubey, P.M. Ajayan, Synthesis of nitrogendoped graphene films for lithium battery application, ACS Nano. 4（11）（2010）6337–6342.

［5］ S. Carr, D. Massatt, S. Fang, P. Cazeaux, M. Luskin, E. Kaxiras, Twistronics : Manipulating the electronic properties of two-dimensional layered structures through their twist angle, Phys. Rev. B 95（7）（2017）075420.

［6］ N. Zibouche, A. Kuc, J. Musfeldt, T. Heine, Transition-metal dichalcogenides for spintronic applications, Annalen Der Phys. 526（910）（2014）395–401.

［7］ R.R. Srivastava, H. Mishra, V.K. Singh, K. Vikram, R.K. Srivastava, S. Srivastava, et al., pH dependent luminescence switching of tin disulfide quantum dots, J. Lumin. 213（2019）401–

408.

[8] B.W. Baugher, H.O. Churchill, Y. Yang, P. Jarillo–Herrero, Optoelectronic devices based on electrically tunable p–n diodes in a monolayer dichalcogenide, Nat. Nanotechnol. 9 (4)(2014) 262.

[9] P. Mir ó, M. Audiffred, T. Heine, An atlas of two–dimensional materials, Chem. Soc. Rev. 43 (18)(2014) 6537–6554.

[10] F. Schedin, A. Geim, S. Morozov, E. Hill, P. Blake, M. Katsnelson, et al., Detection of individual gas molecules adsorbed on graphene, Nat. Mater. 6(9)(2007) 652.

[11] T. Ohta, A. Bostwick, T. Seyller, K. Horn, E. Rotenberg, Controlling the electronic structure of bilayer graphene, Science 313 (5789)(2006) 951–954.

[12] J. Wang, F. Ma, M. Sun, Graphene, hexagonal boron nitride, and their heterostructures : properties and applications, RSC Adv. 7(27)(2017) 16801–16822.

[13] K.S. Novoselov, A.K. Geim, S.V. Morozov, D. Jiang, Y. Zhang, S.V. Dubonos, et al., Electric field effect in atomically thin carbon films, Science 306 (5696)(2004) 666–669.

[14] J. Chen, M. Badioli, P. Alonso–Gonzá lez, S. Thongrattanasiri, F. Huth, J. Osmond, et al., Optical nano–imaging of gate–tunable graphene plasmons, Nature 487 (7405)(2012) 77.

[15] X. Geng, L. Niu, Z. Xing, R. Song, G. Liu, M. Sun, et al., Aqueous–processable noncovalent chemically converted graphene–quantum dot composites for flexible and transparent optoelectronic films, Adv. Mater. 22 (5)(2010) 638–642.

[16] A.K. Geim, Random walk to graphene (Nobel Lecture), Angew. Chem. Int. Ed. 50 (31) (2011) 6966–6985.

[17] C. Lee, X. Wei, J.W. Kysar, J. Hone, Measurement of the elastic properties and intrinsic strength of monolayer graphene, Science 321 (5887)(2008) 385–388.

[18] K.I. Bolotin, K.J. Sikes, Z. Jiang, M. Klima, G. Fudenberg, J. Hone, H. Stormer, et al., Ultrahigh electron mobility in suspended graphene, Solid. State Commun. 146 (910)(2008) 351–355.

[19] K.S. Kim, Y. Zhao, H. Jang, S.Y. Lee, J.M. Kim, K.S. Kim, et al., Large–scale pattern growth of graphene films for stretchable transparent electrodes, Nature 457 (7230)(2009) 706.

[20] A.A. Balandin, Thermal properties of graphene and nanostructured carbon materials, Nat. Mater. 10 (8)(2011) 569.

[21] L. Falkovsky, Symmetry constraints on phonon dispersion in graphene, Phys. Lett. A 372 (31) (2008) 5189–5192.

[22] A. Grigorenko, M. Polini, K. Novoselov, Graphene plasmonics, Nat. Photonics 6 (11) (2012) 749.

[23] W. Han, R.K. Kawakami, M. Gmitra, J. Fabian, Graphene spintronics, Nat. Nanotechnol. 9 (10)(2014) 794.

[24] L. Ponomarenko, A. Geim, A. Zhukov, R. Jalil, S. Morozov, K. Novoselov, et al., Tunable metal–insulator transition in double–layer graphene heterostructures, Nat. Phys. 7 (12)(2011) 958.

[25] R.K. Srivastava, S. Srivastava, T.N. Narayanan, B.D. Mahlotra, R. Vajtai, P.M. Ajayan, et al., Functionalized multilayered graphene platform for urea sensor, ACS Nano 6 (1)(2012) 168–175.

[26] P. Wheelock, B. Cook, J. Harringa, A. Russell, Phase changes induced in hexagonal boron nitride by high energy mechanical milling, J. Mater. Sci. 39 (1)(2004) 343–347.

[27] C. Lorrette, P. Weisbecker, S. Jacques, R. Pailler, J.M. Goyhénèche, Deposition and

characterization of h–BN coating on carbon fibres using tris（dimethylamino）borane precursor，J. Eur. Ceram. Soc. 27（7）（2007）2737–2743.

[28] G. Lei，Y. Jian，Q. Tai，Study progress of preparation methods of hexagonal boron nitride J，Electron. Compon. Mater.（2008）6.

[29] Y. Liu，J. Liu，Hybrid nanomaterials of ws 2 or mos 2 nanosheets with liposomes：biointerfaces and multiplexed drug delivery，Nanoscale 9（35）（2017）13187–13194.

[30] Y. Gong，J. Lin，X. Wang，G. Shi，S. Lei，Z. Lin，et al.，Vertical and in–plane heterostructures from WS$_2$/MoS$_2$ monolayers，Nat. Mater. 13（12）（2014）1135.

[31] K. Watanabe，T. Taniguchi，H. Kanda，Direct–bandgap properties and evidence for ultraviolet lasing of hexagonal boron nitride single crystal，Nat. Mater. 3（6）（2004）404.

[32] Y. Kubota，K. Watanabe，O. Tsuda，T. Taniguchi，Deep ultraviolet light–emitting hexagonal boron nitride synthesized at atmospheric pressure，Science 317（5840）（2007）932–934.

[33] D. Golberg，Y. Bando，Y. Huang，T. Terao，M. Mitome，C. Tang，et al.，Boron nitride nanotubes and nanosheets，ACS Nano. 4（6）（2010）2979–2993.

[34] D. Pacile，J. Meyer，Ç. Girit，A. Zettl，The two–dimensional phase of boron nitride：few–atomic–layer sheets and suspended membranes，Appl. Phys. Lett. 92（13）（2008）133107.

[35] C. Lee，Q. Li，W. Kalb，X.–Z. Liu，H. Berger，R.W. Carpick，et al.，Frictional characteristics of atomically thin sheets，Science 328（5974）（2010）76–80.

[36] T. Crane，B. Cowan，Magnetic relaxation properties of helium–3 adsorbed on hexagonal boron nitride，Phys. Rev. B. 62（17）（2000）11359.

[37] M. Miller，F.J. Owens，Tuning the electronic and magnetic properties of boron nitride nanotubes，Solid. State Commun. 151（1415）（2011）1001–1003.

[38] E. Sichel，R. Miller，M. Abrahams，C. Buiocchi，Heat capacity and thermal conductivity of hexagonal pyrolytic boron nitride，Phys. Rev. B. 13（10）（1976）4607.

[39] C.H. Henager，W. Pawlewicz，Thermal conductivities of thin，sputtered optical films，Appl. Opt. 32（1）（1993）91101.

[40] J. Ravichandran，A. Manoj，J. Liu，I. Manna，D. Carroll，A novel polymer nanotube composite for photovoltaic packaging applications，Nanotechnology 19（8）（2008）085712.

[41] S. Hao，G. Zhou，W. Duan，J. Wu，B.–L. Gu，Tremendous spin–splitting effects in open boron nitride nanotubes：application to nanoscale spintronic devices，J. Am. Chem. Soc. 128（26）（2006）8453–8458.

[42] G.J. Zhang，M. Ando，T. Ohji，S. Kanzaki，High–performance boron nitride–containing composites by reaction synthesis for the applications in the steel industry，Int. J. Appl. Ceram. Technol. 2（2）（2005）162–171.

[43] M.–S. Jin，N.–O. Kim，Photoluminescence of hexagonal boron nitride（h–BN）film，J. Electr. Eng. Technol. 5（4）（2010）637–639.

[44] I. Meric，C.R. Dean，N. Petrone，L. Wang，J. Hone，P. Kim，et al.，Graphene field–effect transistors based on boron–nitride dielectrics，Proc. IEEE 101（7）（2013）1609–1619.

[45] Y. Zhang，X. He，J. Han，S. Du，Combustion synthesis of hexagonal boron–nitride–based ceramics，J. Mater. Process. Technol. 116（23）（2001）161–164.

[46] C. Harrison，S. Weaver，C. Bertelsen，E. Burgett，N. Hertel，E. Grulke，Polyethylene/boron nitride composites for space radiation shielding，J. Appl. Polym. Sci. 109（4）（2008）2529–2538.

[47] J.A. Hanigofsky，K.L. More，W. Lackey，W.Y. Lee，G.B. Freeman，Composition and microstructure of chemically vapor–deposited boron nitride，aluminum nitride，and boron

nitride+ aluminum nitride composites, J. Am. Ceram. Soc. 74（2）（1991）301–305.

［48］ R. Naslain, O. Dugne, A. Guette, J. Sevely, C.R. Brosse, J.P. Rocher, et al., Boron nitride interphase in ceramic–matrix composites, J. Am. Ceram. Soc. 74（10）（1991）2482–2488.

［49］ S. Manzeli, D. Ovchinnikov, D. Pasquier, O.V. Yazyev, A. Kis, 2D transition metal dichalcogenides, Nat. Rev. Mater. 2（8）（2017）17033.

［50］ D. Lembke, S. Bertolazzi, A. Kis, Single–layer MoS_2 electronics, Acc. Chem. Res. 48（1）（2015）100–110.

［51］ H. Ramakrishna Matte, A. Gomathi, A.K. Manna, D.J. Late, R. Datta, S.K. Pati, et al., MoS_2 and WS_2 analogues of graphene, Angew. Chem. Int. Ed. 49（24）（2010）4059–4062.

［52］ K. Kobayashi, J. Yamauchi, Electronic structure and scanning–tunneling–microscopy image of molybdenum dichalcogenide surfaces, Phys. Rev. B. 51（23）（1995）17085.

［53］ H. Wang, L. Yu, Y.–H. Lee, Y. Shi, A. Hsu, M.L. Chin, et al., Integrated circuits based on bilayer MoS_2 transistors, Nano Lett. 12（9）（2012）4674–4680.

［54］ J. Wang, X. Zou, X. Xiao, L. Xu, C. Wang, C. Jiang, et al., Floating gate memory–based monolayer MoS_2 transistor with metal nanocrystals embedded in the gate dielectrics, Small 11（2）（2015）208–213.

［55］ A. Molina–Sanchez, L. Wirtz, Phonons in single–layer and few–layer MoS_2 and WS_2, Phys. Rev. B 84（15）（2011）155413.

［56］ D. Ovchinnikov, A. Allain, Y.–S. Huang, D. Dumcenco, A. Kis, Electrical transport properties of singlelayer WS_2, ACS Nano 8（8）（2014）8174–8181.

［57］ X. Liu, J. Hu, C. Yue, N. Della Fera, Y. Ling, Z. Mao, et al., High performance field–effect transistor based on multilayer tungsten disulfide, ACS Nano 8（10）（2014）10396–10402.

［58］ H.R. Gutiérrez, N. Perea–López, A.L. Elías, A. Berkdemir, B. Wang, R. Lv, et al., Extraordinary room–temperature photoluminescence in triangular WS_2 monolayers, Nano Lett. 13（8）（2012）3447–3454.

［59］ Z. Alferov, Double heterostructure lasers : early days and future perspectives, IEEE J. Sel. Top. Quantum Electron. 6（6）（2000）832–840.

［60］ K. Novoselov, A. Mishchenko, A. Carvalho, A.C. Neto, 2D materials and van der Waals heterostructures, Science 353（6298）（2016）aac9439.

［61］ E. Yablonovitch, E. Kane, Band structure engineering of semiconductor lasers for optical communications, J. lightwave Technol. 6（8）（1988）1292–1299.

［62］ H. Kroemer, Heterostructure bipolar transistors and integrated circuits, Proc. IEEE 70（1）（1982）1325.

［63］ A.K. Geim, I.V. Grigorieva, Van der Waals heterostructures, Nature 499（7459）（2013）419.

［64］ A. Nemoori, H. Mishra, V.K. Singh, P. Shukla, A. Srivastava, A. Pandey, A curious observation of pauliblocking in MoS_2–quantum dots/graphene hybrid system, J. Appl. Phys. 124（12）（2018）124501.

［65］ V.K.K. Singh, S. Mani Yadav, H. Mishra, R. Kumar, R.S.S. Tiwari, A. Pandey, et al., WS_2 quantum dot graphene nanocomposite film for UV photodetection, ACS Appl. Nano Mater.（2019）.

［66］ Q.A. Vu, Y.S. Shin, Y.R. Kim, W.T. Kang, H. Kim, D.H. Luong, et al., Two–terminal floating–gate memory with van der Waals heterostructures for ultrahigh on/off ratio, Nat.

Commun. 7（2016）12725.

[67] V.K. Singh, S. Kumar, S.K. Pandey, S. Srivastava, M. Mishra, G. Gupta, et al., Fabrication of sensitive bioelectrode based on atomically thin CVD grown graphene for cancer biomarker detection, Biosens. Bioelectron. 105（2018）173–181.

[68] G. Lu, T. Wu, Q. Yuan, H. Wang, H. Wang, F. Ding, et al., Synthesis of large single-crystal hexagonal boron nitride grains on Cu–Ni alloy, Nat. Commun. 6（2015）6160.

[69] W. Xu, S. Li, S. Zhou, J.K. Lee, S. Wang, S.G. Sarwat, et al., Large dendritic monolayer MoS$_2$ grown by atmospheric pressure chemical vapor deposition for electrocatalysis, ACS Appl. Mater. & interfaces 10（5）（2018）4630–4639.

[70] P. Liu, T. Luo, J. Xing, H. Xu, H. Hao, H. Liu, et al., Large-area WS$_2$ film with big single domains grown by chemical vapor deposition, Nanoscale Res. Lett. 12（1）（2017）558.

[71] Z. Liu, L. Ma, G. Shi, W. Zhou, Y. Gong, S. Lei, et al., In-plane heterostructures of graphene and hexagonal boron nitride with controlled domain sizes, Nat. Nanotechnol. 8（2）（2013）119.

[72] H.-L. Guo, X.-F. Wang, Q.-Y. Qian, F.-B. Wang, X.-H. Xia, A green approach to the synthesis of graphene nanosheets, ACS Nano 3（9）（2009）2653–2659.

[73] A. Srivastava, C. Galande, L. Ci, L. Song, C. Rai, D. Jariwala, et al., Novel liquid precursor-based facile synthesis of large-area continuous, single, and few-layer graphene films, Chem. Mater. 22（11）（2010）3457–3461.

[74] J.H. Warner, M.H. Rümmeli, T. Gemming, B. Büchner, G.A.D. Briggs, Direct imaging of rotational stacking faults in few layer graphene, Nano Lett. 9（1）（2008）102–106.

[75] K.P. Sharma, S. Sharma, A.K. Sharma, B.P. Jaisi, G. Kalita, M. Tanemura, Edge controlled growth of hexagonal boron nitride crystals on copper foil by atmospheric pressure chemical vapor deposition, Cryst. Eng. Comm. 20（5）（2018）550–555.

[76] R. Zan, Q.M. Ramasse, R. Jalil, U. Bangert, Atomic structure of graphene and h–BN layers and their interactions with metals, Adv. Graphene sci.（2013）. Intech Open.

[77] X. Wang, H. Feng, Y. Wu, L. Jiao, Controlled synthesis of highly crystalline MoS$_2$ flakes by chemical vapor deposition, J. Am. Chem. Soc. 135（14）（2013）5304–5307.

[78] Y. Shi, C. Hamsen, X. Jia, K.K. Kim, A. Reina, M. Hofmann, et al., Synthesis of few-layer hexagonal boron nitride thin film by chemical vapor deposition, Nano Lett. 10（10）（2010）4134–4139.

[79] Y. Zhang, Y. Zhang, Q. Ji, J. Ju, H. Yuan, J. Shi, et al., Controlled growth of high-quality monolayer WS$_2$ layers on sapphire and imaging its grain boundary, ACS Nano 7（10）（2013）8963–8971.

[80] A. Pierret, J. Loayza, B. Berini, A. Betz, B. Plaçais, F. Ducastelle, et al., Excitonic recombinations in h–BN : from bulk to exfoliated layers, Phys. Rev. B 89（3）（2014）035414.

[81] D.L.C. Ky, B.-C.T. Khac, C.T. Le, Y.S. Kim, K.-H. Chung, Friction characteristics of mechanically exfoliated and CVD-grown single-layer MoS$_2$, Friction 6（4）（2018）395–406.

[82] Y. Rong, Y. Fan, A.L. Koh, A.W. Robertson, K. He, S. Wang, et al., Controlling sulphur precursor addition for large single crystal domains of WS$_2$, Nanoscale 6（20）（2014）12096–12103.

[83] L. Du, H. Yu, M. Liao, S. Wang, L. Xie, X. Lu, et al., Modulating PL and electronic structures of MoS$_2$/graphene heterostructures via interlayer twisting angle, Appl. Phys. Lett. 111（26）（2017）263106.

[84] L.H. Li, Y. Chen, Atomically thin boron nitride : unique properties and applications, Adv.

Funct. Mater. 26（16）（2016）2594–2608.

［85］ N.A. Lanzillo, A. Glen Birdwell, M. Amani, F.J. Crowne, P.B. Shah, S. Najmaei, et al., Temperature–dependent phonon shifts in monolayer MoS$_2$, Appl. Phys. Lett. 103（9）（2013）093102.

［86］ Q. Yu, L.A. Jauregui, W. Wu, R. Colby, J. Tian, Z. Su, et al., Control and characterization of individual grains and grain boundaries in graphene grown by chemical vapour deposition, Nat. Mater. 10（6）（2011）443.

［87］ D. Wong, J. Velasco Jr, L. Ju, J. Lee, S. Kahn, H.–Z. Tsai, et al., Characterization and manipulation of individual defects in insulating hexagonal boron nitride using scanning tunnelling microscopy, Nat. Nanotechnol. 10（11）（2015）949.

［88］ P. Vancsó, G.Z. Magda, J. Pető, J.–Y. Noh, Y.–S. Kim, C. Hwang, et al., The intrinsic defect structure of exfoliated MoS$_2$ single layers revealed by scanning tunneling microscopy, Sci. Rep. 6（2016）29726.

［89］ H.G. Füchtbauer, A.K. Tuxen, P.G. Moses, H. Topsøe, F. Besenbacher, J.V. Lauritsen, Morphology and atomic–scale structure of single–layer WS$_2$ nanoclusters, Phys. Chem. Chem. Phys. 15（38）（2013）15971–15980.

［90］ M.M. Biener, J. Biener, R. Schalek, C.M. Friend, Growth of nanocrystalline MoO$_3$ on Au（111）studied by in situ scanning tunneling microscopy, J. Chem. Phys. 121（23）（2004）12010–12016.

［91］ S. Reich, C. Thomsen, Raman spectroscopy of graphite, Phys. Eng. Sci. 362（1824）（2004）2271–2288.

［92］ R. Nemanich, G. Lucovsky, S.J. Solin, Infrared active optical vibrations of graphite, Solid. State Commun. 23（2）（1977）117–120.

［93］ A.C. Ferrari, J. Meyer, V. Scardaci, C. Casiraghi, M. Lazzeri, F. Mauri, et al., Raman spectrum of graphene and graphene layers, Phys. Rev. Lett. 97（18）（2006）187401.

［94］ R.V. Gorbachev, I. Riaz, R.R. Nair, R. Jalil, L. Britnell, B.D. Belle, et al., Hunting for monolayer boron nitride : optical and Raman signatures, Small. 7（4）（2011）465–468.

［95］ C. Lee, H. Yan, L.E. Brus, T.F. Heinz, J. Hone, S. Ryu, Anomalous lattice vibrations of single–and few–layer MoS$_2$, ACS Nano. 4（5）（2010）2695–2700.

［96］ C. Thomsen, S.J.P. Reich, Double resonant Raman scattering in graphite, Phys. Rev. Lett. 85（24）（2000）5214.

［97］ L.G. Cançado, A. Jorio, E.M. Ferreira, F. Stavale, C. Achete, R. Capaz, et al., Quantifying defects in graphene via Raman spectroscopy at different excitation energies, Nano Lett. 11（8）（2011）3190–3196.

［98］ R. Saito, M. Hofmann, G. Dresselhaus, A. Jorio, M.S. Dresselhaus, Raman spectroscopy of graphene and carbon nanotubes, Adv. Phys. 60（3）（2011）413550.

［99］ E.M. Ferreira, M.V. Moutinho, F. Stavale, M. Lucchese, R.B. Capaz, C. Achete, et al., Evolution of the Raman spectra from single–, few–, and many–layer graphene with increasing disorder, Phys. Rev. B. 82（12）（2010）125429.

［100］ R. Arenal, A. Ferrari, S. Reich, L. Wirtz, J.–Y. Mevellec, S. Lefrant, et al., Raman spectroscopy of single–wall boron nitride nanotubes, Nano Lett. 6（8）（2006）1812–1816.

［101］ Q. Cai, D. Scullion, A. Falin, K. Watanabe, T. Taniguchi, Y. Chen, et al., Raman signature and phonon dispersion of atomically thin boron nitride, Nanoscale. 9（9）（2017）3059–3067.

［102］ W. Zhang, C.–P. Chuu, J.–K. Huang, C.–H. Chen, M.–L. Tsai, Y.–H. Chang, et al.,

Ultrahigh-gain photodetectors based on atomically thin graphene-MoS$_2$ heterostructures, Sci. Rep. 4 (2014) 3826.

[103]　K. Siegbahn, Electron spectroscopy for atoms, molecules, and condensed matter, Rev. Mod. Phys. 54 (3)(1982) 709.

[104]　K. Ba, W. Jiang, J. Cheng, J. Bao, N. Xuan, Y. Sun, et al., Chemical and bandgap engineering in monolayer hexagonal boron nitride, Sci. Rep. 7 (2017) 45584.

[105]　F. Bussolotti, J. Chai, M. Yang, H. Kawai, Z. Zhang, S. Wang, et al., Electronic properties of atomically thin MoS$_2$ layers grown by physical vapour deposition : band structure and energy level alignment at layer/substrate interfaces, RSC Adv. 8 (14)(2018) 7744-7752.

[106]　H.-U. Kim, M. Kim, Y. Jin, Y. Hyeon, K.S. Kim, B.-S. An, et al., Low-temperature wafer-scale growth of MoS$_2$-graphene heterostructures, Appl. Surf. Sci. 470 (2019) 129-134.

[107]　K.K. Kim, A. Hsu, X. Jia, S.M. Kim, Y. Shi, M. Hofmann, et al., Synthesis of monolayer hexagonal boron nitride on Cu foil using chemical vapor deposition, Nano Lett. 12 (1)(2012) 161-166.

[108]　N. Guo, J. Wei, L. Fan, Y. Jia, D. Liang, H. Zhu, et al., Controllable growth of triangular hexagonal boron nitride domains on copper foils by an improved low-pressure chemical vapor deposition method, Nanotechnology 23 (41)(2012) 415605.

[109]　C.R. Dean, A.F. Young, I. Meric, C. Lee, L. Wang, S. Sorgenfrei, et al., Boron nitride substrates for high-- quality graphene electronics, Nat. Nanotechnol. 5 (10)(2010) 722.

[110]　Y. Zhang, T.-R. Chang, B. Zhou, Y.-T. Cui, H. Yan, Z. Liu, et al., Direct observation of the transition from indirect to direct bandgap in atomically thin epitaxial MoSe$_2$, Nat. Nanotechnol. 9 (2)(2014) 111.

[111]　G. Eda, H. Yamaguchi, D. Voiry, T. Fujita, M. Chen, M. Chhowalla, Photoluminescence from chemically exfoliated MoS$_2$, Nano Lett. 11 (12)(2011) 5111-5116.

[112]　J. Tao, J. Chai, X. Lu, L.M. Wong, T.I. Wong, J. Pan, et al., Growth of wafer-scale MoS$_2$ monolayer by magnetron sputtering, Nanoscale 7 (6)(2015) 2497-2503.

[113]　T. Daeneke, R.M. Clark, B.J. Carey, J.Z. Ou, B. Weber, M.S. Fuhrer, et al., Reductive exfoliation of substoichiometric MoS$_2$ bilayers using hydrazine salts, Nanoscale 8 (33)(2016) 15252-15261.

[114]　Z.-Q. Xu, Y. Zhang, S. Lin, C. Zheng, Y.L. Zhong, X. Xia, Y.-B. Cheng, et al., Synthesis and transfer of large-area monolayer WS$_2$ crystals : moving toward the recyclable use of sapphire substrates, ACS Nano 9 (6)(2015) 6178-6187.

[115]　J.-G. Song, J. Park, W. Lee, T. Choi, H. Jung, C.W. Lee, et al., Layer-controlled, wafer-scale, and conformal synthesis of tungsten disulfide nanosheets using atomic layer deposition, ACS Nano 7 (12)(2013) 11333-11340.

[116]　A. Shpak, A. Korduban, L. Kulikov, T. Kryshchuk, N. Konig, V. Kandyba, XPS studies of the surface of nanocrystalline tungsten disulfide, J. Electron. Spectrosc. Relat. Phenom. 181 (23)(2010) 234-238.

[117]　R.R. Nair, P. Blake, A.N. Grigorenko, K.S. Novoselov, T.J. Booth, T. Stauber, et al., Fine structure constant defines visual transparency of graphene, Science 320 (5881)(2008) . 1308.

[118]　Z.-W. Li, Y.-H. Hu, Y. Li, Z.-Y. Fang, Lightmatter interaction of 2D materials : physics and device applications, Chin. Phys. B. 26 (3)(2017) 036802.

[119]　R. Gao, L. Yin, C. Wang, Y. Qi, N. Lun, L. Zhang, et al., High-yield synthesis of boron nitride nanosheets with strong ultraviolet cathodoluminescence emission, J. Phys. Chem. C.

113（34）（2009）15160–15165.

[120] A. Splendiani, L. Sun, Y. Zhang, T. Li, J. Kim, C.–Y. Chim, et al., Emerging photoluminescence in monolayer MoS_2, Nano Lett. 10（4）（2010）1271–1275.

[121] W. Zhao, Z. Ghorannevis, L. Chu, M. Toh, C. Kloc, P.–H. Tan, et al., Evolution of electronic structure in atomically thin sheets of WS_2 and WSe_2, ACS Nano 7（1）（2012）791–797.

[122] J. Lauret, R. Arenal, F. Ducastelle, A. Loiseau, M. Cau, B. Attal–Tretout, et al., Optical transitions in single–wall boron nitride nanotubes, Phys. Rev. Lett. 94（3）（2005）037405.

[123] Y.–C. Zhu, Y. Bando, D.–F. Xue, T. Sekiguchi, D. Golberg, F.–F. Xu, et al., New boron nitride whiskers : showing strong ultraviolet and visible light luminescence, J. Phys. Chem. B. 108（20）（2004）6193–6196.

[124] B. Radisavljevic, A. Radenovic, J. Brivio, V. Giacometti, A. Kis, Single–layer MoS_2 transistors, Nat. Nanotechnol. 6（3）（2011）147.

[125] M. Bernardi, M. Palummo, J.C. Grossman, Extraordinary sunlight absorption and one nanometer thick photovoltaics using two–dimensional monolayer materials, Nano Lett. 13（8）（2013）3664–3670.

[126] B. Evans, P. Young, Exciton spectra in thin crystals : the diamagnetic effect, Proc. Phys. Soc. 91（2）（1967）475.

[127] J.A. Wilson, A. Yoffe, The transition metal dichalcogenides discussion and interpretation of the observed optical, electrical and structural properties, Adv. Phys. 18（73）（1969）193–335.

[128] T. Cheiwchanchamnangij, W.R. Lambrecht, Quasiparticle band structure calculation of monolayer, bilayer, and bulk MoS_2, Phys. Rev. B. 85（20）（2012）205302.

[129] R. Frindt, Optical absorption of a few unit–cell layers of MoS_2, Phys. Rev. 140（2A）（1965）A536.

[130] M. Zhou, Z. Zhang, K. Huang, Z. Shi, R. Xie, W. Yang, Colloidal preparation and electrocatalytic hydrogen production of MoS_2 and WS_2 nanosheets with controllable lateral sizes and layer numbers, Nanoscale 8（33）（2016）15262–15272.

[131] A. Beal, J. Knights, W. Liang, Transmission spectra of some transition metal dichalcogenides. II. Group VIA : trigonal prismatic coordination, J. Phys. C : Solid. State Phys. 5（24）（1972）3540.

[132] R. Bromley, R. Murray, A. Yoffe, The band structures of some transition metal dichalcogenides. Ⅲ. Group VIA: trigonal prism materials, J. Phys. C: Solid. State Phys. 5（7）（1972）759.

[133] L. Mattheiss, Band structures of transition–metal–dichalcogenide layer compounds, Phys. Rev. B 8（8）（1973）3719.

[134] T. Gokus, R. Nair, A. Bonetti, M. Bohmler, A. Lombardo, K. Novoselov, et al., Making graphene luminescent by oxygen plasma treatment, ACS Nano 3（12）（2009）3963–3968.

[135] Li, L. Hua, Y. Chen, B.–M. Cheng, M.–Y. Lin, S.–L. Chou, Y.–C.J. Peng, Photoluminescence of boron nitride nanosheets exfoliated by ball milling, Appl. Phys. Letters. 100（26）（2012）261108.

[136] K.F. Mak, C. Lee, J. Hone, J. Shan, T.F. Heinz, Atomically thin MoS_2: a new direct–gap semiconductor, Phys. Rev. Lett. 105（13）（2010）136805.

[137] N. Peimyoo, J. Shang, C. Cong, X. Shen, X. Wu, E.K. Yeow, et al., Nonblinking, intense two–dimensional light emitter : monolayer WS_2 triangles, ACS Nano. 7（12）（2013）

10985-10994.

[138] A. Nourbakhsh, M. Cantoro, A.V. Klekachev, G. Pourtois, T. Vosch, J. Hofkens, et al., Single layer vs bilayer graphene: a comparative study of the effects of oxygen plasma treatment on their electronic and optical properties, J. Phys. Chem. 115 (33) (2011) 16619-16624.

[139] A. Nourbakhsh, M. Cantoro, T. Vosch, G. Pourtois, F. Clemente, M.H. van der Veen, et al., Bandgap opening in oxygen plasma-treated graphene, Nanotechnology 21 (43) (2010) 435203.

[140] M. Virsek, M. Krause, A. Kolitsch, M. Remškar, Raman characterization of MoS$_2$ microtube, Phys. Status Solidi B. 246 (1112) (2009) 2782-2785.

[141] Y.-H. Lee, L. Yu, H. Wang, W. Fang, X. Ling, Y. Shi, et al., Synthesis and transfer of single-layer transition metal disulfides on diverse surfaces, Nano Lett. 13 (4) (2013) 1852-1857.

[142] P. Rivera, J.R. Schaibley, A.M. Jones, J.S. Ross, S. Wu, G. Aivazian, et al., Observation of long-lived interlayer excitons in monolayer MoSe$_2$-WSe$_2$ heterostructures, Nat. Commun. 6 (2015) 6242.

[143] C. Zhang, A. Johnson, C.-L. Hsu, L.-J. Li, C.-K. Shih, Direct imaging of band profile in single layer MoS$_2$ on graphite: quasiparticle energy gap, metallic edge states, and edge band bending, Nano Lett. 14 (5) (2014) 2443-2447.

[144] O.V. Yazyev, Y.P. Chen, Polycrystalline graphene and other two-dimensional materials, Nat. Nanotechnol. 9 (10) (2014) 755.

[145] X. Yin, Z. Ye, D.A. Chenet, Y. Ye, K. O'Brien, J.C. Hone, et al., Edge nonlinear optics on a MoS$_2$ atomic monolayer, Science 344 (6183) (2014) 488-490.

[146] A.M. Van Der Zande, P.Y. Huang, D.A. Chenet, T.C. Berkelbach, Y. You, G.-H. Lee, et al., Grains and grain boundaries in highly crystalline monolayer molybdenum disulphide, Nat. Mater. 12 (6) (2013) 554.

[147] W. Zhou, X. Zou, S. Najmaei, Z. Liu, Y. Shi, J. Kong, et al., Intrinsic structural defects in monolayer molybdenum disulfide, Nano Lett. 13 (6) (2013) 2615-2622.

[148] S. Najmaei, Z. Liu, W. Zhou, X. Zou, G. Shi, S. Lei, et al., Vapour phase growth and grain boundary structure of molybdenum disulphide atomic layers, Nat. Mater. 12 (8) (2013) 754.

[149] A.J. Pollard, N. Kumar, A. Rae, S. Mignuzzi, W. Su, D. Roy, Nanoscale optical spectroscopy: an emerging tool for the characterization of graphene and related 2D materials, J. Mat. NanoSci. 1 (2014) 39-49.

[150] E. Betzig, A. Lewis, A. Harootunian, M. Isaacson, E. Kratschmer, Near field scanning optical microscopy (NSOM): development and biophysical applications, Biophysical J. 49 (1) (1986) 269-279.

[151] Y. Lee, S. Park, H. Kim, G.H. Han, Y.H. Lee, J. Kim, Characterization of the structural defects in CVD-grown monolayered MoS$_2$ using near-field photoluminescence imaging, Nanoscale 7 (28) (2015) 11909-11914.

[152] S. Tongay, J. Suh, C. Ataca, W. Fan, A. Luce, J.S. Kang, et al., Defects activated photoluminescence in two-dimensional semiconductors: interplay between bound, charged, and free excitons, Sci. Rep. 3 (2013) 2657.

[153] Z. Liu, M. Amani, S. Najmaei, Q. Xu, X. Zou, W. Zhou, et al., Strain and structure heterogeneity in MoS$_2$ atomic layers grown by chemical vapour deposition, Nat. Commun. 5 (2014) 5246.

［154］ K.F. Mak，K. He，C. Lee，G.H. Lee，J. Hone，T.F. Heinz，et al.，Tightly bound trions in monolayer MoS$_2$，Nat. Mater. 12（3）（2013）207.

［155］ J. Nozaki，S. Mori，Y. Miyata，Y. Maniwa，K. Yanagi，Local optical absorption spectra of MoS$_2$ monolayers obtained using scanning near–field optical microscopy measurements，Japanese J. Appl. Phys. 55（3）（2016）038003.

［156］ Wang J，Ma F，Sun M. Graphene，hexagonal boron nitride，and their heterostructures：properties and applications［J］. RSC Adv，2017，7（27）：16801–16822.

［157］ Liu Y，Liu J. Hybrid nanomaterials of WS$_2$ or MoS$_2$ nanosheets with liposomes：biointerfaces and multiplexed drug delivery［J］. Nanoscale，2017，9（35）：13187–13194.

［158］ Gong Y，Lin J，Wang X，et al. Vertical and in–plane heterostructures from WS$_2$/MoS$_2$ monolayers［J］. Nat. Mater，2014，13（12）：1135.

第4章 共轭聚合物／二维材料纳米异质结构的制备与应用

Biplab Kumar Kuila

贝拿勒斯印度教大学，科学研究所化学系，瓦拉纳西，印度

4.1 引言

由不同半导体构成的异质结构材料在半导体工业中起着至关重要的作用，被广泛用作电子和光电器件的构件。两种不同半导体的界面连接形成异质结，其界面附近的电子能带结构会根据静电学的变化而变化。半导体异质结已广泛应用于太阳能电池、发光二极管（LED）、光电探测器和半导体激光器等固态器件中。二维纳米材料（2DNMs）通常来自层状结构材料的体相，由于其特殊的物理化学性质，如独特的光学带隙结构、良好的半导体能力、极强的光物质相互作用、高机械强度、高表面积和高表面积，已迅速成为一种有前途的材料。因此，这些材料应用范围广泛，如化学传感器、生物传感器、电池、超级电容器、电子和光电器件。

随着二维材料的发现和分离取得了巨大进展，二维纳米材料库逐渐形成（图4-1）。常见的二维材料有石墨烯、硅烯、锗烯、层状过渡金属氧化物、磷烯、六方氮化硼（h-BN）、石墨相碳氮化物（g-C_3N_4）、层状双氢氧化物、过渡金属卤化物和过渡金属硫化物等。然而，二维纳米材料也面临挑战，由于强烈的层间相互作用和高表面能，它们容易重新堆积，从而减少可用的活性位点。因此，亟须新型的可扩展的策略来控制二维半导体的掺杂结构，提高其化学稳定性，进而实现其广阔的应用前景。为了克服上述挑战，二维材料已通过小分子、金属纳米颗粒、离子液体、自组装单分子层和聚合物等进行功能化。

与其他功能化技术相比，利用聚合物进行功能化的优点包括：在有机溶剂或水中具有广泛的加工能力，以及使用光刻技术形成图案的能力。可见，二维材料与聚合物杂化是一种有效的方法，可以生成具有新功能的新异质结构，从而克服单个组分的缺点，提高二者的活性，同时有效地提高性能。目前主要有

共价和非共价两种方法将聚合物连接或附着在二维材料表面，以生成新型聚合物/2DMs 的纳米异质材料。具有离域不饱和 π 主链的共轭聚合物（CP）被认为是无掺杂态的有机半导体，在有机电子、光电子器件和超级电容器等方面被广泛研究。

CP 除了具有良好的溶解性和固有的电子和光电特性外，理论分子动力学研究还表明，共轭嵌段和二维材料（如石墨烯表面）之间的 π—π 相互作用强度更强，可以有效地调整二维材料的带隙。通过调整二维半导体和附着于其表面的 CP 的电子特性，有望控制异质结处的载流子性质，从而产生更具吸引力的新杂化材料。原则上，这些异质结构材料可以将 2DMs 与 CP 的优点相结合，为电子设备、传感器和储能等不同应用提供平台。本章将重点介绍 CP/2DM 异质结构的合成及其应用的最新进展。不同类型的 CP，包括聚噻吩（PT）和聚（3- 己基噻吩）（P3HT）、聚苯胺（PANI）、聚吡咯（PPys）等，通过非共价 π—π 相互作用被广泛用于制备 2DM 的杂化材料。同时，具有合适的功能化端基的 CP 也可与 2DM 表面共价连接，形成 CP/2DNM 的异质结构材料。

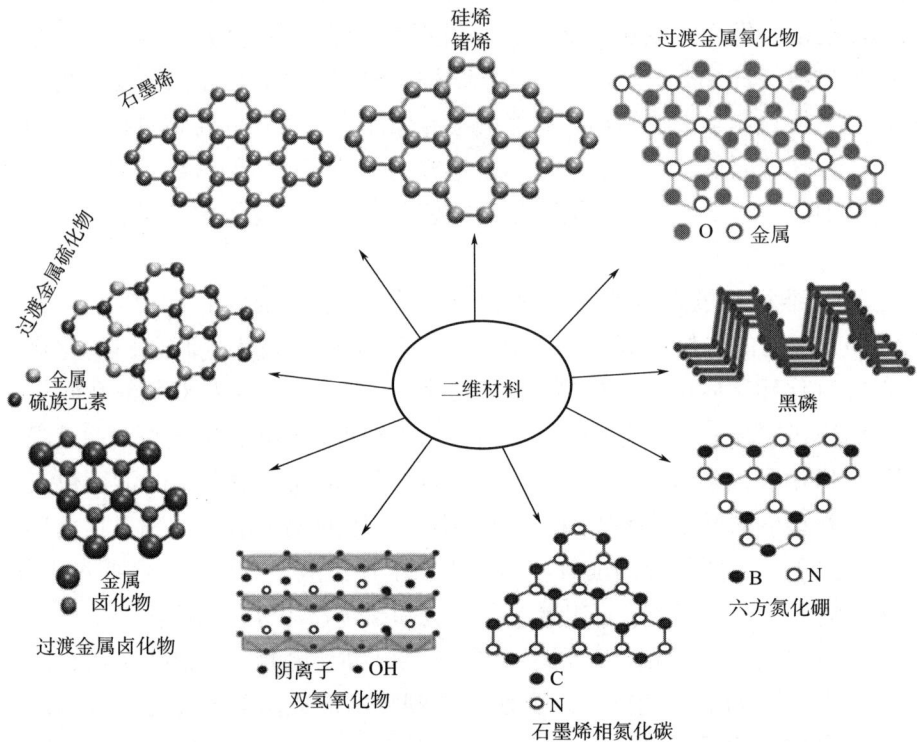

图 4-1　不同二维纳米材料的结构

4.2　共轭聚合物 / 二维材料纳米异质结构的制备

将共轭聚合物与二维材料结合制备 CP/2DM 异质结构，需要先了解二维材料的表面化学性质、聚合物的功能和促进二者相互作用的方法。一般来说，主要有两种方法生成 CP/2DM 异质结构，一种是 CP 与 2DM 表面的共价键结合，另一种是 CP 通过非共价吸附到 2DM 表面，如图 4-2 所示。对于石墨烯，CP 与其二维基面上大量氧化缺陷位点进行共价连接，这些氧化缺陷位点上具有活性氧合基团，而非共价吸附作用则是通过 π—π 相互作用实现对含有芳香环的 CP 链的物理吸附。特别是对于过渡金属硫化物（TMDCs），CP 的修饰更具挑战性，相关研究较少。一方面，TMDCs 基面硫族元素的空位缺陷可以与带有硫醇端基的 CP 结合。另一方面，可以对 TMDC 的基面直接进行功能化，使 CP 直接共价连接在其表面。在这里，将首先讨论用共轭聚合物对二维材料进行共价修饰，然后讨论非共价修饰，为 CP/2DM 界面相互作用提供简单的途径，并改善单个组分和杂化材料的光学和电子性质。

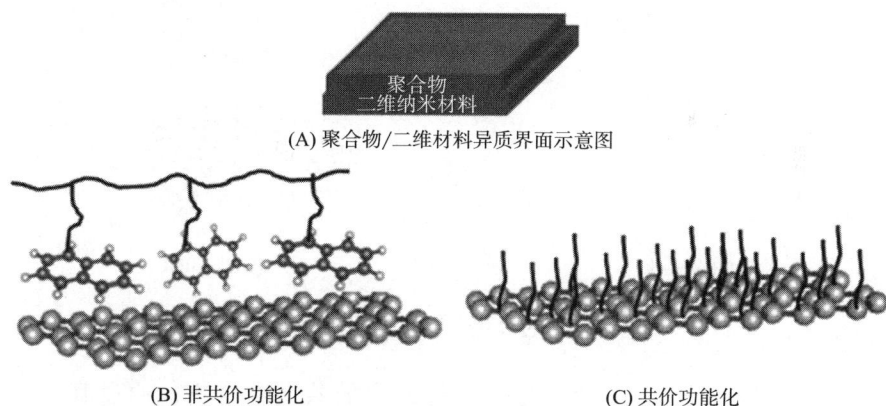

(A) 聚合物/二维材料异质界面示意图

(B) 非共价功能化　　　　　　　　　(C) 共价功能化

图 4-2　CP/2DM

4.2.1　通过二维材料的共价功能化形成的异质结构

由于石墨烯的共价功能化机制不同于其他二维材料，因此将共价功能化分为两类，即石墨烯的共价功能化和除石墨烯以外的其他二维材料的共价功能化。

4.2.1.1　共价功能化的共轭聚合物 / 石墨烯纳米异质材料

在这种方法中，共轭聚合物通过与石墨烯基面或边缘上的活性氧基团发生适当的化学反应，直接连接在石墨烯表面。或由适当端基化的共轭聚合物接枝到石墨烯表面，或在石墨烯表面嵌入聚合物引发基团，使聚合物从石墨烯表面生长。例如，通过三苯胺类聚甲亚胺（TPAPAM）的—NH₂—端基与氧化石墨烯（GO）的羧基反应，可以形成酰胺键，将 TPAPAM 链共价接枝到 GO 表面，从而得到 TPAPAM/GO 异质材料 [图 4-3（A）]。采用类似的方法，通过与氧化石墨烯的酰氯基团（GO—COCl）反应，可以将侧链端为—NH₂ 的聚 {[9，9-二（三苯胺）芴]（9，9-二己基芴）（4-氨基苯基咔唑)}（PFCz）接枝到 GO 表面，得到可溶性 GO–PFCz 纳米结构杂化物 [图 4-3（B）]。

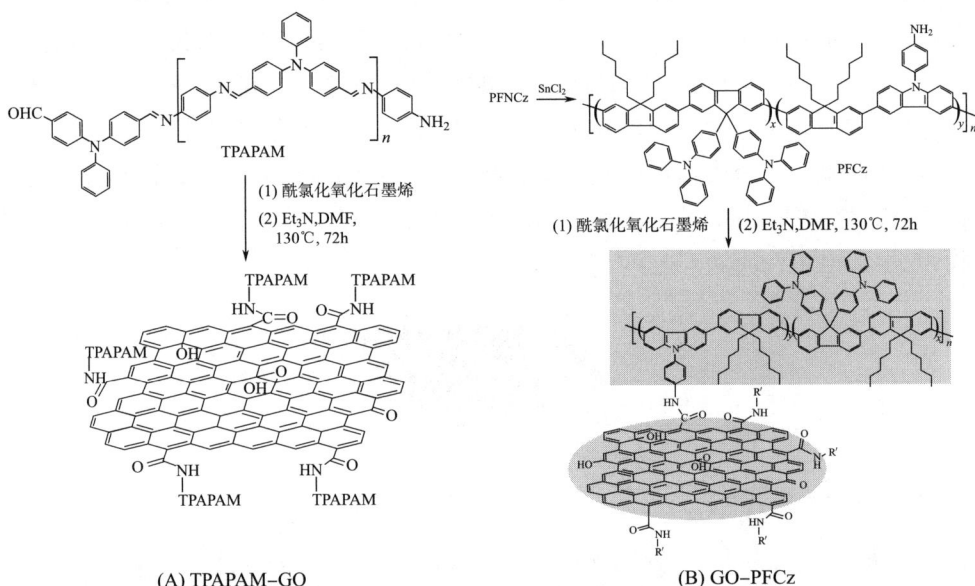

(A) TPAPAM–GO   (B) GO–PFCz

图 4-3　通过化学接枝合成 CP/2DM

聚（3-己基噻吩）（P3HT）也是一种重要的共轭聚合物，通过其—CH₂OH 端基与 GO 的羧基的酯化反应，可获得可溶液加工的纳米异质结构的材料，该材料具有更好的异质界面（图 4-4）。除 GO 外，rGO 表面还可使用基于芴、噻吩和苯并噻唑（FTB）的供体—受体型共轭聚合物进行修饰，通过重氮偶联反应与苯基溴化物进行共价连接，进而通过 Suzuki 偶联反应完成修饰过程（图 4-5）。

在另一种方法中，聚苯胺 PANI 通过原位氧化聚合从 rGO 表面接枝。PANI–rGO 的合成包括 3 个步骤，如图 4-6 所示。GO 首先与过量的 SOCl₂ 反应进行酰化，然后与胺保护的 4-氨基苯酚进一步反应。这里采用胺保护的苯酚衍生物，确保 GO 的—COOH 基团与其—OH 基团发生酯化反应。使用三氟乙酸对 N-（叔丁氧

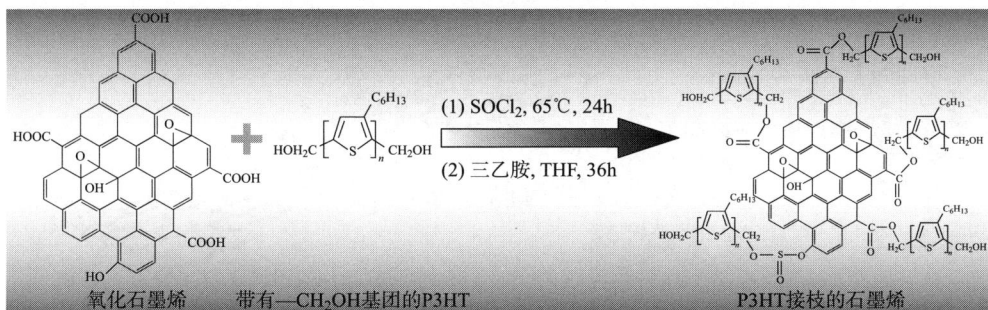

图 4-4　通过酯键在氧化石墨烯（GO）表面接枝 P3HT 链的示意图

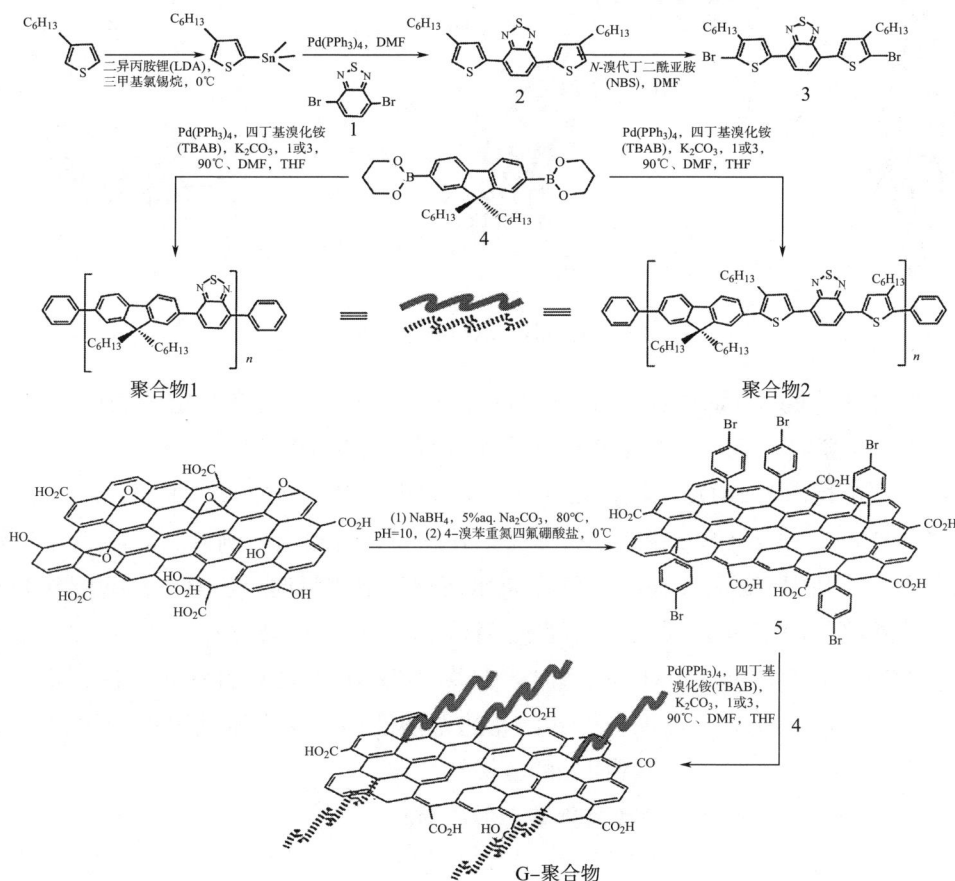

图 4-5　FTBs 和 FTBs/ 石墨烯的合成

羧基）进行水解使其脱保护后，以胺封端的 rGO 为引发剂，通过苯胺原位氧化聚合将 PANI 接枝到 GO 表面。

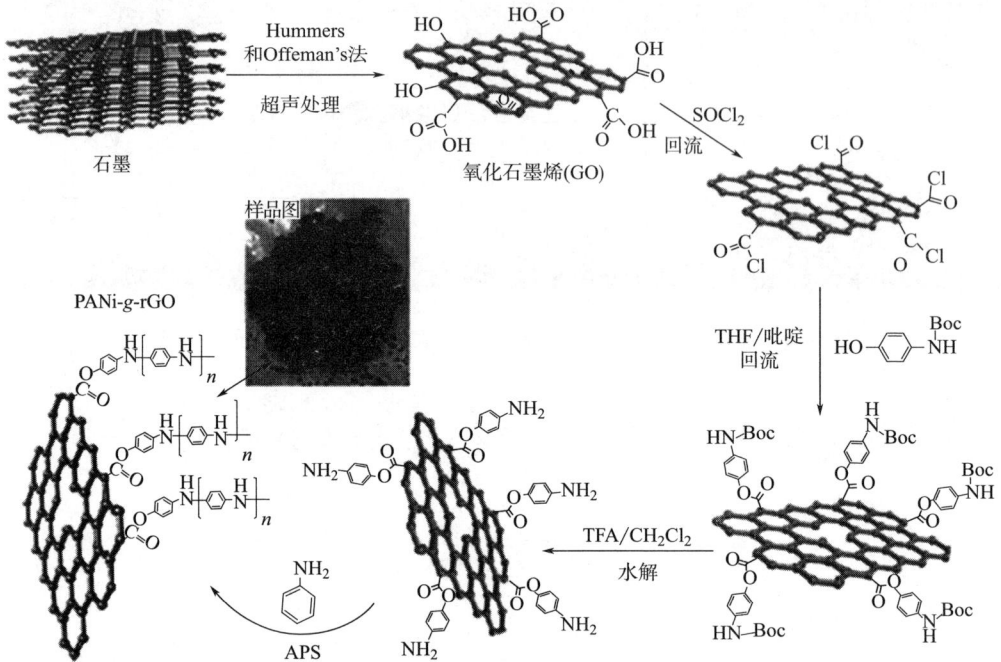

图 4-6   制备 PANI/rGO 杂化物

这种共价的表面功能化类似于"graft-from"方法，可在给定的表面上产生聚合物刷或涂层。由于 PANI 链与石墨烯表面通过共价键连接，并且 GO 在一定程度上原位还原为 rGO，因此 PANI 和 rGO 的相容性增强，减少了相分离。其他一些共价方式功能化的石墨烯—聚苯胺杂化材料也有报道。例如，Xiao 等在近期的研究中，利用"graft-from"方法，将水溶性导电聚噻吩（P3TOPA 和 P3TOPS）共价连接到 rGO 表面，开发了高度水溶性的 CP/ 石墨烯杂化物（图 4-7）。值得注意的是，由于 rGO-g-P3TOPA 和大肠杆菌（E. coli）之间的静电吸引作用，带正电的 rGO-g-P3TOPA 表现出优异的光热杀菌活性，这里将共轭聚合物和石墨烯结合在一起，促进了二者界面处的直接热传导。

4.2.1.2   非石墨烯共价功能化纳米异质材料

过渡金属硫化物（TMDC）的共价功能化一般是通过将富含硫族元素的部分（如硫醇）结合到 TMDC 基面和纳米片边缘和角落的点缺陷上来实现的。这种带有巯基端基的聚合物以共价方式对 TMDC 进行功能化，可使其带上聚合物链，以改善其溶液的可加工性并调控电荷载流子。例如，Zhou 等开发了一种利用金属纳米颗粒或聚合物对二硫化钼（MoS$_2$）进行共价修饰的简易合成方法，他们将常

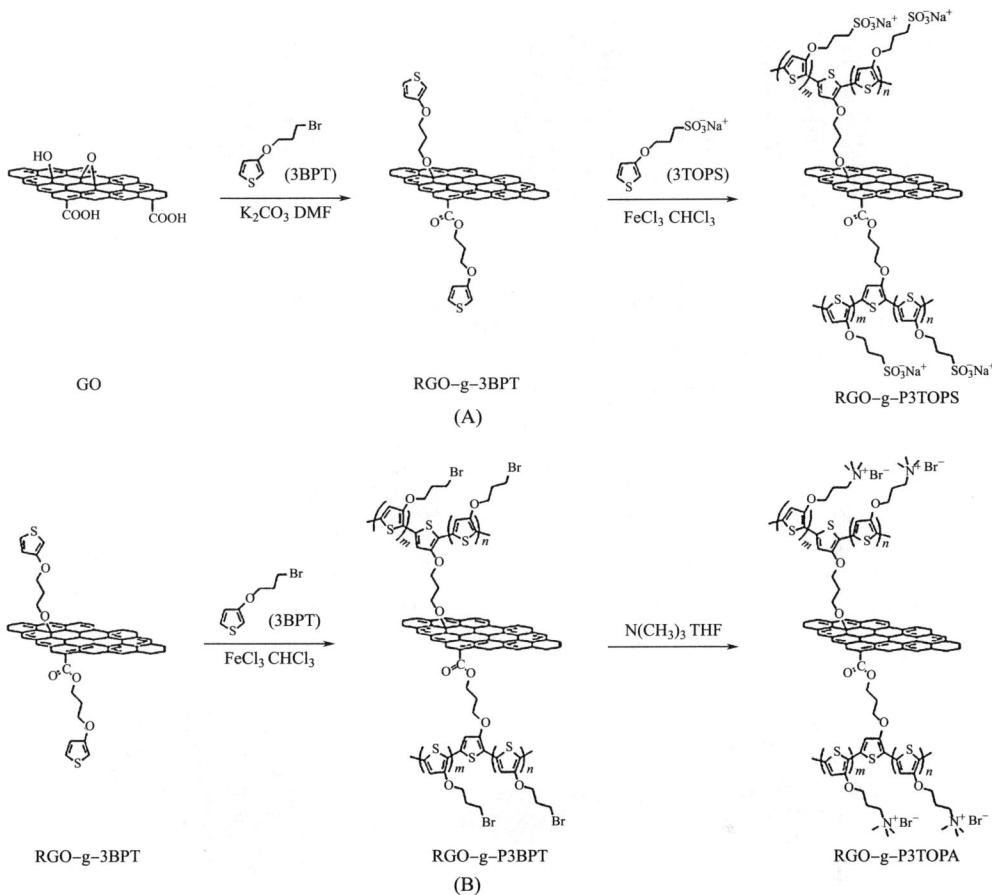

图 4-7　水溶性聚噻吩衍生物对 GO 纳米片进行表面改性

见的硫醇试剂作为配体接枝到 TMDC 纳米片上，作为金属纳米颗粒或聚合物刷生长的成核位点（图 4-8）。尽管有一些关于使用聚合物对 TMDC 进行改性的报道，但所用的聚合物主要限于非共轭聚合物。借助相同的方法，可以在 MoS_2 等 TMDC 上连接共轭聚合物，以获得 CP/MoS_2 异质结构材料。例如，通过镍催化的 Kumada 偶联反应合成 P3HT，可以通过其硫醇端基很容易地附着在 MoS_2 表面。

4.2.2　通过二维材料的非共价功能化形成的异质结构

4.2.2.1　共轭聚合物对石墨烯的非共价功能化

用共轭聚合物对石墨烯进行非共价功能化是一种无损的方法，其中共轭聚合物主要通过 π—π 相互作用与石墨烯的基面相互作用，化学结构没有显著变化。由于过程简单，这是制备 CP/ 石墨烯杂化材料的最优选的方法。各种共轭聚合

95

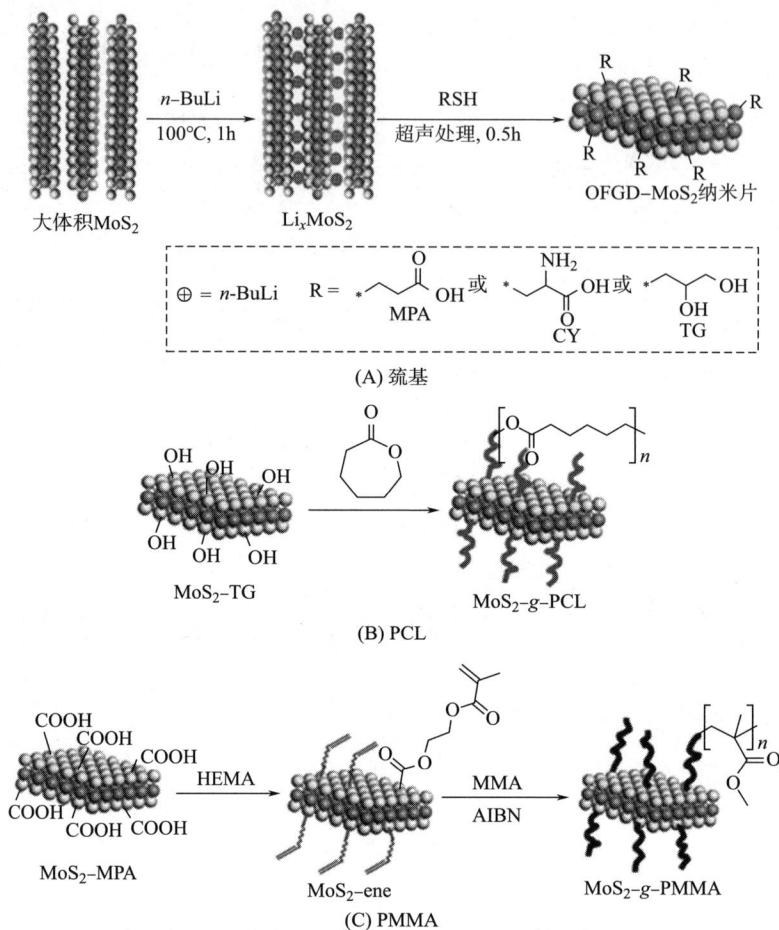

图 4-8　有机官能团修饰的 MoS_2（OFGD–MoS_2）纳米片的合成路线

物，包括水溶性和两亲性共轭聚合物（图 4-9），已被报道用于构建 CP/ 石墨烯杂化材料，以适应从储能、电子设备到生物学的广泛应用。

4.2.2.2　水溶性共轭聚合物

由于 GO 和 rGO 具有高度疏水性和极强的再堆垛力，它们在水和其他有机溶剂中的溶解度非常低，阻碍了其进一步的修饰加工。为了克服这一问题，石墨烯可以与水溶性 CPs 结合，以获得水溶性的石墨烯 / 聚合物杂化材料。Qi 等首次报道了水溶性 CP/ 石墨烯纳米异质杂化物。他们精心设计了水溶性 CP（PFVSO$_3$ 和 PEG–OPE），然后在这些聚合物存在下原位还原 GO，从而得到水溶性 CP/ 石墨烯纳米异质杂化物。PFVSO$_3$ 和 PEG–OPE 的结构如图 4-9 所示，其主链可以通过强烈的 π—π 相互作用堆叠到 rGO 纳米片的基面上，而亲水侧链可以通过静电

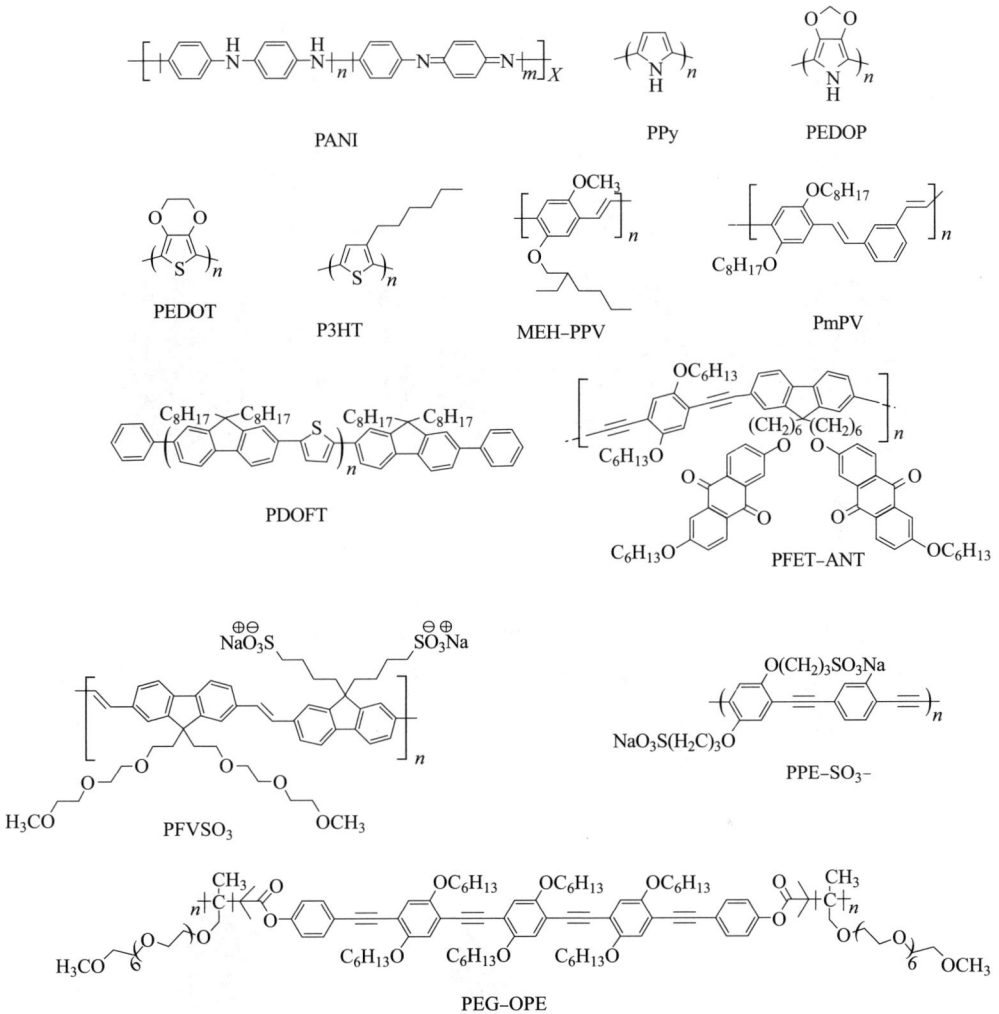

图 4-9　用于合成非共价功能化的 CP/2DM 杂化材料的 CP 化学结构

斥力和空间位阻排斥防止 rGO 的团聚，使得 CP/rGO 杂化物可稳定地分散在极性溶剂中，如水、乙醇、甲醇、二甲基亚砜（DMSO）和二甲基甲酰胺（DMF）。Niu 等人通过另一种水溶性共轭嵌段共聚物聚［2，5- 双（3- 磺酸丙氧基）-1，4- 乙炔基苯撑 -alt-1，4- 乙炔基苯撑］（PPE-SO₃）对石墨烯表面进行非共价修饰，制备了高度水溶性的石墨烯分散液。此外，利用带负电（化学转化的石墨烯）的 CCG-P3TOPS 纳米片悬浮液和带正电的 P3TOPA 溶液，通过层层自组装（LBL）方法可制备由石墨烯和水溶性共轭聚噻吩（P3TOPS 和 P3TOPA）组成的 CP/ 石墨烯异质结构薄膜（图 4-10）。由于聚噻吩向石墨烯的光诱导电子转移，使该复

(A) P3TOPS和P3TOPA的分子结构

(B) 水中CCG-P3TOPS悬浮液的图片

(C) LBL方法制备CCG-P3TOPS-P3TOPA薄膜

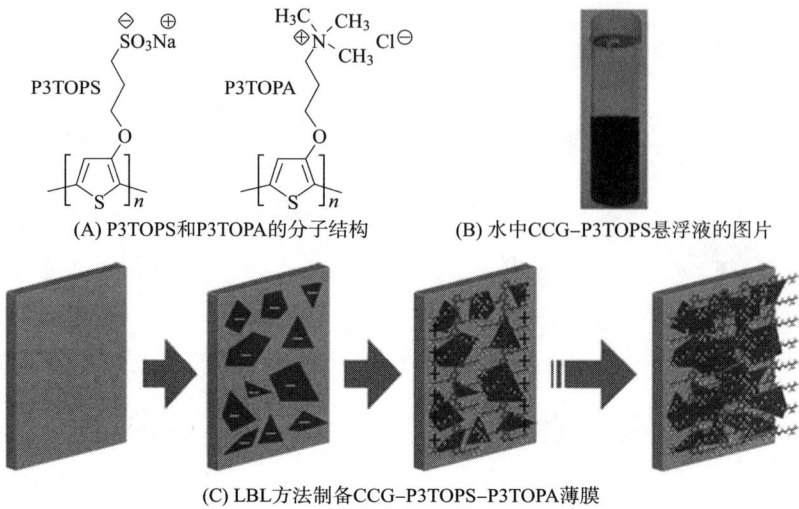

图 4-10　LBL 方法制备水溶性 CP/ 石墨烯异质结构薄膜

合薄膜的光响应增强。最近，Kuila 等报道了一种通过水溶性刚柔（rod-coil）共轭嵌段共聚物对 rGO 进行非共价修饰来制备水溶性 CP/ 石墨烯杂化材料的新方法，嵌段共聚物为聚（3- 己基噻吩）- 嵌段 - 聚（4- 苯乙烯磺酸）（P3HT-*b*-PSSA），其中 PSSA 具有更长的链结构（图 4-11）。

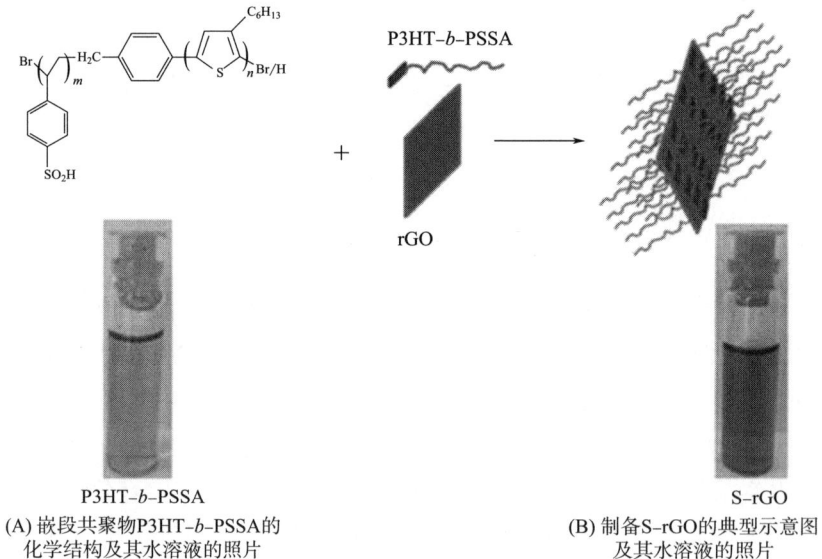

P3HT-*b*-PSSA

(A) 嵌段共聚物P3HT-*b*-PSSA的
化学结构及其水溶液的照片

S-rGO

(B) 制备S-rGO的典型示意图
及其水溶液的照片

图 4-11　制备水溶性 CP/ 石墨烯杂化新材料

这种水溶性杂化材料具有很高的质子导电性，可在玻璃、ITO 和硅等固体衬底上制备透明的湿敏导电涂层。

4.2.2.3　聚苯胺

水溶性共轭聚合物以外的聚合物中，聚苯胺 PANI（图 4-9）是研究最多的导电聚合物之一，由于其合成容易、成本低、环境稳定性良好、掺杂—脱掺杂化学有趣、赝电容值高和电活性独特，因而在电子、光学和电化学方面具有广泛的应用。PANI 通过静电作用和 π—π 相互作用与石墨烯结合形成的异质结构杂化材料，获得了新的性质或增强的性能，在过去几年中引起了广泛的研究兴趣。原位聚合方法包括原位化学氧化聚合和原位电聚合，可用于在 GO 或 rGO 酸性的悬浮液中苯胺的聚合，以制备 PANI/ 石墨烯杂化材料（图 4-12）。

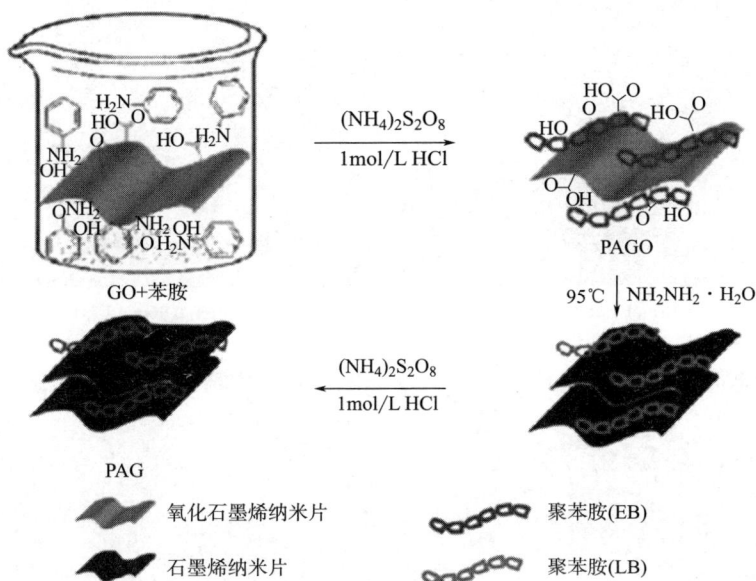

图 4-12　石墨烯—聚苯胺纳米杂化物制备工艺示意图

控制聚合反应条件会导致杂化材料产生不同的形态，如纳米颗粒、纳米线、纳米纤维、空心球或纳米棒。例如，据报道通过原位化学氧化聚合方法制备了形态可控的 PANI/GO 杂化材料，聚合过程中则使用了特定的反应参数，如反应温度、溶液酸度和苯胺浓度。首先，向 GO 溶液中加入特定量的苯胺单体，并进行超声处理，形成稳定的混合溶液。随后，将 APS 溶液（苯胺∶APS=0.8∶1）添加到上述不同 pH 的溶液中。然后将反应混合物置于不同温度的超声波浴中，最终获得 PANI/GO 杂化材料。图 4-13 显示了从不同聚合条件下获得的 PANI/

GO 样品的 SEM 图像,(A)和(B)中插图为 TEM 图像。当在 0.1mol/L 苯胺和 0.05mol/L HCl 溶液中以 0℃聚合反应 90min 时,杂化材料呈纳米管形态,外径为 250nm［图 4-13(A)］。但是,将苯胺浓度从 0.1mol/L 降低到 0.06mol/L 时,纳米管的外径减少到 45nm［图 4-13(B)］。这表明苯胺浓度是决定纳米管直径的关键因素。而随着酸度和温度的升高,杂化材料的形貌分别变为纳米球和取向纳米纤维［图 4-13(C)(D)］。纳米管和纳米球的反应温度均为 0℃,取向纳米纤维的反应温度为 50℃。另外,也可以通过原位电聚合法制备 PANI/ 石墨烯异质结构,包括恒流法、恒电位法、动态电位扫描法和脉冲恒流法。

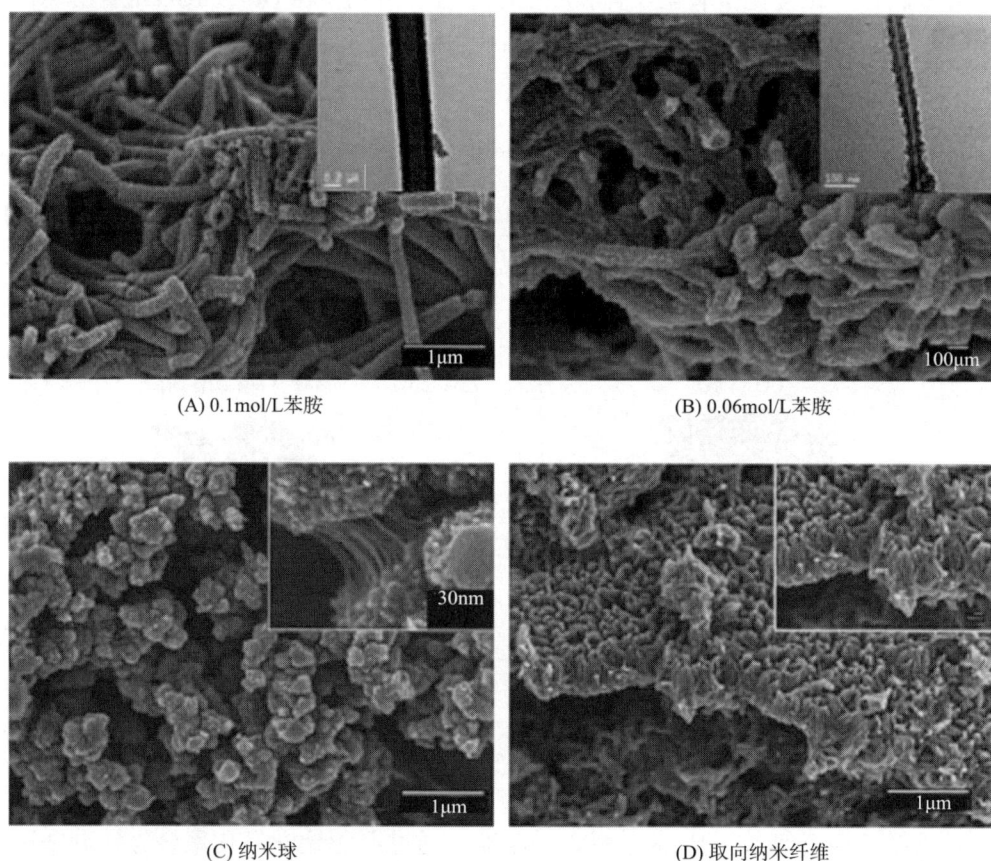

(A) 0.1mol/L苯胺

(B) 0.06mol/L苯胺

(C) 纳米球

(D) 取向纳米纤维

图 4-13 GO/PANI 纳米杂化材料的 SEM 图像

与化学聚合相比,电聚合法具有反应时间短、操作简单、无须任何氧化剂等优点。但是,在电聚合过程中,PANI 在电极表面以薄膜形式生成,且结构大多不规则。最近的报道中,通过苯胺的原位阳极电聚合(AEP)制备了自支撑的柔

性石墨烯 /PANI 纸，其中 PANI 以薄膜或纳米棒的形式沉积在石墨烯纸上。

图 4-14 展示了柔性 PANI 薄膜 / 石墨烯纸（A）和 PANI 纳米棒 / 石墨烯纸（B）的制备方案。这种复合薄膜可以直接用作高导电性和大电容的电极，因此制备这种薄膜非常重要。在大多数情况下，杂化材料呈粉末状，需要黏合剂才能将其黏在电极表面。而自支撑的薄膜具有良好的机械强度，可用于柔性的超级电容器。其他非共价功能化制备石墨烯 /PANI 杂化材料的方法有界面聚合法、自组装法和Pickering 乳液聚合法。

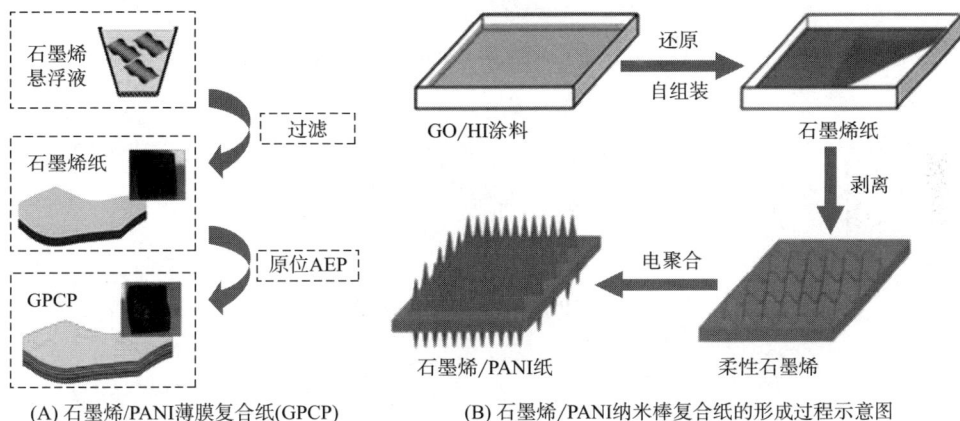

(A) 石墨烯/PANI薄膜复合纸(GPCP)　　(B) 石墨烯/PANI纳米棒复合纸的形成过程示意图

图 4-14　石墨烯复合纸的制备

Kuila 等描述了一种基于超分子的简单而有效的合成路线，用于大规模合成具有三维柱状结构的插层 PANI—石墨烯纳米杂化物（图 4-15）。通过苯胺在芘丁酸修饰的 rGO 上的原位聚合合成了这种杂化物。由于石墨烯表面存在芘丁酸，苯胺单体被质子化，并吸附在石墨烯的表面，起到引发剂的作用；单体在氧化剂作用下发生聚合，于是高分子链在石墨烯层内生长，形成插层结构，因此，这个过程类似于界面聚合。黑色溶液为苯胺中的 PBARGO，粉末为聚苯胺—石墨烯杂化物用乙醇进一步洗涤聚苯胺—芘—丁酸修饰的还原氧化石墨烯（PANIPBARGO）杂化材料，会选择性地去除杂化材料中的芘丁酸，使其产生多孔结构。

4.2.2.4　聚吡咯

聚吡咯（PPys）也是一种共轭聚合物，由于其高的电容值、良好的稳定性和高导电性，已被广泛用作超级电容器和生物传感器的电极材料。PPys/ 石墨烯异质结构材料也是通过在 GO 或 rGO 的悬浮液中原位聚合吡咯而合成的，其中吡咯通过 π—π 和静电作用与 GO 或 rGO 相互作用。Zhao 等报道了 PPy—GO 杂化材料的制备，该杂化材料具有层状结构，并嵌入了不同形态的导电聚合物（图 4-16）。

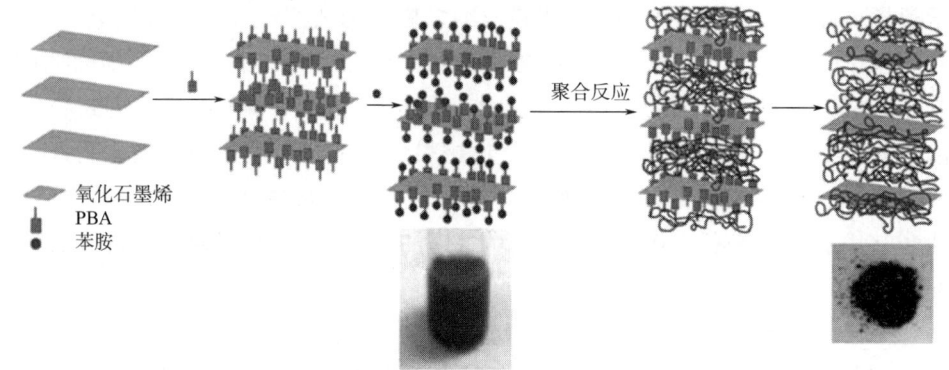

(A) 石墨烯和聚苯胺三维柱状结构合成示意图

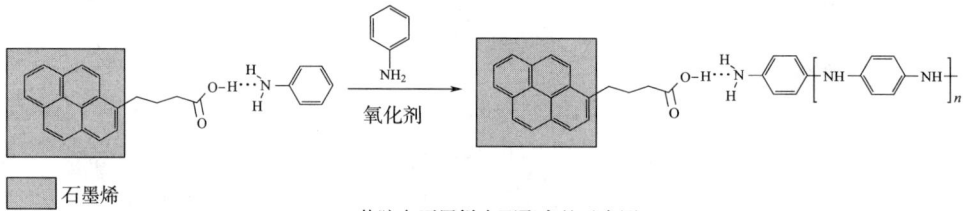

(B) 苯胺在石墨烯表面聚合的示意图

图 4-15　三维柱状结构示意图

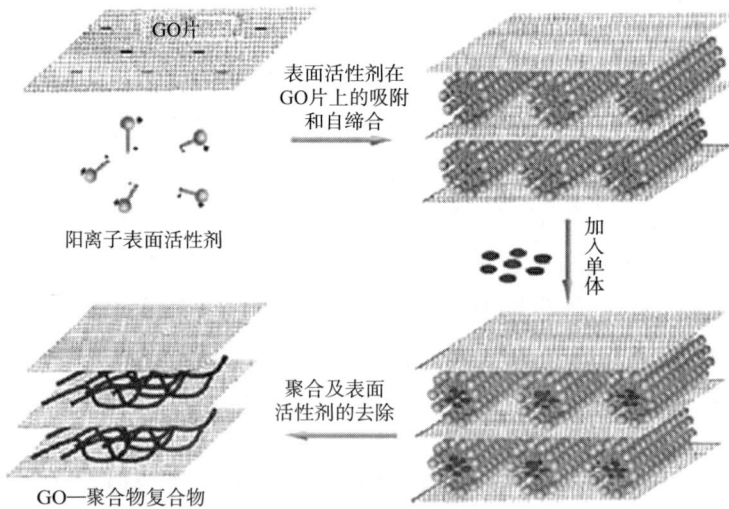

图 4-16　PPy—GO 复合材料的形成过程示意图

带负电的氧化石墨烯片和带正电的胶束之间的静电相互作用使表面活性剂胶束稳定于石墨烯层内，通过添加单体和氧化剂，进一步在胶束内进行聚合。完全聚合后，表面活性剂分子从杂化材料中去除，从而在石墨烯层内嵌入 PP$_y$ 链。与 PANI 类似，rGO—PPy 杂化材料也可以通过电化学方法合成，由于其具有良好的电子和离子导电性、生物相容性和多孔性，可在生物学中应用。PP$_y$ 衍生物，聚（3，4- 亚乙基二氧吡咯）（PEDOP）（图 4-9）也可用于电化学方法合成 rGO—PEDOP 纳米杂化物。

4.2.2.5　聚噻吩

聚噻吩衍生物（PTs）具有高导电性、良好的环境稳定性、结构多样性、光学透明度、大的赝电容和强的非线性响应等特点。在 PTs 中，聚（3- 己基噻吩）（P3HT）（图 4-9）可通过 π—π 作用对 GO 或 rGO 进行非共价功能化，被用来制备 P3HT/ 石墨烯杂化材料。P3HT/rGO 纳米复合材料在氯仿中表现出良好的分散性，并具有优异的储存稳定性（>20 天）。P3HT/ 石墨烯杂化材料是通过原位聚合技术合成的，即在石墨烯存在下，格氏置换法（Grignard metathesis）合成 P3HT。其中，当复合材料中石墨烯重量百分数高达 20% 时，P3HT 的规则度为 90%。

Iguchi 等开发了一种非常巧妙的方法来制备 P3HT/ 石墨烯杂化物，即利用聚（3- 己基噻吩）（P3HT）在甲苯中对石墨进行液相剥离（图 4-17）。对石墨片和 P3HT 的甲苯分散液进行简单的超声处理，就可以得到单层和多层的石墨烯纳米片。同样，聚（3，4- 乙烯二氧噻吩）（PEDOT）（图 4-9）也被用来制备纳米复合材料，得到的 rGO—PEDOT 具有良好的导电性和水分散性，可应用于透明和柔性电极等方面。

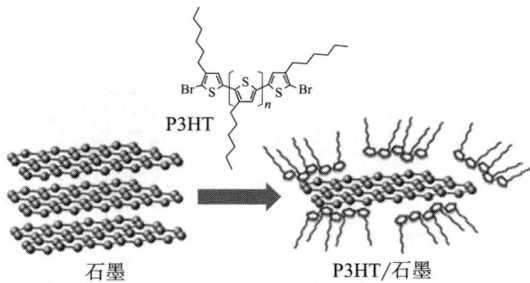

图 4-17　在 P3HT 作用下石墨的剥离和分散的示意图

4.2.2.6　其他共轭聚合物

聚亚苯基乙烯（PPVs）和聚芴（PFs）是一类重要的 CPs，因其电致发光特性可应用于 OLED。聚［2- 甲氧基 -5-（20- 乙基己氧基）-1，4- 苯基乙烯基］（MEH—PPV）（图 4-9）与 GO 的异质结构可通过简单的非溶剂诱导共沉淀法制备，由于 MEH—PPV 纳米颗粒在石墨烯片层上随机分布，导致表面粗糙度增加，因而得到的 GO/MEH—PPV 复合薄膜显示出超疏水特性。聚（9，9- 二辛基芴 –alt– 噻吩）（PDOFT）是研究最广泛的 PF 衍生物之一（图 4-9），可在 GO 原位还原过程中形成与 rGO 杂化的异质结构。其他 PF 衍生物包括聚（9，9- 二辛基芴 –alt–1，4- 亚乙基乙烯 –2，5- 二己氧基苯）（PFEP）和具有蒽醌结构的 PFEP（PFEP—ANT）等（图 4-9），这些共轭聚合物通过非共价 π—π 堆叠作用与石墨烯表面结合。rGO—PFs 异质结构的物理和电子特性显示，通过引入功能侧基，可改变聚合物的电子特性。PFEP 中的蒽醌结构明显改善了 rGO—PFEP 纳米杂化物的分散性，同时增强了聚合物和 rGO 界面处的电子转移过程。

4.2.2.7 其他二维材料的非共价功能化

与石墨烯相比，共轭聚合物对其他二维材料的非共价功能化获得的关注较少，尽管这些二维材料制备的异质结构材料可调整其带隙，进而调整其光学和电子性能。例如，Hersam 等利用供电子的聚［4，8- 双（2- 乙基己基）氧］苯并［1，2-b：4，5-b'］二噻吩 –2，6- 二基 –3- 氟 –2［（2- 乙基己基）羰基］噻吩并［3，4-b］噻吩二基］（PTB7）和单层 MoS$_2$ 之间的非共价作用和电荷转移作用，开发了一种用于光伏方面的 MoS$_2$—CP 异质结（图 4–18）。这种 TMDC—聚合物异质结表现出光致发光（PL）性质，且 PL 的强度可通过聚合物层的厚度进行调节，最终使 TMDC 的 PL 完全淬灭。

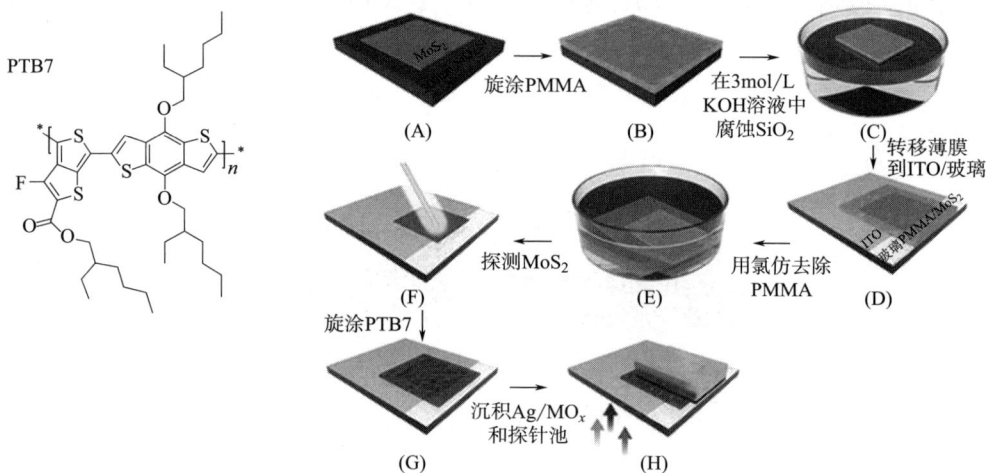

图 4-18 PTB7 的化学结构和由 PTB7/MoS$_2$ 异质结组成的光伏电池的制备示意图

最近，Li 等报道了二维 MoS$_2$/PANI 纳米片异质结构的合成，该结构具有清晰的界面和扩大的层间间距，可用于 Li$^+$/Na$^+$ 储存。图 4-19 显示了具有明确界面的 MoS$_2$/PANI 杂化纳米片的形成过程示意图。第一步是合成单层 MoS$_2$，并用油酸改性；第二步是通过油酸和苯胺的酰胺化反应将苯胺单体引入 MoS_2 的层间；第三步是在氧化剂的存在下，通过 MoS_2 层间中的苯胺聚合而获得 MoS_2/PANI 杂化纳米片。Pal 等描述了一种简单的方法，即通过聚合物辅助化学剥离法，来制备完全可溶液加工的 CPs/TMDs 纳米异质结构。这种异质结构显示了激子的有效解离，而在聚合物—MoS_2 异质结中，由于界面上产生了光载流子，使其表现出强烈的光伏效应。此外，该杂化物的夹层结构表现出双极电阻开关效应，具有非常高的开／关比（约 10^4）。这种异质结构的合成方法如下：先在普通溶剂中将体相 MoS_2 和共轭聚合物混合，然后进行超声处理，最后从上清液中得到了几层厚的聚合物接枝的 MoS_2（PG—MoS_2）纳米异质结构。

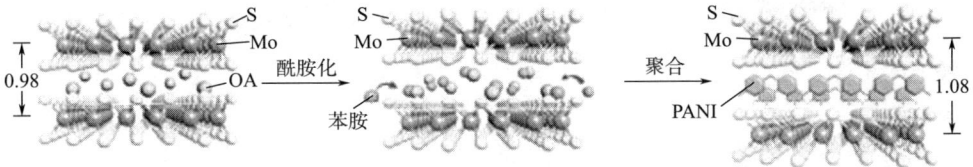

图 4-19　MoS_2/PANI 纳米片的合成过程示意图

4.3　共轭聚合物／二维材料纳米异质结构的应用

共轭聚合物／二维材料纳米异质结构（CP/2D）的最新研究进展证明了其具有广泛的应用空间，如光伏和能量存储器件、场效应晶体管、生物传感器、化学传感器等。下面讨论这些材料的几种应用。

4.3.1　有机场效应晶体管

由于 π 共轭的电子结构，共轭聚合物在制造高性能柔性电子和光电器件方面具有巨大潜力。但因其环境稳定性低、成本高，将共轭聚合物制成器件的具体实施受到很多限制。为了克服这些限制，Liu 等报道了一种制备 CPs/石墨烯异质结构材料的方法，即简单的溶液混合后，进一步利用"毛细管—桥"介导的组装技术将其微图案化为一维阵列。有机场效应晶体管（OFET）器件就是使用这些 CPs/石墨烯杂化物的微图案制备的，与纯聚合物相比，它的电荷载流子迁移率明显增强，热稳定性也得到改善。图 4-20 显示了基于一维 CDTBTZ/石墨烯阵列的 OFET 器件的电荷载流子迁移率，其平均空穴迁移率（μ）为 $8.48cm^2/(V \cdot s)$，

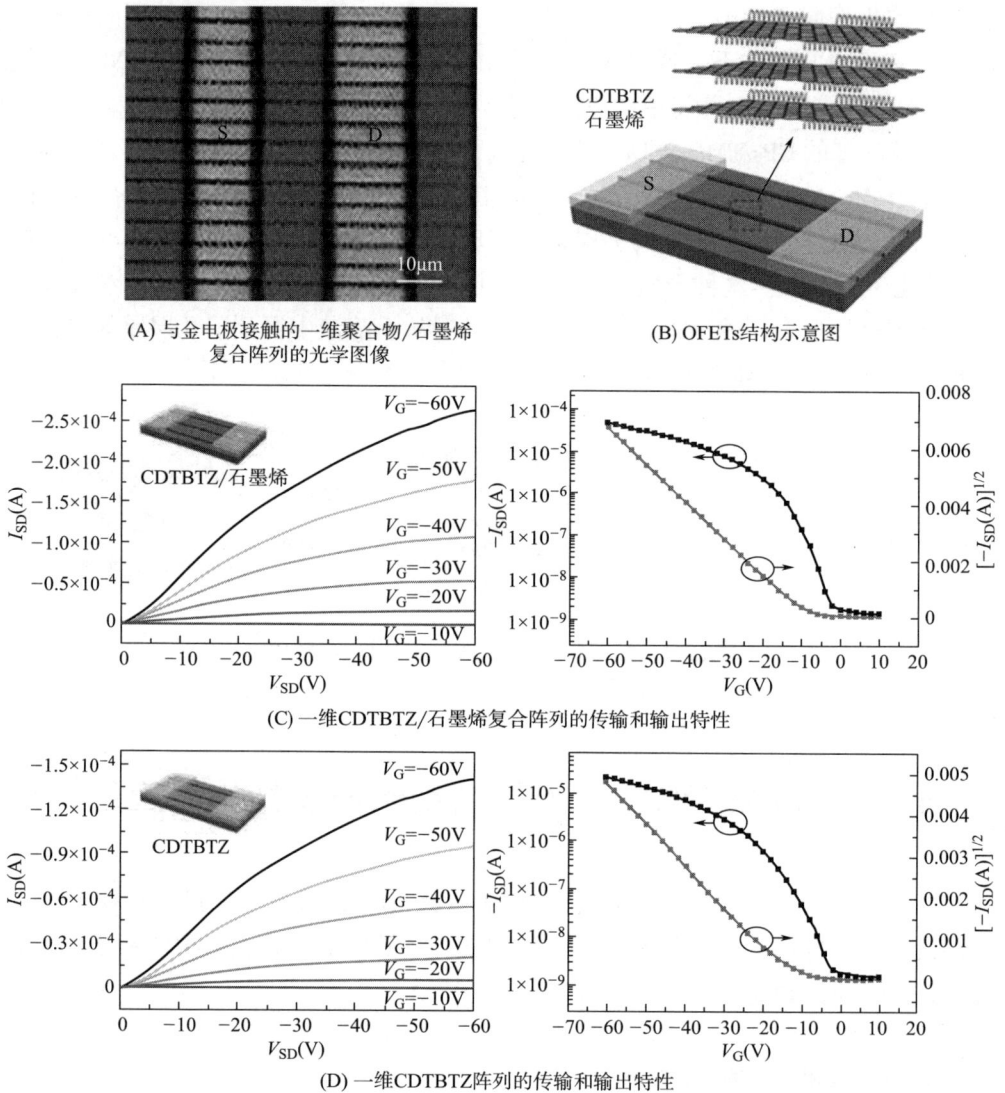

(A) 与金电极接触的一维聚合物/石墨烯复合阵列的光学图像

(B) OFETs结构示意图

(C) 一维CDTBTZ/石墨烯复合阵列的传输和输出特性

(D) 一维CDTBTZ阵列的传输和输出特性

图 4-20　基于一维阵列的有机场效应晶体管（OFETs）的制备

开 / 关电流比为 10^4。与纯聚合物相比，这种增强的迁移率是由异质结构中聚合物分子链在石墨烯表面高度规则的排列造成的。Gemayel 和同事们研究了一种基于 P3HT 与石墨烯纳米带（GNRs）杂化材料的 OFET 器件。由于 GNRs 及其聚集体连接半导体薄膜区域，促进了电荷在传导通道内的传输，因而与 P3HT 器件相比，OFET 显示出 3 倍的电荷载流子迁移率。Sinha 等人研究了 P3HT/MoS$_2$ 杂化物在 OFET 中的电荷传输特性。结果表明，与未掺杂的 P3HT 相比，MoS$_2$ 极大地提高了 P3HT 的迁移率，从其增强的漏极电流可以看出这一点。

4.3.2　太阳能电池

太阳能电池（光伏发电）由两种相反电荷载流子型材料的界面组成，使光生电子—空穴对发生有效的载流子分离，引起光伏（PV）效应。二维纳米材料和 CPs 可以很容易地构建这种用于光伏发电的 p-n 结。原则上，杂化材料应该具有大的供体／受体（D/A）界面，以产生电荷，并为电子转移提供连续的途径。石墨烯表现出很高的电子亲和力（EA）和电子迁移率，有望成为一种良好的受体材料。Liu 等已经将石墨烯作为受体材料，构建了石墨烯 /P3HT 和石墨烯 / 聚（3- 辛基噻吩）（P3OT）体相异质结太阳能电池，在 $100mW/cm^2$ 时，功率转换效率超过 1%。

此外，该课题组还详细介绍了器件的制备和电池效率对退火处理的依赖性，以及具有 ITO/PEDOT ：PSS/P3HT ：石墨烯 /LiF/Al 结构的光伏器件的活性层的形貌。对于含 10% 石墨烯（质量分数）的器件，160℃退火处理 10min 后，显示出最佳性能。在另一种方法中，P3HT 与石墨烯界面的共价键合可在溶液中完成，其被用于双层光伏器件中，通过溶液浇筑法得到的 G-P3HT/C_{60} 异质结构与 P3HT/C_{60} 对应物相比，在 AM1.5 照明（$100mW/cm^2$）下，功率转换效率（约0.61%）提高了 200%（图 4-4）。

TMDCs 具有优异的光吸收和半导体带隙，通过与无机和有机材料界面结合形成供体／受体异质结构，成为光伏器件中极具吸引力的材料。Hersam 等人通过将单层 MoS_2 与有机 π- 供体聚合物 PTB7 界面结合，实验实现了以单层 MoS_2 为主要吸收体的大面积Ⅱ型光伏异质结（图 4-18）。该异质结的 PL 强度取决于聚合物层的厚度，并最终使 TMDC 的 PL 完全淬灭。TMDC- 聚合物异质结强的光吸收导致其内部量子效率超过 40%，而整个电池的厚度不到 20nm，与其他有机和无机太阳能电池相比，单位吸收厚度产生的电流密度非常高（图 4-21）。

4.3.3　存储器件

近年来，二维纳米材料（2DNMs）作为电子器件，特别是高级存储器件的构成要素，引起了人们广泛的研究兴趣。与金属纳米粒子、半导体量子点、富勒烯和碳纳米管等其他纳米材料相比，超薄二维纳米材料在构建存储器件方面更有优势，原因如下：

①通过控制界面上官能团的数量，可以调节一些二维纳米材料的电子状态，如氧化石墨烯（GO）和还原氧化石墨烯（rGO）；

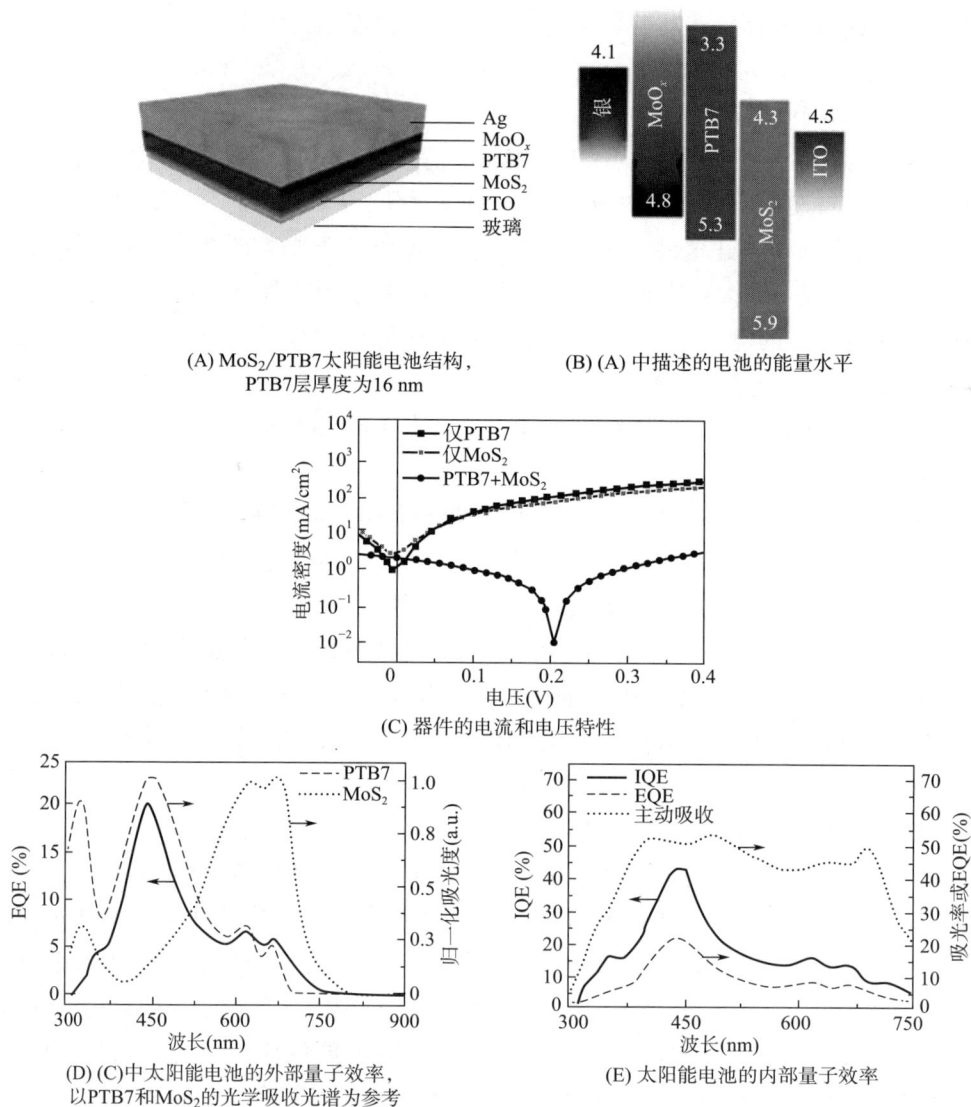

(A) MoS₂/PTB7太阳能电池结构，
PTB7层厚度为16 nm

(B) (A) 中描述的电池的能量水平

(C) 器件的电流和电压特性

(D) (C)中太阳能电池的外部量子效率，
以PTB7和MoS₂的光学吸收光谱为参考

(E) 太阳能电池的内部量子效率

图 4-21　MoS₂/PTB7 的光电性能

②通过真空过滤、旋涂或喷墨打印等简单方法可大规模制备高质量薄膜；

③超薄二维纳米材料的高透明度和优异的柔韧性，使其在构建透明和柔性电子器件方面具有广阔的前景。

这里主要讨论基于 CP/2DNM 异质结构的非挥发性电阻型存储器件。电阻型存储器件包括一个夹在两个电极之间的活性层，其中数据的存储和访问是由电双稳特性定义的，即低导电状态（OFF）和高导电状态（ON）对应于现代计算机中

的 "1" 和 "0" 序列。基于聚合物的电阻式存储器件被认为是传统硅基数据存储技术的最有前途的替代品之一，因为它们具有一些独特的特点，如柔性、可溶液加工性和三维堆叠能力。聚合物基存储器件的电开关行为可以通过活性聚合物的分子结构来合理地定制。一个典型的例子就是 Kang 等使用 CP/GO 异质结构作为 ITO/TPAPAM-GO/Al 存储器件的活性层。该异质结构是在 GO 表面酰胺键连接可溶性水溶性三苯胺类聚甲亚胺（TPAPAM）而制备的。所得到的器件显示出典型的可重写记忆效应（图 4-22），其开关电压低至 1V，开 / 关电流比超过 10^3，稳定保持时间超过 $10^4 \mathrm{s}$。图 4-22（B）为在 $0.16 \mathrm{mm}^2$ 的 ITO/TPAPAM-GO/Al 器件的读脉冲刺激下，测试开或关状态下的 I—V 特性和稳定性。插图为单层存储器件的示意图。

其他一些 CPs，如聚 -［（4，40-（9H- 芴 -9，9- 二基）- 双（N，N- 二苯基苯胺）］［4-（9H- 咔唑 -9- 基）苯甲醛］-（9，9- 二己基 -9H- 芴）］（PFCF-

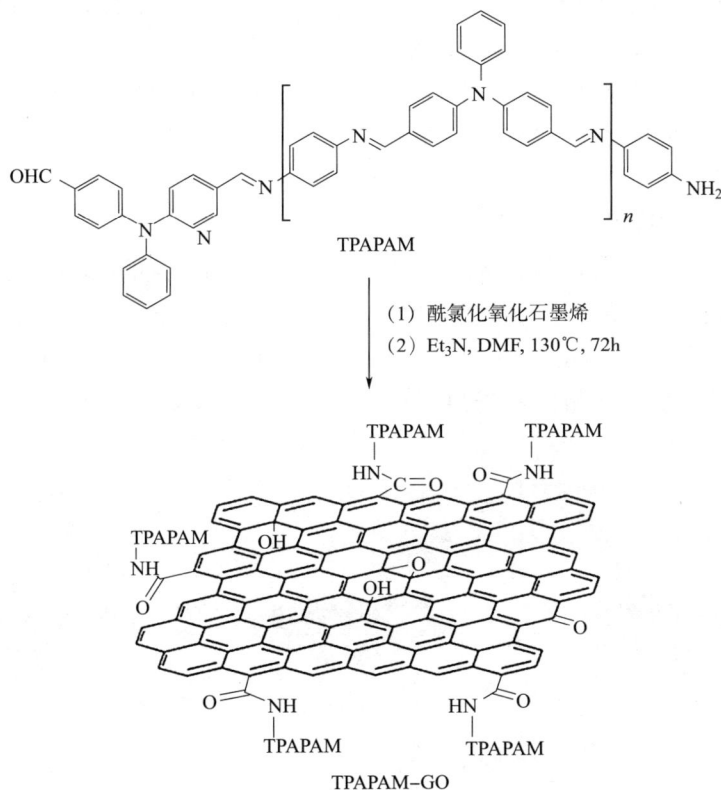

TPAPAM

(1) 酰氯化氧化石墨烯
(2) Et₃N, DMF, 130℃, 72h

TPAPAM-GO

(A) TPAPAM-GO的合成方案

图 4-22

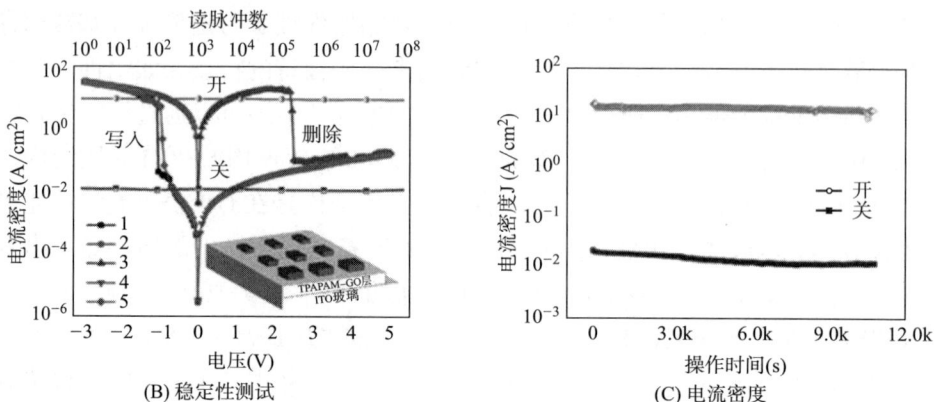

(B) 稳定性测试　　　　(C) 电流密度

图 4-22　TPAPAM-GO 相关性能

CHO）、聚 ｛［9，9- 二（三苯胺）芴］（9，9- 二己基芴）（4- 氨基苯基咔唑）｝（PFCz）和聚苯胺（PANI），在 GO/rGO 片上进行共价功能化，也可形成 CP/GO 异质结构，并集成到具有可重写记忆效应的存储器件中。除石墨烯之外，还有其他二维材料用于制备基于 CP/2DNMs 异质结构的存储器件，如 MoS$_2$。但这些异质结构主要由非共轭聚合物组成，由共轭聚合物构成的异质结构尚有待探索。

4.3.4　生物传感

近年来，由于二维材料具有大的长径比，与结构相关的独特的电子、电催化和光学特性，对环境变化的敏感性和易于调整的表面功能，因而在生物传感领域引起了广泛的关注。Xing 等基于 GO 和 CP 组成的异质结构，开发了一种光热调节的 DNA 解链并与单链结合蛋白（SSBP）结合的新策略（图 4-23）。GO 作为光

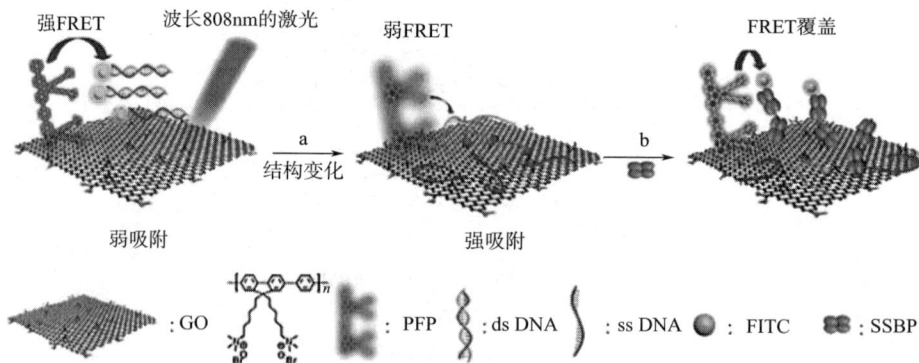

图 4-23　基于 PFP/GO 杂化物的检测和激活 DNA 解链及其与 SSBP 结合的示意图

热调节剂，使双链的 dsDNA 解链成单链的 ssDNA。在 GO 存在下，近红外（NIR）激光照射促进了 DNA 的热熔融转变，并吸附在 GO 表面，导致聚｛[（9，9- 双（60-N，N，N- 三甲基铵）己基）- 亚苯基二溴化荧光素｝（PFP）与 DNA 末端标记的荧光素之间的距离比近红外照射前要大，使 PFP/荧光素的荧光共振能量转移（FRET）效率减弱。但当解链的 DNA 与 SSBP 结合时，FRET 效率再次增加。这里 PFP/GO 作为检测器和激活剂，为调节和检测 DNA- 蛋白质的相互作用提供了一种简便有效的方法。

此外，Yuan 等以 GO/ 阳离子 CP 杂化物为探针，通过 FRET 技术检测钙调蛋白（calmodulin，CaM）的构象转变。Zhang 等人则描述了一种基于 GO 和阳离子 CP PFP，即聚｛（9，9- 双 [（60-N，N，N- 三甲基铵）己基］- 亚苯基二溴化芴｝杂化材料的荧光放大策略，用于检测生物活性分子芥子碱（sinapine，SP）。基本原理是，在 SP 的存在下，荧光素（FAM）标记的单链 DNA（FAM-DNA）和 PFP 因静电作用而靠近，它们之间有效的 FRET 使荧光增强。

4.3.5　化学传感器

为了识别特定的分析物或改善传感响应，通常使用带有特定官能团的大分子作为活性位点对二维材料进行功能化。这些分子可以通过化学吸附或物理吸附固定在其表面。AlMashat 等展示了一种基于吸附在 rGO 表面的 PANI 组装体的氢气传感器。该材料是在 rGO 的存在下，在超声波浴中通过苯胺原位聚合合成的。与纯 rGO 和 PANI 相比，PANI 功能化的 rGO 对 H_2 的响应更好，PANI 对 1% 的 H_2 的响应为 16.6%。灵敏度的提高是由杂化结构较纯 PANI 更高的孔隙率造成的。另一项研究则将 PANI-rGO 组装体用于 NH_3 的传感。研究以 rGO-MnO_2 为模板以及苯胺聚合的氧化剂，使 PANI 颗粒成功地附着在 rGO 表面（图 4-24）。传感研究表明，与纯 PANI 纳米纤维和纯石墨烯传感器相比，由于两种材料的协同作用，rGO-PANI 制成的器件对 NH_3 表现出更优异的响应。Shi 等以 GO 作为二维模板，通过 GO 水分散液中单体的原位聚合，合成了水凝胶的 GO/ 导电聚合物异质结构。这些水凝胶冻干后获得很高的比表面积，对 NH_3 显示出更好的传感性能。在一个完全不同的方法中，Meng 等通过酰胺键连接在石墨烯表面接枝 P3HT 链，制备了 P3HT/GO 杂化材料，这种杂化材料显示出更强的双重荧光特性，可用于胺的比率形检测。最近，Jiang 等以 P3HT/MoS_2 杂化材料为有机薄膜晶体管（OTFT）器件中的活性层来检测氨。当氨浓度从 4cm^3/m^3 到 20cm^3/m^3 变化时，P3HT-MoS_2 杂化膜的 OTFT 气体传感器比 P3HT/MoS_2 双层膜和 MoS_2/P3HT 双层膜的恢复时间都要短。

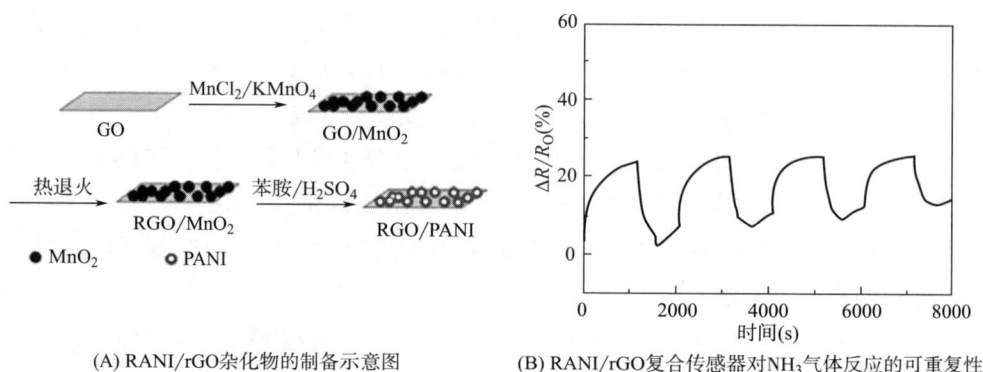

(A) RANI/rGO杂化物的制备示意图　　　(B) RANI/rGO复合传感器对NH₃气体反应的可重复性

图 4-24　RANI/rGO 相关性能测试

4.3.6　超级电容器

二维纳米材料因其独特的内在结构和表面结构而产生优异的化学和物理特性，因此，在超级电容器等电化学储能领域得到了广泛的关注。特别是碳基二维纳米材料，如 GO、rGO 和石墨纳米片，其导电性优异、热稳定性高、成本相对较低，且比表面积大，是超级电容器应用中最有吸引力的材料。然而，由于纳米片不可避免的聚集和有限的溶液可加工性，石墨烯或石墨烯衍生物的电容值通常被限制在 100 ~ 200F/g 的范围内。而像 PANI 这样的导电聚合物，具有成本低、易合成、导电性高、柔性好和多重氧化还原状态等特点，成为超级电容器应用中非常有前途的电极材料。它可以提供非常高的理论赝电容，但在充 / 放电过程中的稳定性差，限制了其在超级电容器中的实际应用。二维材料如石墨烯或其衍生物，常被功能化或与共轭聚合物杂化，以产生新的异质结构材料，其电化学性能（如高电容值、长循环稳定性、高导电性和更好的电催化活性）和可加工性得到改善。到目前为止，基于石墨烯的 PANI 纳米杂化物被广泛地应用于超级电容器。例如，在 GO 基底上排列着 PANI 纳米线阵列的纳米杂化材料就被用于超级电容器电极。这种杂化材料和初始 PANI 的循环伏安（CV）曲线 [图 4-25（A）] 显示了两对氧化还原峰。恒流充放电曲线图 [图 4-25（B）] 显示出几乎对称的充放电曲线。然而，在电流密度为 0.2A/g 时，PANI/GO 杂化物显示出 555F/g 的电容值，远远高于在相同条件下获得的随机连接的 PANI 纳米线（298F/g）[图 4-25（C）]，且杂化物的循环寿命也显著增加 [图 4-25（D）]。

其他类似 MoS₂ 的二维纳米材料与共轭聚合物的异质结构也被应用于超级电容器中。如 MoS₂/ 聚吡咯就是制作超级电容器的高效电极材料，它是在单层 MoS₂

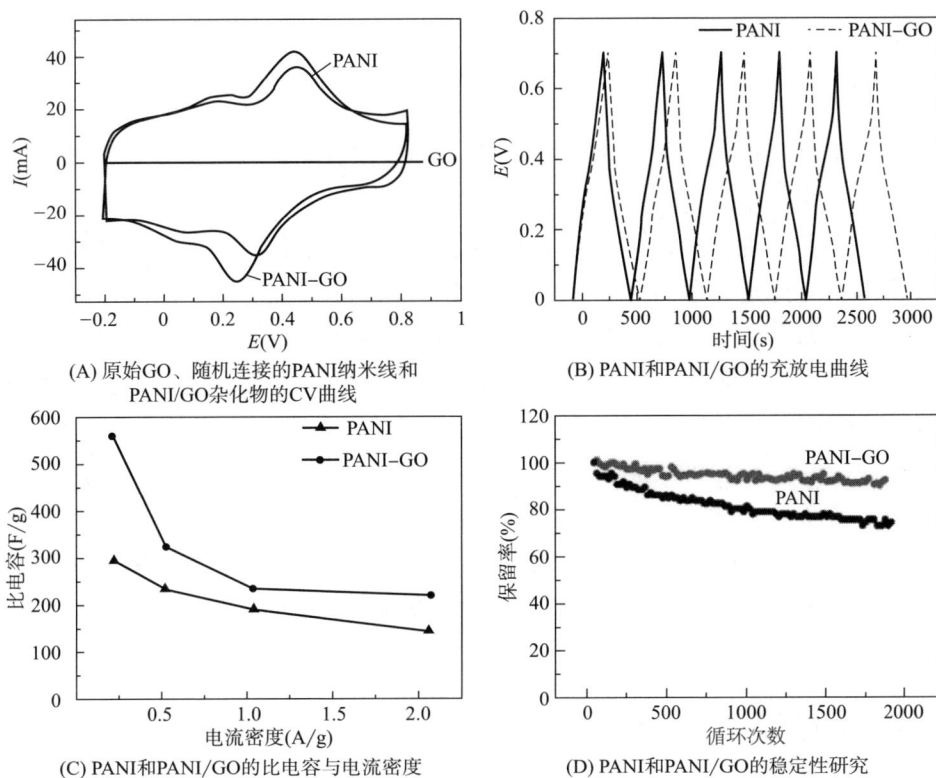

(A) 原始GO、随机连接的PANI纳米线和
PANI/GO杂化物的CV曲线

(B) PANI和PANI/GO的充放电曲线

(C) PANI和PANI/GO的比电容与电流密度

(D) PANI和PANI/GO的稳定性研究

图 4-25　PANI/GO 的电容性能

上原位聚合超薄的聚吡咯层而制备的。PANI/MoS$_2$ 杂化物在 1A/g 时显示出非常高的电容值 575F/g，是另一种有前途的超级电容器电极材料。

4.3.7　锂离子电池

除了超级电容器的应用外，共轭聚合物／二维材料的纳米异质结构也被用作锂离子电池的电极材料。特别是 MoS$_2$/PANI 杂化材料在锂离子电池中显示出优异的电化学性能。MoS$_2$/PANI 杂化材料的初始可逆容量高达 910mA·h/g，即使在 1A/g 的高电流密度下循环 200 次后，仍能保持 915mA·h/g 的高容量。在另一项研究中，具有最佳组成（MoS$_2$：66.7%，PANI：33.1%）的 MoS$_2$/PANI 复合材料，在电流密度为 100mA/g 时，电荷容量达 1064mA·h/g，循环 50 次后仍保留了 90.2% 的初始可逆容量。这些结果清楚地表明了 MoS$_2$/聚合物纳米复合材料在开发锂离子电池电极材料方面的应用潜力。

4.4　结论

本章介绍了 CP/2DNM 异质结构的合成和应用方面的新进展。目前，由于各种 2DNMs 材料在器件应用中表现出优异性能，引起了极大的关注。CP/2DNM 纳米异质结构可以通过非共价作用或共价接枝方法将 CP 链连接到二维材料表面来合成，本章对此进行了详细介绍。CPs 对二维材料的非共价改性可以通过多种方式进行，如在二维材料存在下原位聚合 CP、简单的溶液混合、共沉淀、二维材料表面的电化学聚合等。在这些方法中，π—π 相互作用、静电相互作用和范德瓦耳斯作用力（vdWs）在形成稳定的异质结构或杂化材料中起着重要的作用。另一方面，共价方法可以通过适当化学反应以"接枝和被接枝" 2 种方式实现。这些纳米异质结构材料具有广泛的应用，如 OFET、太阳能电池、化学和生物传感、超级电容器和锂离子电池等。由于结合了 CP 和二维材料的优势，这些杂化材料的光学和电子性质得到提升，为各种器件提供了更优异的性能。

参考文献

［1］ S. Butler，S.M. Hollen，L. Cao，Y. Cui，J.A. Gupta，H.R. Gutiérrez，et al.，Progress，challenges，and opportunities in two-dimensional materials beyond graphene，ACS Nano. 7（2014）2898-2926.

［2］ P. Miro，M. Audiffred，T. Heine，An atlas of two-dimensional materials，Chem. Soc. Rev. 43（2014）6537-6554.

［3］ M.Y. Li，C.H. Chen，Y. Shi，L.J. Li，Heterostructures based on two-dimensional layered materials and their potential applications，Mater. Today 19（2016）322-335.

［4］ X. Qi，C. Tan，J. Weia，H. Zhang，Synthesis of grapheneconjugated polymer nanocomposites for electronic device applications，Nanoscale. 5（2013）1440-1451.

［5］ V. Georgakilas，J.N. Tiwari，K.C. Kemp，J.A. Perman，A.B. Bourlinos，K.S. Kim，et al.，Noncovalent functionalization of graphene and graphene oxide for energy materials，biosensing，catalytic，and biomedical applications，Chem. Rev. 116（2016）5464-5519.

［6］ J. Zhao，H. Liu，Z. Yu，R. Quhe，S. Zhou，Y. Wang，et al.，Rise of silicene：a competitive 2D material，Prog. Mater. Sci. 83（2016）24151.

［7］ M.E. Dávila，G.L. Lay，Few layer epitaxial Germanene：a novel two-dimensional Dirac material，Sci. Rep. 6（2016）20714.

［8］ J. Azadmanjiri，V.K. Srivastava，P. Kumar，J. Wang，A. Yu，Graphene-supported 2D transition metal oxide heterostructures，J. Mater. Chem. A 6（2018）13509-13537.

［9］ A. Khandelwal，K. ManiManohar，H. Karigerasi，I. Lahiri，Phosphorene the two-dimensional black phosphorous：properties，synthesis and applications，Mater. Sci. Eng. B. 221（2017）

17–34.

［10］ A.F. Khan, M.P. Down, G.C. Smith, C.W. Foster, C.E. Banks, Surfactant–exfoliated 2D hexagonal boron nitride (2D–hBN): role of surfactant upon the electrochemical reduction of oxygen and capacitance applications, J. Mater. Chem. A. 5 (2017) 4103–4113.

［11］ Z. Zhao, Y. Sun, F. Dong, Graphitic carbon nitride based nanocomposites : a review, Nanoscale. 7 (2015) 15–37.

［12］ R. Ma, T. Sasaki, Nanosheets of oxides and hydroxides : ultimate 2D charge–bearing functional crystallites, Adv. Mater. 22 (2010) 5082–5104.

［13］ Y. Liu, H. Xiao, W.A. Goddard, Two–dimensional halide perovskites : tuning electronic activities of defects, Nano Lett. 16 (2016) 3335–3340.

［14］ W. Choi, N. Choudhary, G.H. Han, J. Park, D. Akinwande, Y.H. Lee, Recent development of two–dimensional transition metal dichalcogenides and their applications, Mater. Today. 20 (2017) 116–130.

［15］ W. Li, Q. Liu, Y. Sun, J. Sun, R. Zou, G. Li, et al., MnO_2 ultralong nanowires with better electrical conductivity and enhanced supercapacitor performances, J. Mater. Chem. 22 (2012) 14864–14867.

［16］ A. Tuxen, J. Kibsgaard, H. Gobel, E. Lagsgaard, H. Topsoe, J.V. Lauritsen, et al., Size threshold in the dibenzothiophene adsorption on MoS_2 Nanoclusters, ACS Nano 4 (2010) 4677–4682.

［17］ S. Chou, M. De, J. Kim, S. Byun, C. Dykstra, J. Yu, et al., Ligand conjugation of chemically exfoliated MoS_2, J. Am. Chem. Soc. 135 (2013) 4584–4587.

［18］ A.M. Remskar, Z. Skraba, P. Stadelmann, F. Levy, Structural stabilization of new compounds : MoS_2 and WS_2 micro– and nanotubes alloyed with gold and silver, Adv. Mater. 12 (2000) 814–818.

［19］ Y.J. Zhang, J.T. Ye, Y. Yomogida, T. Takenobu, Y. Iwasa, Formation of a stable $p–n$ junction in a liquidgated MoS_2 ambipolar transistor, Nano Lett. 13 (2013) 3023–3028.

［20］ D.H. Kang, M.S. Kim, J. Shim, J. Jeon, H.Y. Park, W.S. Jung, et al., High–performance transition metal dichalcogenide photodetectors enhanced by self–assembled monolayer doping, Adv. Funct. Mater. 25 (2015) 4219–4227.

［21］ A. Ramasubramaniam, R. Selhorst, H. Alon, M.D. Barnes, T. Emrick, D. Navehd, Combining 2D inorganic semiconductors and organic polymers at the frontier of the hard–soft materials interface, J. Mater. Chem. C5 (2017) 11158–11164.

［22］ T.A. Skotheim, R.L. Elsenbaumer, J.R. Reynolds, Handbook of Conducting Polymers, Marcel Dekker, Inc, New York, 1998.

［23］ A. Nduwimana, X.–Q. Wang, Energy gaps in supramolecular functionalized graphene nanoribbons, ACS Nano 3 (2009) 1995–1999.

［24］ M.J. Yang, V. Koutsos, M. Zaiser, Interactions between polymers and carbon nanotubes : a molecular dynamics study, J. Phys. Chem. B. 109 (2005) 10009–10014.

［25］ Q. Liu, Z. Liu, X. Zhang, L. Yang, N. Zhang, G. Pan, et al., Polymer photovoltaic cells based on solution–processable graphene and P3HT, Adv. Funct. Mater. 19 (2009) 894–904.

［26］ Z. Yang, X. Shi, J. Yuan, H. Pu, Y. Liu, Preparation of poly (3–hexylthiophene) / graphene nanocomposite via in situ reduction of modified graphite oxide sheets, Appl. Surf. Sci. 257 (2010) 138–142.

［27］ K. Zhang, L.L. Zhang, X.S. Zhao, J. Wang, Graphene/polyaniline nanofiber composites as supercapacitor electrodes, Chem. Mater. 22 (2010) 1392–1401.

［28］ L.L. Zhang, S. Zhao, X.N. Tian, X.S. Zhao, Layered graphene oxide nanostructures with sandwiched conducting polymers as supercapacitor electrodes, Langmuir 26 (2010) 17624–17628.

［29］ D. Yu, Y. Yang, M. Durstock, J.–B. Baek, L. Dai, Soluble P3HT–grafted graphene for efficient bilayer–heterojunction photovoltaic devices, ACS Nano 4 (2010) 5633–5640.

［30］ H. Kim, A.A. Abdala, C.W. Macosko, Graphene/polymer nanocomposites, Macromolecules 43 (2010) 6515–6530.

［31］ T. Wang, R. Zhu, J. Zhuo, Z. Zhu, Y. Shao, M. Li, Direct detection of DNA below ppb level based on thionin–functionalized layered MoS_2 electrochemical sensors, Anal. Chem. 86 (2014) 12064–12069.

［32］ S. Dey, H.S.S.R. Matte, S.N. Shirodkar, U.V. Waghmare, C.N.R. Rao, Charge–transfer interaction between few–layer MoS_2 and tetrathiafulvalene, Chem.Asian J. 8 (2013) 1780–1784.

［33］ X.–D. Zhuang, Y. Chen, G. Liu, P.–P. Li, C.–X. Zhu, E.–T. Kang, et al., Conjugated–polymer–functionalized graphene oxide : synthesis and nonvolatile rewritable memory effect, Adv. Mater. 22 (2010) 1731–1735.

［34］ B. Zhang, Y.–L. Liu, Y. Chen, K.–G. Neoh, Y.–X. Li, C.–X. Zhu, et al., Nonvolatile rewritable memory effects in graphene oxide functionalized by conjugated polymer containing fluorene and carbazole units, Chem.–Eur. J. 17 (2011) 10304–10311.

［35］ A. Midya, V. Mamidala, J.–X. Yang, P. Kai, L. Ang, Z.–K. Chen, et al., Synthesis and superior optical–limiting properties of fluorene–thiophene–benzothiadazole polymer–functionalized graphene sheets, Small 6 (2010) 2292–2300.

［36］ N.A. Kumar, H.–J. Choi, Y.R. Shin, D.W. Chang, L. Dai, J.–B. Baek, Polyaniline–grafted reduced graphene oxide for efficient electrochemical supercapacitors, ACS Nano 6 (2012) 1715–1723.

［37］ L. Lai, H. Yang, L. Wang, B.K. Teh, J. Zhong, H. Chou, et al., Preparation of supercapacitor electrodes through selection of graphene surface functionalities, ACS Nano 6 (2012) 5941–5951.

［38］ Y. Liu, R. Deng, Z. Wang, H. Liu, Carboxyl–functionalized graphene oxide–polyaniline composite as a promising supercapacitor material, J. Mater. Chem. 22 (2012) 13619–13624.

［39］ M. Kumar, K. Singh, S.K. Dhawan, K. Tharanikkarasu, J.S. Chung, B.–S. Kong, et al., Synthesis and characterization of covalently–grafted graphene–polyaniline nanocomposites and its use in a supercapacitor, Chem. Eng. J. 231 (2013) 397–405.

［40］ L. Xiao, J. Sun, L. Liu, R. Hu, H. Lu, C. Cheng, et al., Enhanced photothermal bactericidal activity of the reduced graphene oxide modified by cationic water–soluble conjugated polymer, ACS Appl. Mater. Interfaces 9 (2017) 5382–5391.

［41］ L. Zhou, B. He, Y. Yang, Y. He, Facile approach to surface functionalized MoS_2 nanosheets, RSC Adv. 4 (2014) 32570–32578.

［42］ K. Palaniappan, J.W. Murphy, N. Khanam, J. Horvath, H. Alshareef, M. Quevedo-Lopez, et al., Poly (3– hexylthiophene) –CdSe quantum dot bulk heterojunction solar cells : influence of the functional end–group of the polymer, Macromolecules 42 (2009) 3845–3848.

［43］ X. Qi, K.–Y. Pu, X. Zhou, H. Li, B. Liu, F. Boey, et al., Conjugated–Polyelectrolyte–functionalized reduced graphene oxide with excellent solubility and stability in polar solvents, Small 6 (2010) 663–669.

［44］ H. Yang, Q. Zhang, C. Shan, F. Li, D. Han, L. Niu, Stable, conductive supramolecular composite of graphene sheets with conjugated polyelectrolyte，Langmuir 26（2010）6708–6712.

［45］ J. Sun，L. Xiao，D. Meng，J. Geng，Y. Huang，Enhanced photoresponse of large–sized photoactive graphene composite films based on water–soluble conjugated polymers，Chem. Commun. 49（2013）5538–5540.

［46］ S. Daripa，K. Khawas，S. Das，R.K. Dey，B.K. Kuila，Aligned proton–conducting graphene sheets via block copolymer supramolecular assembly and their application for highly transparent moisture–sensing conductive coating，ChemistrySelect 4（2019）1–10.

［47］ N.A. Kumara，J.–B. Baek，Electrochemical supercapacitors from conducting polyaniline–graphene platforms，Chem. Commun. 50（2014）6298–6308.

［48］ L. Wang，X. Lu，S. Leib，Y. Song，Graphene–based polyaniline nanocomposites：preparation，properties and applications，J. Mater. Chem. A 2（2014）4491–4509.

［49］ Y.–C. Yong，X.–C. Dong，M.B. Chan–Park，H. Song，P. Chen，Macroporous and monolithic anode based on polyaniline hybridized three–dimensional graphene for high–performance microbial fuel cells，ACS Nano 6（2012）2394–2400.

［50］ G. Wang，S. Zhuo，W. Xing，Graphene/polyaniline nanocomposite as counter electrode of dye–sensitized solar cells，Mater. Lett. 69（2012）2729.

［51］ H. Wang，Q. Hao，X. Yang，L. Lu，X. Wang，A nanostructured graphene/polyaniline hybrid material for supercapacitors，Nanoscale 2（2010）2164–2170.

［52］ J. Yan，T. Wei，B. Shao，Z. Fan，W. Qian，M. Zhang，et al.，Preparation of a graphene nanosheet/polyaniline composite with high specific capacitance，Carbon 48（2010）487–493.

［53］ J. Xu，K. Wang，S.Z. Zu，B.H. Han，Z. Wei，Hierarchical nanocomposites of polyaniline nanowire arrays on graphene oxide sheets with synergistic effect for energy storage，ACS Nano 4（2010）5019–5026.

［54］ Y.F. Huang，C.W. Lin，Facile synthesis and morphology control of graphene oxide/polyaniline nanocomposites via in situ polymerization process，Polymer 53（2012）2574–2582.

［55］ Y.F. Huang，C.W. Lin，Polyaniline–intercalated graphene oxide sheet and its transition to a nanotube through a self–curling process，Polymer 53（2012）1079–1085.

［56］ F. Chen，P. Liu，Q. Zhao，Well–defined graphene/polyaniline flake composites for high performance supercapacitors，Electrochim. Acta 76（2012）62–68.

［57］ J. Li，H. Xie，Y. Li，J. Liu，Z. Li，Electrochemical properties of graphene nanosheets/polyaniline nanofibers composites as electrode for supercapacitors，J. Power Sources 196（2011）10775–10781.

［58］ S. Konwer，A.K. Guha，S.K. Dolui，Graphene oxide–filled conducting polyaniline composites as methanol–sensing materials，J. Mater. Sci. 48（2012）1729–1739.

［59］ Y.M. Shulga，S.A. Baskakov，V.V. Abalyaeva，O.N. Efmov，N.Y. Shulga，A. Michtchenko，et al.，Composite material for supercapacitors formed by polymerization of aniline in the presence of graphene oxide nanosheets，J. Power Sources 224（2013）195–201.

［60］ G.L. Chen，S.M. Shau，T.Y. Juang，R.H. Lee，C.P. Chen，S.Y. Suen，et al.，Single–layered graphene oxide nanosheet/polyaniline hybrids fabricated through direct molecular exfoliation，Langmuir 27（2011）14563–14569.

［61］ M. Sawangphruk，M. Suksomboon，K. Kongsupornsak，J. Khuntilo，P. Srimuk，Y. Sanguansak，et al.，High–performance supercapacitors based on silver nanoparticl–epolyaniline–graphene nanocomposites coated on flexible carbon fiber paper，J. Mater. Chem. A 1（2013）9630–9636.

［62］ P. Xiong，H. Huang，X. Wang，Design and synthesis of ternary cobalt ferrite/graphene/

polyaniline hierarchical nanocomposites for high-performance supercapacitors, J. Power Sources 245（2014）937-946.

[63] Y. Bo, H. Yang, Y. Hu, T. Yao, S. Huang, A novel electrochemical DNA biosensor based on graphene and polyaniline nanowires, Electrochim. Acta 56（2011）2676-2681.

[64] L. Hu, J. Tu, S. Jiao, J. Hou, H. Zhu, D.J. Fray, In situ electrochemical polymerization of a nanorod-PANI-graphene composite in a reverse micelle electrolyte and its application in a supercapacitor, Phys. Chem. Chem. Phys. 14（2012）15652-15656.

[65] K. Radhapyari, P. Kotoky, M.R. Das, R. Khan, Graphene-polyaniline nanocomposite based biosensor for detection of antimalarial drug artesunate in pharmaceutical formulation and biological fluids, Talanta 111（2013）4753.

[66] G.K. Ramesha, A.V. Kumara, S. Sampath, In situ electrochemical polymerization at airwater interface: surface-pressure-induced, graphene-oxide-assisted preferential orientation of polyaniline, J. Phys. Chem. C 116（2012）13997-14004.

[67] J. Yan, T. Wei, Z. Fan, W. Qian, M. Zhang, X. Shen, et al., Preparation of graphene nanosheet/carbon nanotube/polyaniline composite as electrode material for supercapacitors, J. Power Sources 195（2010）3041-3045.

[68] H. Wang, Q. Hao, X. Yang, L. Lu, X. Wang, Graphene oxide doped polyaniline for supercapacitors, Electrochem. Commun. 11（2009）1158-1161.

[69] S. Zhou, H. Zhang, Q. Zhao, X. Wang, J. Li, F. Wang, Graphene-wrapped polyaniline nanofibers as electrode materials for organic supercapacitors, Carbon 52（2013）440-450.

[70] W. Fan, C. Zhang, W.W. Tjiu, K.P. Pramoda, C. He, T. Liu, Graphene-wrapped polyaniline hollow spheres as novel hybrid electrode materials for supercapacitor applications, ACS Appl. Mater. Interfaces 5（2013）3382-3391.

[71] B. Ma, X. Zhou, H. Bao, X. Li, G. Wang, Hierarchical composites of sulfonated graphene-supported vertically aligned polyaniline nanorods for high-performance supercapacitors, J. Power Sources 215（2012）3642.

[72] Y. Li, X. Zhao, P. Yu, Q. Zhang, Oriented arrays of polyaniline nanorods grown on graphite nanosheets for an electrochemical supercapacitor, Langmuir 29（2013）493-500.

[73] M. Zhong, Y. Song, Y. Li, C. Ma, X. Zhai, J. Shi, et al., Carbon-based polymer nanocomposites for environmental and energy, J. Power Sources 217（2012）612.

[74] D.W. Wang, F. Li, J. Zhao, W. Ren, Z.G. Chen, J. Tan, et al., Fabrication of graphene/polyaniline composite paper via in situ anodic electropolymerization for high-performance flexible electrode, ACS Nano 3（2009）1745-1752.

[75] H.-P. Cong, X.-C. Ren, P. Wang, S.-H. Yu, Flexible graphenepolyaniline composite paper for high-performance supercapacitor, Energy Environ. Sci. 6（2013）1185-1191.

[76] H. Wei, J. Zhu, S. Wu, S. Wei, Z. Guo, Electrochromic polyaniline/graphite oxide nanocomposites with endured electrochemical energy storage, Polymer 54（2013）1820-1831.

[77] Q. Zhang, Y. Li, Y. Feng, W. Feng, Electropolymerization of graphene oxide/polyaniline composite for high-performance supercapacitor, Electrochim. Acta 90（2013）95100.

[78] J. Sun, H. Bi, Pickering emulsion fabrication and enhanced supercapacity of graphene oxide-covered polyaniline nanoparticles, Mater. Lett. 81（2012）4851.

[79] P. Kumari, K. Khawas, S. Nandy, B.K. Kuila, A supramolecular approach to polyaniline graphene nanohybrid with three dimensional pillar structures for high performing electrochemical supercapacitor applications, Electrochim. Acta 190（2016）596-604.

[80] S. Konwer, R. Boruah, S.K. Dolui, Studies on conducting polypyrrole/graphene oxide

composites as supercapacitor electrode, J. Electron. Mater. 40（2011）2248–2255.

［81］ M. Deng, X. Yang, M. Silke, W. Qiu, M. Xu, G. Borghs, et al., Electrochemical deposition of polypyrrole/ graphene oxide composite on microelectrodes towards tuning the electrochemical properties of neural probes, Sens. Actuators B.158（2011）176–184.

［82］ B.N. Reddy, M. Deepa, A.G. Joshi, A.K. Srivastava, Poly（3, 4–Ethylenedioxypyrrole）enwrapped by reduced graphene oxide : how conduction behavior at nanolevel leads to increased electrochemical activity, J. Phys. Chem. C. 115（2011）18354–18365.

［83］ A. Graja, Low–Dimensional Organic Conductors, World Scientific Publishing Co. Pte. Ltd, 1992.

［84］ D. Presto, V. Song, D. Boucher, P3HT/graphene composites synthesized using in situ GRIM methods, J. Polym. Sci. Part. B : Polym. Phys. 55（2017）60–76.

［85］ H. Iguchi, C. Higashi, Y. Funasaki, K. Fujita, A. Mori, A. Nakasuga, et al., Rational and practical exfoliation of graphite using well–defined poly（3–hexylthiophene）for the preparation of conductive polymer/ graphene composite, Sci. Rep. 7（2017）39937–39944.

［86］ K. Jo, T. Lee, H.J. Choi, J.H. Park, D.J. Lee, D.W. Lee, et al., Stable aqueous dispersion of reduced graphene nanosheets via noncovalent functionalization with conducting polymers and application in transparent electrodes, Langmuir 27（2011）2014–2018.

［87］ S. Huang, L. Ren, J. Guo, H. Zhu, C. Zhang, T. Liu, The preparation of graphene hybrid films decorated with poly［2–methoxy–5–（20–ethyl–hexyloxy）–1, 4–phenylene vinylene］particles prepared by non–solvent induced precipitation, Carbon 50（2012）216–224.

［88］ C.–H. Liu, C.–L. Lin, P.–C. Chiu, J.–L. Tang, R.C.–C. Tsiang, Poly（9, 9–dioctylfluorene-alt–thiophene）/graphene nanocomposite : effects of graphene on optoelectronic characteristics, J. Nanosci. Nanotechnol. 10（2010）7988–7996.

［89］ M. Castelaín, H.J. Salavagione, R. Gómezb, J.L. Segura, Supramolecular assembly of graphene with functionalized poly（fluorene–*alt*–phenylene）: the role of the anthraquinone pendant groups, Chem. Commun. 47（2011）7677–7679.

［90］ T.A. Shastry, I. Balla, H. Bergeron, S.H. Amsterdam, T.J. Marks, M.C. Hersam, Mutual photolumines–cence quenching and photovoltaic effect in large–area single–layer MoS_2–polymer heterojunctions, ACS Nano 10（2016）10573–10579.

［91］ H. Wang, H. Jiang, Y. Hu, N. Li, X. Zhao, C. Li, 2D MoS_2/polyaniline heterostructures with enlarged interlayer spacing for superior lithium and sodium storage, J. Mater. Chem. A 5（2017）5383–5389.

［92］ A.S. Sarkar, S.K. Pal, A. van der Waals, P–n heterojunction based on polymer–2D layered MoS_2 for solution processable electronics, J. Phys. Chem. C 121（2017）21945–21954.

［93］ Y. Liu, W. Hao, H. Yao, S. Li, Y. Wu, J. Zhu, et al., Solution adsorption formation of a π–conjugated polymer/ graphene composite for high–performance field–effect transistors, Adv. Mater. 30（2018）1705377–1705386.

［94］ M.E. Gemayel, A. Narita, L.F. Dössel, R.S. Sundaram, A. Kiersnowski, W. Pisula, et al., Graphene nanoribbons blends with P3HT for organic electronics, Nanoscale 6（2014）6301–6314.

［95］ S.P. Tiwaria, R. Verma, Md.B. Alamb, R. Kumarib, O.P. Sinha, R. Srivastava, Charge transport study of P3HT blended MoS_2, Vacuum 146（2017）474–477.

［96］ Q. Liu, Z. Liu, X. Zhang, N. Zhang, L. Yang, S. Yin, et al., Organic photovoltaic cells based on an acceptor of soluble graphene, Appl. Phys. Lett. 92（2008）223–303.

［97］ Z. Liu, Q. Liu, Y. Huang, Y. Ma, S. Yin, X. Zhang, et al., Organic photovoltaic devices based on a novel acceptor material : graphene, Adv. Mater. 20 (2008) 3924–3930.

[98] A.K. Sharma, Advanced Semiconductor Memories : Architectures, Designs and Applications, Wiley– IEEE, Piscataway, NJ, 2003.

[99] W.P. Lin, S.J. Liu, T. Gong, Q. Zhao, W. Huang, Polymer–based resistive memory materials and devices, Adv. Mater. 26 (2014) 570–606.

[100] B. Zhang, G. Liu, Y. Chen, L.J. Zeng, C.X. Zhu, K.G. Neoh, et al., Conjugated polymer– grafted reduced graphene oxide for nonvolatile rewritable memory, Chem.– Eur. J. 17 (2011) 13646–13652.

[101] B. Zhang, Y. Chen, Y.J. Ren, L.Q. Xu, G. Liu, E.T. Kang, et al., In situ synthesis and nonvolatile rewritable– memory effect of polyaniline–functionalized graphene oxide, in situ synthesis and nonvolatile rewritable–memory effect of polyaniline–functionalized graphene oxide, Chem. –Eur. J. 19 (2013) 6265–6273.

[102] C. Tan, Z. Liu, W. Huang, H. Zhang, Non–volatile resistive memory devices based on solution–processed ultrathin two–dimensional nanomaterials, Chem. Soc. Rev. 44 (2015) 2615–2628.

[103] C.–H. Chen, et al., Nanomed. A flexible hydrophilic–modified graphene microprobe for neural and cardiac recording, Nanotechnol. Biol. Med. 9 (5)(2013) 600.

[104] A. Jayakumar, A. Surendranath, P.V. Mohanan, 2D materials for next generation healthcare applications, Int. J. Pharm. 551 (2018) 309–321.

[105] D. Li, D. Gao, J. Qi, R. Chai, Y. Zhan, C. Xing, Conjugated polymer/graphene oxide complexes for photothermal activation of DNA unzipping and binding to protein, ACS Appl. Bio Mater. 1 (2018) 146–152.

[106] H. Yuan, J. Qi, C. Xing, H. An, R. Niu, Y. Zhan, et al., Graphene–oxide–conjugated olymer hybrid materials for calmodulin sensing by using FRET strategy, Adv. Funct. Mater. 25 (2015) 4412–4418.

[107] Z. Zhang, X. Xiang, J. Shi, F. Huanga, X. Xia, M. Zhenga, et al., A cationic conjugated polymer and graphene oxide : application to amplified fluorescence detection of sinapine, Spectrochim. Acta A 203 (2018) 370–374.

[108] L. Al–Mashat, K. Shin, K. Kalantar–zadeh, J.D. Plessis, S.H. Han, R.W. Kojima, et al., Graphene/polyaniline nanocomposite for hydrogen sensing, J. Phys. Chem. C 114 (2010) 16168–16173.

[109] X. Huang, N. Hu, R. Gao, Y. Yu, Y. Wang, Z. Yang, et al., Reduced graphene oxide– polyaniline hybrid : preparation, characterization and its applications for ammonia gas sensing, J. Mater. Chem. 22 (2012) 22488–22495.

[110] H. Bai, K. Sheng, P. Zhang, C. Li, G. Shi, Graphene oxide/conducting polymer composite hydrogels, J. Mater. Chem. 21 (2011) 18653–18658.

[111] D. Meng, S. Yang, D. Sun, Y. Zeng, J. Sun, Y. Li, et al., A dual–fluorescent composite of graphene oxide and poly (3–hexylthiophene) enables the ratiometric detection of amines, Chem. Sci. 5 (2014) 3130–3134.

[112] T. Xie, G. Xie, Y. Su, D. Hongfei, Z. Ye, Y. Jiang, Ammonia gas sensors based on poly (3–hexylthiophene) – molybdenum disulfide film transistors, Nanotechnology 27 (2016) 06550–2065509.

[113] J. Yang, Y. Liu, S. Liu, L. Li, C. Zhang, T. Liu, Conducting polymer composites : material synthesis and applications in electrochemical capacitive energy storage, Mater. Chem. Front. 1 (2017) 251–268.

［114］ Y.B. Tan，J.-M. Lee，Graphene for supercapacitor applications，J. Mater. Chem. A 1（2013）14814-14843.

［115］ M.T. Pettes，H. Ji，R.S. Ruoff，L. Shi，Thermal transport in three-dimensional foam architectures of few-layer graphene and ultrathin graphite，Nano Lett. 12（2012）2959-2964.

［116］ Y. Wang，Z. Shi，Y. Huang，Y. Ma，C. Wang，M. Chen，et al.，Supercapacitor devices based on graphene materials，J. Phys. Chem. C 113（2009）13103-13107.

［117］ Q. Wu，Y. Xu，Z. Yao，A. Liu，G. Shi，Supercapacitors based on flexible graphene/polyaniline nanofiber composite films，ACS Nano 4（2010）1963-1970.

［118］ W. Chen，R.B. Rakhi，H.N. Alshareef，Capacitance enhancement of polyaniline coated curved-graphene supercapacitors in a redox-active electrolyte，Nanoscale 5（2013）4134-4138.

［119］ T. Kuilla，S. Bhadra，D. Yao，N.H. Kim，S. Bose，J.H. Lee，Recent advances in graphene based polymer composites，Prog. Polym. Sci. 35（2010）1350-1375.

［120］ H. Tang，J. Wang，H. Yin，H. Zhao，D. Wang，Z. Tang，Growth of polypyrrole ultrathin films on MoS_2 monolayers as high-performance supercapacitor electrodes，Adv. Mater. 27（2015）117-1123.

［121］ K.J. Huang，L. Wang，Y.J. Liu，H.B. Wang，Y.M. Liu，L.L. Wang，Synthesis of polyaniline/2-dimensional graphene analog MoS_2 composites for high-performance supercapacitor，Electrochim. Acta 109（2013）587-594.

［122］ H. Liu，F. Zhang，W.Y. Li，X.L. Zhang，C.S. Lee，W.L. Wang，et al.，Porous tremellalike MoS_2/polyaniline hybrid composite with enhanced performance for lithium-ion battery anodes，Electrochim. Acta 167（2015）132-138.

［123］ L.C. Yang，S.N. Wang，J.J. Mao，J.W. Deng，Q.S. Gao，Y. Tang，et al.，Hierarchical MoS_2/polyaniline nanowires with excellent electrochemical performance for lithium-ion batteries，Adv. Mater. 25（2013）1180-1184.

第 5 章　面向光电应用的过渡金属硫化物基二维异质结构

Divya Somvanshi[1, 2], Satyabrata Jit[3]

1. 贾达普布尔大学，电子与远程通信工程系，加尔各答市，印度

2. 以色列理工学院，电气工程系，海法市，以色列

3. 印度理工学院（巴拿勒斯印度教大学），电子工程系，瓦拉纳西，印度

5.1　引言

　　二维（2D）材料的独特性质使研究人员对其未来在纳米电子学应用产生了浓厚的兴趣。二维材料是一个大家族，包括金属（如 $NbSe_2$）、半导体（如 MoS_2 和 WS_2）和绝缘体（如 $h-BN$）。首个发现的 2D 材料是石墨烯，它是由英国曼彻斯特大学的 Andre Geim 和 Konstantin Novoselov 于 2004 年通过物理分离得到，两人因此被授予 2010 年诺贝尔物理学奖。石墨烯是一种碳薄片，其中碳原子 sp^2 键合成单层蜂巢晶格结构，其厚度仅有一个原子层厚度。

　　石墨烯是一种具有二维狄拉克类电子激发的零带隙准金属材料，这为此类材料的二维物理研究打开了一扇新的大门。然而，石墨烯的准金属性质限制了其作为活性沟道材料在场效应晶体管（FET）中的应用。六方氮化硼（$h-BN$），又称"白石墨"，是一种带隙约为 6eV 的绝缘体，广泛用于构筑二维范德瓦尔斯（VDW）异质结构和高性能的电子器件。它是由硼原子和氮原子交替形成的六方形单元的层状结构，层与层之间没有键。

　　另外，二维过渡金属硫化物（TMDC）是 MX_2 类型的原子薄半导体，其中一层过渡金属原子 M（如 Mo、W 等）夹在两层硫族原子 X（如 S、Se 或 Te）之间。TMDC 材料为六方或三方对称结构，金属原子呈八面体或三棱柱配位。TMDC 表现出强的面内键合作用和弱的面外相互作用，使得 TMDC 可以剥离成单原子层。

　　与石墨烯相比，TMDC 材料的一个重要优势是其具有可调的带隙，这使TMDC 在纳米电子学中有很好的应用前景。它们在体相中为间接带隙（在布里渊区的中心，即 Γ 点的跃迁），而单层结构由于原子尺度上的量子约束现象，其在

K 点处变为直接带隙。TMDC 材料的带隙与层数成反比，可将其从间接（多层）转变为直接（单层）半导体。通过光学带隙调制、有效的电荷转移和强烈的光—物质相互作用，可获得广泛的电学和光电性质，这使 TMDC 材料可以构成各种类型的二维异质结构。

半导体异质结构是两种不同类型半导体之间形成的一类重要的 p-n 结。Alferov Z I、Kroemer H 和 Kilby J S 因分析异质结构二极管的性能特点而获得 2000 年诺贝尔物理学奖。TMDC 异质结构通过垂直堆积 p 型和 n 型 TMDC 单分子层来形成理想的 p-n 结二极管，或者通过在单一材料中选择性掺杂形成 p 区和 n 区的方式来形成 p-n 结。

通常，异质结构的性能取决于构成异质结构的不同晶体半导体材料的两层或两个区域界面处的能带偏移。目前已经报道了许多基于 TMDC 的异质结构，包括类型 I（如跨立型，straddling gap）、类型 II（如错开型，staggered gap）、以及类型 III（如破隙型，broken gap）。TMDC 异质结构的界面可以是原子级突变界面，其交界区可以和两个原子层一样薄。TMDC 被视为形成不同异质结构的模型构建单元，因为其层间范德瓦耳斯力可以使不同的 MX_2 材料在界面上易于堆叠，在界面处晶格可以很好的匹配。多项研究表明，多种超薄 TMDC 材料组合后的界面可以产生与单层 TMDC 显著不同的特性。由于 TMDC 材料具有单层结构的直接带隙，因此其异质结构在光电方面具有广阔的应用前景。通过微束 X 射线光电子能谱（XPS）、扫描隧道光谱（STM）或角分辨光电子能谱（PES）与光致发光谱（PL）联用，可确定 TMDC 异质结构的能带偏移。TMDC 基异质结构可通过机械剥离和直接合成的方法制备。

尽管一些综述文献报道了 TMDC 材料及其异质结构的合成、表征和不同应用，但缺乏对 TMDC 异质结构的光电子学应用方面的重点综述。因此，本章的主要目的是向读者详细介绍基于二维单层 TMDC 的异质结构在光电子学应用方面的最新进展。在第 5.2 节中，重点介绍了制备不同 TMDC 异质结构相关的制备方法。第 5.3 节和第 5.4 节分别详细讨论了 TMDC 材料及其异质结构的一些独特物理和光学性质。最后，第 5.5 节详细讨论了基于 TMDC 异质结构的光电器件，如光电探测器、太阳能电池和发光二极管及其优缺点。

5.2　TMDC 基异质结构的制备

石墨烯的发现，使世界各地的科学家开始合成各种新的原子尺度厚的二维材料。在过去几年，这些新兴二维材料相关的成果数量不断增加。与石墨烯的制备方法类似，TMDC 也可通过使用透明胶带的机械剥离方法剥离出来。虽然这种方法所获得的单层 TMDC 的结晶性很好，但不适用于大面积应用。因此，研究者还研究出一些直接合成方法，如化学气相沉积法（CVD）。通过这些方法制备的二维层状材料可以转移到不同的基底上，形成多层异质结构，这一过程通常需要聚合物作为转移介质。基于单层 TMDC 的异质结构的制备，为我们获得增强性能的新型杂化异质结构提供了非常好的机会。TMDC 异质结构可以通过自上而下的方法（如机械剥离）或自下而上的方法（如 CVD）来制备。垂直型异质结构是由不同的二维 TMDC 垂直堆积而成。这种异质结构的性质主要取决于堆积取向和层间耦合强度。除此之外，横向型异质结构可以通过外延生长法获得，其具有的锐利界面和边缘触点，以提供更简单的能带偏移的调节机制。以下小节简要讨论了基于 TMDC 的异质结构的制备方法。

5.2.1　机械堆积法生长异质结构

机械剥离法指的是从材料主体上剥离下来一层或几层材料。这一过程可以在空气中或化学溶液中，通过化学或电化学剥离方法完成。这种方法成本低，可以生产出小片的、高质量和高纯度的单层 TMDC，非常适合于个别器件的基本性能表征。异质结构可以通过两个或多个重复的机械剥离和 TMDC 纳米片转移步骤（一个单层转移到另一个单层上）形成。值得一提的是，制备异质结构的关键在于界面的堆积顺序和界面质量。有些文献报道了各种聚合物载体，如聚甲基丙烯酸甲酯（PMMA）、聚二甲基硅氧烷（PDMS）以及两者的组合。然而，在转移过程中，有机物 / 聚合物残基可能被困在两个 MX_2 层之间，这可能会导致异质结构界面的质量降低，而且这种方法得到的产物片层尺寸小、产量低、厚度再现性差。因此，机械剥离法制备异质结构还有很长的路要走。

Cheng 等研究了合成的 p 型多层（ML）–WSe$_2$ 与剥离的 n 型 MoS$_2$ 薄片之间的垂直型 p–n 异质结。这种异质结通过 MoS$_2$ 薄片转移到 WSe$_2$ 薄片上垂直堆积而成，具有原子薄几何结构和原子级锐利界面。图 5-1（A）和（B）分别显示了 WSe$_2$/MoS$_2$ 异质结器件的合成机理和截面图。图 5-1（C）为单层 WSe$_2$ 的截断三角形区域的光学显微镜图像，该区域的中心有一个倒三角形的双层区域。WSe$_2$/MoS$_2$ 垂直异质结器件的伪彩色 SEM 图像如图 5-1（D）所示。

5.2.2　直接合成法制备异质结构

直接合成方法，如化学气相沉积（CVD）、分子束外延（MBE）和原子层沉

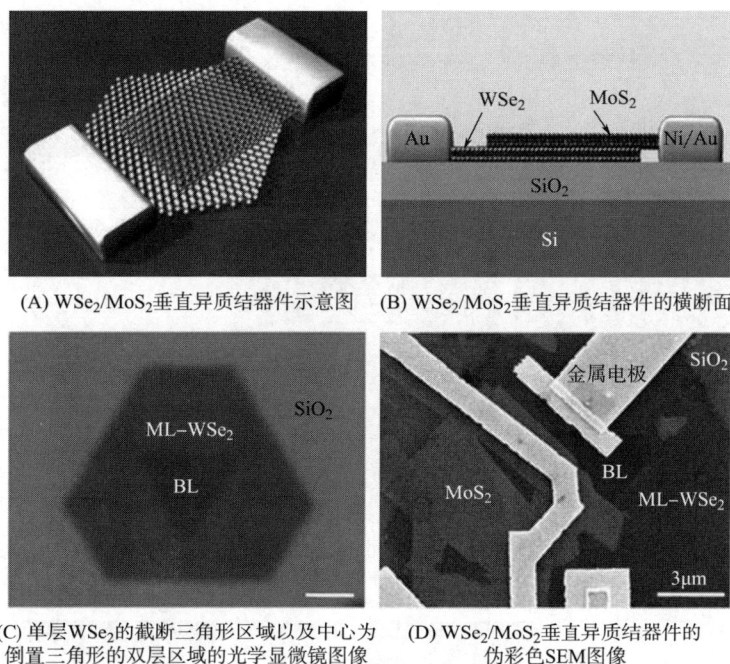

(A) WSe$_2$/MoS$_2$垂直异质结器件示意图　(B) WSe$_2$/MoS$_2$垂直异质结器件的横断面

(C) 单层WSe$_2$的截断三角形区域以及中心为　(D) WSe$_2$/MoS$_2$垂直异质结器件的
倒置三角形的双层区域的光学显微镜图像　　　　伪彩色SEM图像

图 5-1　WSe$_2$/MoS$_2$异质结

积（ALD）等，通常用于 TMDC 材料及其异质结构的外延生长，包括垂直型和横向型异质结。与机械剥离法相比，直接合成法制备的 TMDC 异质结构的性能更好，并为基础研究提供了更清洁的界面。在 CVD 中，TMDC 沉积最为常用的气化前驱体，可以在高温的生长室中发生反应，进而形成单层的二维 TMDC 材料。通过这种方法，实用器件应用所需的大面积晶圆规模的合成变得可行。此外，直接合成方法也可以用来合成横向面内 TMDC 基异质结构，这是机械堆积方法无法实现的。由于 CVD 法生产单层 / 少层薄片具有可扩展性、良好的均匀性和再现性，为构建 TMDC 垂直型异质结构提供了解决方案。

　　图 5-2（A）显示了在三温区高温炉中，通过一步 CVD 法在 SiO$_2$/Si 基底上 MoS$_2$—WS$_2$ 异质结的面内生长过程。纯硫（S）和 MoCl$_5$ 粉末保存在 CVD 室两个上游区域的两个单独的瓷舟上，经旋涂将钨酸（mWO$_3 \cdot n$H$_2$O）均匀分散在基底表面，然后将基底置于第三加热区。图 5-2（B）和（C）分别为所生长的异质结构的光学图像和原子力显微镜（AFM）图像。单层 MoS$_2$—WS$_2$ 的面内异质结构模型如图 5-2（D）所示。单层 MoS$_2$ 薄片横向连接到 WS$_2$ 部分。这表明这两种不同的材料具有相似的晶格，使它们在单层三角形区域内共存，并形成尖锐的亚纳米异质界面。如图 5-2（E）~（G）所示，通过透射电子显微镜（TEM）的结构

(A) 三温区高温炉中，通过一步CVD法在SiO₂/Si基底上合成MoS₂—WS₂面内异质结构的示意图

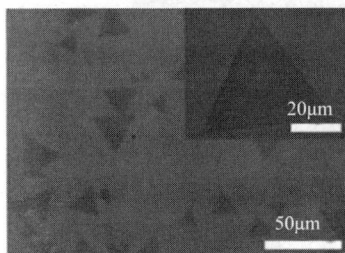

(B) 高产率的MoS₂—WS₂异质结的光学
图像，插图为典型样品的放大图

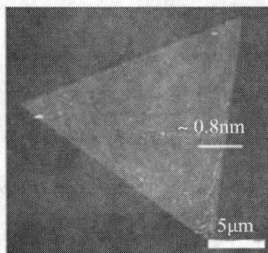

(C) 厚度为0.8 nm的单层
异质结晶体的AFM图像

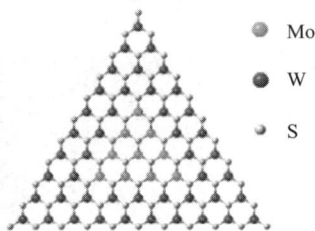

(D) 单层MoS₂—WS₂面内
异质结构的模型

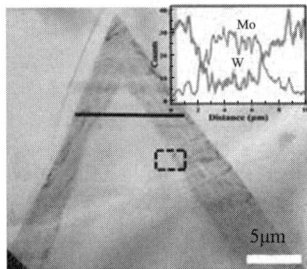

(E) 三角形中一角的低倍TEM图像，
插图为沿直线扫描的EDX图

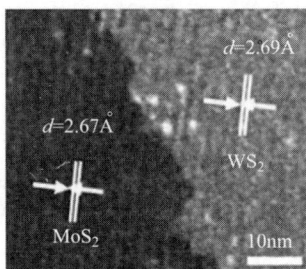

(F) 图(E)中边框区域的原子序数
衬度STEM图，显示MoS₂—WS₂
异质结的面内界面

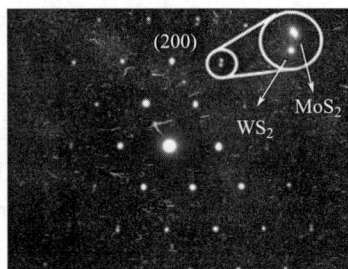

(G) MoS₂—WS₂异质结构的选区
电子衍射（SAED）图

图 5-2　MoS₂—WS₂ 合成和形貌

表征，可以获得更多的结构信息。图 5-2（E）为转移至铜网上的 MoS₂—WS₂ 异质结构一角的低倍 TEM 图，元素分布如图 5-2（E）中的插图所示。在界面周围的拍摄的三角形区域的原子序数衬度 STEM 图像如图 5-2（F）所示。对比 MoS₂侧和 WS₂ 侧，可以观察到尖锐的界面，而从连续的晶格条纹可以看出 MoS₂—WS₂异质结构的相干性。图 5-2（G）所示的衍射图案显示了单层面内异质结的蜂窝状晶格。

5.3　TMDC 材料及其异质结构的物理性能

5.3.1　晶体结构

TMDC 材料具有 X—M—X 形的层状结构，其中硫族原子（X）位于两个六边形平面上，由过渡金属原子（M）组成的平面隔开。MX_2 形式的两层 TMDC 材料的原子结构如图 5-3（A）所示（TM，过渡金属；X，硫族化合物）。MX_2 纳米片由三个原子层 X—M—X 组成，其中 M 和 X 共价键合，片之间通过弱的层间键结合在一起；在 TMDC 中，过渡金属原子和硫族原子之间的层内 M—X 键为共价键，各个 MX_2 层通过相对较弱的层间范德瓦耳斯力结合在一起。TMDC 半导体层的金属配位可以是三棱柱或八面体配位。各个单分子层之间的金属配位和堆积顺序决定了 TMDC 材料的相位或多型体。常见的相有 1T、2H 或 3R，其中 1、2 和 3 表示 c 轴方向上单位晶胞中 X—M—X 夹层的数目，而 T、H 和 R 表示晶体的对称性，分别为四方、六方和菱方晶系。例如，MoS_2 以 2H 相或 1T 相存在，其中 2H 相为热力学稳定的半导体相，1T 相为亚稳定的金属相。

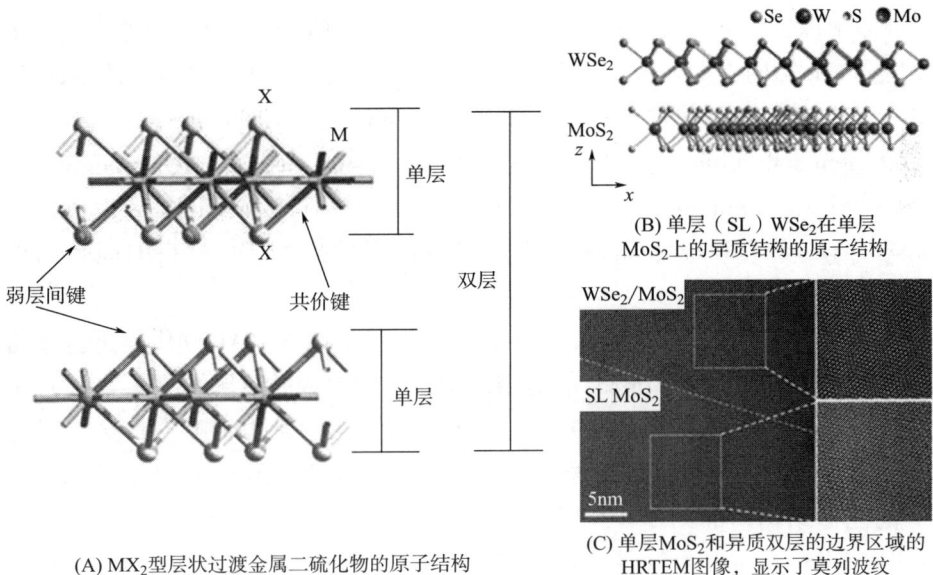

(A) MX_2 型层状过渡金属二硫化物的原子结构

(B) 单层（SL）WSe_2 在单层 MoS_2 上的异质结构的原子结构

(C) 单层 MoS_2 和异质双层的边界区域的 HRTEM 图像，显示了莫列波纹

图 5-3　TMDC 异质结材料

TMDC 异质结构的设计和构建可以通过单层组装成具有原子级锐利界面，且没有原子互扩散的多层结构来实现。与其他材料相比，TMDC 最重要的优点是没

有悬挂键，使 TMDC 可以在垂直方向上与不同的 TMDC 材料重新堆积，从而生成异质结构，而无须晶格匹配。当不同晶格常数的二维 TMDC 材料堆积在一起时，会形成一种典型的超晶格结构，称为莫列波纹。这将引起材料性质的巨大变化，且通过控制扭曲角度可以改变这些变化。正如 Feng 等人报道，异质双分子层 WSe_2/MoS_2 的制备过程可以理解为单分子层的彼此堆叠。图 5-3（B）显示了硅基底上 WSe_2/MoS_2 异质双分子层（其中硅基底经热生长 260nm SiO_2 处理）。在图 5-3（C）的高分辨率 HR TEM 图像中可见，由于 3.8% 的晶格失配和组成层之间的角排列（φ），异质结构晶格形成了莫列波纹。HRTEM 图像还显示了单层 MoS_2 和异质双层 WSe_2/MoS_2 之间的边界区域。通常，异质结构通过 TEM、XPS、电子传输研究和光学光谱来表征其能带排列以及各种电子和光电性质。

5.3.2　能带结构

一般来说，任何传统半导体材料的带隙都是由在 Γ 点的价带最大值（VBM）和在 Γ–k 对称线上的导带最小值（CBM）之间的能量差决定的。在 TMDC 材料中，MoX_2 和 WX_2 半导体化合物则具有可变的带隙。例如，MoS_2 体相材料具有 1.2eV 的间接带隙，而当 MoS_2 变为单分子层时，其带隙变为 1.9eV 的直接带隙，这已被多个课题组通过实验和理论得到验证。单层 TMDC 的直接带隙由强量子约束效应和 ML 结构中的强层间耦合导致的。同理，这种与尺寸有关的带隙转变现象也会发生在其他硫化物材料中，如 WS_2、$MoSe_2$、WSe_2 和 $MoSe_2$。许多模拟工具，如 Vienna ab initio 仿真包（VASP）（https：//www.vasp.at），Quantum Espresso（https：//www.quantum-espresso.org）和量子原子学工具 Quantum ATK（https：//www.synopsys.com/silicon/quantumatk.html）可用于模拟 TMDC 材料的能带结构和其他电子性质。

基于此，Kuc 等人使用定域高斯基础函数，以 CRYSTAL09 代码进行了密度泛函理论（DFT），计算了 MoS_2 的能带结构，不同层数的结果如图 5-4（A）~（F）所示。水平虚线表示费米能级，箭头表示给定体系的基本带隙（直接或间接），其中价带顶部标记为深灰色、导带底部标记为浅灰色。图 5-4（A）显示了体相 MoS_2 的能带结构，而图 5-4（B）~（E）分别为 8、6、4 和 2 个单分子层的能带结构，图 5-4（F）为单层 MoS_2 的能带结构。图 5-4（A）显示，体相 MoS_2 的 VBM 位于 Γ 点，CBM 位于 K 点和 Γ 点之间，有效间接带隙为 1.2eV。当 MoS_2 层数从 8 层减少到 2 层时，位于 K 点和 Γ 点之间的 CBM 变化显著，带隙增大。层数减少到单层时，MoS_2 的 1.2eV 间接带隙变为 1.9eV 的直接带隙。可见，图 5-4（A）~（F）表明层厚度的变化改变了布里渊区激子跃迁的能量。能带结构随层

数的变化归因于 MoS_2 中 S 原子上的 pz 轨道和 Mo 原子上的 d 轨道之间的杂化变化，这种变化是由于层厚度减小时量子限制效应增强所致。TMDC 材料从间接带隙到直接带隙的转变对其光子学和光电子学应用具有重要意义。对于半导体二维 TMDC 材料，量子限制效应的显著增强和介电屏蔽的减少导致了电荷载流子和缺陷之间的强库仑相互作用。

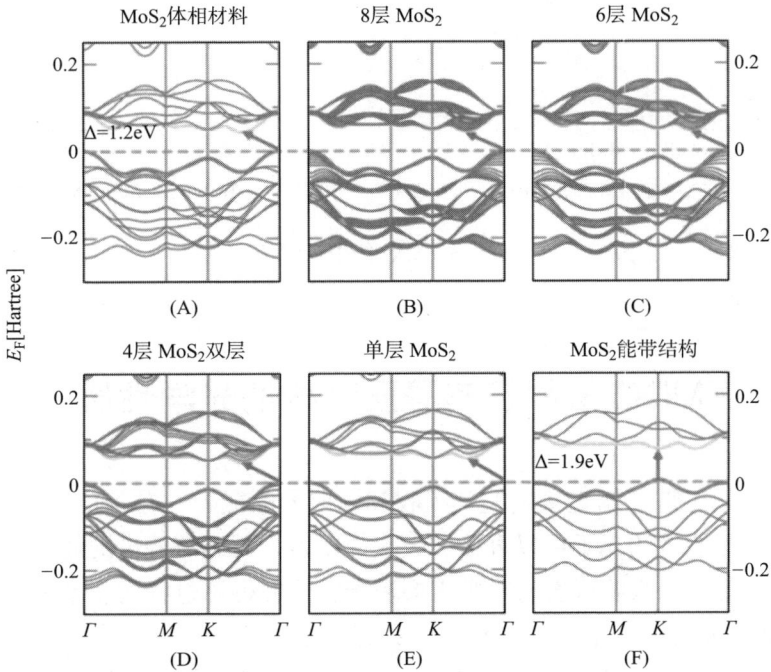

图 5-4　DFT/PBE 计算 MoS_2

　　这里需要指出的是，准确了解导带偏移量（ΔE_C）和价带偏移量（ΔE_V）对于设计基于 TMDC 的异质结构都是必不可少的。Kang 等人利用 VASP 计算了不同 TMDC 基异质结的能带偏移参数，如图 5-5（A）所示。其中实线用 Perdew-Burke-Ernzer（PBE）方法得到，虚线通过 HSE06 交换关联函得到，点线表示水的还原（H^+/H_2）和氧化（H_2O/O_2）电位，真空度作为零参考；过渡金属的最外层电子和硫族元素被视为价电子，通过冰芯投影缀加波（PAW）方法描述核—价相互作用。部分计算通过 Heyd-Scuseria-Ernzerhof（HSE06）混合函数完成。Kang 等详细讨论了 CBM 和 VBM 值的物理来源。如图 5-5（B）所示，对于常见的 MX_2 体系，价带偏移量（VBO）和导带偏移量（CBO）是由 M 的轨道和 X 的阴离子 p 轨道之间的排斥强度 Δ_1 和 Δ_2 决定的。

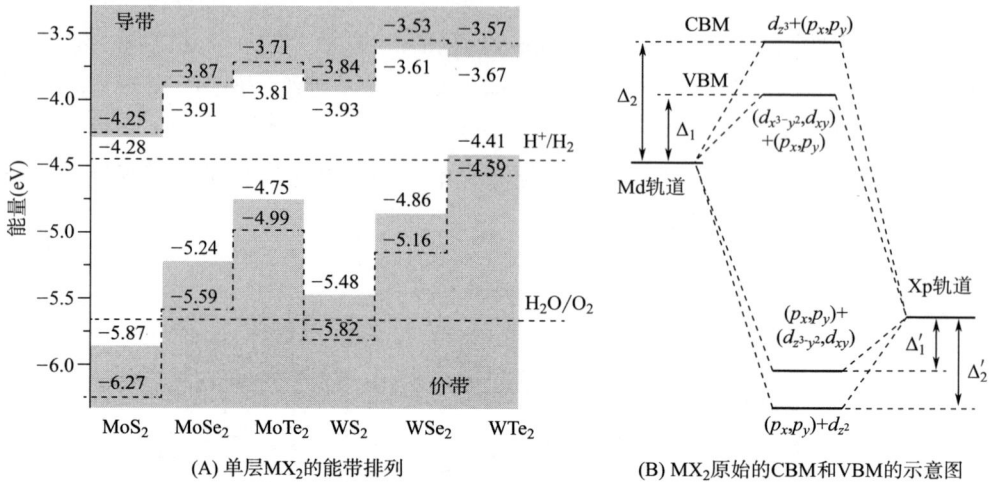

(A) 单层MX$_2$的能带排列　　　　　　(B) MX$_2$原始的CBM和VBM的示意图

图 5-5　MX$_2$能带示意图

5.4　TMDC 材料及其异质结构的光学性质

半导体的能带结构直接影响其吸收和发射光的能力。在直接带隙半导体中，能量大于带隙能量的光子可以直接被吸收或发射，而不需要借助任何声子。间接带隙半导体的光子吸收或发射时则需要声子，这使得该过程的效率大大降低。根据第 5.3.2 节的讨论，单层 TMDC 材料具有直接带隙，这使其成为各种光电应用的优异的候选材料。本节将通过光致发光（PL）和拉曼光谱分析讨论 TMDC 材料及其异质结构的光学特性。

5.4.1　光致发光光谱

MoS$_2$ 属于 TMDC 类材料，因此将主要考虑这种材料的光致发光（PL）光谱，以证明 TMDC 材料的光电特性。由于间接半导体中的弱声子辅助过程，体相 MoS$_2$ 光致发光的量子产率（QY）几乎可以忽略。然而，在单层 MoS$_2$ 样品中则检测到明亮的 PL。Mark 等报道了 1.3 ~ 2.2eV 光子能量范围内，单层和双层 MoS$_2$ 样品的 PL 光谱，如图 5-6（A）所示。可见，单层 MoS$_2$ 的 QY 比体相 MoS$_2$ 晶体增加了 10^4 倍以上。如图 5-6（B）所示，单层和多层样品的归一化 PL 光谱完全不同。单层的 PL 光谱存在以 1.90eV 为中心的尖锐特征峰。相比之下，多层（N=1 ~ 6）样品显示了多个发射峰，标记为 A、B 和 I。TMDC 基异质结构的 PL 光谱显示出

(A)

(B)

(C)

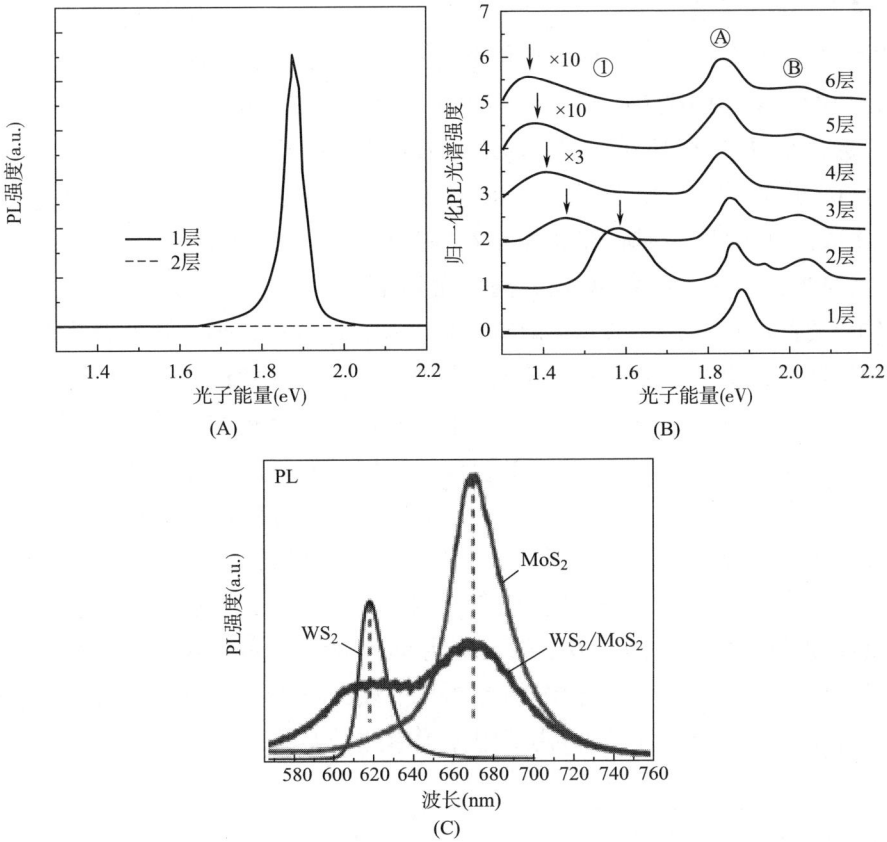

图 5-6　光电特性

与单独 TMDC 材料相似的峰值位置，但 PL 强度较弱。Shan 等报道了 MoS_2/WS_2 异质结构的 PL 光谱，如图 5-6（C）所示。尽管 MoS_2/WS_2 异质结构的峰值位置与 MoS_2 和 WS_2 的峰值位置相似，但是其 PL 强度比单独的 MoS_2 和 WS_2 薄膜的 PL 强度弱两个数量级。

　　Fang 等研究发现 WSe_2/MoS_2 异质结构的 PL 峰的强度低于单层 WSe_2 和 MoS_2 对应的峰强。在 MoS_2/WSe_2 界面处，光激发载流子通过能量损失至能带偏移处而发生松弛，使得 PL 峰值能量低于 TMDC 异质结构中两种成分的带隙。与 MoS_2 和 WSe_2 单分子层膜激子带隙对应的发光峰值相比，MoS_2/WSe_2 的二维异质结构呈能量较低的发光信号，这表明大多数光激发载流子在异质界面处发生了松弛。可见，二维材料中强量子限制效应和减少的介电屏蔽引起的激子效应，对半导体 TMDC 的光学特性也将产生影响。

5.4.2　拉曼光谱

拉曼散射是获取晶体晶格振动信息的有力工具，被广泛用于确定 TMDC 材料的厚度以及表征不同 TMDC 层之间的相互作用。拉曼光谱中振动模式的能量、宽度和振幅受 TMDC 材料厚度的强烈影响。TMDC 的拉曼光谱包含两个明显的主峰，对应于（1）面内简并 E_{2g}^1 模式，M 和 X 原子在平面内以相反方向移动；（2）面外 A_{1g} 模式，其中顶部和底部 X 原子在面外以相反方向移动，M 处于静止状态。MoS_2 拉曼光谱中 E_{2g}^1 和 A_{1g} 模式的两个主峰如图 5-7（A）所示。E_{2g}^1 和 A_{1g} 振动对不同层之间的相互作用都非常敏感。随着薄膜厚度的增加，两种振动模式之间的峰值间隙变得更宽。由于面外模式的加强和面内模式的松弛，E_{2g}^1 和 A_{1g} 模式的峰值强度之比降低。图 5-7（B）显示了具有不同厚度的 MoS_2 的峰位变化。Lee 等研究了 MoS_2 依赖于其厚度的拉曼光谱。他们发现可以通过拉曼光谱峰的位移来测量层的厚度，而这种位移来源于相邻层对原子的有效恢复力和长程库仑相互作用的介电屏蔽的影响。有趣的是，Lee 等注意到 PL 和拉曼光谱强度与层厚度成反比。例如，单层 MoS_2 的拉曼信号最弱，而其 PL 是最强的。这表明单层 MoS_2 的发光量子效率远高于多层以及体相 MoS_2 的发光量子效率。然而，典型的拉曼模式 A_{1g} 和 E_{2g}^1 在异质结构中的频率与单独的单层材料的频率相同。这意味着二维异质结中两个成分之间的层间耦合作用非常弱。

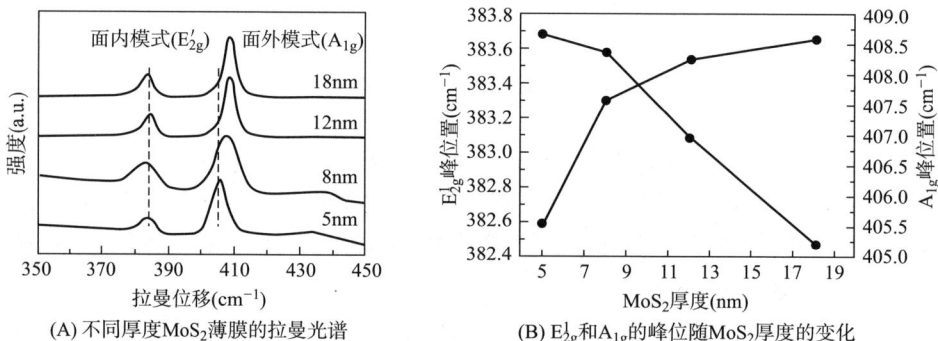

(A) 不同厚度 MoS_2 薄膜的拉曼光谱　　(B) E_{2g}^1 和 A_{1g} 的峰位随 MoS_2 厚度的变化

图 5-7　MoS_2 薄膜的拉曼光谱

TMDC 材料有很多种类，具有不同带隙和功函数，因此可以形成许多具有有趣电子和光电特性的异质结构。基于单层 TMDC 的异质结构和由传统共价键合半导体材料制成的异质结构有着根本的不同。通常，MX_2 异质结构形成 II 型交错能带排列，从而促进电子和空穴的分离，进一步提高了层间激子的寿命，使基于单层 MX_2 的二维异质结构成为光子和光电应用中良好的候选材料。MoS_2、$MoSe_2$、

MoTe$_2$、WS$_2$、WSe$_2$ 和 WTe$_2$ 具有强的光致发光特性，属于直接带隙半导体。这些 TMDC 材料的异质结构工程为制造高度可调的光电器件提供了机会。在前几节讨论了几种二维 TMDC 材料及其异质结构的不同特性之后，我们将简要介绍 TMDC 基异质结构在光电应用中的潜力。

5.5　面向光电应用的 TMDC 异质结构

5.5.1　基于 TMDC 异质结构的光电探测器

当入射光的光子能量大于半导体带隙能量时，半导体经照射会产生过量的电子—空穴对（激子）或自由载流子。过量载流子的光生作用则取决于激子结合能。在前文中已经讨论过二维 TMDC 材料及其异质结构的 PL 光谱取决于层厚度（即层数），而 TMDC 材料的光电特性也很大程度上取决于层数。二维单层 TMDC 的直接带隙性质使其适用于具有高响应度的高效光吸收器。然而，由于二维单层 TMDC 的激子结合能较大，光激发的电子—空穴对很难分解成自由载流子，从而影响了其异质结构作为探测器的性能。二维光电探测器中有效的电荷分离可以通过异质结上的光诱导电子和空穴转移来实现。近年来，由于单层 TMDC 大规模生产取得了巨大进展，基于 TMDC 的二维异质结构在光电探测器应用中也引起了极大的关注。光电探测器的关键性能参数，例如光响应度（R）、外量子效率（EQE）和比探测率（$D*$）可以定义为：

$$R = \frac{I_{\text{ph}}}{P_{\text{opt}}} \tag{5.1}$$

$$EQE = \frac{hcR}{e\lambda} \tag{5.2}$$

$$D^* = \frac{(A\Delta f)^{1/2}}{NEP} \tag{5.3}$$

式中：I_{ph} 为光激发电流；P_{opt} 为入射光功率；h 为普朗克常数；c 为光速；e 为电子电荷；λ 为入射光子的波长；Δf 为光敏面积为 A 的光电探测器的带宽；NEP 为噪声等效功率，定义为光电探测器能与噪声区分开来的最小信号功率。

初步研究表明，与石墨烯基器件相比，基于单层 MoS$_2$ 的光电探测器具有更好的光响应性。据观察，单层 MoS$_2$ 探测器产生的光电流主要由光热电效应控制，而非 MoS$_2$/ 电极界面处光激发电子—空穴对的分离。已有文献报道利用扫描光电流显微镜进行单层 MoS_2 基场效应晶体管（FET）的光响应的研究。Lopez-Sanchez 等报道了超灵敏的基于 MoS_2 单层的光电晶体管，其具有增强的器件迁移率和开电流。他们测量了 400 ~ 680nm 范围内的光响应，在 561nm 波长处获得了最大外部光响应度 880A/W。实现基于 TMDC 异质结构的光电探测器，面临的最大挑战是减少 TMDC 的相混合。Xue 等开发了一种两步 CVD 工艺，用于制备 $n-MoS_2/p-WS_2$ 基垂直异质结，这种异质结具有理想的尺寸和密度。所制备的异质结阵列的光响应度高达 2.3A/W，激发波长为 450nm。他们还进行了一系列光电流与时间关系测量。结果表明，通过探测器不同偏压下打开和关闭光源，可以快速地、可重复地打开和关闭光电流。黑暗条件下测量的电流（I）—电压（V）特性表明，由于两种二维材料之间存在异质结，因此 MoS_2/WS_2 表现出整流行为。

Shan 等报道了一种利用 CVD 生长的 MoS_2/WS_2 异质结构的光电晶体管，其具有增强的光响应特性，如图 5-8（A）所示。图 5-8（B）显示了其在光照功率（2 ~ 20mW）下，V_g=0 时，光电晶体管的典型输出特性。随着光照功率的增大，生成的电子—空穴对增多，光电流随之增强。图 5-8（C）~（D）比较了基于 MoS_2/WS_2 异质结构和基于 MoS_2 薄膜的两种 FET 的光电流和光响应特性。此外，在入射光功率为 8mW 和 V_{ds}=2V 的条件下，MoS_2 光电晶体管和 MoS_2/WS_2 光电晶体管的光开关行为分别如图 5-5（E）~（F）所示。Shan 等证明 MoS_2/WS_2 异质结构可用于增强 MoS_2 基 FET 的光响应特性。在他们的报道中，以 MoS_2/WS_2 异质结构作为沟道材料的多层 MoS_2 FET 表现出增强 50 倍的光响应度。这归因于 MoS_2/WS_2 异质结构中 MoS_2 和 WS_2 薄膜之间的界面电荷转移。瞬态时间分析表明，当 MoS_2 薄膜被 MoS_2/WS_2 异质结构替代为 FET 的沟道材料时，光电流的上升时间或下降时间从 3.5s 变为 0.12s。

据报道，基于 $MoS_2/SnSe_2$ 异质结构的光电探测器具有高达 9.1×10^3A/W 的高响应度，远高于仅由 MoS_2 薄膜制成的光电探测器。Yang 等研究了 GaTe—MoS_2 p-n 异质结光电晶体管的光学特性。其中，GaTe—MoS_2 界面上形成大的内置电位，将光激发的电子—空穴对有效地隔开，从而在 10ms 内即可产生自驱动光电流。Hong 等人首次利用光致发光扫描系统和飞秒泵浦探测光谱，对光激发 MoS_2/WS_2 异质结构中的超快电荷转移进行了实验观察。在光激发后不到 50fs 的时间内观察到从 MoS_2 层到 WS_2 层的显著的空穴转移率。带有石墨烯夹层的 $WSe_2/GaSe$ vdW 异质结，在 1.5/21.5V 的偏压下显示出高达 300 的高整流比。在 −1.5V 下测得的光响应度为（6.2 ± 0.2）A/W。该器件还显示出 1490（1 ± 50%）的 EQE 和约 30μs 的快速响应时间。

利用部分堆叠的二维 h-BN 作为 p-dope（正掺杂）MoS_2 的掩膜，所制备的

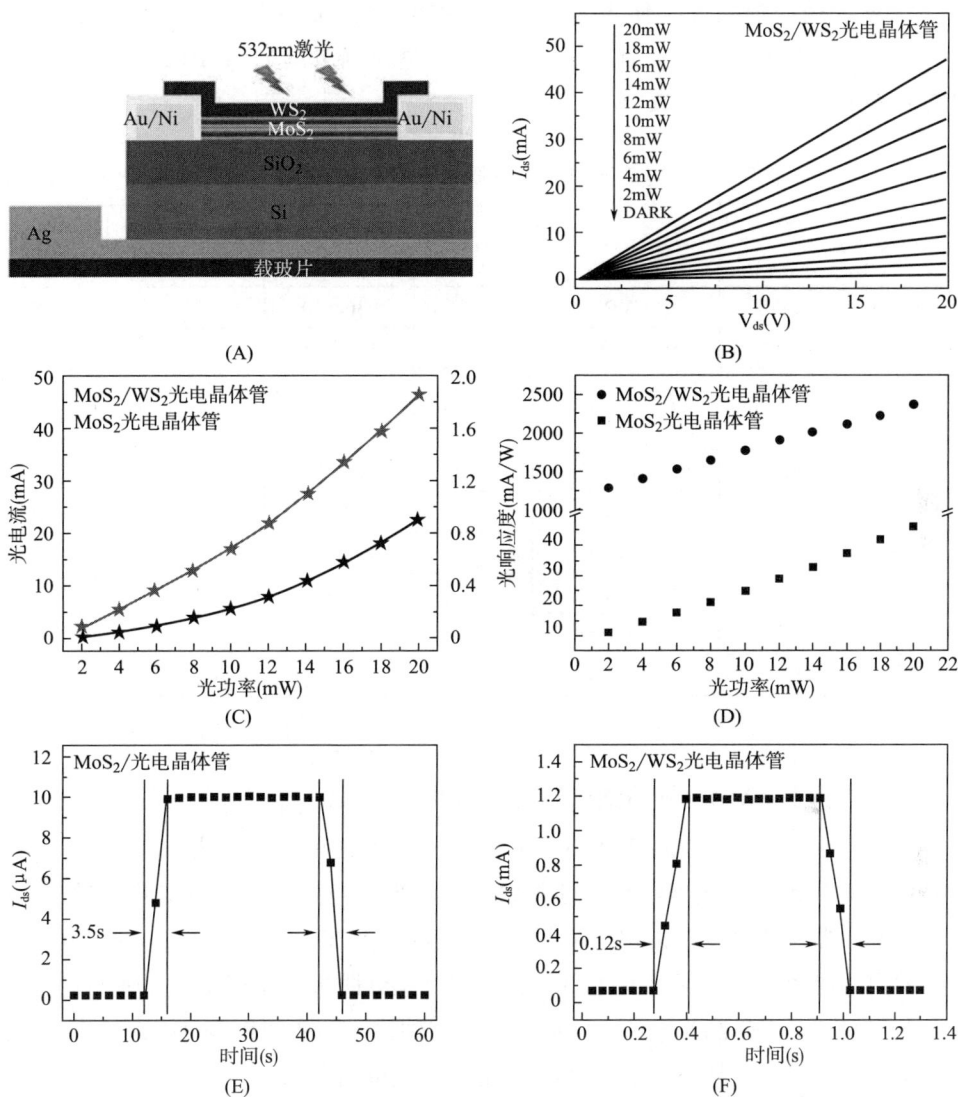

图 5-8　MoS₂/WS₂ 异质结构的光电晶体管

横向均匀的二维 MoS₂ p-n 结显示出高的光响应性，其最大 *EQE* 约为 7000%，*D** 约为 5×10^{10} Jones，光开关比约为 103。据报道，基于氧化铟锡（ITO）/WSe₂/ SnSe₂ 的垂直双异质结光电导器件显示出超过 1100A/W 的高响应度，其快速瞬态响应时间约为 10μs。这种高响应度归因于光激发电子受控转移到 ITO 或 SnSe₂ 层，同时将光激发空穴限制在这种结构中的双势垒量子阱（QW）中。WSe₂ 层中固有的大的内置场使其可在零外部偏压下进行光电检测，从而使器件以自供电模式运行。Yang 等最近的研究工作表明，二维 TMDC 异质结构也可在室温下进行太赫兹探测。在本小节的最后，在表 5-1 中列出一些最新的基于 TMDC 材料的光电探测器的 EQE、R 和 D^* 参数值。

表 5-1 不同基于 TMDC 异质结构的光电探测器及其优缺点图

器件构型	热电优值				参考文献
	制备技术	EQE（%）	R（A/W）	D^*（Jones）	
MoS_2/WS_2 面内结构	CVD	—	4.36×10^3	4.36×10^{13}	[38]
p–WSe_2/n–WSe_2（面内）	机械剥离法	0.2	210×10^3	—	[11]
MoS_2 p–n 结（横向型）	机械剥离法	7000	—	5×10^{10}	[34]
WSe_2/GaSe	CVD	1490 ± 50	(6.2 ± 0.2)	—	[93]
α–$MoTe_2$/n– 型 MoS_2	CVD（直接压印）	85	322×10^3	—	[95]
MoS_2/WS_2（垂直型）	机械剥离法	—	2.3	—	[90]
$SnSe_2/MoS_2$	两步 CVD	—	9.1×10^3	—	[37]
$WSe_2/SnSe_2$（垂直型）	机械剥离法	—	1100	—	[35]
p–n ReS_2/MoS_2	机械剥离法	1266	6.5	—	[96]
ML MoS_2/WS_2	机械剥离法	—	1.42	—	[62]

5.5.2 基于 TMDC 异质结构的光伏器件

1954 年 Chapin、Fuller 和 Pearson 在硅 p–n 结中发现了光伏效应，光伏器件的时代就此开始。光伏器件是一种光敏器件，当它被光（太阳能）照射时，可以充当电源。器件的基本结构包括两种相同或不同类型的材料形成的 p–n 结。由于耗尽区的内置电势，高电场将光生电子和空穴漂移到阴极和阳极触点，使它们分离，从而在零偏压下产生高光电流。因此，光伏器件将太阳能转化为电能，可作为绿色能源用于家庭用电，甚至满足功率超过 1kW 的卫星用电。

近年来，TMDC 材料已被用于制造低成本、大面积的柔性衬底的光伏器件。通过静电掺杂可实现基于单层 TMDC 的 p–n 结二极管。在这种情况下，正负电压分别偏置两个电极，在两个相邻电极的作用下就可创建 p 和 n 区域。在一些报道中，TMDC 材料的化学掺杂也被用来实现 p–n 结二极管。TMDC 同一层中不同掺杂区域可形成横向均质 p–n 结二极管。另外，p–TMDC 和 n–TMDC 层彼此堆叠可形成垂直 p–n 异质结二极管。通过施加相同极性的栅极电压，这种器件可以像电阻器一样工作，而互连两个栅极电极，器件又可用作晶体管。在所有基于 TMDC 的异质结构中，p 型 WSe_2/n 型 MoS_2 是最流行的组合之一，因为其在 p–n 结界面处具有较大的能带偏移。

　　基于此，Ahn 等报道了一种垂直型 n–MoS$_2$/p–WSe$_2$ 二极管，它的开路光电压（V_{OC}）为 0.3V。其中开路光电压（V_{OC}）定义为太阳能电池可以提供给外部电路的最大电压，它源自空穴和电子准费米能级的分裂。在 Ahn 等人的报道中，通过使用两个串联的 n–MoS$_2$/p–WSe$_2$ p–n 异质结二极管，V_{OC} 可以加倍至 0.6V。另外，优化异质结二极管中的 TMDC 厚度，可以最大化输出光伏能量。Li 等人研究发现在 1mW/cm^2 白光照射下，MoS$_2$/WSe$_2$ 异质结光伏器件的 V_{oc} 为 0.22V，短路电流（I_{sc}）为 7.7pA。这里的横向 MoS$_2$/WSe$_2$ 异质结是通过两步外延生长得到的，即在 WSe$_2$ 三角形的边缘上生长 MoS$_2$，形原子锐利界面。在这种情况下，尽管两种材料之间存在较大的晶格失配，WSe$_2$ 的边缘仍会诱导 MoS$_2$ 的外延生长。

　　在另一项工作中，p 型 α–MoTe$_2$ 和 n 型 MoS$_2$ 的两种不同 TMDC 被用来在玻璃和 SiO$_2$/Si 衬底上制备二维 p–n 异质结二极管，其在蓝色光子的零偏压下最高响应值为 322mA/W，EQE 为 85%。利用大功率 800nm 红外光的动态光伏切换，可获得 0.3V 的最大 V_{OC}。Furchi 等人报道了电调谐 MoS$_2$/WSe$_2$ 异质结的光伏效应。Wu 等证明通过 CVD 方法合成的面内 WS$_2$/MoS$_2$ 异质结可用作自供电光伏光电探测器。图 5–9（A）为成品探测器的示意图，图 5–9（B）为最终的两端结构照片，图 5–9（C）为光电探测器在黑暗和 532nm 光照射下的半对数 I—V 曲线。所制成的光电探测器在 4V 偏压下产生的低暗电流为 1pA，光电流为 0.3nA。图 5–9（D）显示了接近 0V 偏压时的 I—V 曲线的放大图。在 532nm 的 12.63mW/cm$_2$ 入射光下，其 V_{OC} 为 0.32V，短路电流为 3.5pA。该器件的填充因子（FF）约为 27%。光响应速度取决于周期性施加的光的开 / 关切换，如图 5–9（E）所示（电压为 +3V）。图 5–9（E）中，光打开后光电流缓慢上升，可能是由于 TMDC 材料表面状态导致的光载流子弛豫现象造成的。在零偏压，28.64mW/cm^2 辐照的条件下，器件的自发光响应如图 5–9（F）所示。因此，该器件可用于光伏光电探测器。

5.5.3　基于 TMDC 异质结构的发光二极管

　　本节主要讨论基于二维 TMDC 材料的 p–n 结作为发光二极管（LED）的光电应用。LED 是通过电致发光（EL）效应产生光子的光源。它是一种 p–n 结器件，其中电子和空穴可重新组合，从而在注入的偏置电流作用下，以光子形式释放复合能量，这也就是电致发光（EL）效应产生的现象。近年来，各种各样的直接带隙 TMDC 单层材料在亚纳米厚度下具有高 PL 量子产率，TMDC 材料已被用于LED 的研究中。各种基于单层 MoS$_2$ 的器件中都可观察到 EL，这是因为肖特基（Schottky）结或 p–n 结上的碰撞离化引起了一些热辅助过程。然而，由于 MoS$_2$

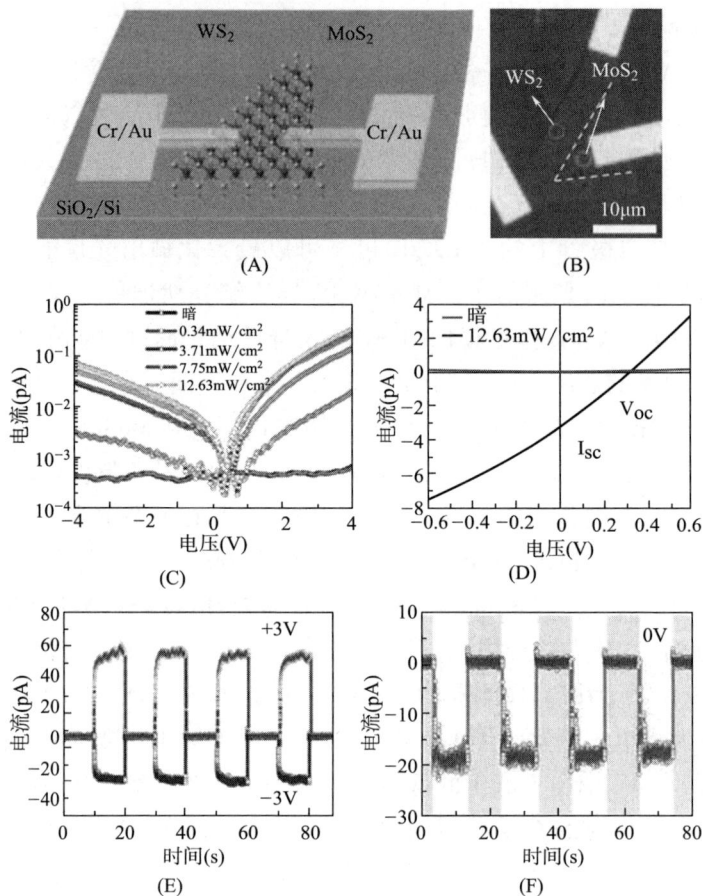

图 5-9　面内 WS_2/MoS_2 异质结器件及性能测试

的光学质量差和无效的电极接触，其 EL 效率较差，线宽展宽较大。

　　大量 TMDC 都可作为原材料，通过垂直堆叠 p 型和 n 型单分子膜，可以为 LED 应用获得多种多样的基于二维 TMDC 的异质结构。由于接触电阻较低、电流密度较高和有效的电流注入，此类二维 LED 具有较高的 EL 效率。Ross 等使用基于单层 WSe_2 的 p-n 结制备了电调谐激子 LED，这种 LED 可以提供有效的电子和空穴注入。WSe_2 单分子膜具有高的光学质量，可以产生明亮的电致发光，与 MoS_2 基 LED 相比，其注入电流小 1000 倍，线宽小 10 倍。Pospischil 等报道了一种基于静电掺杂单层 WSe_2 的 p-n 结二极管，可用作光伏太阳能电池、光电二极管和 LED，它的光功率转换率和 EL 效率分别为 0.5% 和 0.1%。垂直型 $n-MoS_2/p-MoS_2/p-GaN$ 基杂化异质结构，如图 5-10（A）所示，其已被研究用于高效的白光发光二极管（WLED）。异质结构的能带排列如图 5-10（B）所示。如

图 5-10（C）所示，在正向偏压下，器件的 EL 光谱呈白光发射特点，包括分别来自 p-GaN、p-MoS$_2$ 和 n-MoS$_2$ 的蓝色、绿色和橙色发射。利用软件确定了 LED 器件的 CIE 颜色坐标，如图 5-10（D）所示。

最近，在垂直和横向 vdW 异质结构的 LED 中，基于单个缺陷的 WSe$_2$ 单分子层作为一类新型的单光子发射器被开发出来。多层石墨烯用作源极和漏极，而 h-BN 用作用于此类器件中的工程隧穿介电层。横向器件利用背栅设计来实现静电定义的 p-i-n 结。然而，尽管 2D 材料具有出色的性质，但 TMDC 基 LED 面临的关键挑战是形成完美的欧姆接触，最大限度地减少电阻损耗，达到高的注入水平。

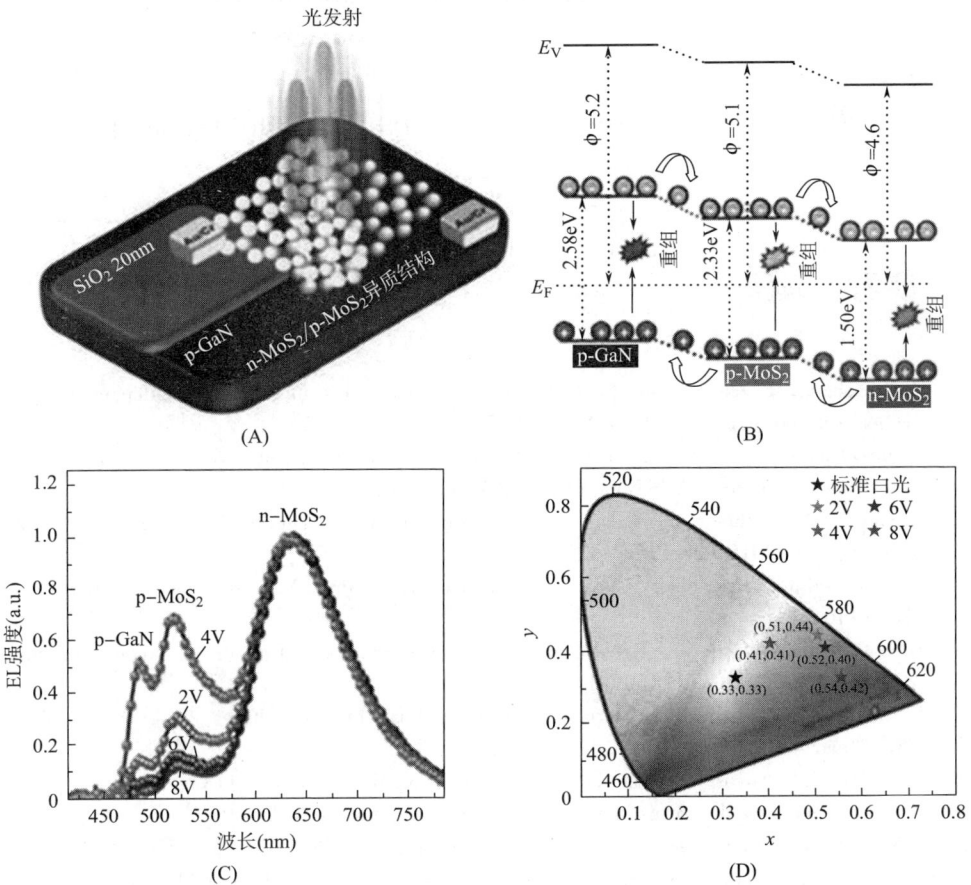

(A)

(B)

(C)

(D)

图 5-10　具有 4 层 n-MoS$_2$/p-MoS$_2$/p-GaN 异质结构的 WLED 器件

5.6 结论

本章介绍了二维 TMDC 基异质结构在光电应用领域的一些最新发展。讨论了基于 TMDC 的垂直和横向异质结构的不同制备方法。本章还介绍了 TMDC 材料及其异质结构的物理和光学特性。据观察，使用不同 TMDC 单分子层组合的二维异质结构可以提供良好的光响应特性。本章详细回顾了各种基于二维 TMDC 基异质结构的光探测应用、光伏应用和 LED 应用。二维 TMDC 材料的最新进展为开发具有预期光电性能的新型纳米电子器件开辟了崭新的研究领域。

致谢

Divya Somvanshi 博士，感谢科学技术部（DST）INSPIRE Faculty 计划提供的基金支持。

参考文献

［1］ Z. Qingsheng，L. Zheng，Novel optoelectronic devices：transition-metal-dichalcogenide-based 2D heterostructures，Adv. Electr. Mater. 4（2）（2018）1700335.

［2］ D. Jariwala，et al.，Emerging device applications for semiconducting two-dimensional transition metal dichalcogenides，ACS Nano 8（2）（2014）1102-1120.

［3］ A. Gupta，T. Sakthivel，S. Seal，Recent development in 2D materials beyond graphene，Prog. Mater. Sci. 73（2015）44-126.

［4］ K.S. Novoselov，et al.，Two-dimensional atomic crystals，Proc. Natl. Acad. Sci. U.S.A. 102（30）（2005）10451.

［5］ G.R. Bhimanapati，et al.，Recent advances in two-dimensional materials beyond graphene，ACS Nano 9（12）（2015）11509-11539.

［6］ K.S. Novoselov，et al.，2D materials and van der Waals heterostructures，Science 353（6298）（2016）aac9439.

［7］ A.K. Gei，K.S. Novoselov，The rise of graphene，Nat. Mater. 6（2007）183.

［8］ K.S. Novoselov，et al.，A roadmap for graphene，Nature 490（2012）192.

［9］ A.K. Geim，Graphene：status and prospects，Science 324（5934）（2009）1530-1534.

［10］ H. Nengjie，Y. Yujue，L. Jingbo，Optoelectronics based on 2D TMDs and heterostructures，J. Semicond. 38（3）（2017）031002.

［11］ N.R. Pradhan，et al.，Optoelectronic properties of heterostructures：the most recent developments based on graphene and transition-metal dichalcogenides，IEEE Nanotechnol. Mag. 11（2）（2017）18-32.

［12］ A.H. Castro Neto，et al.，The electronic properties of graphene，Rev. Mod. Phys. 81（1）

（2009）109–162.

［13］ J.Y. Lee, et al., Two–dimensional semiconductor optoelectronics based on van der Waals heterostructures, Nanomaterials 6（11）（2016）193.

［14］ T. Niu, A. Li, From two–dimensional materials to heterostructures, Prog. Surf. Sci. 90（1）（2015）21–45.

［15］ S. Tongay, et al., Thermally driven crossover from indirect toward direct bandgap in 2D semiconductors : MoSe$_2$ versus MoS$_2$, Nano Lett. 12（11）（2012）5576–5580.

［16］ R. Dong, I. Kuljanishvili, Review article : progress in fabrication of transition metal dichalcogenides heterostructure systems, J. Vac. Sci. Technol. B 35（3）（2017）. 030803–030803.

［17］ L. Britnell, et al., Strong light–matter interactions in heterostructures of atomically hin films, Science 340（6138）（2013）1311–1314.

［18］ C. Huang, et al., Lateral heterojunctions within monolayer MoSe$_2$–WSe$_2$ semiconductors, Nat. Mater. 13（2014）1096.

［19］ K.F. Mak, et al., Atomically thin MoS$_2$: a new direct–gap semiconductor, Phys. Rev. Lett. 105（13）（2010）136805.

［20］ M. Velický, P.S. Toth, From two–dimensional materials to their heterostructures : an electrochemist's perspective, Appl. Mater. Today 8（2017）68–103.

［21］ Q.H. Wang, et al., Electronics and optoelectronics of two–dimensional transition metal dichalcogenides, Nat. Nanotechnol. 7（2012）699.

［22］ Z. Wenjing, et al., Van der Waals stacked 2D layered materials for optoelectronics, 2D Mater. 3（2）（2016）022001.

［23］ H. Kroemer, Nobel lecture : quasielectric fields and band offsets : teaching electrons new tricks, Rev. Mod. Phys. 73（3）（2001）783–793.

［24］ J.S. Ross, et al., Electrically tunable excitonic light–emitting diodes based on monolayer WSe$_2$ p–n junctions, Nat. Nanotechnol. 9（2014）268.

［25］ B.W.H. Baugher, et al., Optoelectronic devices based on electrically tunable p–n diodes in a monolayer dichalcogenide, Nat. Nanotechnol. 9（2014）262.

［26］ G.S. Duesberg, A perfect match, Nat. Mater. 13（2014）1075.

［27］ J. Kang, et al., Band offsets and heterostructures of two–dimensional semiconductors, Appl. Phys. Lett. 102（1）（2013）012111.

［28］ Y. Gong, et al., Vertical and in–plane heterostructures from WS$_2$/MoS$_2$ monolayers, Nat. Materials 13（2014）1135.

［29］ Q. Zeng, Z. Liu, Novel optoelectronic devices : transition–metal–dichalcogenide–based 2D heterostructures, Adv. Electron. Mater. 4（2）（2018）1700335.

［30］ C. Mu, J. Xiang, Z. Liu, Photodetectors based on sensitized two–dimensional transition metal dichalcogenides— A review, J. Mater. Res. 32（22）（2017）4115–4131.

［31］ F.H.L. Koppens, et al., Photodetectors based on graphene, other two–dimensional materials and hybrid systems, Nat. Nanotechnol. 9（2014）780.

［32］ M.M. Furchi, et al., Photovoltaic effect in an electrically tunable van der Waals heterojunction, Nano Lett. 14（8）（2014）4785–4791.

［33］ A. Pospischil, M.M. Furchi, T. Mueller, Solar–energy conversion and light emission in an atomic monolayer p–n diode, Nat. Nanotechnol. 9（2014）257.

［34］ M.S. Choi, et al., Lateral MoS$_2$ p–n junction formed by chemical doping for use in high–performance optoelectronics, ACS Nano 8（9）（2014）9332–9340.

[35] K. Murali, K. Majumdar, Self-powered, highly sensitive, high-speed photodetection using ITO/WSe22/ SnSe22 vertical heterojunction, IEEE Trans. Electron. Devices 65 (10)(2018) 4141–4148.

[36] M.-Y. Li, et al., Epitaxial growth of a monolayer WSe_2/MoS_2 lateral p–n junction with an atomically sharp interface, Science 349 (6247)(2015) 524.

[37] Z. Xing, et al., Vertical heterostructures based on $SnSe_2/MoS_2$ for high performance photodetectors, 2D Mater. 4 (2)(2017) 025048.

[38] W. Wu, et al., Self-powered photovoltaic photodetector established on lateral monolayer MoS_2–WS_2 heterostructures, Nano Energy 51 (2018) 45–53.

[39] M.-Y. Li, et al., Heterostructures based on two-dimensional layered materials and their potential applications, Mater. Today 19 (6)(2016) 322–335.

[40] X. Yu, et al., Hybrid heterojunctions of solution-processed semiconducting 2D transition metal dichalcogenides, ACS Energy Lett. 2 (2)(2017) 524–531.

[41] F. Withers, et al., All-Graphene Photodetectors, ACS Nano 7 (6)(2013) 5052–5057.

[42] K.S. Novoselov, et al., Two-dimensional gas of massless Dirac fermions in graphene, Nature 438 (2005) 197.

[43] L. Zhong, et al., 2D materials advances : from large scale synthesis and controlled heterostructures to improved characterization techniques, defects and applications, 2D Mater. 3 (4)(2016) 042001.

[44] S.H. Baek, Y. Choi, W. Choi, Large-area growth of uniform single-layer MoS_2 thin films by chemical vapor deposition, Nanoscale Res. Lett. 10 (1)(2015) 388.

[45] Q. Fu, B. Xiang, Monolayer transition metal disulfide : Synthesis, characterization and applications, Prog. Nat. Sci. Mater. Int. 26 (3)(2016) 221–231.

[46] D. Somvanshi, et al., Nature of carrier injection in metal/2D-semiconductor interface and its implications for the limits of contact resistance, Phys. Rev. B 96 (20)(2017) 205423.

[47] J.I.J. Wang, et al., Electronic transport of encapsulated graphene and WSe_2 devices fabricated by pick-up of prepatterned h-BN, Nano Lett. 15 (3)(2015) 1898–1903.

[48] Y. Liu, et al., Recent progress in the fabrication, properties, and devices of heterostructures based on 2D materials, Nano–Micro Letters 11 (1)(2019) 13.

[49] R. Cheng, et al., Electroluminescence and photocurrent generation from atomically sharp WSe_2/MoS_2 heterojunction p–n diodes, Nano Lett. 14 (10)(2014) 5590–5597.

[50] M. Nakano, et al., Layer-by-layer epitaxial growth of scalable WSe_2 on sapphire by molecular beam epitaxy, Nano Lett. 17 (9)(2017) 5595–5599.

[51] Y. Kim, et al., Self-limiting layer synthesis of transition metal dichalcogenides, Sci. Rep. 6 (2016) 18754.

[52] A.A. Tedstone, D.J. Lewis, P. O'Brien, Synthesis, properties, and applications of transition metal-doped layered transition metal dichalcogenides, Chem. Mater. 28 (7)(2016) 1965–1974.

[53] H. Terrones, F. López-Urías, M. Terrones, Novel hetero-layered materials with tunable direct band gaps by sandwiching different metal disulfides and diselenides, Sci. Rep. 3 (2013) 1549.

[54] X. Duan, et al., Lateral epitaxial growth of two-dimensional layered semiconductor heterojunctions, Nat. Nanotechnol. 9 (2014) 1024.

[55] J.A. Wilson, A.D. Yoffe, The transition metal dichalcogenides discussion and interpretation of the observed optical, electrical and structural properties, Adv. Phys. 18 (73)(1969) 193–

335.

［56］ A. Kuc，N. Zibouche，T. Heine，Influence of quantum confinement on the electronic structure of the transition metal sulfide TS2，Phys. Rev. B 83（24）（2011）245213.

［57］ H. Fang，et al.，Strong interlayer coupling in van der Waals heterostructures built from single-layer chalcogenides，Proc. Natl Acad. Sci. 111（17）（2014）6198–6202.

［58］ L.F. Mattheiss，Band structures of transition–metal–dichalcogenide layer compounds，Phys. Rev. B 8（8）（1973）3719–3740.

［59］ Y. Ye，et al.，Exciton–Related Electroluminescence from Monolayer MoS_2. in CLEO：2014，Optical Society of America，San Jose，CA，2014.

［60］ F. Wu，T. Lovorn，A.H. MacDonald，Theory of optical absorption by interlayer excitons in transition metal dichalcogenide heterobilayers，Phys. Rev. B 97（3）（2018）035306.

［61］ J. Kang，et al.，Electronic structural Moiré pattern effects on MoS_2/$MoSe_2$ 2D heterostructures，Nano Letters 13（11）（2013）5485–5490.

［62］ N. Huo，et al.，Novel and enhanced optoelectronic performances of multilayer MoS_2–WS_2 heterostructure transistors，Adv. Funct. Materials. 24（44）（2014）7025–7031.

［63］ A. Splendiani，et al.，Emerging hotoluminescence in monolayer MoS_2，Nano Lett. 10（4）（2010）1271–1275.

［64］ K. Zhang，et al.，Interlayer transition and nfrared photodetection in atomically thin type–Ⅱ $MoTe_2$/MoS_2 van der Waals heterostructures，ACS Nano 10（3）（2016）3852–3858.

［65］ H.–C. Kim，et al.，Engineering Optical and Electronic Properties of WS_2 by Varying the Number of Layers，ACS Nano 9（7）（2015）6854–6860.

［66］ A. Eftekhari，Tungsten dichalcogenides（WS_2，WSe_2，and WTe_2）：materials chemistry and applications，J. Mater. Chem. A 5（35）（2017）18299–18325.

［67］ R. Coehoorn，C. Haas，R.A. de Groot，Electronic structure of $MoSe_2$，MoS_2，and WSe_2 Ⅱ. The nature of the optical band gaps，Phys. Rev. B 35（12）（1987）6203–6206.

［68］ P. Giannozzi，et al.，QUANTUM ESPRESSO：a modular and open–source software project for quantum simulations of materials，J. Physics：Condens. Matter 21（39）（2009）395502.

［69］ Z. Ye，et al.，Probing excitonic dark states in single–layer tungsten disulphide，Nature 513（2014）214.

［70］ F.A. Rasmussen，K.S. Thygesen，Computational 2D materials database：electronic structure of transition–metal dichalcogenides and oxides，J. Phys. Chem. C 119（23）（2015）13169–13183.

［71］ H.S. Lee，et al.，MoS_2 nanosheet phototransistors with thickness–modulated Optical Energy Gap，Nano Lett. 12（7）（2012）3695–3700.

［72］ R.S. Sundaram，et al.，Electroluminescence in single layer MoS_2，Nano Letters 13（4）（2013）1416–1421.

［73］ M. Bernardi，M. Palummo，J.C. Grossman，Extraordinary sunlight absorption and one nanometer thick photovoltaics using two–dimensional monolayer materials，Nano Lett. 13（8）（2013）3664–3670.

［74］ M. Buscema，et al.，Large and tunable photothermoelectric effect in single–layer MoS_2，Nano Lett. 13（2）（2013）358–363.

［75］ D.–H. Lien，et al.，Large–area and bright pulsed electroluminescence in monolayer semiconductors，Nat. Commun. 9（1）（2018）1229.

［76］ J. Shan，et al.，Enhanced photoresponse characteristics of transistors using CVD–grown MoS_2/WS_2 heterostructures，Appl. Surf. Sci. 443（2018）31–38.

［77］ P. Tonndorf, et al., Photoluminescence emission and Raman response of monolayer MoS$_2$, MoSe$_2$, and WSe$_2$, Opt. Express 21（4）（2013）4908–4916.

［78］ S.B. Kang, et al., Transfer of ultrathin molybdenum disulfide and transparent nanomesh electrode onto silicon for efficient heterojunction solar cells, Nano Energy 50（2018）649–658.

［79］ C. Lee, et al., Anomalous lattice vibrations of single- and few–layer MoS$_2$, ACS Nano 4（5）（2010）2695–2700.

［80］ C.–H. Lee, et al., Atomically thin p–n junctions with van der Waals heterointerfaces, Nat. Nanotechnol. 9（2014）676.

［81］ G. Wang, et al., Two dimensional materials based photodetectors, Infrared Phys. Technol. 88（2018）149–173.

［82］ W. Wang, S.–S. Gao, Y. Meng, Tuning carrier confinement in the MoS$_2$/WS$_2$ heterostructure, Superlat. Microstruct. 88（2015）1217.

［83］ W. Li, et al., Electric field modulation of the band structure in MoS$_2$/WS$_2$ van der waals heterostructure, Solid. State Comm. 250（2017）9–13.

［84］ Z. Yin, et al., Single–layer MoS$_2$ phototransistors, ACS Nano. 6（1）（2012）74–80.

［85］ D. Kozawa, et al., Evidence for fast interlayer energy transfer in MoSe$_2$/WS$_2$ heterostructures, Nano Lett. 16（7）（2016）4087–4093.

［86］ Y. Yu, et al., Equally efficient interlayer exciton relaxation and improved absorption in epitaxial and nonepitaxial MoS$_2$/WS$_2$ heterostructures, Nano Lett. 15（1）（2015）486–491.

［87］ F. Ceballos, P. Zereshki, H. Zhao, Separating electrons and holes by monolayer increments in van der Waals heterostructures, Phys. Rev. Mater. 1（4）（2017）044001.

［88］ Y. Zhang, et al., Ambipolar MoS$_2$ thin flake transistors, Nano Lett. 12（3）（2012）1136–1140.

［89］ O. Lopez–Sanchez, et al., Ultrasensitive photodetectors based on monolayer MoS$_2$, Nat. Nanotechnol. 8（2013）497.

［90］ Y. Xue, et al., Scalable production of a few–layer MoS$_2$/WS$_2$ vertical heterojunction array and its application for photodetectors, ACS Nano 10（1）（2016）573–580.

［91］ S. Yang, et al., Self–driven photodetector and ambipolar transistor in atomically thin GaTe–MoS$_2$ p–n vdW heterostructure, ACS Appl. Mater. Interfaces 8（4）（2016）2533–2539.

［92］ X. Hong, et al., Ultrafast charge transfer in atomically thin MoS$_2$/WS$_2$ heterostructures, Nat. Nanotechnol. 9（2014）682.

［93］ X. Wei, et al., Fast gate–tunable photodetection in the graphene sandwiched WSe$_2$/GaSe heterojunctions, Nanoscale 9（24）（2017）8388–8392.

［94］ J. Yang, H. Qin, K. Zhang, Emerging terahertz photodetectors based on two–dimensional materials, Opt. Commun. 406（2018）36–43.

［95］ A. Pezeshki, et al., Electric and photovoltaic behavior of a few–layer α–MoTe2/MoS$_2$ dichalcogenide heterojunction, Adv. Mater. 28（16）（2016）3216–3222.

［96］ X. Wang, et al., Enhanced rectification, transport property and photocurrent generation of multilayer ReSe$_2$/MoS$_2$ p–n heterojunctions, Nano Res. 9（2）（2016）507–516.

［97］ D.M. Chapin, C.S. Fuller, G.L. Pearson, A new silicon p–n junction photocell for converting solar radiation into electrical power, J. Appl. Phys. 25（5）（1954）676–677.

［98］ X. Yu, K. Sivula, Toward large–area solar energy conversion with semiconducting 2D transition metal dichalcogenides, ACS Energy Lett. 1（1）（2016）315–322.

［99］ A. Jongtae, et al., Transition metal dichalcogenide heterojunction PN diode toward ultimate photovoltaic benefits, 2D Materials 3（4）（2016）045011.

［100］ A.K. Pal，H.C. Potter，Advances in Solar Energy：Solar Cells and Their Applications，in：H. Tyagi，et al.（Eds.），Advances in Solar Energy Research，Springer Singapore，Singapore，2019，pp. 75-127.

［101］ S. Irvine，Solar Cells and Photovoltaics，in：S. Kasap，P. Capper（Eds.），Springer Handbook of Electronic and Photonic Materials，Springer International Publishing，Cham，2017. p. 1-1.

［102］ H.M.W. Khalil，et al.，Highly stable and tunable chemical doping of multilayer WS_2 field effect transistor：reduction in contact resistance，ACS Appl. Mater. Interfaces 7（42）（2015）23589-23596.

［103］ B. Qi，J. Wang，Open-circuit voltage in organic solar cells，J. Mater. Chem. 22（46）（2012）24315-24325.

［104］ D.-H. Lien，et al.，Engineering light outcoupling in 2D materials，Nano Lett. 15（2）（2015）1356-1361.

［105］ F. Withers，et al.，Light-emitting diodes by band-structure engineering in van der Waals heterostructures，Nat. Mater. 14（2015）301.

［106］ R.D. Nikam，et al.，Epitaxial growth of vertically stacked $p-MoS_2/n-MoS_2$ heterostructures by chemical vapor deposition for light emitting devices，Nano Energy 32（2017）454-462.

［107］ G. Clark，et al.，Single defect light-emitting diode in a van der Waals heterostructure，Nano Lett. 16（6）（2016）3944-3948.

第 6 章　二维层状材料异质结构器件的电子和光电性质

Nihar R. Pradhan[1,2]，Rukshan Thantirige[1]，Prasanna D. Patil[3]，Stephen A. McGill[2]，Saikat Talapatra[3]

1. 杰克逊州立大学，化学、物理和大气科学系，密歇根州杰克逊市，美国
2. 佛罗里达州立大学，国家高磁场实验室，佛罗里达州塔拉哈西，美国
3. 南伊利诺伊大学卡本代尔分校，物理系，伊利诺伊州卡本代尔市，美国

6.1　引言

从整体结构中分离出独立芳香结构碳层（石墨烯）并拓展至分离其他非碳基材料，对于促进 2D 材料领域的持续发展至关重要。2D 材料是与整体结构类似但性质与其截然不同的一层或几层厚的芳香结构。近来，关于其制备的简便方法的被快速开发出来。二维材料结构和特性间关系得到了大量的研究，人们认识到，平面的 2D 芳香结构具有广泛的应用潜力。到目前为止，研究者已发现了绝缘体、半金属 / 金属和超导体等多种 2D 层状材料。

芳香薄层材料的这些不同性质吸引人们去探索不同层状材料组合的一个主体系统结构。有的 2D 材料可以被人工合成，有的可以从天然晶体中机械剥离出来，将这些薄层组装成多种异质结构的整合体是一个吸引人的尝试。一个令人好奇的问题是：当两种不同的材料相互叠加时，它们将如何在原子水平上进行电子耦合。考虑到在构建二维异质结构时，在组装的异质结构层之间可能存在晶格公度和不公度（取决于原子晶体的选择），此问题会更加令人好奇。因此，了解晶格匹配 / 失配效应如何影响电子 / 光电特性，对于开发利用这些材料也至关重要。此外，2D 材料的不同应用性也为接触工程提供了可能性，例如，使用类似的或不同的 2D 层 / 金属组合构筑对称或不对称接触。

在许多二维层状材料中，过渡金属二硫化物（TMDC）以及其他硫化合物，一经发现就表现出具有活性的光学 / 电子带隙的半导体性质，因此其研究的主要

方向之一是人工组装的二维异质结构的电学 / 光学特性。独特的几何结构和多种合适材料的组合都进行过研究，以实现新的突破性的功能。本章详细综述了这方面的内容，主要重点是 2D 异质结构的电子特性和光电特性，但为方便读者，还是会简要叙述合成路线及其电及光电性能的分析测试。6.3 节简要介绍了 2D 异质结构的一些应用，6.4 节介绍了异质结构的制备方法；6.5 节重点介绍了这些异质结构基本电性质；6.6 节和 6.7 节则综述了光电特性及其在光电探测器和光伏中的应用。

6.2　二维异质材料的应用

基于摩尔定律，半导体行业在硅基器件的制造和工程方面取得了巨大进展。但硅基器件正接近摩尔定律的极限，亟须新材料和器件的发展来突破这一上限。新材料特别是二维材料，在原子尺度（或几个原子层的形式）上所展现出的异于整体结构的性质，表现出巨大的潜力，因而备受关注。由于量子限制效应，这些材料可以灵活地根据层数调整电子和光学特性。一种化合物仅调整层数就可以实现整个可见光范围或可见光至红外光范围的带隙调节。此外，对于许多半导体二维材料来说，带隙的性质也从间接（整体结构）变为直接（单层），由此打开了光电子领域的广阔应用前景。最近，人们又发现了二维材料在低温下的有趣性质，如超导、电荷密度波、金属—绝缘体转变（MIT）等。

这些 2D 材料的异质结构为研究新的物理现象提供了途径，并为新技术的实现贡献了无限的可能性。在这些材料中，异质结构 TMDC、六方碳化硼（h–BN）和石墨烯因其在两种不同材料之间的电荷转移性质，展现出其整体原料结构中所不具备的优异光电性能。异质结构的不同排列方式，如垂直排列或横向排列为器件的设计提供较宽泛的自由度。二维材料异质结构发展有望彻底改变光电器件的光电和电学特性。最近，一些研究已经证明了二维异质结构的应用潜力，如垂直石墨烯隧道晶体管、基于石墨烯 / 二硫化钨（WS$_2$）和黑磷 / 二硫化钼（MoS$_2$）的垂直异质结构、具有横向异质结构的晶体管、逻辑元件和存储器件。目前虽然能够满足构筑异质结构的 2D 材料的数量依然有限，但随着新材料的发现以及对其接触 / 界面基本性质的深入理解，发展潜力巨大。

6.3 异质结构器件的制备方法

目前已开发出几种二维层状材料异质结构器件的制备方法，如化学气相沉积（CVD）、溅射、机械转移技术等。本节主要讨论利用块状晶体制备异质结构器件的机械转移技术。

机械转移技术是制备二维异质结构的一种典型技术。先从大块单晶的机械剥离产物中提取出一至几个原子层的层状材料，并将其转移到清洁的，如 Si/SiO$_2$ 衬底上。再用光学显微镜确定所需的薄片/晶体厚度。制造异质结构器件的转移技术主要有两种，湿转移和干转移。

6.3.1 湿转移技术

这种技术是通过湿的化学路线将一个 2D 层转移到另一层状材料上。将聚甲基丙烯酸甲酯（PMMA）（A4）以 B4000r/min 的速度在 60s 内旋转涂覆在从晶块上剥落下来的 2D 层状晶片上，并转移到干净的 Si/SiO$_2$ 衬底上。将 PMMA 涂层基板退火 2min 后，80℃下用 1mol/L 的 KOH（或 NaOH）水溶剂蚀刻掉 SiO$_2$/Si，将 PMMA/2D 膜与衬底分离。再将薄膜转移到盛有去离子水的烧杯中，去除 2D 材料下的残余 KOH。然后，利用光学显微镜的转移站将其转移到在第二衬底上剥落/生长的第二 2D 晶体上，制备异质结构。转运站是一个与微机械手相结合的光学显微镜，能以微米分辨率精确地移动薄片。薄片转移成功后，用丙酮洗去顶部的 PMMA 层，得到干净的异质结构。

6.3.2 干转移技术

干转移过程与上述湿转移方法略有不同，如图 6-1 所示。图（A）先用透明胶带机械剥离 2D 薄层 -1，将之转移到干净的 Si/SiO$_2$ 基板上，图（B）通过光学显微镜确定剥落的薄片，在其上旋涂 PPC，图（C）用 PDMS 和透明胶带将 PPC+2D 薄层 -1 揭下来，图（D）在转移站的观察下，将装载在 PPC 上的 2D 薄层 -1 与剥离到第二个 Si/SiO$_2$ 基板上的薄层 -2 对齐，图（E）加热到一定温度使 PDMS 熔化释放出 PPC+2D 薄层 -1，使薄层 -1 和薄层 -2 接触，将 PPC+2D 薄层 -1 转移到薄层 -2 之上，图（F）去除聚合物 PPC 层后，得到含有两种 2D 材料的异质结构，图（G）通过电子束光刻技术在异质结构上制造电极，图（H）移植到异质结上应用在终止闸门上的终止介质层（h-BN）。图 6-1（A）是利用透明胶带法剥离并转移到 Si/SiO$_2$ 衬底（底物 -1）上的第一个 2D 晶体（薄层 -1）。通过光学显微镜确定所需薄片。欲将薄层 –1 转移到薄层 –2 上，需要遵循以下步骤。

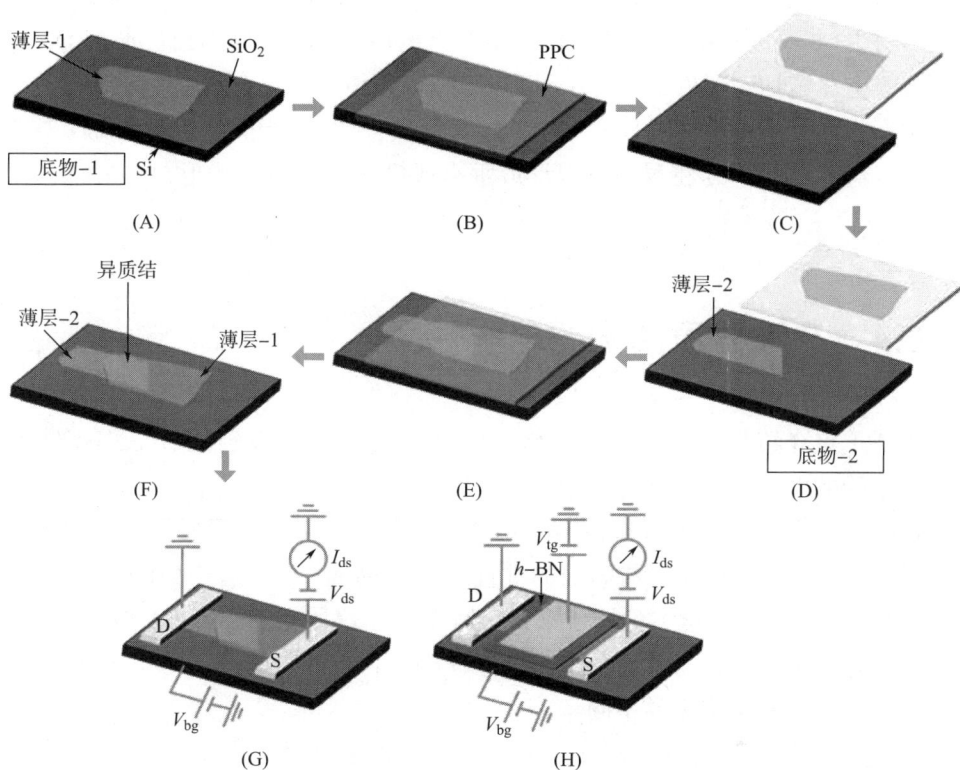

图 6-1　干转移技术步骤

第 1 步：用聚丙炔共聚物（PPC）覆盖薄层 –1，如图 6-1（B）所示，并在 70 ~ 90℃下加热 2min 左右。

第 2 步：使用 PDMS 印章或透明胶带剥离带有 PPC 聚合物层的薄层 –1，如图 6-1（C）所示。在将薄层 –1 转移到薄层 –2 上时，PDMS 层比透明胶带效果更好。

第 3 步：通过具有大距离物镜的光学显微镜将提起的薄层 –1 对准第二片的顶部（薄层 –2），一边通过相机观察一边移动薄层 –2 上面的薄层 –1[图 6-1（D）]。经仔细调整，两个薄片彼此对正并接触。升温熔化 PDMS，则薄层 –1 被转移至薄层 –2 之上。图 6-1（E）是带有 PPC 膜的薄层 –1 转移到薄层 –2 的上面。

第 4 步：用适当的极性溶剂（如苯甲醚或甲氧基苯）洗掉 PCC，最终的异质结构如图 6-1（F）所示。

第 5 步：使用传统的电子束光刻技术在器件上制作金属电极触点，如图 6-1

（G）所示。图6-1（G）和（H）是双端电子测量示意图。为了向器件施加栅极电压，可采用图中所示高掺杂硅的背栅极（V_{bg}）进行跨结测量。也可采用图6-1（H）所示的方式进行电学测量，利用顶部介电层，如 h-BN、HfO_2 或 Al_2O_3，将顶部栅极电压施加到器件上，此法对于掺杂2D通道可能更有效。

本章叙述了不同组合的异质结构的电学性质，如2D半金属（石墨烯）与2D半导体、绝缘体等，还将讨论可以形成垂直或横向异质结的基于2D晶体的异质结构。

6.4　二维异质结构的电学性质

本节重点介绍基于石墨烯、h-BN、TMDC、过渡金属单硫化物、黑磷等的二维异质结构的电子转移性质。二维层状材料异质结构的开发随单一二维材料的基本光电特性的研究进展而逐步深入。近来，基于二维材料的异质结构发展迅速，新型异质结主要包括两种二维材料的垂直连接和横向连接。这些2D/2D异质结构的性质单从其母体2D材料的性质来说很难预测，这使它们在开发应用技术和理解基础物理理论方面具有独特的潜力。即使相同材料构成的异质结构，垂直连接和平行连接也呈现出很大的不同。

本节重点介绍使用机械转移技术、CVD生长或溅射技术制造的二维异质结构器件的电子特性以及其他基本问题，这些器件均采用传统的光刻方法制作接触点。

6.4.1　石墨烯/六方氮化硼/过渡金属二硫化物/石墨烯的异质结构

Roy 等报道了由多种2D材料组件（如金属石墨烯、MoS_2）制成的、由绝缘 h-BN 封装的场效应晶体管（field-effect transistor，FET）的电子转移特征。图6-2是异质结晶体管结构示意图，10nm 的 MoS_2 薄片场效应管与双层石墨烯接触作为源极和漏极触点，由50nm 的 h-BN 层封装用于栅极偏置。以 h-BN 为栅介质、石墨烯为源/漏触点的全2D MoS_2 场效应管。顶部几层石墨烯连接在一起作为顶栅电极。放置在 h-BN 上的第二层石墨烯层作为栅极。此异质结构中，2D层的界面均通过范德瓦耳斯（vdW）相互作用结合，TMDCs层与大气完全隔离以保持材料的固有特性。在正栅极电压下，随着电流的增加，MoS_2 场效应管器件的场效应特性是 n 型传输行为。负栅极电压（$V_G < -5V$）下的电流为零，且不随着栅极电压的增加而增加。此器件的通断电流比超过 10^6。图6-1（C）表明在

V_G=-3 ~ 9V 的范围中的几个栅极电压下，漏极至源极电流（I_D）是漏极至源极电压 V_{DS} 的函数。

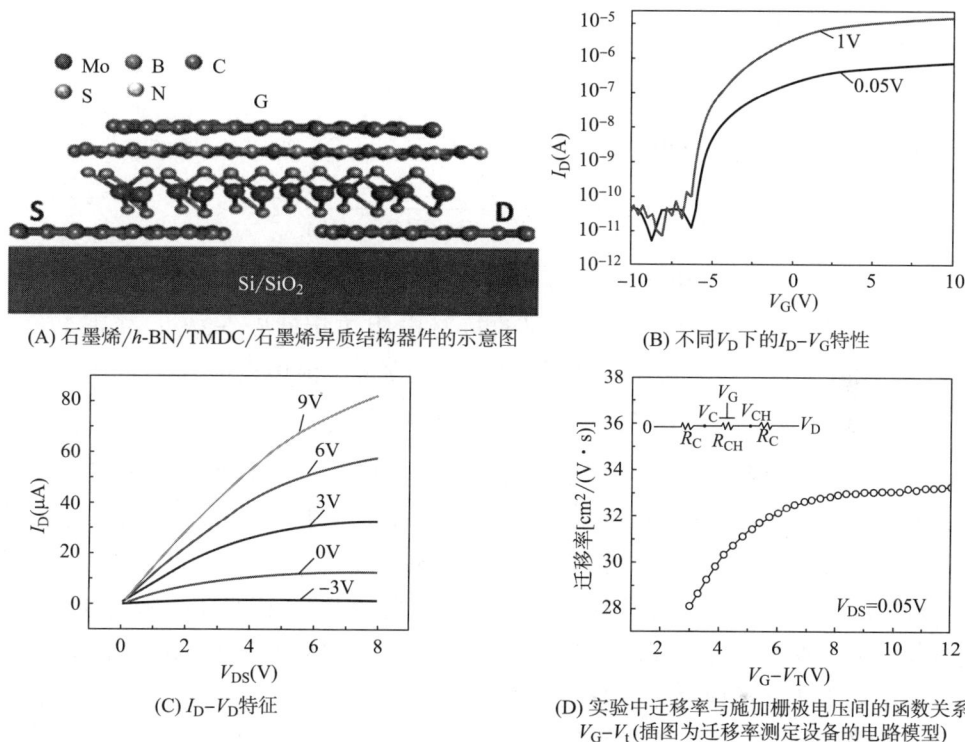

(A) 石墨烯/h-BN/TMDC/石墨烯异质结构器件的示意图

(B) 不同 V_D 下的 I_D-V_G 特性

(C) I_D-V_D 特征

(D) 实验中迁移率与施加栅极电压间的函数关系 V_G-V_t（插图为迁移率测定设备的电路模型）

图 6-2　异质结示意图和性能测试

在较小的电压范围（< 2V）内，I_D 与 V_{DS} 间表现出线性行为，尽管石墨烯的接触电阻较小，但随 V_{DS} 增加，I_D 还是表现出非线性的相关性。I_D-V_{DS} 的线性响应可能是室温下的热电子发射，因为在室温下热激发的电子很容易隧穿石墨烯 -MoS$_2$ 间的势垒。

迁移率测定是在二维半导体器件中，接触电阻在测定电荷载流子迁移率中起重要作用。为测定异质结构器件的迁移率，使用了如下模型。假设源极和漏极之间的电压降（V_D）分为 3 个串联部分，如图 6-2（D）的插图所示：电压降发生在源极和漏极每个触点上的两个电阻触点（R_c）之间，以及通道之间或源极和漏极之间，电阻为 R_{CH}。

漏源极电流（I_D）可以表示为：

$$I_D=\mu C_{ox}(W/L)(G_{G-1}-V_t)(V_{D-i})$$

式中，μ 为载流子迁移率；C_{ox} 为栅氧化层单位面积的电容；W 和 L 分别为隧道的宽度和长度；V_t 为阈值栅极电压（通道开始导电时所需的最小电压）；V_{G-i} 和 V_{D-i} 为减去源极和漏极触点上的电位降后的本征栅极和漏极电压。

因此，可以定义通道电阻：

$$R_{CH}=V_D/I_D=\frac{L}{\mu C_{ox}W(V_{G-i}-V_t)}$$

源极和漏极间的总电阻可表示为：

$$R_{total}=R_{CH}+2R_C=V_D/I_D=\frac{L}{\mu C_{ox}W(V_{G-i}-V_t)}+2R_C$$

在高栅极电压下，由于静电掺杂的过量载流子，隧道电阻可以忽略不计，器件的总电阻由源极和漏极端子间的接触电阻决定，$R_{total}=2R_C$。高正 V_G 下，$V_D=0.5V$ 时测得的接触电阻为 R_c 约为 $15k\Omega$。漏源极电流可表示为：

$$I_D=\mu C_{ox}(W/L)(V_G-V_t)-I_DR_C(V_D-I_DR_C)$$

取 $h-BN$ 的介电常数为 4，C_{ox} 约为 $6.4\times10^{-8}F/cm^2$。该器件测量的迁移率约为 $33cm^2/(V\cdot s)$。这一迁移率值与一些 MoS_2 器件的报道值相似。迁移率随栅极电压的变化如图 6-2（D）所示。这种石墨烯 $-MoS_2$ 异质结构的迁移率与传统 MOSFET 的显著不同是，石墨烯接触异质结构器件中的迁移率在高栅极电压下不会降低，而是保持恒定。在硅 MOSFET 中，迁移率在高栅极电压下急剧下降，某些在高电压下工作的电路十分难以设计。相比之下，在 2D 异质结构 FET 中，由于表面和栅极介质（$h-BN$）原子均匀，表面粗糙度导致的电荷载流子散射比较小。因此，基于异质结构的 FET 可以比传统器件更坚固。

6.4.2　半导体过渡金属二硫化物的异质结构

上一节讨论是基于机械转移技术堆叠不同的 2D 材料构成异质结构的方法，此法限制了晶圆器件的生产规模。为满足规模化生产异质结构晶圆的工业需求，可以采用 CVD 技术或溅射技术来大规模制造器件。使用 CVD 和溅射方法生产高质量的晶圆级 2D 材料是目前的研究焦点。下面介绍基于 CVD 技术制备的由多种 2D 晶片构成的异质结构。

以二硫化钨／二硫化钼单分子膜为例，对半导体过渡金属二硫化物的垂直和面内异质结构进行介绍。

单原子层膜的层层堆积或横向连接为二维异质材料的设计提供了前所未有的机遇。然而，制造这种具有原子级整洁度和尖锐界面的人工异质结构是一项极富挑战的工作。Gong 等采用一种规模化的一步气相生长工艺，通过控制生长温度，可调控长成高度结晶的垂直堆叠双层或共平面的 WS$_2$/MoS$_2$ 异质结构。在高温下，WS$_2$ 外延定向生长在 MoS$_2$ 单层膜的顶部，形成垂直堆叠的双层膜。

图 6-3（A）和（B）是采用 CVD 技术在两种不同温度下的 WS$_2$/MoS$_2$ 异质结构双层生长示意图。可见，温度可精确地调控长出垂直或共平面异质结构。850℃时，主要生成垂直 WS$_2$/MoS$_2$ 异质结构［图 6-3（A）］；而 650℃时，生成共平面 WS$_2$/MoS$_2$ 异质结构［图 6-3（B）］。图 6-3（C）是垂直异质结构的照片，三角形 MoS$_2$ 和 WS$_2$ 薄片在各自的顶部垂直生长。图 6-3（C）中心的深色和外部的浅色分别是双层（WS$_2$/MoS$_2$）和单层（MoS$_2$）。图 6-3（D）是共平面异质结构，单层 MoS$_2$ 和 WS$_2$ 之间的横界面很容易通过两种材料的不同带隙间的对比度差异来区分。利用拉曼光谱、能谱仪和透射电镜对这两种异质结构的生长进行

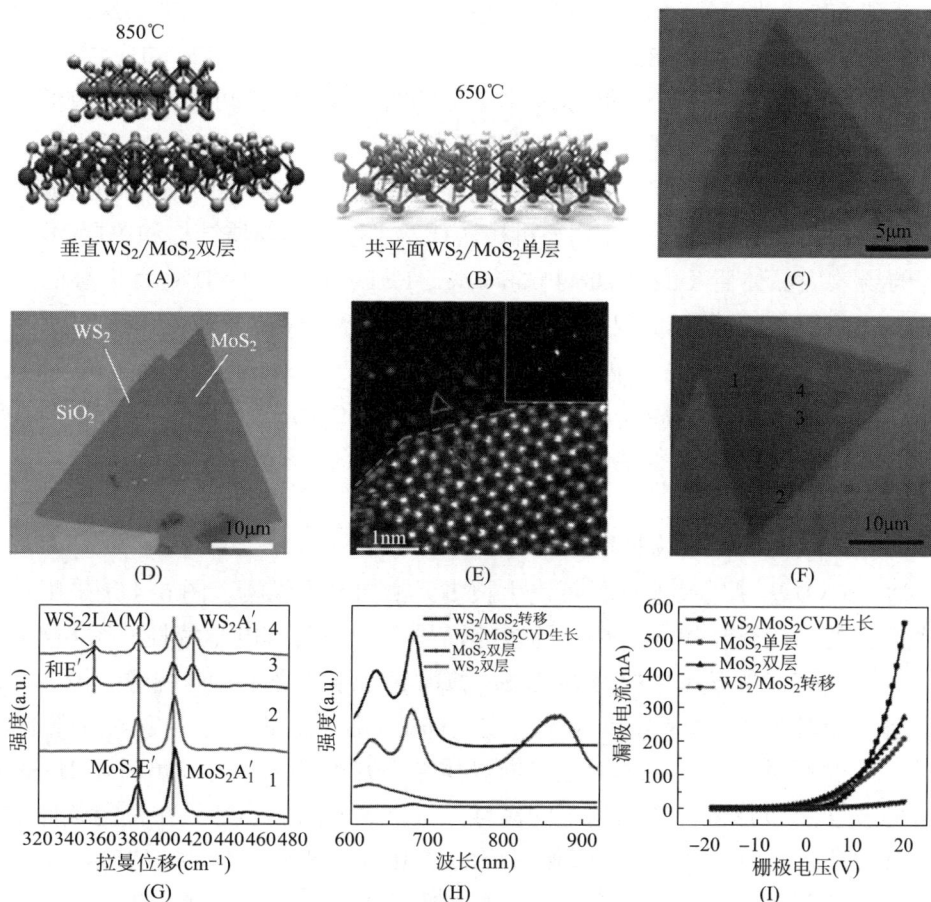

图 6-3　850℃和 650℃下合成的双层和单层 WS$_2$/MoS$_2$ 异质结构

了系统的表征。图 6-3（E）是异质结构台阶边缘的 STEM 原子分辨率图像。六边形晶格中交替的明暗对比表明，生长时的 WS_2/MoS_2 异质结构保持了 2H 堆叠。2H 相形为三角棱柱构型，而 1T 相形为八面体或三角反棱柱构型。亮条和暗条分别是 W 和 Mo 原子与 S 原子的配体。通过 CVD 法生长堆叠的异质结构有一个独特的特性，就是高的 2H 相原子排列取向度，而这是机械转移法不能实现的。图 6-3（F）是另一垂直堆叠的 WS_2/MoS_2 异质结构的照片。数字 1～4 标注的区域分别用拉曼和光致发光（PL）进行表征，谱图如 6-3（G）和（H）所示。1 和 2 两处的拉曼光谱仅有 MoS_2 单层的 E'（383.9cm^{-1}）和 A_1'（405.3cm^{-1} 处）两组峰。在双层区域（3 和 4）的拉曼光谱中多出 418.5cm^{-1} 和 356.8cm^{-1} 两组峰，是 WS_2 单层的特征峰。单层区域（1 和 2）的 PL 光谱［3（h）］中 680nm 处的强峰是 MoS_2 单层的 1.82eV 直接激子跃迁能量。双层区域（3 和 4），在波长 630nm、680nm 和 875nm 处有三组不同峰，分别对应 1.97eV、1.82eV 和 1.42eV 的能量值。630nm（1.97eV）和 680nm（1.82eV）处的峰分别是顶层 WS_2 和底层 MoS_2 的直接激子跃迁能。多层 WS_2 和 MoS_2 中增加的间接激子跃迁可在类似的较低跃迁能量范围内产生小峰。异结构中直接激子峰的强度低于单层膜中峰的强度，表明 WS_2 和 MoS_2 的耦合导致了直接激子的能量降低。图 6-3（I）是利用背栅电压对异质结构进行的电测量表征。与机械转移技术制备的异质结构和单层 MoS_2 和 WS_2 的场效应晶体管（field-effect transistor，FET）相比，CVD 垂直堆叠的异质结构 FET 有更高的电流和迁移率。CVD 法生长的 WS_2/MoS_2 异质结构的迁移率为 15～34cm^2/(V·s)，远高于单层 MoS_2［4.5cm^2/(V·s)］，MoS_2 双层［5.7cm^2/(V·s)］和机械转移法所制 WS_2/MoS_2 双层的平均迁移率［0.51cm^2/(V·s)］。在 CVD 法获得的 WS_2 和 MoS_2 之间整洁的界面对器件的性能至关重要。

6.4.3　钼二硒/钨二硒的横向异质结构

通过 CVD 法使用其他材料可以生长多元横向异质结构。图 6-4 是采用 CVD 技术生长的二硒化钼 $MoSe_2/WSe_2$ 的多侧面异质结构及其电学特性。图 6-4（A）是一个合成的三角形薄片的 $MoSe_2/WSe_2$ 横向异质结的光学显微图像。深色和浅色的条带分别是单层 $MoSe_2$ 和 WSe_2。它们都是单层膜，但由于材料的带隙不同，光学对比度不同。图 6-4（B）是横向异质结薄片的放大照片，可看出 $MoSe_2$ 和 WSe_2 依次生长以形成异质结的不同区域。每个区域的大小都是在特定条件下由生长时间控制的，1、2、3、4 区域对应的是 $MoSe_2$、WSe_2、$MoSe_2$、WSe_2。图 6-4（C）是三角形 $WSe_2/MoSe_2$ 异质结薄片的光致发光图。深灰色和浅灰色分别代表 $MoSe_2$ 和 WSe_2。$MoSe_2$ 和 WSe_2 在光致发光谱中的相应峰值（带隙）分别为 1.52eV

和 1.6eV。

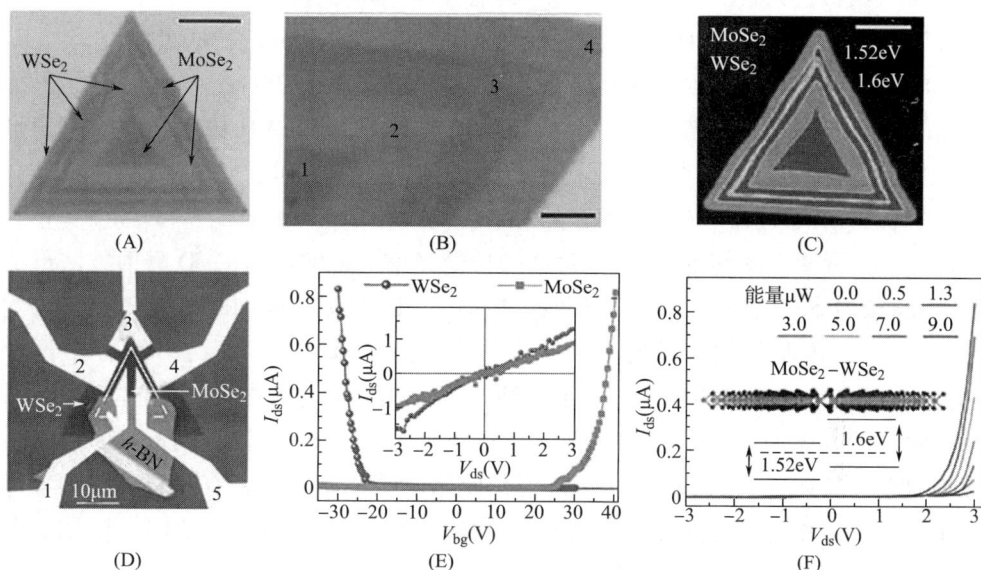

图 6-4　CVD 技术生长的基于 $WSe_2/MoSe_2$ 的多结横向异质结构

图 6-4（D）是跨 $WSe_2/MoSe_2$ 横向结的电子特性的 FET 器件或 p-n 结器件的图像。几个触点用来测量 $MoSe_2$ 和 WSe_2 场效应晶体管以及结上的电响应。触点 1 和 2 或 4 和 5 用于测量跨 $WSe_2/MoSe_2$ 横向结的电子特性。触点 2 和 3 或 3 和 4 用于测量 WSe_2 场效应晶体管。同样，触点 1 和 5 用于测量 $MoSe_2$ FET。图 6-4（E）给出了 FET 特性 I_{DS} 与 WSe_2（深灰色）和 $MoSe_2$（浅灰色）FET 栅极电压（V_{bg}）间的函数关系。WSe_2 显示出空穴传导或 p 型 FET 的特性，而 $MoSe_2$ 显示出 n 型 FET 的特性。图 6-4（E）的插图是 $V_{bg}=0$ 时 $MoSe_2$ 和 WSe_2 场效应晶体管的 I_{ds} 与 V_{ds} 间关系。I_{ds}-V_{ds} 的线性特性说明，尽管存在 Schotkky 势垒，但触点的性质是电阻性的。图 6-4（F）是几个入射光功率下，跨 $WSe_2/MoSe_2$ 横向结的 I_{ds}-V_{ds} 曲线。插图是两种单层材料间形成的横向结示意图。插图中的能带排列也可以解释横向异质结构的传输性质。I_{ds}-V_{ds} 呈正偏压下非线性整流关系，表明 p 型 WSe_2 和 n 型 $MoSe_2$ 之间形成了 p-n 结。为了验证 p-n 结的整流特性，研究人员测量了几种入射光功率下的电流，发现光功率增大可显著增加光电流和二极管整流。入射光子增加了载流子，从而增强了穿过结的电流，所以电流随着结上入射光功率的增加而增加。

6.4.4 钨二硒／钼二硒垂直异质结构

Liu 等通过溅射 CVD 制备了一种具有 $WSe_2/MoSe_2$ 垂直异质结构的 p-n 结，与前几章提到的常规 CVD 生长技术不同。他们首先在 Si/SiO_2 衬底上溅射钨（W）膜，再硒化其顶部以形成 WSe_2 层。之后，将钼溅射在 WSe_2 上，然后硒化形成连续的垂直 $MoSe_2$（n）/WSe_2（p）结异质结构。传统的 CVD 技术会产生三角形薄片岛状结构，但 CVD 溅射方法可生产连续的薄膜，有利于大规模制造器件。

图 6-5（A）是在 Si/SiO_2 衬底上带有多个跨结铝金属触点的 $WSe_2/MoSe_2$ 垂直异质结构示意图。图 6-5（B）是跨结的拉曼光谱，证实通过 CVD 溅射方法形成了 WSe_2 和 $MoSe_2$ 的异质结构。异质结构拉曼光谱中有 WSe_2 和 $MoSe_2$ 的 A_{1g}、E'_{2g} 和 B'_{2g} 信号，说明此法制备的异质结构质量很高。通过图 6-5（A）所示的两个触点连接在 WSe_2 薄层的顶部，测量了纯 WSe_2-FET 的电子特性，绘在图 6-5（C）中。漏源电流作为背栅电压的函数，仅在负外加栅电压下才有电流，表明 WSe_2 通道的空穴掺杂（n 型）行为。插图说明使用双端法测量时具有 Schottky 型触点特性，造成漏源电流与漏源电压间的非线性函数关系。研究结果表明，使用 CVT 和 CVD 技术生长的是空穴掺杂 WSe_2-FET。图 6-5（D）是图 6-5（C）的对数坐标关系图。

WSe_2-FET 的通断电流比 $> 10^5$。类似地，图 6-5（E）显示了 $MoSe_2$-FET 的 n 型传输，$MoSe_2$ 中的大部分电荷载流子是电子。插图显示，铝和 $MoSe_2$ 界面上存在 Schottky 势垒，几个外加栅极电压下，与 WSe_2-FET 类似，漏电流与漏电压间均表现为非线性的函数关系。图 6-5（F）是 $MoSe_2$-FET 的漏极电流与背栅电压的对数关系曲线。与 WSe_2-FET 相比，$MoSe_2$-FET 有更好的饱和电流和 $> 10^5$ 的高开／关电流比。利用 MOSFET 跨导公式从图 6-5（C）和（E）中可计算出场效应迁移率：

$$\mu = \frac{L}{W} \frac{1}{C_{ox}} \left(\frac{dI_{ds}}{dV_g} \right) \frac{1}{V_{ds}} \tag{6.1}$$

式中，L 和 I 分别为通道的长度和宽度；C_{ox} 为单位面积的电容；V_{ds} 为漏极电压。算出的 WSe_2 和 $MoSe_2$-FET 的迁移率分别为 $2.2cm^2/(V\cdot s)$ 和 $15.1cm^2/(V\cdot s)$。

$MoSe_2/WSe_2$ 异质结构薄膜的电学特性是通过图 6-5（G）~（I）所示的跨结触点测量的。图 6-5（G）是几个外加栅极电压下 $WSe_2/MoSe_2$ 结上漏极电压与漏极电流的函数关系。非线性电流（正偏压下的大电流和负偏压下电流不增加）说明了 WSe_2 和 $MoSe_2$ 材料之间形成了 p-n 结。电流的整流可以用 Schottky 二极管表达式来拟合：

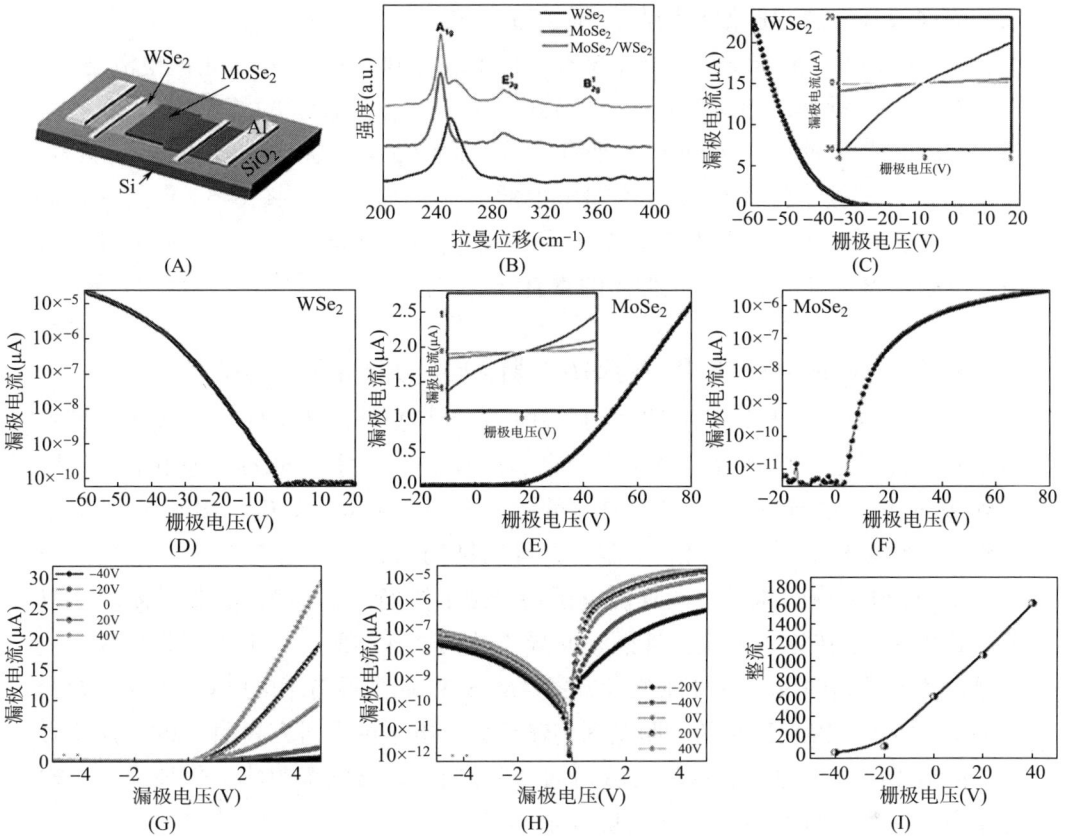

图 6-5　使用溅射技术制造的垂直异质结 WSe$_2$/MoSe$_2$-FET

$$I = I_0 e^{\frac{qV}{nKT}} - 1 \qquad (6.2)$$

式中，I_0 为饱和电流；K 为玻尔兹曼常数；T 为绝对温度；q 为基本电荷；n 为理想因子；V 为外加电压。

图 6-5（H）是几个外加栅极电压下，漏极电流与漏极电压的半对数关系。在 5V 的漏极—源极电压范围内，具有大到 10^7 的电流整流。每一条栅极电压的曲线都以二极管公式（6.2）拟合，可导出理想因子。导出的理想因子是随背栅偏置变化的，当 V_{bg}=-40V 时，n=1.5。正向电流随着栅极电压的增加而急剧增加，栅极电压控制着 WSe$_2$/MoSe$_2$ 结中的电荷载流子密度（电子和空穴）。如图 6-5（A）所示，在异质结构中，底层为 p 型 WSe$_2$，顶层为 n 型 MoSe$_2$。因此，通过调整背栅电压即可调节 WSe$_2$ 的电荷载流子密度。由于 p-n 结主要由垂直 n-MoSe$_2$/p-WSe$_2$ 结和部分侧向结组成（垂直结面积比侧向结大得多），p-WSe$_2$ 层中的载

流子浓度很容易被背栅偏压调制，而顶部 MoSe$_2$ 层中的电子受底部 WSe$_2$ 层屏蔽影响很小。因此，背栅偏置增加，WSe$_2$ 和 MoSe$_2$ 间的势垒减小，正向电流增加。如图 6-5（I）所示，当背栅偏置从 –40V 增至 40V，二极管的整流比从 20 增加到 1800。同理，使 WSe$_2$/MoSe$_2$ 的垂直异质结构中 MoSe$_2$ 层位于结区底部，WSe$_2$ 位于顶部，可校正漏源极电压负偏压中的电流，其规律与图 6-5（G）和（H）中所示的正好相反。这表明使用具有两种不同掺杂 2D 材料的垂直 p–n 结异质结构，可制备出具有负偏压或正偏压的垂直异质结构。

6.4.5 二硫化钼／二硒化钨范德瓦耳斯横向异质结和带隙隧穿

与母体 2D 材料相比，异质结构器件具有更加独特的光电特性。低功率带间隧道晶体管就是功能异质结构的一个非常有前途的应用。Palacios 等报道了几层 WSe$_2$/MoS$_2$ 组成的异质结构 FET 中的负微分电阻（NDR）效应。图 6-6（A）是一个在 300nm SiO$_2$ Si/SiO$_2$ 衬底上制备的异质结构示意图。图 6-6（B）下半部分是 MoS$_2$ 的 FET 特性曲线，展现出电子掺杂或 n 型行为；而 WSe$_2$ 曲线体现了双极（n 型和 p 型传导）响应。插图是此异质结构器件的照片。上半部分是两个独立通道和异质结构及其电性能测量方案。MoS$_2$/WSe$_2$ 异质结构的 FET 特性，如图 6-6（C）所示，展现出全新的跨结区传输行为。电子传输研究表明，MoS$_2$ 层（底层）的电子必须通过重叠区域的隧道向 WSe$_2$ 层移动被漏极收集。这种异质结构的输出电特性有如图 6-6（C）中的 3 个不同区域。

区域 I：耗尽的 MoS$_2$ 层占主导的区域 I（< –53V），该区域对应于异质 FET 的关闭状态或极低电流区域，此区域的电子路径被阻断。

区域 II：区域 II（–53V < V_g < –30V）中，电流随着外加栅极电压的增加而增加，并在 –42V 处出现峰值，峰谷比约为 1000。因此，区域 II 是两种材料异质堆积的亚阈值电压区，在此区域 V_g 从 –30V 降至 –53V 会导致 WSe$_2$ 上空穴传导呈指数级增加和在 MoS$_2$ 通道上电子传导呈指数级减少。插图显示，当其中一个半导体层处于耗尽状态时，跨导（$g_m = dI_d/dV_g$）迅速从正变为负。这种现象被称为共振隧穿效应，当隧穿 FET 中载流子密度匹配时可发生此效应。

区域 III：在更大 V_g 下，电流随正栅极电压单调增加。在此区域，由于 WSe$_2$ 和 MoS$_2$ 都处于积累状态，电流由电子控制。此区域可以模拟为 n-n 异质结构。图 6-6（D）列出了 MoS$_2$/WSe$_2$ 异质 FET 的漏极电压 V_d 与电导（I_d/V_d）绝对值的函数关系。在正向偏压区，当 V_g = 0.15V 时负微分电阻（NDR）的最大峰谷比为 1.6。室温下的平均电导斜率为 75mV（10 个为 1 组），大曲率系数为 62V^{-1}，说明异质结器件具有制备高性能隧道晶体管的应用潜力。负阻效应在电子领域有许多潜在的应用，如将直流转换为交流的信号放大器、振荡器及微波频谱中，还可以使开关和内存电路带有迟滞和双稳态行为功能。

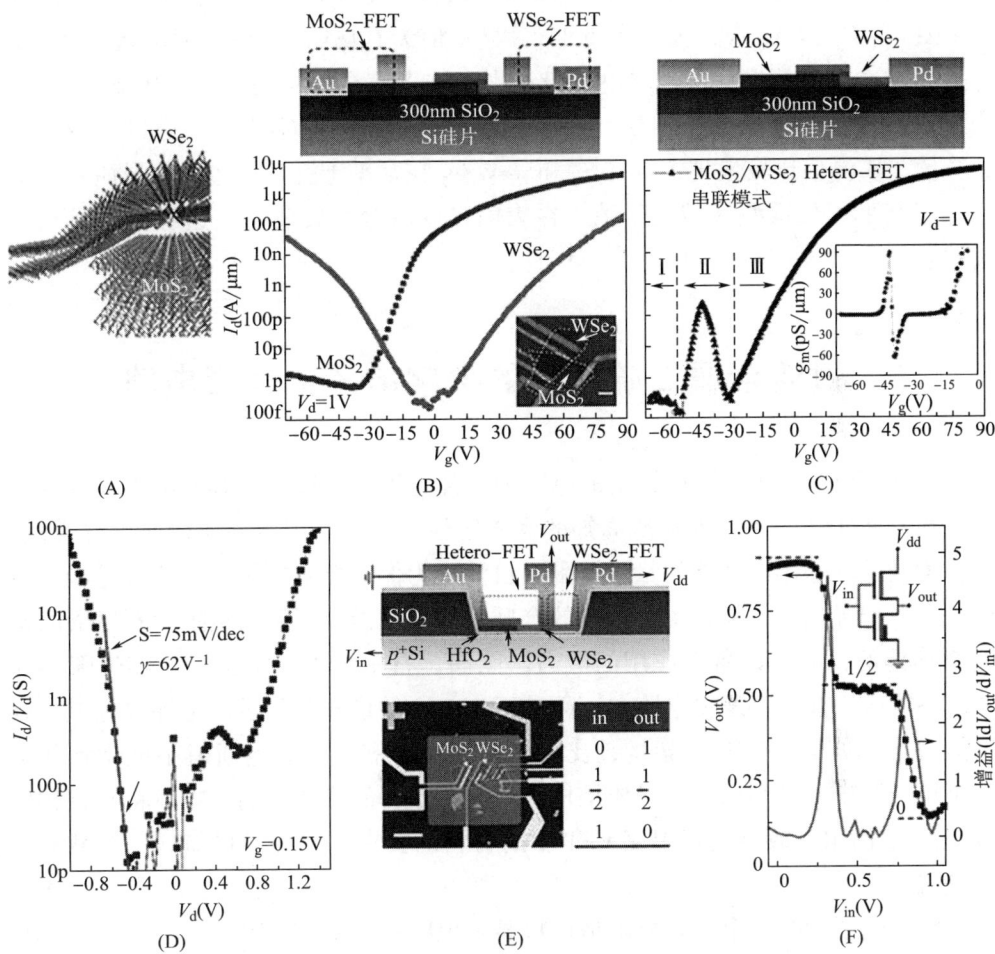

图 6-6　WSe$_2$-on-MoS$_2$ 异质结构

　　除了上面讨论的负阻效应外，由于符号变化的跨导特性，异质结构还可以用于多级逆变器。图 6-6（E）上半部分是多级逆变器的示意图，其中 WSe$_2$ 膜的一部分与 MoS$_2$ 膜堆叠在一起。WSe$_2$ 区域与 Pd 触点相连，重叠区域与 Au 触点相连。MoS$_2$ 中有电子而 WSe$_2$ 中有空穴，异质材料几何结构的功函数的差导致了电荷积累。由于 WSe$_2$ 层的厚度低，随外加电压的输入，逆变器的电荷转移出现了两个阶段，称为三值逆变器，如图 6-6（F）所示，其插图是逆变电路。背栅极用作输入电压（V_{in}），中间电极用于输出电压（V_{out}），侧电极用作电源和供电电压。在逆变器的 V_{out}–V_{in} 图中有三个不同阶段，分别对应 0、1/2 和 1 三种逻辑状态。V_{in} 在 0～1V 区间变化时，当 $0 < V_{in} < 0.3V$，V_{out} 显示值为 0.9，对应于逻辑状态 1。同理，当 $0.4V < V_{in} < 0.8V$，V_{out} 显示值为 0.5，对应于逻辑状态 1/2；当 $V_{in} > 0.85V$，为低水平 V_{out}，显示值为 0.15，对应于逻辑状态 0。这种异质结逆变器的设计在逻辑电路设计中有许多潜在的应用。WSe$_2$/MoS$_2$ 异质结构不仅展现了有趣的电子性质，并很好地解释了带间隧穿原理。通过能带图的计算值与实测值比较发现，n–MoS$_2$ 和 p–WSe$_2$ 在水平重叠区域边缘的异质结带隙远小于其平面外重叠区域的带隙。在表面带间隧穿主要发生在边缘而不是重叠区域。

6.5 过渡金属二硫化物的数字电子：逻辑电路

从 20 世纪 60 年代开始，集成电路中元件的规模大致遵循 Gordon Moore 的预测，约每两年翻一番。即众所周知的摩尔定律，它引导了半导体行业组件开发，几乎达到了硅基器件性能的量子极限。目前，为保持数字电子技术持续进步，研究者致力于寻找新材料，也为近来的全球经济增长做出了巨大贡献。石墨烯的特点使其具备在电子设备上应用的潜力。然而，石墨烯本质上是一种零带隙半导体，不能应用在数字逻辑电路中。而基于 TMDC 的设备却显示出半导体能隙，有可能替代传统硅 MOSFET 架构，支持组件继续扩展。将导电通道小型化到几个甚至单个原子层是利用这些异质结构材料制造设备的主要目的。本节将介绍替代传统 Si 结构用在数字逻辑电路 FET 中的材料的要求，并综述目前这一领域的研究进展。

数字电子学的一个主要要求是材料要表现出 p 型或 n 型传导。在硅基器件中，电荷载流子的极性可以通过掺杂来改变。掺杂在 2D 材料制备领域是重大的挑战。掺杂硅的典型方法包括有原子序数微小差异的离子注入造成缺陷。尽管引入杂质，但器件的三维性质以及大量的总原子意味着这些缺陷不会显著抑制所需载流子（电子或空穴）的电荷迁移率。然而，在具有单原子层导电通道的设备中，离子注入可以降低电荷迁移率，使导电通道无法使用。因此，必须寻找在一至几个原子层厚的通道中实现 n 型和 p 型导电的新方法。在特定工作条件下 TMDC 器件可实现双极性传导，是这一领域的新进展。

6.5.1　双极场效应晶体管

6.5.1.1　过渡金属二硫化物金属结

制备双极传导 TMDC FET 器件的一个工艺是使用离子液体门控。利用此工艺已制备出具有高载流子密度的石墨烯和 TMDC FET，但是 Zhang 等使用铂丝作为顶栅，以脱水离子液体作为电介质，在单一 MoS_2 薄片中实现了双极性导电。MoS_2 在整体中通常是一种 n 型半导体，但在离子液体门控条件下，它也能表现出空穴导电性。另一个例子也介绍了液体门控 MoS_2 晶体管展现出 p-n 结特征。Fontana 等选择适合的金属与导电通道形成触点，复制了 MoS_2 晶体管的空穴导电能力。例如，选择金属钯作为触点产生 p 型导电性，而典型的金触点会产生 n 型导电性。使用金和钯各做一个触点，可以获得同时测出 n 型和 p 型行为的器件。

除了特定的器件工程技术可实现双极性导电性外，一些 TMDC 材料似乎在 FET 结构中天然地显示出双极性导电性。例如，Podzorov 等使用多层 WSe_2 制作的 FET 显示出双极操作，Pradhan 等使用多层 $MoSe_2$ 和 $ReSe_2$ 晶体制作了双极 FET。另一个 TMDC 的例子是 α-$MoTe_2$，在 Lin 等报道的装置中展现了双极 FET 操作。进一步的温度研究表明，电荷传输的主要机制是 TMDC 通道和 Ti/Au 触点间形成的 schotkky 势垒的驱动下的热离子发射。能观察到的双极性行为可能是因为选择了电子逸出功与 TMDC 的电子亲和能足够接近的触点材料。进一步表明，如果使用适当的触点和通道材料，单极操作的器件也能被设计成可在 n 型和 p 型间切换操作的器件。这些双极电路具有制作互补逆变器和输出极性可控放大器的实用性。值得注意的是，上述操作都是使用单一活性材料的装置进行的。

具有高平面内各向异性的 TMD、$ReSe_2$，制成的 FET 也适用于双极操作。这种材料和 ReS_2 一样，具有稳定的 1T 相，不像其他 TMDC 具有各向同性六边形平面内的几何形状。这种扭曲也进一步削弱了层间耦合，因此即使在几层器件中的电子传输仍然像在单层器件中一样。Zhang 等将 $ReSe_2$ 沉积在六方氮化硼（h-BN）而不是传统的 SiO_2 上，发现在液氦温度下，电子和空穴电荷迁移率均至少显著提高了两个数量级。h-BN 做衬底时电荷迁移率的改善表明，带电杂质散射可能是 SiO_2 衬底的器件中迁移率偏低的原因。最后，$ReSe_2$ 的各向异性导致其吸收呈现线性二色性，使它和其他各向异性的 TMDC 在光电领域的应用富有吸引力。

Heo 等制备了全 2D 组件的 $MoTe_2$ 晶体管，是这一项典型的精密工程。在器件中，$MoTe_2$ 构成了导电通道，石墨烯用做源极、漏极和顶部栅极触点，而 h-BN

用做栅极电介质。在平衡状态下，石墨烯触点和 $MoTe_2$ 之间存在平带条件。因此，通过施加不大于 1V 的栅极电压，这些器件可重新配置，便于在 p、n 甚至 p-i-n 电子模式下运行。这一结果进一步支持了前面的观点，即双极性主要由触点和半导体之间形成的 Schotkky 势垒来物理控制。

6.5.1.2 过渡金属二硫化物 / 过渡金属二硫化物结

前面讨论了双极传导 TMDC 场效应晶体管的电子器件进展。到目前为止，基于源漏触点和半导体通道间发生的物理现象，实现 p 或 n 型导电性机理的文献很多。但是，基于通过两种相同或不同的电荷载流子的 TMDC 材料的接触形成双极传导和 p-n 结设计的进展的文献也很多。Lee 等报道一个重要的 2D 异质结构的例子，其 p-n 结是由无意掺杂的 p 型 WSe_2 和 n 型 MoS_2 堆叠形成的。有趣的是，尽管研究人员观察到了与硅基 p-n 结相似的电子性质，但其整流行为的机理与硅器件并不相同。这是因为，与磷掺杂和氮掺杂硅器件中 p-n 结的标准理论相比，预计原子薄层中不会出现横向耗尽区。相反，各层的垂直界面上发生了预期的电压降。Huo 等也使用上述两种 2D 材料制作了一个垂直堆叠的 vdW p-n 结。这些新器件显示出与传统掺杂硅结行为不同的有趣现象，即栅极电压传输特性中出现了一个区域，其中空穴隧穿电流引起了硅结典型双极性的偏离。这种新颖的特性表现为在器件关闭状态下，当栅极电压为 -30V 时，电流出现一个尖峰。这一电流峰值是由于跨过结势垒的大负栅极电压隧穿诱导的空穴而产生的。研究者们可将这种表现转化为更传统的光照双极反应。

6.5.1.3 其他结

除了前述的 WSe_2 和 MoS_2 异质结外，其他 TMDC 也有报道。如由多层 p- 掺杂 WSe_2 和 n- 掺杂 WS_2 垂直堆叠形成的 p-n 结。Huo 等报道了一个从 n 型到 p 型的可调极性系统，带有双极性和新型的"反双极性"行为。Li 等在 $MoSe_2$ 和 GaSe（一种 III—VI 族半导体和金属单硫族化合物）的双层之间制作了一个结，在 p 型 GaSe 和 n 型 $MoSe_2$ 之间形成了垂直 p-n 结。这种使用具有非公度晶格周期性的两种材料制作的结有可能产生由于两种晶格界面处的周期性空间变化引起的新效应，如长程莫尔势。可用来设计新的带结构，有双极性导电性和强光电流的 p-n 结器件，性能稳定且质量良好。Browning 等制备了由 n 型 WS_2 和 p 型 SnS 交替组成的 p-n 结。尽管单个组分半导体上电荷迁移率低，但该器件具有双极性行为。这是由于两种材料的错位生长，导致电荷载流子必须穿过结处的 vdW 键造成的。

6.5.2　数字和逻辑设备操作

6.5.2.1　逆变（反转）

到目前为止，TMDC 双极性 p-n 结的最基本逻辑操作应用就是反转。因此，逆变电路的制作成果就验证了此类异质结构设计在数字逻辑中的应用潜力。Yu 等最早报道了由 TMDC 2D 元件制作的互补逆变器。图 6-7（A）和（B）是装置示意性，由垂直堆叠的石墨烯（源触点）、$Bi_2Sr_2Co_2O_8$（p- 通道）、石墨烯（输出触点）、MoS_2（n- 通道）和顶部的金属膜接地电极组成，以一块具有 20nm 的 SiN 层的退化掺杂的硅晶片作为输入触点。图 6-7（C）和（D）分别是直流传输和逆变特性，解释了逆变和超过输入电压约 1.7 倍的增益。Lin 等报道了具有交流特性的 TMDC 互补逆变器，此器件是两个双极性双层 α-$MoTe_2$ FET 制成的电路，具有在不同象限的栅极和漏极偏置电压中运行的能力，以及相移放大器的共漏极和共源极运行模式。Pezeshki 等报道了一个用数层 α-$MoTe_2$ p- 通道 FET 和 MoS_2 n- 通道 FET 制备的互补逆变器，其电压增益达 33 倍，功耗为纳瓦级，开关时间为 25μs。Choi 等使用离子凝胶作为栅极电介质制造了互补逆变器，此电介质可使石墨烯源触点的直通电压比之前提到的 TMDC 逆变器更低。当操作电压低于 3V 时，

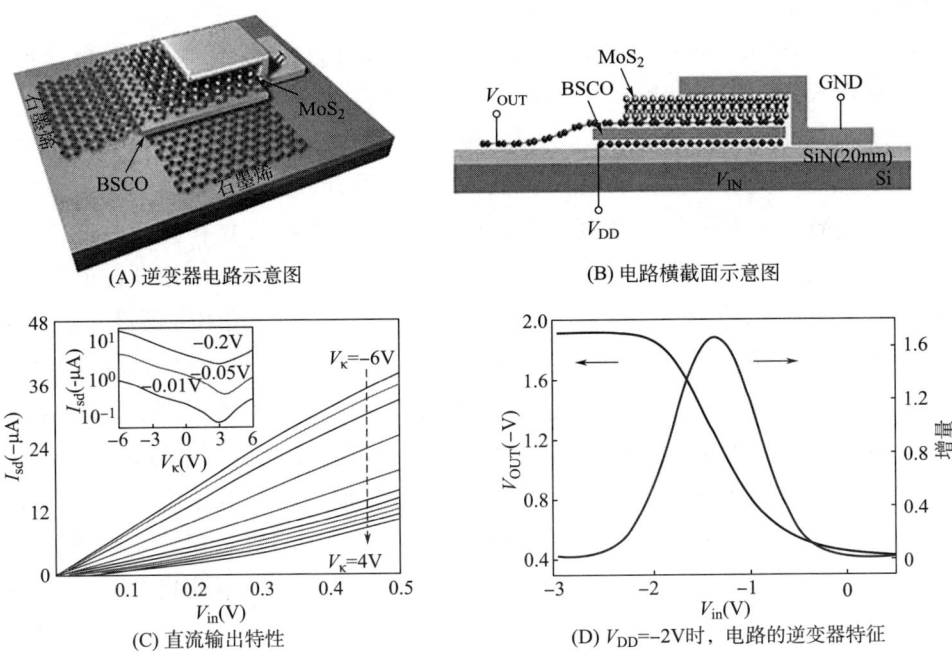

(A) 逆变器电路示意图

(B) 电路横截面示意图

(C) 直流输出特性

(D) V_{DD}=-2V时，电路的逆变器特征

图 6-7　一个垂直堆叠的 TMDC p-n 逆变电路

通断比超过 10^4。Liu 等展示了扭曲的、各向异性 1T 结构的 ReS_2 FET 的逆变，此结构说明半导体材料的晶格取向可作为器件操作和额外调整参数来应用。

6.5.2.2 过渡金属二硫化物异质结构多值逻辑和记忆力

成功制备出能够执行基本数字操作（如倒置）的 TMDC 设备，为使用更先进的 TMDC 异质结构完成更复杂的逻辑操作奠定了基础。有趣的是，这些异质结构往往展现出传统硅基器件中所观察不到的新现象。例如，Shim 等制作了一个可用于多值逻辑运算的三状态或三值逆变器，是在 SiO_2/Si 背栅上构筑的黑磷和 ReS_2 结的异质结构。该器件显示出负阻（NDR），随栅极电压增加源漏电流出现峰值（对于 n 型器件），然后出现一个低谷，在此谷中，电流先减小，再在更高的栅极电压下再次升高（图 6-8）。此 NDR 效应尺寸的一个优点是其峰谷电流比（PVCR）。室温下，此磷烯/ReS_2 异质结构的 PVCR > 0.4，是非常显著的 NDR 效应。因此，异质结构的 NDR 效应有利于它与以 p 型黑磷晶体管作为可变负载的电阻器结合，建立三元逆变器。在这种复合器件中，随栅极电压变化，反向输出电压表现出 3 种不同的状态，在逆变器通常的开 / 关输出状态间补充了一个中间状态。与典型的二进制逻辑操作相比，这种三元系统的一个优势是可以显著降低集成电路的复杂性。

有 NDR 趋势的 TMDC 器件还有另一个著名的例子，Yan 等在 Al_2O_3/Si 背栅上制作了垂直 $SnSe_2$/WSe_2 异质结构。此器件的传输特性呈现出朝 NDR 发展的趋势，在正栅极电压下表现出隧穿 FET 行为，在负栅极电压下表现出更典型的 p 型整流行为。此器件具有一些高性能的特征，如 10^6 的开 / 关电流比、室温下亚阈值摆幅 < $60mV/dec^{-1}$（20 年）和高达 10^{-5}A 的开电流。TMDC 材料宽泛的适应范围使其进一步调整和优化隧道电路的应用具有很大空间。TMDC 隧道器件的低功耗和小型化更便于非易失性存储器（non-volatile memory）替代闪存器件。Vu 等报道了一种 TMDC 异质结构的双端隧穿器件，有可能成为未来的存储器件，与传统的三端存储器相比，它功耗低、灵活和尺寸小。器件中没有第三端子，浮栅即是存储器中存储和读取电荷的位置。此器件中，石墨烯层充当了浮栅，h-BN 层作为隧道势垒将其与 MoS_2 层隔开。在漏极触点上施加适当的电压后，发生漏极到栅极的隧穿。使用 h-BN 作为绝缘层可有效防止因对抗陷阱态和其他缺陷的回弹而发生的石墨烯电荷泄漏。一旦电荷存储在石墨烯层中，此电荷将 MoS_2 层围住，使其具有高电阻，进而允许存储设备的读出操作。

异质结构的逻辑操作也扩展到了光电应用。Li 等用黑磷/WSe_2 异质结构制作了电子器件，随外加栅极电压的增加，此结构的电子特征可以由 p-p 结调整到 p-n 结，最后到 n-n 结。研究人员通过调整栅极电压，研究了 638nm 激光照射到

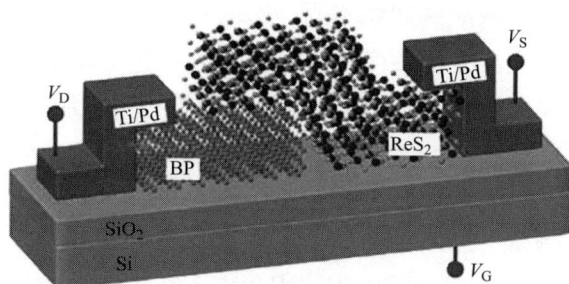

(A) 异质结和电触点的示意图

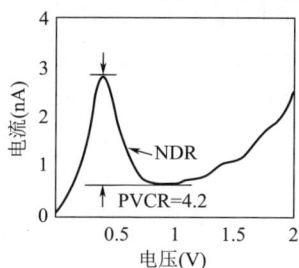

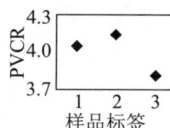

(B) 以 NDR 区域和 PVCR 器件　　(C) 器件在室温下的 PVCR
的电流—电压关系图

图 6-8　黑磷 /ReS$_2$ 垂直异质结

结上的 p–n 型整流行为的光诱导传输。调整栅极电压，可以在 p–n 结区域内优化光伏特性。然而，若栅极电压调得足够远，结行为可能变成同型（n–n 或 p–p），光伏效应因此大幅减弱。因此，栅极电压的调整可打开和关闭设备对光输入的响应，从而获得与光输入相适应的逻辑电子操作。

6.6　二维异质结构的光电特性

在光电子器件中，当光子入射到半导体通道上时，其电导率会发生变化。根据应用的不同，光电子器件主要分为两类：光电探测器和光伏。光电探测器是检测 / 感应电磁辐射（通常为可见光 / 近红外光谱）的设备。光伏是将电磁辐射（通常是可见光谱）转化为电流或电压（电）的装置。光电探测器和光伏器件形状有所不同，但光电流产生机制类似。光电流产生机制通常分为光导效应、光门控效应和光电效应。当光子被半导体吸收时，会产生（破坏）电荷载体，从而增加（降低）半导体的导电性，被称为光导效应。由于局域栅极（光产生的电荷被捕获在局域状态）或硅栅极（光吸收在硅衬底上产生的光电压）而产生的光电流称为光门控效应。光门控效应的起源不明，然而其结果在基于 2D 材料的光电探测器中有很好的应用研究。光伏效应是，光生电子—空穴对被内部电场（源自 p-n 结或势垒）隔开。除上述机制外，光电流还可以通过热机制产生，如光热电效应和光辐射热效应。

6.6.1 光电探测器

从成像到遥感光电探测器的应用范围很广。新型纳米结构材料，尤其是 2D 材料及其异质结构，因优良的电学、光学和机械性能，如透明性、柔韧性、光与物质的相互作用等，在光电探测器关键组件的应用中备受关注。异质结构光电探测器通过调整能带排列和载流子密度获得多种功能，增加了性能调整的自由度。二维异质结构元件间的带隙失配，可以形成 p-n 结。因此，在二维异质结构的光电探测器中，光电流可以通过光电导效应或光电门效应或光伏效应产生。本节首先介绍光电探测器的优缺点，然后简要讨论基于二维异质结构材料的光电探测器的最新进展。

6.6.1.1 光电探测器的性能指标

为判定光电探测器的性能，需要定义一组独立于其工作原理和设备几何结构的参数。响应度（R）是装置中产生的光电流（I_{ph}）与入射光子的强度 / 功率（P_{eff}）之比［式（6.3）］。它表示在特定入射光功率下获得的电信号量，单位为 A/W（安培 / 瓦）。

$$R = \frac{I_{ph}}{P_{eff}} \qquad (6.3)$$

式中：$I_{ph}=I_{illuminated}-I_{dark}$ 是有光照和无光照时的电流差。

如果激光光斑尺寸明显大于器件面积，则功率的比例为：

$$P_{eff} = P_{total} \times A_{dev} / A_{source}$$

式中：P_{total} 为入射光源的功率；A_{dev} 为器件的面积；A_{source} 为入射光源的面积。

外部量子效率（EQE）是光生载流子（n_e）数量与入射光子总数（n_{ph}）之比与响应度有关，是一个无量纲量（表示为 %），见式（6.4）。

$$EQE = \frac{n_e}{n_{ph}} = R \times \frac{hc}{e\lambda} \qquad (6.4)$$

式中：h 为普朗克常数；c 为光速；e 为电子电荷；λ 为入射光的波长。EQE 的值可以超过 100%，意味每个入射光子可以产生不止一个电荷载流子。器件内部发生的各种机制，如少数载流子的俘获 / 脱俘获，都有可能产生这种结果。

响应时间（τ）是光电探测器在下降或上升周期内改变 10% ~ 90% 电信号所需的时间。上升周期主要取决于电子—空穴对的产生，而下降周期取决于再结合速率，其时间比上升周期慢，因此应该把下降周期（τ_{fall}）看成响应时间，以秒为单位。

噪声等效功率（NEP）表示单位信噪比（1Hz 带宽）时的最小可检测功率。比探测率（D^*）是探测器灵敏度的表征，与 NEP 成反比，并与光电探测器的面积（A）和光电探测器的带宽（B）的归一化量成正比。探测器中的总噪声包括暗电流散粒噪声、$Johnson$ 噪声和热波动噪声。通常，散粒噪声在总噪声中占主导地位，因此 D^* 可用式（6.5）表示。探测率的单位是 Jones，为 $cm\sqrt{(Hzw)^{-1}}$。

$$D^* = \frac{\sqrt{AB}}{NEP} = R\frac{\sqrt{AB}}{2eI_{dark}} \tag{6.5}$$

需要注意的是，只有当总噪声仅考虑散粒噪声时，探测率的上限才能用上述等式表示。检测率使比较不同几何形状和带宽的探测器的性能成为可能。

6.6.1.2 基于二维异质结构的光电探测器

尽管目前对材料与衬底对器件性能影响的研究很多，如 BN 衬底上的石墨烯 FET、BN 衬底上的 MoS_2 等，Roy 等是最早研究单个器件结构中不同 2D 材料的光电耦合的探路者。他们的研究结果证明，结合石墨烯和 MoS_2（特别是石墨烯在 MoS_2 上）的电子特性，可以获得具有双重光电功能的二维异质结构器件。在此工作中，组装在 SiO_2/Si 衬底上的石墨烯 –MoS_2（Gr/MoS_2）异质结构不仅灵敏度极高，而且具有持久的光电流。值得注意的是，此杂化体具有良好的（光生）电荷保留特性。这种持续的光电流不会出现在孤立的石墨烯或 MoS_2 器件中，意味着这种固有特性是 Gr/MoS_2 杂化体系所独有的。此杂化器件的室温响应度约为 $10^8 A/W$。这种器件有望应用于可重写光电开关或存储器等领域。De Fazio 等将石墨烯和 MoS_2 的类似组合组装在涤纶基板上，研究了柔性光电探测器的应用。结果表明，通过厘米级 CVD 单层石墨烯（SLG）和单层 CVD MoS_2 可制备出在可见光波长下工作的柔性光电探测器。此器件在弯曲下稳定、透明，可在极低电压下工作，在可穿戴设备、低功率光电等领域有应用前景。

有文献报道了在柔性涤纶上大面积制备碘化铅（PbI_2）/ 石墨烯垂直堆叠异质结构。图 6–9 为大面积可弯曲石墨烯 /PbI_2/ 石墨烯三明治型光电探测器，具有高响应度（约 45A/W）和快速响应（35μs 上升，20μs 衰减）的性能。

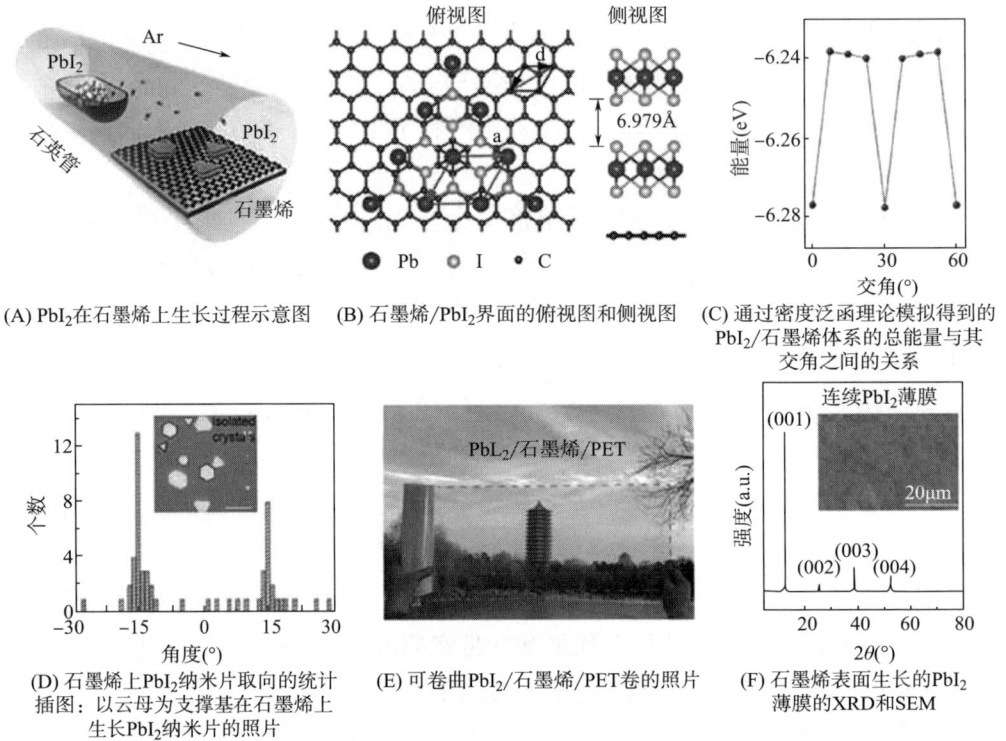

(A) PbI$_2$在石墨烯上生长过程示意图　(B) 石墨烯/PbI$_2$界面的俯视图和侧视图　(C) 通过密度泛函理论模拟得到的 PbI$_2$/石墨烯体系的总能量与其交角之间的关系

(D) 石墨烯上PbI$_2$纳米片取向的统计
插图：以云母为支撑基在石墨烯上生长PbI$_2$纳米片的照片

(E) 可卷曲PbI$_2$/石墨烯/PET卷的照片

(F) 石墨烯表面生长的PbI$_2$薄膜的XRD和SEM

图 6-9　石墨烯 /PbI$_2$ 异质结构

其他异质结构（主要是两种组分）的光电探测器研究见表 6-1。其中一项研究是采用 CVD 技术在 MoS$_2$ 上直接生长硒化锡（SnSe$_2$），二者间的强耦合作用产生有效的层间电荷转移。SnSe$_2$/MoS$_2$ 基光电探测器的光响应率高达 $9.1×10^3$A·W^{-1}。Yuan 等实现了 PtS$_2$/PtSe$_2$ 多层异质结的宽带光响应。Huang 等研究了横向 Au/Gr/WS$_2$ 光电探测二极管依赖于 2D 层的光电特性，以及通过缺陷工程增强单层 WSe$_2$ 和石墨烯垂直异质结构中面外电荷传输的光电导特性。后来的研究中，研究人员通过镓（Ga）离子辐照产生点缺陷，这种点缺陷可以阻止面内电荷传输，但光激发增加了面外方向的态密度，从而增强了垂直方向上的光响应。这种增强的光响应是 WSe$_2$ 到石墨烯的光诱导电荷转移增强所致。

表 6-1　基于二维异质结构的光电探测器设备的优缺点

材料 （层数或 nm^c）	V_d （V）	V_g （V）	μ （cm²·V⁻¹·s⁻¹）	λ （nm）	P^a （mW·cm⁻²）	R （A·W⁻¹）	EQE （%）	τ_{fall} （s）	D^* （Jones）	参考 文献
Gr/MoS₂1L/ 5L	0.1	−50	1×10⁴	635	6.4×10⁻⁴	5×10⁸	—	1	—	[98]
MoS₂/GrWSe₂^d 1–3L/1–2L/1–2L	1	0	—	532	0.2nW	4250	10⁶	3×10⁻⁵	2.2×10¹²	[101]
MoS₂/h–BN^{e}20/80	1	—	—	658	10³	1.2×10⁻²	—	—	—	[97]
SnSe₂/MoS₂3.6/0.9	1	—	—	500	4.51	9.1×10³	3.1×10⁴	0.6	9.3×10¹⁰	[102]
Gr/h–BN/MoS₂^d 1L/7/1L	3	—	—	405	10nW	180	—	0.25	2.6×10¹³	[103]
GaTe/MoS₂^{d,f,g} 14/5.5	1	70	—	473	65.1	21.8	61.7	7×10⁻³	8.4×10¹³	[104]
ReSe₂/MoS₂^{d,f,g} 60/7	1	0	4	633	5.15	6.75	1266	80	—	[105]
Gr/GaSe/InSe/ Gr^h~12–20(hetero)	2	—	—	410	0.025	350	9.3	2×10⁻⁶	3.7×10¹²	[106]
MoTe₂/MoS₂^{d,f,g} 3L/3L	0^i	—	—	470	15.28	0.322	85	—	—	[107]
WSe₂/BP/MoS₂ 43/40.2/34.4	3	—	—	532	13.5nW	6.32	—	—	1.25×10¹¹	[108]
GaSe/MoS₂6L/1L	1.8	−10	—	532	21nW	3	—	5×10⁻²	10¹⁰	[109]
Gr/WS₂/Gr^b 2–3L/1–2L/2–3L	5	30	1.45	532	2.7×10⁵	121	7	—	—	[110]
MoTe₂/Gr/SnS₂^{d,g,j} 5L/5–7L/ 5L	1	0	1–2	1064	~0.1pW	2.6×10³	10⁶	3×10⁻²	1.1×10¹²	[111]
Gr/MoS₂/WS₂^{d,k} 4–5L/2–3L/3–4L	−3	—	—	400	6.4×10⁻⁶	6.6×10⁷	2.1×10⁸	2×10⁻²	—	[112]
MWCNT/WSe₂/ Gr^{d}1.19/5.21/3.56	−0.2	−20	—	520	16.3μW	1.1×10⁻²	—	—	—	[113]
WS₂/Gr^{b}2L/1L	−5	—	—	532	2.7×10⁵	0.27	100	—	2.7×10¹¹	[114]
PtS₂/PtSe₂2.5/2.7	0^i	0	—	1064	15nW	6×10⁻²	7.1	8×10⁻²	—	[115]
Gr/WSe₂/GaSe/ Gr^{h}Few/10/20/Few	−1.5	0	—	520	16.3μW	6.2	1490	4×10⁻⁵	—	[116]
WSe₂/Gr^{d}1L/1L	0.5	—	—	532	0.01mW	2.1	—	6×10⁻⁴	—	[117]
Gr/MoS₂^{l}1L/1L	1	−1	—	642	0.1mW	45.5	—	—	—	[99]
Gr/PbI₂/Gr1L/ 7–102/1L	2	—	—	480	5μW	45	—	2×10⁻⁵	—	[100]

材料 （层数或 nm[c]）	V_d （V）	V_g （V）	μ （cm²·V⁻¹·s⁻¹）	λ （nm）	P^a （mW·cm⁻²）	R （A·W⁻¹）	EQE （%）	τ_{fall} （s）	D^* （Jones）	参考 文献
WSe₂/Gr[d,f,g]10L/3L	1	−23	—	532	20nW	350	800	3×10^{-5}	2×10^{12}	[118]
Gr/WS₂/MoS₂/Gr[d,f] 1L/1L/1L/1L	0[i]	−60	—	532	0.3μW	2×10^{-2}	—	—	—	[119]
Gr/WS₂/Gr[d,f,g] 1L/2L/1L	0.5	−80	—	532	0.1μW	5	—	—	—	[120]
AsP/InSe[d,f,g] 11.5/10	2	—	—	520	0.975μW	1	—	9×10^{-5}	2×10^{12}	[121]
MoTe₂/MoS₂[d,f] 3.3/7	0[i]	0	—	637	2.43 nW	4.4×10^{-2}	—	3×10^{-5}	1.1×10^{8}	[122]
BP/MS₂[d,f]10/12	0[i]	−20	—	405	532μW	0.78	—	2×10^{-3}	—	[123]
BP/InSe[d,f,g] Few/Few	0.5	—	—	455	1.3×10^{6}	1.12×10^{-2}	3.2	3×10^{-2}	—	[124]

注　[a] 如无特意说明均指激光功率密度。

　　[b] 异质结构的横向测量。

　　[c] 每种材料的厚度（单位：nm）或层数。

　　[d] 异质结构的垂直测量。

　　[e] 底层。

　　[f] 光电探测器加光电效应。

　　[g] p–n 异质结。

　　[h] 石墨烯作为触点。

　　[i] p–n 结在 0V 下的光响应。

　　[j] 宽带。

　　[k] 光纤。

　　[l] 离子凝胶作为闸门。

　　为了调整电荷载流子流，不同二维层状材料的组合（三种或更多）均被进行了研究。其中，Vu 等对 2D 层的组装进行排序，抑制暗载流子，增强了 2D 异质结构光电探测器的光响应度。起关键作用的是夹在 MoS₂ 单层和石墨烯单层间的 h–BN 绝缘层（7nm）。在此三明治结构（MoS₂/h–BN/ 石墨烯）中，Gr/h–BN 结可抑制暗载流子，同时让光载流子穿过 MoS₂/h–BN 结，如图 6-10 所示。类似地，将石墨烯无间隙地与顶部的 p 型 WSe₂ 和底部的 n 型 MoS₂ 夹在一起形成的 MoS₂/ 石墨烯 /WSe₂ 异质结构组合，可被用于制作室温宽带光探测装置器件，探测波长从可见光至短波红外波长范围，性能优越。Li 等研发了基于 WSe₂– 黑磷（BP）– MoS₂ 的宽带光电晶体管，MoS₂–BP 接口可阻止空穴传导并控制电子注入。

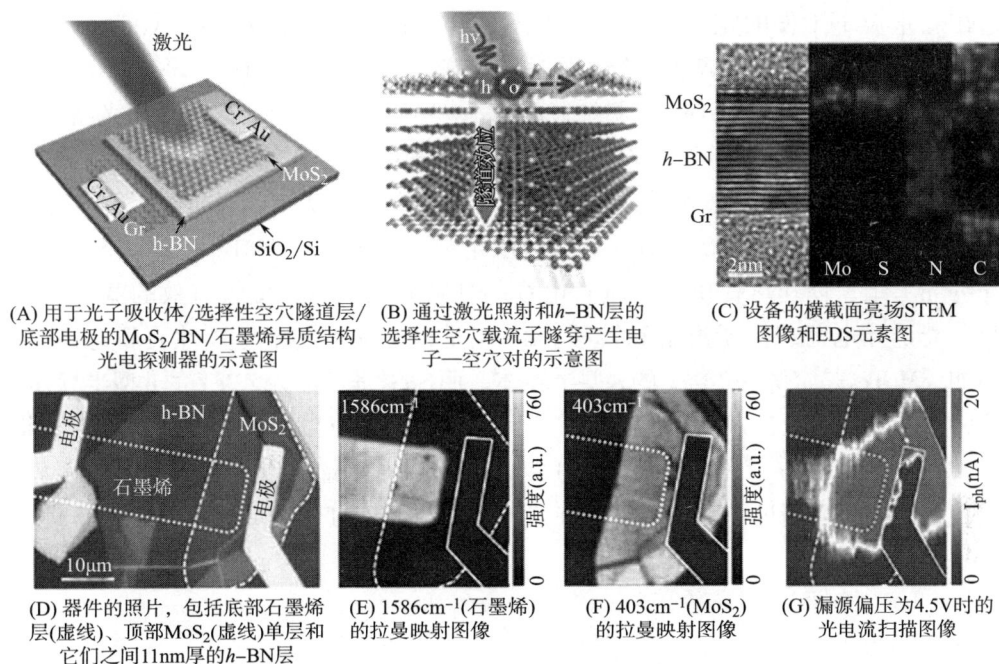

(A) 用于光子吸收体/选择性空穴隧道层/底部电极的MoS₂/BN/石墨烯异质结构光电探测器的示意图

(B) 通过激光照射和h–BN层的选择性空穴载流子隧穿产生电子—空穴对的示意图

(C) 设备的横截面亮场STEM图像和EDS元素图

(D) 器件的照片，包括底部石墨烯层(虚线)、顶部MoS₂(虚线)单层和它们之间11nm厚的h–BN层

(E) 1586cm⁻¹(石墨烯)的拉曼映射图像

(F) 403cm⁻¹(MoS₂)的拉曼映射图像

(G) 漏源偏压为4.5V时的光电流扫描图像

图 6–10　MoS₂/h–BN/ 石墨烯光电探测器

也可用石墨烯作为 vdW 异质结构的触点材料。此类触点材料的优势包括，干净、锋利的电子界面，无悬垂键，且因无费米能级钉扎，缺陷密度低，另外可以在半导体表面上沉积金属触点。Wei 等发现，放置在石墨烯层间的 WSe₂/GaSe vdW 异质结具有优异的光探测性能，外部量子效率为（1490±50）%，快速响应时间约为 30μs。Yan 等采用类似的策略，利用石墨烯接触的 p–GaSe/n–InSe 异质结开发出多色（宽带）光电探测器。这些器件能够有效地产生和提取光载流子（由于石墨烯的低电阻接触），并具有约 2μs 的快速响应。Islam 等设计了一种不对称接触的结构，一端是多层石墨烯（FLGr），另一端是金（Au）来研究单层至多层 n 型 MoS₂ 在多层 p 型硒化镓（GaSe）晶体顶部的组合的光学性质。他们发现，具有不对称 GaSe/ 多层 Gr 和 MoS₂/Au 触点的 GaSe/MoS₂ 光电二极管，噪声等效功率 NEP 低至 10^{-14}W/Hz。最近的一项研究表明，减少 Gr/WS₂/Gr 横向二维异质结构器件中 Gr 和 WS₂ 的重叠面积，可以显著提高光响应。研究人员认为，这是由于 WS₂ 和 Gr 之间的 Schottky 势垒高度降低所致。

为开发宽带光电探测器，最近有研究将二维异质结构集成到光纤上。将 Gr/MoS₂/WS₂ 异质结构耦合到光纤的一端，开发出具有极高光响应率（7×10^{7}A/W）的 "全光纤光电探测器（FPD）"。通过干转移法组装各种 2D 层的组合，制造出在室温下工作的宽带光探测装置，如图 6-11 所示。图 6-11（A）为 h-BN/MoTe$_2$/ 石墨烯 /SnS$_2$/h-BN 器件结构和实验装置示意图，图 6-11（B）为器件的照片；图 6-11（C）为 MoTe$_2$/ 石墨烯 /SnS$_2$ vdW 异质结构的能带示意图和光激发载流子传输。E_{g-p} 和 E_{g-n} 分别代表 p-MoTe$_2$ 和 n-SnS$_2$ 的带隙。此例中的少层石墨烯（FL-graphene）是半金属性质，由于导带和价带重叠，费米能级（绝对零）位于导带底部上方和价带顶部下方。通过分层组装 2D h-BN/p-MoTe$_2$/Gr/n-SnS$_2$/h-BN（p-g-n）结，创建可提供内置垂直电场的独特异质结构，促进有效的宽带光吸收、光诱导电荷载流子离解和转移。2D 层是根据其不同半导体性质而选择的。例如，MoTe$_2$ 是带隙为 1.0eV 的 p 型半导体，而 SnS$_2$ 是带隙为 2.2eV 的 n 型半导体。这种互补带隙以及良好的载流子迁移率和化学稳定性可以形成有效的 p-n 结。此外，在 p 型（MoTe$_2$）和 n 型（SnS$_2$）层之间加入石墨烯可以改善层间电子接触。此装置的响应率超过 2600A/W，且在紫外—可见和近红外区域的特殊检测率将近

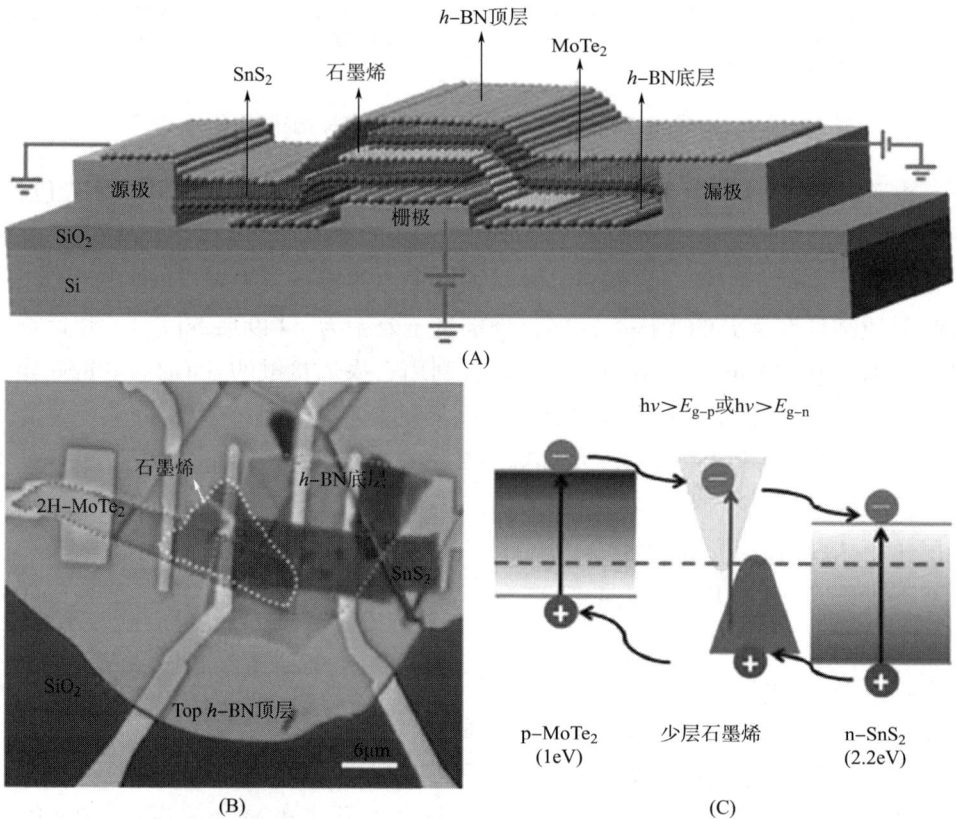

图 6-11　用于宽带光探测的 h-BN/MoTe$_2$/Gr/SnS$_2$/h-BN vdW 异质结构

10^{13} Jones。

6.6.2　光伏器件

光电器件将光（电磁）信号转换为电信号。在异质结构中，2D 材料在 p–n 结中形成 Ⅱ 型带排列，为载流子传输提供了有利的带排列，并为激子位错提供了大的带偏移。二维异质结构的能带排列和优异的电气、光学和机械性能为高性能光伏器件的开发提供了新机遇。本节先介绍与光伏相关的二维异质结构的优缺点，并简要讨论基于此结构的光伏研究的新进展。

6.6.2.1　光伏器件的优缺点

为了评价光伏的性能，需要使用一组独立于其工作原理和设备结构的参数，下面介绍这些参数。

开路电压（V_{OC}）和短路电流（I_{SC}）是在光照下 $I–V$ 特性中的两个基本量。开路电压是当没有电流流过电路（$I=0$）时，装置两个端子之间的电位差。在太阳能电池中，开路电压代表设备中可用的最大电压。当装置两端的电压为零（$V=0$）时，测得的最大电流，这是太阳能电池可能获取的最大电流。V_{OC} 和 I_{SC} 来源于器件中存在的结（通常为 p–n 结）的内部电场。为了消除对器件面积的依赖性，通常会使用短路电流密度（I_{SC}，单位为 mA/cm^2）。

电输出功率（P_{EL}）可以通过电流和电压的乘积计算。在短路电流或开路电压点，输出功率为 $P_{EL}=0$，$V=0$ 或 $I=0$。在特定的电流（I_{MP}）和电压（V_{MP}）下，输出功率达到最大值（$P_{EL,\,Max}$），称为最大功率点。功率以 W（瓦特）为单位。

填充因子（FF）定义为最大输出功率与 V_{OC} 和 I_{SC} 二者乘积之比，见式（6.6）。

$$FF = \frac{P_{EL,Max}}{I_{SC}V_{OC}} = \frac{I_{MP}V_{MP}}{I_{SC}V_{OC}} \qquad (6.6)$$

填充因子是一个无量纲的量，表示光伏设备与其理想性能的距离，换句话说，它表示最大输出功率与理论最大功率的差距。

功率转换效率（PCE）定义为最大输出功率与光输入功率（P_{in}）之比，见式（6.7）。它是一个无量纲量（以 % 表示），是光能通过光伏设备转换为电能的比例。

$$PCE = \frac{P_{EL,Max}}{P_{in}} = \frac{I_{SC}V_{OC}FF}{P_{in}} \qquad (6.7)$$

6.6.2.2　基于二维异质结构的光伏器件

提高异质结构的光伏效率是目前研究的主要方向之一。一项研究表明，垂直堆叠的石墨烯—MoS_2—石墨烯和石墨烯—MoS_2—金属结，可以实现光载流子生成、分离和传输过程等各种受控功能。此器件结构很容易集成底门和顶门结构，光电流的振幅和极性能够通过门机制改变电场来调节。其外部量子效率（EQE）为 55%，内部量子效率高达 85%。

Deng 等制备了基于 p 型黑磷 /n 型 MoS_2 单层的栅极可调谐 p-n 二极管。在633nm 波长的激光照射下，光伏能量转换 EQE 0.3%。Chen 等还研究了垂直堆叠p 型单层二硒化钨（WSe_2）和 n 型多层二硫化钼（MoS_2）的异质结 p-n 二极管的各种电学 / 光学特性。这个器件的电流整流行为的理想因子为 1.2，快速光响应的 EQE 为 12%。Furchi 等利用类似的异质结构，单层二硫化钼和单层二硒化钨制备了 Ⅱ 型异质结，异质结构有两种可能的组装层序，即 MoS_2/WSe_2 和 WSe_2/MoS_2。他们发现，结的核心特性与层顺序无关，但可以通过栅极偏置来控制，且在特定的栅极电压下结表现为二极管的特性。Lee 等研究了使用相同材料组合的p-n 结。他们发现这些原子级厚度结的电子和光电特性的核心过程与传统器件有根本不同。在 WSe_2/MoS_2 的原子级厚度结中，大多数载流子的层间隧穿和跨界面再结合在定义结特性方面起着重要作用，而不是像传统器件中一样形成扩展耗尽区。Flory 等也进行了 $WSe_2/MoSe_2$ 异质结的光伏研究。他们发现，与 WSe_2/MoS_2异质结相比，$WSe_2/MoSe_2$ 异质结在长波区表现更好，量子效率更高。此异质结可观察到 10^4 通断比的栅极可调电流整流。Chen 等制备了基于 $MoTe_2/MoS_2$ 垂直异质结的高性能光伏光电探测器。此探测器在零偏压下，可实现高至 10^5 的开关比和 60μs 的快速光响应时间。

Kwak 等研究了多层黑磷（BP）/WS_2 的 p-n 异质结器件制备及其光伏响应。此栅极可调谐异质结器件在 405nm 激光照射下，整流电流为 1000，外部量子效率为 4.4%；而在 AM 1.5 标准太阳光谱下，此 BP/WS_2 异质结构的光伏效率为4.6%。Cho 等研究了 $ReS_2/ReSe_2$ 异质结构的光伏特性。与其他垂直异质结构类似，此结构也表现出栅极可调二极管的特性，其最大整流比为 3150，在 550nm 单色光照射下，光伏效应效率为 0.5%。与 $MoS_2/ReSe_2$ 异质结 0.072% 的转换效率相比，前者的值更高些。

Cho 等最近利用 WSe_2/MoS_2 的 p-n 异质结和氧化铟锡（ITO）电极开发出透明薄膜光伏电池。带有高度透明钝化层的透明使其更容易与其他器件集成，增强使用功能。具有一层钝化层的 WSe_2/MoS_2 光伏电池可以实现 10% 的转换效率。Li 等制备了由垂直堆叠 WSe_2/h–BN/ 石墨烯形成的可编程 p-n 结组装的半浮栅场效应晶体管（SFG—FET）（图 6-12）。图 6-12（A）为结构示意图，（B）为设备的假彩色 SEM 图像，（C）为设备在黑暗和光照下的 I_D-V_{DS} 曲线，（D）为不同光

功率的 P_{EL} 和 V_{DS} 间关系，（E）为 V_{CG} 产生的 V_{OC} 的演变，控制栅上的脉冲值为 $\pm 20V$，（F）为器件通过 $\pm 20V$ 的交替 V_{CG} 脉冲值，在擦除（开启）和程序（关闭）状态之间的 V_{OC} 切换行为。对于图 6-12（E）和（F），光线功率为 6.8nW。通过合理地组装 2D 材料，如 WSe_2、$h-BN$ 和石墨烯，能使 WSe_2 薄层仅部分覆盖 $h-BN$/ 石墨烯薄层，并充当半浮栅。此类结的整流比为 10^2，光伏功率转换效率高达 4.1%。其他 2D 材料也可以用来制作这种结构，如 $WSe_{1.2}-Te_{0.8}/h-BN$/ 石墨烯和 $BP/h-BN$/ 石墨烯构建的 SFG—FET 器件。

由多种 TMDC 组合形成的横向异质结的光电特性也都得到了研究。Duan 等制备了 MoS_2—$MoSe_2$ 和 WS_2—WSe_2 横向异质结构，发现 WS_2—WSe_2 横向异质结形成的 p-n 二极管可以用作光电二极管。Li 等获得了 WSe_2—MoS_2 横向异质结，

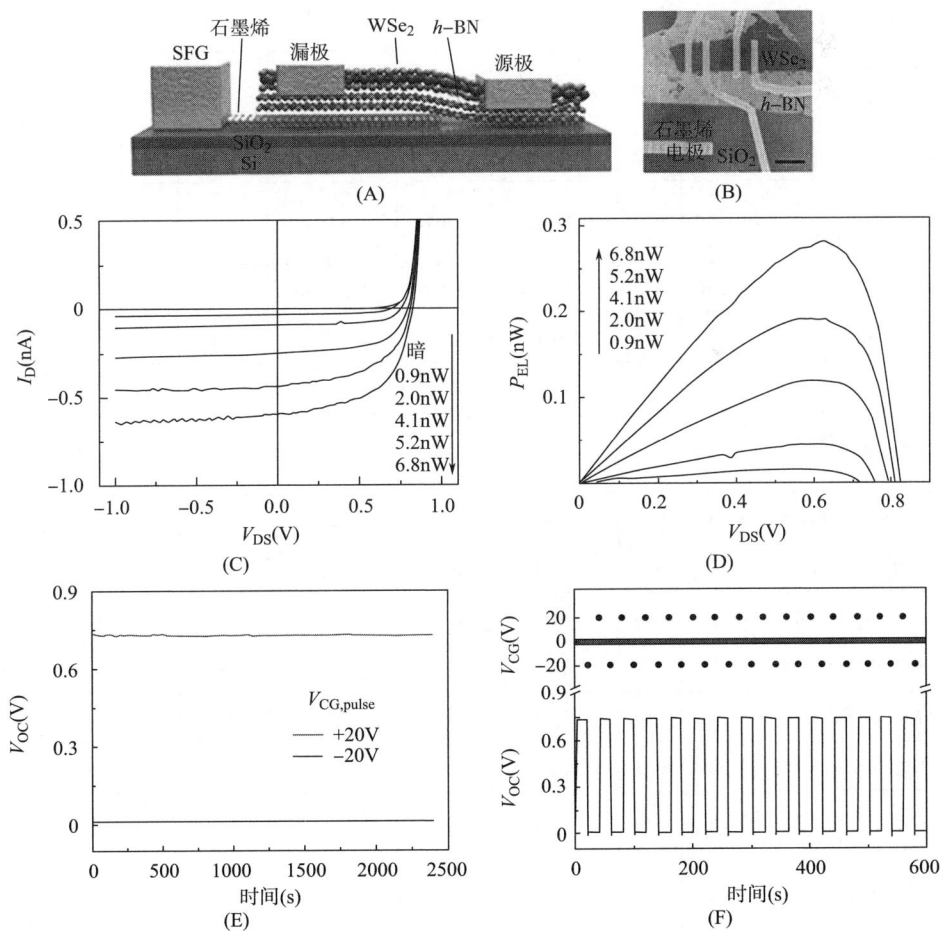

图 6-12　$WSe_2/h-BN$/ 石墨烯范德瓦尔斯异质结构

并使用扫描开尔文探针显微镜（SKPM）详细研究此器件，此结表现出 p-n 结特性，耗尽层约为 320nm，此横向结具有整流行为、高光响应和光伏效应。表 6-2 列出了 2D 异质结构材料制造的光伏器件的结构性能参数。

表 6-2　基于二维异质结构的光伏器件的特性参数

材料（层数或 nm[e]）	V_g（V）	λ（nm）	P_{in}^f（mW/cm²）	V_{oc}（V）	I_{sc}（nA）	$P_{EL,Max}$（pW）	PCE（%）	FF	参考文献
GaTe/MoS$_2$[a,b]14/5.5	70	473	65.1	0.063	4	80	—	0.24	[104]
ReSe$_2$/MoS$_2$[a,b] 60/7	0	633	8.15	~0.1	—	6.53	—	0.344	[105]
MoTe$_2$/MoS$_2$[a,b]3L/3L	—	800	3.73×10^3	0.3	150	—	—	—	[104]
MoTe$_2$/Gr/SnS$_2$[a,b,c] 5L/5~7L/5L	0	655	52nW	0.05	~0.85	—	—	—	[111]
MWCNT/WSe$_2$/Gr[a,b] 1.19/5.21/3.56	−20	520	16.3μW	0.1	200	—	—	—	[113]
WSe$_2$/Gr[a,b] 10L/3L	0	532	1.04mW	0.5	5×10^3	4.5×10^5	—	—	[118]
Gr/WS$_2$/MoS$_2$/Gr[a,b] 1L/1L/1L/1L	−60	532	0.27mW	0.0024	120	—	—	—	[119]
Gr/WS$_2$/Gr[a,b]1L/2L/1L	−10	532	1.77mW	0.026	1.3×10^3	—	—	—	[120]
AsP/InSe[a,b]11.5/10	—	520	8.8μW	7.2×10^{-3}	40	70	—	—	[121]
MoTe$_2$/MoS$_2$[a,b] 3.3/7	0	637	5.46μW	0.51	1.1×10^3	—	—	—	[122]
BP/WS$_2$[a,b]10/12	−40	AM 1.5	36	0.2	21	1.3×10^3	4.6	0.33	[123]
BP/InSe[a,b] Few/Few	30	633	10.1μW	0.06	2	—	—	—	[124]
WS$_2$/WSe$_2$[d]1.2	—	514	30nW	0.47	1.2	—	0.9	—	[133]
WSe$_2$/MoS$_2$[d]0.65	—	White	1	0.22	8×10^{-3}	—	0.2	0.39	[57]
MoS$_2$/WSe$_2$[a]1L/1L	0	532	10^5	0.5	70	—	—	—	[80]
Gr/MoS$_2$/Gr[a]1L/50/1L	−60	514	80μW	0.31	4.8×10^3	—	—	—	[85]
BP/MoS$_2$[a]11/0.9	−20	633	30μW	0.3	20	—	0.57	0.5	[36]
WSe$_2$/h−BN/Gr[a] 3L/20~30L/3L	20	638	6.8nW	0.8	0.6	270	4.1	0.53	[132]
WSe$_2$/MoS$_2$[a]2L/13L	0	514	5μW	0.27	220	—	—	—	[127]
WSe$_2$/MoS$_2$[a]1L/1L	−50	532	640	0.53	0.05	14	0.2	0.5	[128]

续表

材料 （层数或 nm^e）	V_g （V）	λ （nm）	P_{in}^f （mW/cm^2）	V_{oc} （V）	I_{sc} （nA）	$P_{EL,Max}$ （pW）	PCE （%）	FF	参考 文献
WSe$_2$/MoSe$_2$/h–BN/Gr^a 3L/3L/25/10	0	633	3.2×10^5	0.46	>0.04	—	—	—	[129]
ReS$_2$/ReSe$_2$^{a}64/48	—	White	0.334	0.17	0.25m/Acm^{-2}	3.07	4.1	0.53	[130]

注　^{a} 异质结构的垂直测量。

　　^{b} 光电探测器。

　　^{c} 宽带。

　　^{d} 横向异质结构。

　　^{e} 每种材料的厚度，单位为纳米或层数。

　　^{f} 激光功率密度，除非另有说明。

6.7　未来的方向

基于 TMDC 的光电子学发展的途径是，从利用高质量剥离的晶体开发设备的性能，向大面积 TMDC 层的高质量设备的应用发展，用可真正规模化的制造方法、确保质量稳定、批量生产这些器件。到目前为止，尽管人们已经制备出质量最好的晶体剥落样品，但这些器件的最大尺寸一般小于几十平方微米。虽然用剥落材料制成的器件自然会被研究其作为新型 2D 半导体器件的可行性，但这种机械剥落技术及其产生的微观样品很难用于大规模制造。化学气相沉积（CVD）和化学气相传输（CVT）生长方法的取得了显著进展。但这两种方式生产的样品仍然存在较高的缺陷和杂质率，可能对二维通道的导电性产生十分不利的影响。尽管如此，Pu 等报道了基于 CVD 技术生长的 MoS$_2$、MoSe$_2$ 和 WSe$_2$ 在 1cm^2 蓝宝石衬底上的互补逆变器的运行情况。使用电解质的电介质和顶部铂栅触点使 FET 中产生双极性行为。尽管这些 TMDC 具有多晶性质，但器件性能仍然非常好，具有低功耗和高电压增益。大面积 2D 层状半导体的持续改进是制得灵活、透明且实用的电子产品的必由之路。

6.8　结论

本章讨论了基于二维材料的异质结构的电子和光学性质。

一是介绍了二维材料异质结构的制备，包括机械干转移法制备异质结构，此法是制备高质量异质结构材料的方法之一。

二是综述了由各种 2D 材料的不同组合构成的 2D 异质结构的电子特性。由 2D 片层 MoS_2/ 石墨烯 /h–BN 制成的异质结构 FET，比由其各自对应的整体结构组成的 FET 具有更好的性能。

三是介绍了二维异质结构应用于下一代电子器件的概念，以及其 CVD 制造技术。横向和垂直异质结构都可以用常规 CVD 生长，研究人员认为这是以晶圆的规模生产二维异质结构的可能途径。电学测试表明，直接 CVD 法制备的垂直异质结器件性能优于机械转移法制备同类器件。CVD 生长过程中形成的干净界面是其器件性能更好的主要原因。机械转移过程会产生晶格失配的界面，杂质可能造成器件故障，性能降低。而 CVD 方法不仅可以生长晶圆级异质结构器件，还可以使不同层状材料通过顺序生长的方法获得多结异质结构器件，如介绍了利用 WSe_2 和 $MoSe_2$ 的顺序生长方法制作 p–n 结器件的相关工作。此部分不仅介绍 CVD 法生产晶圆级异质结构，还介绍了 CVD 溅射法制备高质量 WSe_2 和 $MoSe_2$ 多层异质结构的研究工作。电学测量结果表明，WSe_2 和 $MoSe_2$ 间异质界面 p–n 结产生的电流具有高整流性。

四是介绍了基于 WSe_2/MoS_2 的机械堆叠工艺制备的异质结构，其异质界面边缘有带间隧穿，在设计多端逻辑元件方面有应用潜力。具有不同极性的二维材料异质结构在设计逆变器、振荡器、存储元件等逻辑元件方面具有广阔的应用前景。

五是讨论了二维异质结构的光学特性，特别是光电探测器和光伏器件的细节。列表介绍了异质结构光学特性及不同组合间性能的比较，如宽光谱范围内的光探测率、外部量子效率、探测率和光转换效率。

参考文献

［1］ K.S. Novoselov, Electric field effect in atomically thin carbon films, Science 306（5696）（2004）666–669.

［2］ M. Buscema, J.O. Island, D.J. Groenendijk, S.I. Blanter, G.A. Steele, H.S.J. van der Zant, et al., Photocurrent generation with two–dimensional van der waals semiconductors, Chem. Soc. Rev. 44（11）（2015）3691–3718.

［3］ Z. Lin, A. McCreary, N. Briggs, S. Subramanian, K. Zhang, Y. Sun, et al., 2D materials advances : from large scale synthesis and controlled heterostructures to improved characterization techniques, defects and applications, 2D Mater. 3（4）（2016）042001.

［4］ F. Schwierz, J. Pezoldt, R. Granzner, Two-dimensional materials and their prospects in transistor electronics, Nanoscale 7（18）（2015）8261–8283.

［5］ M. Wasala, H.I. Sirikumara, Y.R. Sapkota, S. Hofer, D. Mazumdar, T. Jayasekera, et al., Recent advances in investigations of the electronic and optoelectronic properties of group Ⅲ, Ⅳ, and v selenide based binary layered compounds, J. Mater. Chem. C 5（43）（2017）11214–11225.

［6］ X. Zhou, X. Hu, J. Yu, S. Liu, Z. Shu, Q. Zhang, et al., 2D layered material-based van der waals hetero-structures for optoelectronics, Adv. Funct. Mater. 28（14）（2018）1706587.

［7］ Z. Cai, B. Liu, X. Zou, H.-M. Cheng, Chemical vapor deposition growth and applications of two-dimensional materials and their heterostructures, Chem. Rev. 118（13）（2018）6091–6133.

［8］ C. Tan, X. Cao, X.-J. Wu, Q. He, J. Yang, X. Zhang, et al., Recent advances in ultrathin two-dimensional nanomaterials, Chem. Rev. 117（9）（2017）6225–6331.

［9］ O. Lopez-Sanchez, D. Lembke, M. Kayci, A. Radenovic, A. Kis, Ultrasensitive photodetectors based on monolayer MoS_2, Nat. Nanotechnol. 8（7）（2013）497–501.

［10］ N. Briggs, S. Subramanian, Z. Lin, X. Li, X. Zhang, K. Zhang, et al., A roadmap for electronic grade 2D materials, 2D Mater. 6（2）（2019）022001.

［11］ S.-L. Li, K. Tsukagoshi, E. Orgiu, P. Samor, Charge transport and mobility engineering in two-dimensional transition metal chalcogenide semiconductors, Chem. Soc. Rev. 45（1）（2016）118–151.

［12］ B. Radisavljevic, A. Radenovic, J. Brivio, I.V. Giacometti, A. Kis, Single-layer MoS_2 transistors, Nat. Nanotechnol. 6（3）（2011）147.

［13］ K. Zhang, Y. Feng, F. Wang, Z. Yang, J. Wang, Two dimensional hexagonal boron nitride （2D-h-BN）: synthesis, properties and applications, J. Mater. Chem. C 5（46）（2017）11992–12022.

［14］ N.R. Pradhan, A. McCreary, D. Rhodes, Z. Lu, S. Feng, E. Manousakis, et al., Metal to insulator quantum-phase transition in few-layered ReS_2, Nano Lett. 15（12）（2015）8377–8384.

［15］ Y. Saito, T. Nojima, Y. Iwasa, Highly crystalline 2D superconductors, Nat. Rev. Mater. 2（1）（2016）.

［16］ L. Wang, L. Huang, W.C. Tan, X. Feng, L. Chen, X. Huang, et al., 2D photovoltaic devices : progress and prospects, Small Methods 2（3）（2018）1700294.

［17］ D.S. Schulman, A.J. Arnold, S. Das, Contact engineering for 2D materials and devices, Chem. Soc. Rev.47（9）（2018）3037–3058.

［18］ A. Castellanos-Gomez, Why all the fuss about 2D semiconductors? Nat. Photonics 10（4）（2016）202.

［19］ J.K. Ellis, M.J. Lucero, G.E. Scuseria, The indirect to direct band gap transition in multilayered MoS_2 as predicted by screened hybrid density functional theory, Appl. Phys. Lett. 99（26）（2011）261908.

［20］ Y. Cai, G. Zhang, Y.-W. Zhang, Layer-dependent band alignment and work function of few-layer phosphorene, Sci. Rep. 4（2014）6677.

［21］ K.F. Mak, C. Lee, J. Hone, J. Shan, T.F. Heinz, Atomically thin MoS_2: a new direct-gap semiconductor, Phys. Rev. Lett. 105（13）（2010）136805.

［22］ J. Lu, O. Zheliuk, Q. Chen, I. Leermakers, N.E. Hussey, U. Zeitler, et al., Full superconducting dome of strong ising protection in gated monolayer WS_2, Proc. Natl Acad. Sci.

115（14）（2018）3551–3556.

[23] J.M. Lu, O. Zheliuk, I. Leermakers, N.F.Q. Yuan, U. Zeitler, K.T. Law, et al., Evidence for two–dimensional ising superconductivity in gated MoS_2, Science 350（6266）（2015）1353–1357.

[24] E. Piatti, D.D. Fazio, D. Daghero, S.R. Tamalampudi, D. Yoon, A.C. Ferrari, et al., Multi–valley supercon–ductivity in ion–gated MoS_2 layers, Nano Lett. 18（8）（2018）4821–4830.

[25] C.H. Sharma, A.P. Surendran, S.S. Varma, M. Thalakulam, 2D superconductivity and vortex dynamics in 1t–mos 2, Commun. Phys. 1（1）（2018）90.

[26] M. Calandra, 2D materials : charge density waves go nano, Nat. Nanotechnol. 10（9）（2015）737.

[27] C.–S. Lian, C. Si, W. Duan, Unveiling charge–density wave, superconductivity, and their competitive nature in two–dimensional $NbSe_2$, Nano Lett. 18（5）（2018）2924–2929.

[28] X. Wang, H. Liu, J. Wu, J. Lin, W. He, H. Wang, et al., Chemical growth of 1t–tas2 monolayer and thin films : Robust charge density wave transitions and high bolometric responsivity, Adv. Mater. 30（38）（2018）1800074.

[29] G. Duvjir, B.K. Choi, I. Jang, S. Ulstrup, S. Kang, T.T. Ly, et al., Emergence of a metal–insulator transition and high–temperature charge–density waves in VSe_2 at the monolayer limit, Nano Lett. 18（9）（2018）5432–5438.

[30] B. Radisavljevic, A. Kis, Mobility engineering and a metal–insulator transition in monolayer MoS_2, Nat. Mater. 12（9）（2013）815.

[31] L. Britnell, R.V. Gorbachev, R. Jalil, B.D. Belle, F. Schedin, A. Mishchenko, et al., Field–effect tunneling transistor based on vertical graphene heterostructures, Science 335（6071）（2012）947–950.

[32] H. Yang, J. Heo, S. Park, H.J. Song, D.H. Seo, K.–E. Byun, et al., Graphene barristor, a triode device with a gate–controlled schottky barrier, Science 336（6085）（2012）1140–1143.

[33] G. Fiori, S. Bruzzone, G. Iannaccone, Very large current modulation in vertical heterostructure graphene/h–BN transistors, IEEE Trans. Electron. Devices 60（1）（2012）268–273.

[34] W. Mehr, J. Dabrowski, J.C. Scheytt, G. Lippert, Y.–H. Xie, M.C. Lemme, et al., Vertical graphene base transistor, IEEE Electron. Device Lett. 33（5）（2012）691–693.

[35] T. Georgiou, R. Jalil, B.D. Belle, L. Britnell, R.V. Gorbachev, S.V. Morozov, et al., Vertical field–effect transistor based on graphene–WS_2 heterostructures for flexible and transparent electronics, Nat. Nanotechnol. 8（2）（2013）100.

[36] Y. Deng, Z. Luo, N.J. Conrad, H. Liu, Y. Gong, S. Najmaei, et al., Black phosphorus–monolayer MoS_2 van der waals heterojunction p–n diode, ACS Nano 8（8）（2014）8292–8299.

[37] G. Fiori, A. Betti, S. Bruzzone, G. Iannaccone, Lateral graphene–h–bn heterostructures as a platform for fully two–dimensional transistors, ACS Nano 6（3）（2012）2642–2648.

[38] H. Beneking, B. Beneking, High Speed Semiconductor Devices : Circuit Aspects and Fundamental Behaviour, Springer Science & Business Media, 1994.

[39] A.K. Geim, I.V. Grigorieva, Van der waals heterostructures, Nature 499（7459）（2013）419.

[40] G. Iannaccone, F. Bonaccorso, L. Colombo, G. Fiori, Quantum engineering of transistors based on 2D materials heterostructures, Nat. Nanotechnol. 13（3）（2018）183.

［41］ K.S. Novoselov, A. Mishchenko, A. Carvalho, A.H. Castro Neto, 2D materials and van der waals heterostructures, Science 353 (6298) (2016) aac9439.

［42］ X. Cui, G.-H. Lee, Y.D. Kim, G. Arefe, P.Y. Huang, C.-H. Lee, et al., Multi-terminal transport measurements of MoS$_2$ using a van der waals heterostructure device platform, Nat. Nanotechnol. 10 (6) (2015) 534.

［43］ C.R. Dean, A.F. Young, I. Meric, C. Lee, L. Wang, S. Sorgenfrei, et al., Boron nitride substrates for highquality graphene electronics, Nat. Nanotechnol. 5 (10) (2010) 722.

［44］ X. Hong, J. Kim, S.-F. Shi, Y. Zhang, C. Jin, Y. Sun, et al., Ultrafast charge transfer in atomically thin MoS$_2$/WS$_2$ heterostructures, Nat. Nanotechnol. 9 (9) (2014) 682.

［45］ G.-H. Lee, C.-H. Lee, A.M. Van Der Zande, M. Han, X. Cui, G. Arefe, et al., Heterostructures based on inorganic and organic van der waals systems, Apl. Mater. 2 (9) (2014) 092511.

［46］ K.S. Novoselov, A.H. Castro Neto, Two-dimensional crystals-based heterostructures : materials with tailored properties, Phys. Scr. 2012 (T146) (2012) 014006.

［47］ D.H. Tien, J.-Y. Park, K.B. Kim, N. Lee, T. Choi, P. Kim, et al., Study of graphene-based 2D-heterostructure device fabricated by all-dry transfer process, ACS Appl. Mater. Interfaces 8 (5) (2016) 3072–3078.

［48］ R. Frisenda, E. Navarro-Moratalla, P. Gant, D.P.D. Lara, P. Jarillo-Herrero, R.V. Gorbachev, et al., Recent progress in the assembly of nanodevices and van der waals heterostructures by deterministic placement of 2D materials, Chem. Soc. Rev. 47 (1) (2018) 53–68.

［49］ H. Liu, S. Hussain, A. Ali, B.A. Naqvi, D. Vikraman, W. Jeong, et al., A vertical WSe$_2$-MoSe$_2$ p-n heterostructure with tunable gate rectification, RSC Adv. 8 (45) (2018) 25514–25518.

［50］ T. Roy, M. Tosun, J.S. Kang, A.B. Sachid, S.B. Desai, M. Hettick, et al., Field-effect transistors built from all two-dimensional material components, ACS nano 8 (6) (2014) 6259–6264.

［51］ H. Fang, M. Tosun, G. Seol, T.C. Chang, K. Takei, J. Guo, et al., Degenerate n-doping of few-layer transition metal dichalcogenides by potassium, Nano Lett. 13 (5) (2013) 1991–1995.

［52］ N.R. Pradhan, D. Rhodes, Q. Zhang, S. Talapatra, M. Terrones, P.M. Ajayan, et al., Intrinsic carrier mobility of multi-layered MoS$_2$ field-effect transistors on SiO$_2$, Appl. Phys. Lett. 102 (12) (2013) 123105.

［53］ N.R. Pradhan, D. Rhodes, S. Memaran, J.M. Poumirol, D. Smirnov, S. Talapatra, et al., Hall and field-effect mobilities in few layered p-WSe$_2$ field-effect transistors, Sci. Rep. 5 (2015) 8979.

［54］ N.R. Pradhan, D. Rhodes, Y. Xin, S. Memaran, L. Bhaskaran, M. Siddiq, et al., Ambipolar molybdenum diselenide field-effect transistors : field-effect and hall mobilities, ACS Nano 8 (8) (2014) 7923–7929.

［55］ S. Jin, M.V. Fischetti, T.-W. Tang, Modeling of surface-roughness scattering in ultrathin-body soi mosfets, IEEE Trans. Electron. Devices 54 (9) (2007) 2191–2203.

［56］ Y. Gong, J. Lin, X. Wang, G. Shi, S. Lei, Z. Lin, et al., Vertical and in-plane heterostructures from ws 2/ mos 2 monolayers, Nat. Mater. 13 (12) (2014) 1135.

［57］ X. Li, H. Zhu, Two-dimensional MoS$_2$: properties, preparation, and applications, J. Materiomics 1 (1) (2015) 33–44.

［58］ C.N.R. Rao, U. Maitra, Inorganic graphene analogs, Annu. Rev. Mater. Res. 45（2015）29–62.

［59］ W. Zhao, Z. Ghorannevis, L. Chu, M. Toh, C. Kloc, P.-H. Tan, et al., Evolution of electronic structure in atomically thin sheets of WS_2 and WSe_2, ACS Nano 7（1）（2012）791–797.

［60］ S. Najmaei, Z. Liu, W. Zhou, X. Zou, G. Shi, S. Lei, et al., Vapour phase growth and grain boundary structure of molybdenum disulphide atomic layers, Nat. Mater. 12（8）（2013）754.

［61］ A.M. Van Der Zande, P.Y. Huang, D.A. Chenet, T.C. Berkelbach, Y.M. You, G.-H. Lee, et al., Grains and grain boundaries in highly crystalline monolayer molybdenum disulphide, Nat. Mater. 12（6）（2013）554.

［62］ P.K. Sahoo, S. Memaran, Y. Xin, L. Balicas, H.R. Gutiérrez, One-pot growth of two-dimensional lateral heterostructures via sequential edge-epitaxy, Nature 553（7686）（2018）63.

［63］ H. Fang, S. Chuang, T.C. Chang, K. Takei, T. Takahashi, A. Javey, High-performance single layered WSe_2 p-fets with chemically doped contacts, Nano Lett. 12（7）（2012）3788–3792.

［64］ N.R. Pradhan, C. Garcia, J. Holleman, D. Rhodes, C. Parker, S. Talapatra, et al., Photoconductivity of few-layered p-WSe_2 phototransistors via multi-terminal measurements, 2D Mater. 3（4）（2016）041004.

［65］ N.R. Pradhan, J. Ludwig, Z. Lu, D. Rhodes, M.M. Bishop, K. Thirunavukkuarasu, et al., High photoresponsivity and short photoresponse times in few-layered WSe_2 transistors, ACS Appl. Mater. Interfaces 7（22）（2015）12080–12088.

［66］ H. Lee, J. Ahn, S. Im, J. Kim, W. Choi, High-responsivity multilayer $Mose_2$ phototransistors with fast response time, Sci. Rep. 8（1）（2018）11545.

［67］ N.R. Pradhan, Z. Lu, D. Rhodes, D. Smirnov, E. Manousakis, L. Balicas, An optoelectronic switch based on intrinsic dual schottky diodes in ambipolar mose2 field-effect transistors, Adv. Electron. Mater. 1（11）（2015）1500215.

［68］ S. Hussain, M.F. Khan, M.A. Shehzad, D. Vikraman, M.Z. Iqbal, D.-C. Choi, et al., Layer-modulated, wafer scale and continuous ultra-thin WS_2 films grown by RF sputtering via post-deposition annealing, J. Mater. Chem. C. 4（33）（2016）7846–7852.

［69］ S. Hussain, M.A. Shehzad, D. Vikraman, M.F. Khan, J. Singh, D.-C. Choi, et al., Synthesis and characterization of large-area and continuous MoS_2 atomic layers by rf magnetron sputtering, Nanoscale. 8（7）（2016）4340–4347.

［70］ A. Nourbakhsh, A. Zubair, M.S. Dresselhaus, T. Palacios, Transport properties of a MoS_2/WSe_2 heterojunction transistor and its potential for application, Nano Lett. 16（2）（2016）1359–1366.

［71］ F. Capasso, S. Sen, A.Y. Cho, Negative transconductance resonant tunneling field-effect transistor, Appl. Phys. Lett. 51（7）（1987）526–528.

［72］ Y. Zhang, J. Ye, Y. Matsuhashi, Y. Iwasa, Ambipolar MoS_2 thin flake transistors, Nano Lett. 12（3）（2012）1136–1140.

［73］ Y.J. Zhang, J.T. Ye, Y. Yomogida, T. Takenobu, Y. Iwasa, Formation of a stable p-n junction in a liquidgated MoS_2 ambipolar transistor, Nano Lett. 13（7）（2013）3023–3028.

［74］ M. Fontana, T. Deppe, A.K. Boyd, M. Rinzan, A.Y. Liu, M. Paranjape, et al., Electron-hole transport and photovoltaic effect in gated MoS_2 schottky junctions, Sci. Rep. 3（2013）1634.

［75］ V. Podzorov, M.E. Gershenson, C.H. Kloc, R. Zeis, E. Bucher, High-mobility field-effect transistors based on transition metal dichalcogenides, Appl. Phys. Lett. 84（17）（2004）3301-3303.

［76］ N.R. Pradhan, C. Garcia, B. Isenberg, D. Rhodes, S. Feng, S. Memaran, et al., Phase modulators based on high mobility ambipolar $ReSe_2$ field-effect transistors, Sci. Rep. 8（1）（2018）12745.

［77］ Y.-F. Lin, Y. Xu, S.-T. Wang, S.-L. Li, M. Yamamoto, A. Aparecido-Ferreira, et al., Ambipolar $MoTe_2$ transistors and their applications in logic circuits, Adv. Mater. 26（20）（2014）3263-3269.

［78］ E. Zhang, P. Wang, Z. Li, H. Wang, C. Song, C. Huang, et al., Tunable ambipolar polarization-sensitive photodetectors based on high-anisotropy $ReSe_2$ nanosheets, ACS Nano 10（8）（2016）8067-8077.

［79］ J. Heo, H. Jeong, Y. Cho, J. Lee, K. Lee, S. Nam, et al., Reconfigurable van der waals heterostructured devices with metal-insulator transition, Nano Lett. 16（11）（2016）6746-6754.

［80］ C.-H. Lee, G.-H. Lee, A.M. Van Der Zande, W. Chen, Y. Li, M. Han, et al., Atomically thin p-n junctions with van der waals heterointerfaces, Nat. Nanotechnol. 9（9）（2014）676-681.

［81］ N. Huo, S. Tongay, W. Guo, R. Li, C. Fan, F. Lu, et al., Novel optical and electrical transport properties in atomically thin WSe_2/MoS_2 p-n heterostructures, Adv. Electron. Mater. 1（5）（2015）1400066.

［82］ N. Huo, J. Yang, L. Huang, Z. Wei, S.-S. Li, S.-H. Wei, et al., Tunable polarity behavior and self-driven photoswitching in $p-WSe_2/n-WS_2$ heterojunctions, Small 11（40）（2015）5430-5438.

［83］ X. Li, M.-W. Lin, J. Lin, B. Huang, A.A. Puretzky, C. Ma, et al., Two-dimensional gase/mose2 misfit bilayer heterojunctions by van der waals epitaxy, Sci. Adv. 2（4）（2016）e1501882.

［84］ R. Browning, P. Plachinda, P. Padigi, R. Solanki, S. Rouvimov, Growth of multiple WS_2/sns layered semiconductor heterojunctions, Nanoscale 8（4）（2016）2143-2148.

［85］ W.J. Yu, Z. Li, H. Zhou, Y. Chen, Y. Wang, Y. Huang, et al., Vertically stacked multi-heterostructures of layered materials for logic transistors and complementary inverters, Nat. Mater. 12（2013）246.

［86］ A. Pezeshki, S.H.H. Shokouh, P.J. Jeon, I. Shackery, J.S. Kim, I.-K. Oh, et al., Static and dynamic performance of complementary inverters based on nanosheet $\alpha-MoTe_2$p-channel and MoS_2n-channel transistors, ACS Nano 10（2016）1118-1125.

［87］ Y. Choi, J. Kang, D. Jariwala, M.S. Kang, T.J. Marks, M.C. Hersam, et al., Low-voltage complementary electronics from ion-gel-gated vertical van der Waals heterostructures, Adv. Mater. 28（2016）3742-3748.

［88］ E. Liu, Y. Fu, Y. Wang, Y. Feng, H. Liu, X. Wan, et al., Integrated digital inverters based on two-dimensional anisotropic ReS_2 field-effect transistors, Nat. Commun. 6（2015）6991.

［89］ J. Shim, S. Oh, D.-H. Kang, S.-H. Jo, M.H. Ali, W.-Y. Choi, et al., Phosphorene/rhenium disulfide heterojunction-based negative differential resistance device for multi-valued logic, Nat. Commun. 7（2016）13413.

［90］ X. Yan, C. Liu, C. Li, W. Bao, S. Ding, D.W. Zhang, et al., Tunable $SnSe_2$/WSe_2

Heterostructure tunneling field effect transistor，Small 13（2017）1701478.

[91] Q.A. Vu，Y.S. Shin，Y.R. Kim，V.L. Nguyen，W.T. Kang，H. Kim，et al.，Two−terminal floating−gate memory with van der Waals heterostructures for ultrahigh on/off ratio，Nat. Commun. 7（2016）12725.

[92] D. Li，B. Wang，M. Chen，J. Zhou，Z. Zhang，Gate−controlled BP−WSe$_2$ heterojunction diode for logic rectifiers and logic optoelectronics，Small 13（2017）1603726.

[93] M.S. Marcus，J.M. Simmons，O.M. Castellini，R.J. Hamers，M.A. Eriksson，Photogating carbon nanotube transistors，J. Appl. Phys. 100（8）（2006）084306.

[94] S. Ghosh，P.D. Patil，M. Wasala，S. Lei，A. Nolander，P. Sivakumar，et al.，Fast photoresponse and high detectivity in copper indium selenide（CuIn$_7$Se$_{11}$）phototransistors，2D Mater. 5（1）（2017）015001.

[95] J.O. Island，S.I. Blanter，M. Buscema，H.S.J. van der Zant，A. Castellanos−Gomez，Gate controlled photocurrent generation mechanisms in high−gain（In$_2$Se$_3$）phototransistors，Nano Lett. 15（12）（2015）7853−7858.

[96] G.−H. Lee，Y.−J. Yu，X. Cui，N. Petrone，C.−H. Lee，M.S. Choi，et al.，Flexible and transparent MoS$_2$ fieldeffect transistors on hexagonal boron nitride−graphene heterostructures，ACS Nano 7（9）（2013）7931−7936.

[97] M. Wasala，J. Zhang，S. Ghosh，B. Muchharla，R. Malecek，D. Mazumdar，et al.，Effect of underlying boron nitride thickness on photocurrent response in molybdenum disulfide−boron nitride heterostructures，J. Mater. Res. 31（7）（2016）893−899.

[98] K. Roy，M. Padmanabhan，S. Goswami，T.P. Sai，G. Ramalingam，S. Raghavan，et al.，Graphene−MoS$_2$ hybrid structures for multifunctional photoresponsive memory devices，Nat. Nanotechnol. 8（11）（2013）826−830.

[99] D.D. Fazio，I. Goykhman，D. Yoon，M. Bruna，A. Eiden，S. Milana，et al.，High responsivity，large−area graphene/MoS$_2$ flexible photodetectors，ACS Nano 10（9）（2016）8252−8262.

[100] J. Zhang，Y. Huang，Z. Tan，T. Li，Y. Zhang，K. Jia，et al.，Low−temperature heteroepitaxy of 2D PbI$_2$/grapheme for large−area flexible photodetectors，Adv. Mater. 30（36）（2018）1803194.

[101] M. Long，E. Liu，P. Wang，A. Gao，H. Xia，W. Luo，et al.，Broadband photovoltaic detectors based on an atomically thin heterostructure，Nano Lett. 16（4）（2016）2254−2259.

[102] X. Zhou，N. Zhou，C. Li，H. Song，Q. Zhang，X. Hu，et al.，Vertical heterostructures based on snse2/ MoS$_2$ for high performance photodetectors，2D Mater. 4（2）（2017）025048.

[103] Q.A. Vu，J.H. Lee，V.L. Nguyen，Y.S. Shin，S.C. Lim，K. Lee，et al.，Tuning carrier tunneling in van der waals heterostructures for ultrahigh detectivity，Nano Lett. 17（1）（2016）453−459.

[104] F. Wang，Z. Wang，K. Xu，F. Wang，Q. Wang，Y. Huang，et al.，Tunable GaTe−MoS$_2$ van der waals p−n junctions with novel optoelectronic performance，Nano Lett. 15（11）（2015）7558−7566.

[105] X. Wang，L. Huang，Y. Peng，N. Huo，K. Wu，C. Xia，et al.，Enhanced rectification，transport property and photocurrent generation of multilayer ReSe$_2$/MoS$_2$ p−n heterojunctions，Nano Res. 9（2）（2016）507−516.

[106] F. Yan，L. Zhao，A. Patanè，P.A. Hu，X. Wei，W. Luo，et al.，Fast，multicolor photodetection with graphene−contacted p−GaSe/n−InSe van der waals heterostructures，Nanotechnology 28（27）（2017）27LT01.

［107］ A. Pezeshki, S.H.H. Shokouh, T. Nazari, K. Oh, S. Im, Electric and photovoltaic behavior of a few-layer α-MoTe$_2$/MoS$_2$ dichalcogenide heterojunction, Adv. Mater. 28（16）（2016）3216-3222.

［108］ H. Li, L. Ye, J. Xu, High-performance broadband floating-base bipolar phototransistor based on WSe$_2$/BP/MoS$_2$ heterostructure, ACS Photonics 4（4）（2017）823-829.

［109］ A. Islam, J. Lee, P.X.-L. Feng, Atomic layer GaSe/MoS$_2$ van der waals heterostructure photodiodes with low noise and large dynamic range, ACS Photonics 5（7）（2018）2693-2700.

［110］ T. Chen, Y. Sheng, Y. Zhou, R.-J. Chang, X. Wang, H. Huang, et al., High photoresponsivity in ultrathin 2D lateral graphene : WS$_2$: Graphene photodetectors using direct cvd growth, ACS Appl. Mater. Interfaces 11（6）（2019）6421-6430.

［111］ A. Li, Q. Chen, P. Wang, Y. Gan, T. Qi, P. Wang, et al., Ultrahigh-sensitive broadband photodetectors based on dielectric shielded MoTe$_2$/Graphene/SnS$_2$ p-g-n junctions, Adv. Mater. 31（6）（2019）1805656.

［112］ Y.-F. Xiong, J.-H. Chen, Y.-Q. Lu, F. Xu, Broadband optical-fiber-compatible photodetector based on a graphene-MoS$_2$-WS$_2$ heterostructure with a synergetic photogenerating mechanism, Adv. Electron. Mater. 5（1）（2019）1800562.

［113］ K. Zhang, Y. Wei, J. Zhang, H. Ma, X. Yang, G. Lu, et al., Electrical control of spatial resolution in mixed-dimensional heterostructured photodetectors, Proc. Natl. Acad. Sci. 116（14）（2019）6586-6593.

［114］ H. Huang, Y. Sheng, Y. Zhou, Q. Zhang, L. Hou, T. Chen, et al., 2D-layer-dependent behavior in lateral Au/WS$_2$/graphene photodiode devices with optical modulation of schottky barriers, ACS Appl. Nano Mater. 1（12）（2018）6874-6881.

［115］ J. Yuan, T. Sun, Z. Hu, W. Yu, W. Ma, K. Zhang, et al., Wafer-scale fabrication of two-dimensional PtS$_2$/ PtSe$_2$ heterojunctions for efficient and broad band photodetection, ACS Appl. Mater. Interfaces 10（47）（2018）40614-40622.

［116］ X. Wei, F. Yan, Q. Lv, C. Shen, K. Wang, Fast gate-tunable photodetection in the graphene sandwiched WSe$_2$/GaSe heterojunctions, Nanoscale 9（2017）8388-8392.

［117］ Y. Liu, Z. Gao, Y. Tan, F. Chen, Enhancement of out-of-plane charge transport in a vertically stacked two-dimensional heterostructure using point defects, ACS Nano 12（10）（2018）10529-10536.

［118］ A. Gao, E. Liu, M. Long, W. Zhou, Y. Wang, T. Xia, et al., Gate-tunable rectification inversion and photovoltaic detection in graphene/WSe$_2$ heterostructures, Appl. Phys. Lett. 108（22）（2016）223501.

［119］ Y. Zhou, W. Xu, Y. Sheng, H. Huang, Q. Zhang, L. Hou, et al., Symmetry-controlled reversible photovoltaic current flow in ultrathin all 2D vertically stacked graphene/MoS$_2$/WS$_2$/graphene devices, ACS Appl. Mater. Interfaces 11（2）（2019）2234-2242.

［120］ Y. Zhou, H. Tan, Y. Sheng, Y. Fan, W. Xu, J.H. Warner, Utilizing interlayer excitons in bilayer WS$_2$ for increased photovoltaic response in ultrathin graphene vertical cross-bar photodetecting tunneling transistors, ACS Nano 12（5）（2018）4669-4677.

［121］ F. Wu, H. Xia, H. Sun, J. Zhang, F. Gong, Z. Wang, et al., Asp/inse van der waals tunneling heterojunctions with ultrahigh reverse rectification ratio and high photosensitivity, Adv. Funct. Mater. 29（12）（2019）1900314.

［122］ Y. Chen, X. Wang, G. Wu, Z. Wang, H. Fang, T. Lin, et al., High-performance photovoltaic detector based on MoTe$_2$/MoS$_2$ van der waals heterostructure, Small 14（9）

（2018）1703293.

[123] D.-H. Kwak, H.-S. Ra, M.-H. Jeong, A.-Y. Lee, J.-S. Lee, High-performance photovoltaic effect with electrically balanced charge carriers in black phosphorus and WS$_2$ heterojunction, Adv. Mater. Interfaces 5（18）（2018）1800671.

[124] S. Zhao, J. Wu, K. Jin, H. Ding, T. Li, C. Wu, et al., Highly polarized and fast photoresponse of black phosphorus-InSe vertical p-n heterojunctions, Adv. Funct. Mater. 28（34）（2018）1802011.

[125] C. Li, Q. Cao, F. Wang, Y. Xiao, Y. Li, J.-J. Delaunay, et al., Engineering graphene and TMDs based van der waals heterostructures for photovoltaic and photoelectrochemical solar energy conversion, Chem.Soc. Rev. 47（13）（2018）4981-5037.

[126] W.J. Yu, Y. Liu, H. Zhou, A. Yin, Z. Li, Y. Huang, et al., Highly efficient gate-tunable photocurrent generation in vertical heterostructures of layered materials, Nat. Nanotechnol. 8（12）（2013）952-958.

[127] R. Cheng, D. Li, H. Zhou, C. Wang, A. Yin, S. Jiang, et al., Electroluminescence and photocurrent generation from atomically sharp WSe$_2$/MoS$_2$ heterojunction p-n diodes, Nano Lett. 14（10）（2014）5590-5597.

[128] M.M. Furchi, A. Pospischil, F. Libisch, J. Burgdörfer, T. Mueller, Photovoltaic effect in an electrically tunable van der waals heterojunction, Nano Lett. 14（8）（2014）4785-4791.

[129] N. Flöry, A. Jain, P. Bharadwaj, M. Parzefall, T. Taniguchi, K. Watanabe, et al., A WSe$_2$/MoSe$_2$ heterostructure photovoltaic device, Appl. Phys. Lett. 107（12）（2015）123106.

[130] A.-J. Cho, S.D. Namgung, H. Kim, J.-Y. Kwon, Electric and photovoltaic characteristics of a multi-layer ReS$_2$/ReSe$_2$ heterostructure, APL Mater. 5（7）（2017）076101.

[131] A.-J. Cho, M.-K. Song, D.-W. Kang, J.-Y. Kwon, Two-dimensional WSe$_2$/MoS$_2$ p-n heterojunctionbased transparent photovoltaic cell and its performance enhancement by fluoropolymer passivation, ACS Appl. Mater. Interfaces 10（42）（2018）35972-35977.

[132] D. Li, M. Chen, Z. Sun, P. Yu, Z. Liu, P.M. Ajayan, et al., Two-dimensional non-volatile programmable p-n junctions, Nat. Nanotechnol. 12（9）（2017）901-906.

[133] X. Duan, C. Wang, J.C. Shaw, R. Cheng, Y. Chen, H. Li, et al., Lateral epitaxial growth of two-dimensional layered semiconductor heterojunctions, Nat. Nanotechnol. 9（12）（2014）1024-1030.

[134] M.-Y. Li, Y. Shi, C.-C. Cheng, L.-S. Lu, Y.-C. Lin, H.-L. Tang, et al., Epitaxial growth of a monolayer WSe$_2$-MoS$_2$ lateral pn junction with an atomically sharp interface, Science 349（6247）（2015）524-528.

[135] J. Pu, K. Funahashi, C.-H. Chen, M.-Y. Li, L.-J. Li, T. Takenobu, Highly flexible and high-performance complementary inverters of large-area transition metal dichalcogenide monolayers, Adv. Mater. 28（21）（2016）4111-4119.

延伸阅读

N.R. Pradhan, D. Rhodes, S. Feng, Y. Xin, S. Memaran, B.-H. Moon, et al. Field-effect transistors based on few-layered α-MoTe$_2$ [J]. ACS Nano, 2014, 8（6）: 5911-5920.

第 7 章 二维异质结构的器件物理和器件集成

Chandan Kumar[1], Santanu Das[2], Satyabrata Jit[1]

1. 印度理工学院（巴拿勒斯印度教大学），电子工程系，瓦拉纳西，印度
2. 印度理工学院（巴拿勒斯印度教大学）陶瓷工程系，瓦拉纳西，印度

7.1 引言

异质结构非常重要，其结构、界面和电子特性极具吸引力，可广泛用作先进半导体器件的基本构件。一般来说，异质结构比单一材料层具有更好的电学和光学性能。异质结构中的电荷传输机制取决于材料种类、能带排列、表面行为、界面特征、电荷载流子的迁移率等多种参数。最近，由二维（2D）纳米材料构筑的二维异质结构，因独特且新颖的性质，吸引了光电子应用领域的研究。在此背景下，本章将介绍异质结构的二维材料及其在器件物理领域的研究进展。根据电荷传导和带隙，2D 材料分为半金属、半导体和绝缘体，所以 2D 异质结构具有半金属/半导体、半金属/绝缘体、半导体/半导体、半导体/绝缘体和其他几种组合形式。通过对不同类型异质结构的特性研究表明，二维异质结构的器件物理与常规半导体的不同。本章将介绍二维异质结构的不同结构类型、物理和电子特性，以及这些二维异质结构电子器件的基本作用机理。

此外，本章还讨论二维异质结构中电荷传输的可能传导机制和不同类型的二维异质结构的制备及在器件方面应用。

7.2 二维材料

二维材料是有一个维度严格地限制为单个原子级的薄层。只有在层间耦合很弱和面内化学键很强的情况下，一个维度仅有一个原子层厚度的材料才可能稳定存在。在二维材料中，原子层极的厚度迫使材料的态密度改变，从而改变了其基本性质。因此，2D 材料的电荷传输机制与块状材料不同。在量子霍尔效应下，采用强量化磁场分析 2D 材料中的电荷传输，包括对器件霍

尔电阻的精确量化，可以发现 2D 材料的独特性能来源于电场屏蔽下薄原子层中的弱且高度非定域的电荷传输。这些特性是 2D 材料具有复杂光电特性的原因。

近年来，人们合成了多种二维材料，并研究了它们的特性。在这些 2D 材料中，石墨烯（碳的同素异形体）作为一种基础材料，自发现以来对其进行了广泛的研究，而其他单一元素的 2D 材料，如磷烯（P）、硅烯（Si）、锗烯（Ge）、锡烯（Sn）和硼烯（B）的器件应用也在研究之中。化合物 2D 材料主要包括：六方氮化硼（h–BN）、半导体钼和钨基过渡金属二硫化物（TMD）、过渡金属碳化物和氮化物（MXenes）、过渡金属氧化物和卤化物、Ⅲ—ⅤA 族化合物、有机—无机杂化钙钛矿等，这些都被广泛地应用于光电领域的研究中。本章将讨论 2D 材料的基本特性和器件应用。

7.2.1　晶体结构

元素组成及其在晶格平面上的取向决定了二维材料的晶体结构。单层石墨烯和 h–BN 是六方晶格的共价键在同一平面的纯二维晶体结构。TMD 有三个原子，以三角棱柱体或八面体的形式形成 X—M—X 三明结构。TMD 中的两个单个 MX_2 层间是由弱范德瓦耳斯力（vdW）而非悬挂键进行结合。双层石墨烯主要存在于 Bernal 堆叠中，其中一半的碳原子在第二层有一个邻近原子，另一半没有。然而，垂直堆叠的 2D 二硫化钼（MoS_2）通过 vdW 弱相互作用连接。金属配位及其在各层中的堆积顺序决定了 TMD 的相位。TMD 主要有三个相位，即 1T、2H 和 3R，其中，1、2、3 是每个单元的 X—M—X 结构的数量，T、H、R 分别代表着四方、六方、菱形晶体的对称性。M 和 X 原子的大小对层间距离和层间键长起着重要作用。这些参数随着 M 和 X 的大小而增加，见表 7–1。

表 7–1　常见 TMD 晶体的结构参数

2D 材料	层间距（Å）	vdW 间隙（Å）	MX_2 夹层厚度（Å）	M—X 键长（Å）
2H–MoS_2	6.15	2.98	3.17	2.42
2H–$MoSe_2$	6.47	3.24	3.23	2.49
2H–$MoTe_2$	7.28	3.68	3.60	2.72
2H–WS_2	6.16	3.02	3.14	2.40
2H–WSe_2	7.00	3.76	3.24	2.49
1T–WTe_2	7.02	3.80 ~ 3.90	3.50 ~ 4.00	2.71 ~ 2.82

7.2.2 电子特性

2D 材料是固体，与厚度方向相比，横向尺寸相对较大。横向与其垂直切面的大尺寸比使 2D 层状材料比块状材料更具吸引力。层状 2D 材料层间 vdW 相互作用相对较弱，因此堆叠层之间的结合较弱。由于没有表面基团或悬挂键，2D 材料中的电荷载流子散射也比块状材料中的小。同样，2D 材料的电荷载流子迁移率取决于层数、电荷载流子极性、电荷杂质、局域态、缺陷、温度、衬底、接触和器件几何形状。除了一些特例，一般来说，任何 2D 材料的迁移率都会随着层数的减少而增加。在半导体 2D 材料中，由于介电屏蔽和量子限制明显减少，电荷载流子和缺陷之间的库仑相互作用显著增加。由于强烈的层间耦合和量子限制，2D 材料的电子能带结构高度依赖于层的厚度。层状 2D 材料的这些有趣特性使其适用于各种电子和光电子器件。表 7-2 中列出了常用于制造 2D 异质结构的 2D 材料。除石墨烯外，TMD 是制备二维异质结构的主要材料，被应用于各种电子器件。表中比较了单层和块状石墨烯和 TMD 中电荷载流子迁移率的典型数值。由于量子限制效应，2D 单层材料的带隙比其体形材料的大。表 7-3 列出了不同层数 2D 材料带隙值的变化。

表 7-2　块状及单层石墨烯和 TMD 的迁移率

2D 材料	迁移率 $[cm^2/(V \cdot s)]$	
	块状 (>10 层)	单层
石墨烯	10000	>140000
2H–MoS$_2$	60 ~ 200	>200
2H–MoSe$_2$	160 ~ 250	50
2H–MoTe$_2$	40	—
2H–WS$_2$	20 ~ 100	0.2
2H–WSe$_2$	120 ~ 150	30 ~ 180
1T–WTe$_2$	6000 ~ 44000	20 ~ 21000

表 7-3　带隙随 TMD 厚度的变化

2D 材料	带隙 (eV)				
	块状	四层	三层	双层	单层
2H–MoS$_2$	1.23	1.41	1.46	1.59	1.89

续表

2D 材料	带隙 (eV)				
	块状	四层	三层	双层	单层
2H–MoSe₂	1.09	—	1.34	1.46	1.57
2H–MoTe₂	0.93	1.00	1.02	1.05	1.08
2H–WS₂	1.35	1.47	1.53	1.73	1.98
2H–WSe₂	1.20	1.42	1.45	1.54	1.66

7.3 二维异质结构

2D 材料表现出几个有趣的性质，不同 2D 材料的堆叠层通过弱范德瓦耳斯力结合在一起，为 2D 异质结构带来了更有趣的应用。弱范德瓦耳斯力产生的层间键提供了原子级界面，减少了散射效应。这些异质结构具有独特的原子级精度的二维电子态，为其光电应用提供了巨大的机会。除此之外，需要使用基于基本器件物理的数学模型来分析二维异质结构的这些特性。由于界面结构的不可通约性，二维材料基异质结构的器件物理非常复杂。因此，分析不可通过二维异质结构需要对单一层进行量子描述。迄今仍很少有方法能很好地解决原子层间的不同问题，主要包括电荷粒子之间的有效相互作用、电子气的振荡、能带结构的多体计算，以及其他许多利用介电屏蔽效应和层间杂化的方法。

图 7–1 是在两个原子级薄层二维材料之间形成的二维异质结构。这些异质结构具有亚纳米厚度，它们的电子和光学性质优良。两种二维材料的堆叠也可能产生巨大的缺陷密度，这会使二维异质结构的电荷传输机制更加复杂。在由 MoS_2/二硒化钨（WSe_2）2D 异质结构构成的叠层 p–n 结中，由于不寻常的层间再结合而产生的电荷传输受两种物理机制的协同控制，即由于多数载流子隧穿进入陷阱态而产生的肖克利—瑞德—霍尔（Shockley–Read–Hall，SRH）再结合，以及由于库仑相互作用而产生的 Langevin 再结合。此 2D 异质结构的光电特性调节是通过光亮度（PL）分析来研究的，通过 PL 峰值调节发现了 MoS_2/WSe_2 异质结构中类似的隧道势垒。2D MoS_2/WSe_2 异质结构与其原始单层相比，PL 峰通常向较低的能量方向移动。

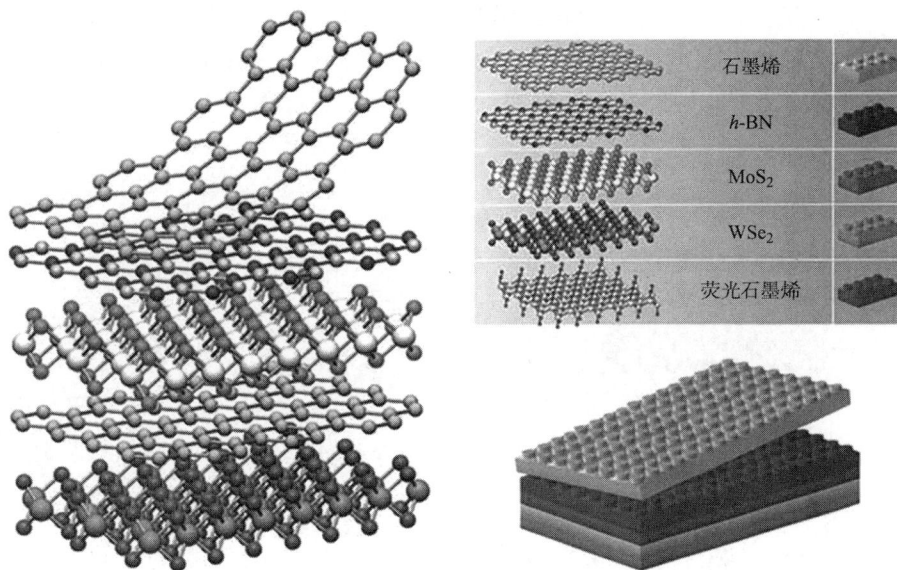

图 7-1　层状二维材料及其形成二维异质结构的堆叠

7.4　二维异质结构中的电荷传输

二维异质结构中的电荷传输机理与块状材料异质结构中的经典机理不同。到目前为止，对二维异质结构中的电子传输机制的研究有第一性原理方法、从头算响应函数及利用其他物理现象的方法等。

7.4.1　介电屏蔽

固态器件中的屏蔽效应体现了材料内部带电粒子的静电场和库仑电势的细节。由于具有较大的表面积与厚度比，二维材料中的介电屏蔽效应与块状材料中的介电屏蔽效应不同。可利用介电屏蔽技术研究异质结构组合中的 2D 材料的能级变化。具体来说，二维材料的性质限制了第一性原理计算在异质结构中的应用。图 7-2（A）所示的量子静电异质结构（QEH）模型是通过静电相互作用耦合的各 2D 层的从头算函数计算广义 2D 异质结构的介电函数。使用 QEH 模型计算介电函数主要分两步。第一步，使用从头计算估算独立层平面内平均密度响应函数，χ_i。第二步，通过库仑相互作用将 Dyson-like 方程与电介质构成要素耦合，求解该方程来估算范德瓦耳斯异质结构的密度响应函数。因此，从头计算可用于估算单层、双层和块状材料的介电函数，而 QEH 可精确估算多达 100 层的多层材料的介电函数，如图 7–2（B）所示。由此图可见，QEH 模型和从头算计算的介电函数对于单层和双层的模拟结果非常一致。

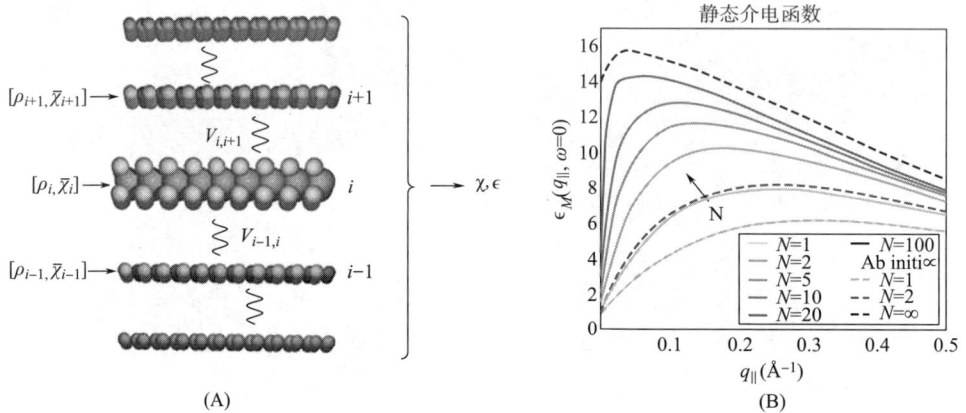

(A)　　　　　　　　　(B)

图 7–2　介电屏蔽效应的模拟和计算

7.4.2　准粒子能带结构

由于密度泛函理论（DFT）的计算结果与二维材料各项特征符合较好，因此广泛用于电子能带结构的计算。准粒子（QP）带隙是最高占据态和最低未占据态的能量差。这种带隙不同于传统体半导体材料的光学带隙。Aziza 等利用扫描隧道显微镜（STM）和扫描隧道光谱学（STS）证明了双层石墨烯上生长的几层硒化镓（GaSe）二维异质结构的 QP 能隙的可调性。使用角分辨光电子能谱（ARPES）测量的多层 GaSe/ 石墨烯异质结构的计算能带结构如图 7–3 所示。在此图中，当层数增加时，QP 能带结构变得不可见，且表现出与相应的块状结构类似的行为。

7.4.3　激发子

目前，已在 2D 半导体和绝缘体中观察到结合能达到带隙 30% 的强束缚激子。这些激子导致准粒子带隙上下层状材料的光谱发生很大的变化。2D 材料表现出的大的激子结合能是形状限制和介电屏蔽减少双重作用的结果。QEH 模型被用于计算由单层 MoS_2 与 n 层 h–BN 叠加并夹在 n 层 h–BN 间形成的二维异质结构中的介电函数。有效介电函数也采用了如图 7–4 所示的线性近似进行估算。图 7–4（A）为 MoS_2 层位于 n 层 h–BN 之上的二维异质结构，图 7–4（B）为二维异

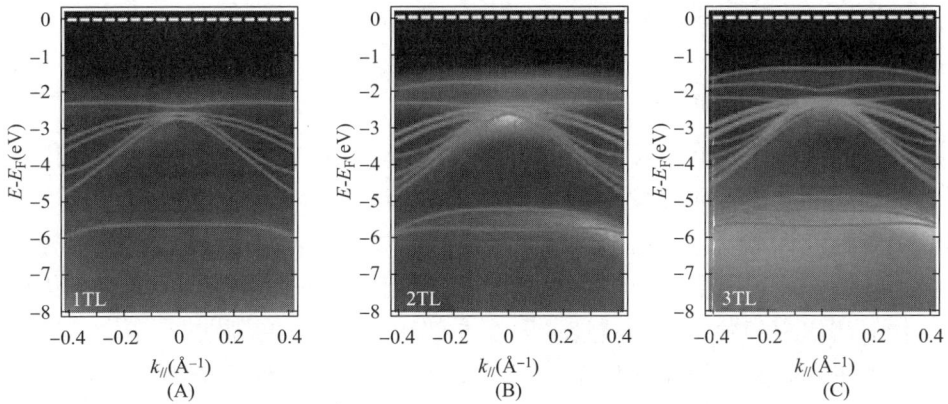

图 7-3　随着 GaSe 层数的增加，多层 GaSe/ 石墨烯异质结构中的准粒子能带结构

质结构的有效介电函数（实线）及其线性近似（虚线），图 7-4（C）为 MoS_2 层在 n 层 h-BN 之间的夹心二维异质结构和它的有效介电函数（实线）及其线性近似（虚线）[图 7-4（D）]。图 7-4（A）和（C）所示的在 MoS_2 层上方和将其夹在中间的 h-BN 层，有效介电函数及其线性近似值分别展示在图 7-4（B）和（D）中。此外，基底上的封装或沉积等介电环境可用于控制 2D 材料中的激子结合能。2D 层半导体材料可以通过交错带排列堆叠使处在不同 2D 层的电子和空穴产生层间激子。由于这种二维异质结构中电子和空穴的空间分离，层间激子的寿命比层内激子更长。二维异质结构的层间激子建模包括对异质结构能带排列的精准描述

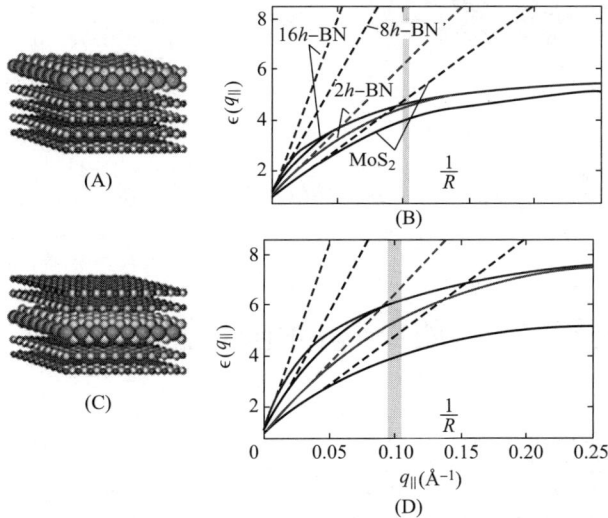

图 7-4　有效介电函数的模型和计算

和二维材料对电子—空穴相互作用的非局部屏蔽。

7.4.4 等离子体激元

　　二维材料在等离子体激元的应用方面有许多优点，从而提高了等离子体激元器件的性能和功能。研究发现，2D 材料的等离子体激元寿命更长，并且可以根据应用情况进行微调，以获得合适的光线。此外，不同 2D 层状材料的堆叠形成范德瓦耳斯 2D 异质结构，可在原子尺度上控制等离子体激元，从而实现传统异质结构无法实现的独特光学特性。图 7-5 显示了石墨烯 /h–BN/ 石墨烯异质结构通过等离子—等离子激元杂化和介电屏蔽实现等离子体激元能量的可能的方式。图 7-5（A）为石墨烯 /h–BN/ 石墨烯二维异质结构；图 7-5（B）为 h–BN 层不同层数的等离子体能量是 h–BN（虚线）和对真空填充间隙的等效结构（实线）的函数。由于石墨烯层与夹在其间的 h–BN 层晶格完全匹配，因此对最薄的二维异质结构采用从头算计算的方法求得 h–BN 对等离子体激元的影响关系。此外，还使用 QEH 模型估计了 h–BN 对等离子体激元的影响关系，结果表明，夹心 h–BN 层及其数量可以对等离子体激元能量进行微调。

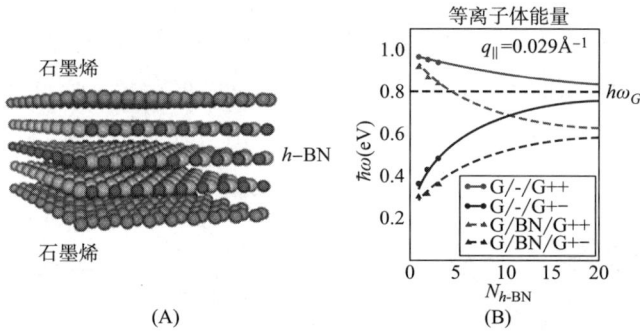

图 7-5　等离子体激元的结构的计算

7.5　基于二维异质结构的电子器件

　　二维异质结构的电学和光学性质主要取决于相关二维材料的带隙及其带排列方式。电荷载流子的运动通常由异质结处的能带弯曲形成的势垒控制。两层的叠加也会导致价带和导带的不连续性。因此，势垒和不连续性的综合效应赋予 2D 异质结构各种电学和光学特性。本文讨论了可能用作电子器件的半金属、半导体和绝缘体不同组合的二维异质结构。如下文所述，这些异质结构大致分为 4 类。

7.5.1　半金属 / 半导体

半金属 / 半导体是研究最广泛的二维异质结构。半金属石墨烯的许多独特性质为这种结构提供了广泛的可能。石墨烯作为半金属、WS_2 作为半导体，形成的 2D 异质结构制造的垂直 FET 如图 7-6（A）和（B）所示。因为 WS_2 带隙窄，器件中发生隧道传输并因石墨烯的费米能级的电调谐而伴随了热离子传输。两种传输机制的结合使得 FET 器件具有高导通电流和更好的电流调制。在负外加电位下发生隧道传输，在正外加电势下发生离子传输，如图 7-6（C）和（D）所示。这两种电子传输机制也可以根据工作温度区域而产生区别。低温区以隧道传输为主，高温区以过势垒热离子传输为主。

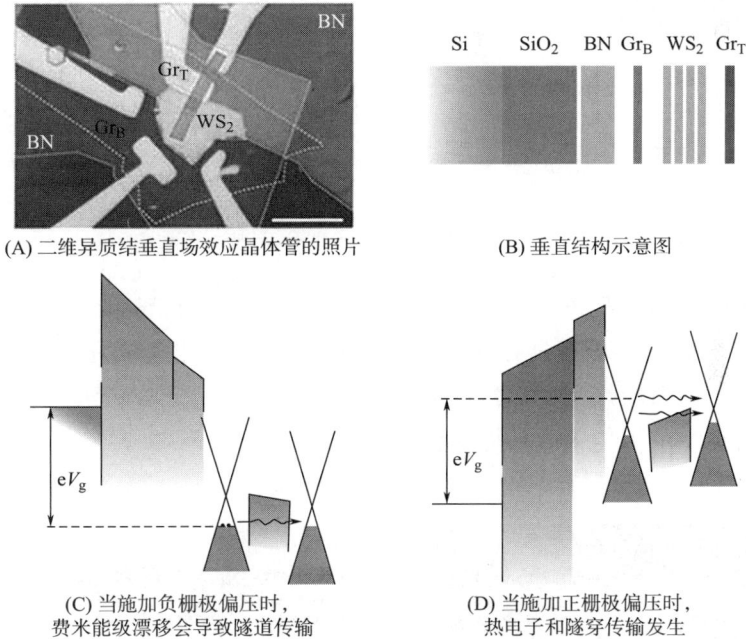

(A) 二维异质结垂直效应晶体管的照片

(B) 垂直结构示意图

(C) 当施加负栅极偏压时，
费米能级漂移会导致隧道传输

(D) 当施加正栅极偏压时，
热电子和隧穿传输发生

图 7-6　半金属 / 半导体形貌和性能

构成 2D 异质结构的 2D 材料的带隙和功函数在其电学和光学性质中也显示了重要作用。图 7-7（A）和（B）为构建在 Si/SiO_2 衬底上的石墨烯 $/MoS_2/Ti$ 的二维异质结构。图 7-7（C）表明，负偏压下的载流子传输主要由肖特基势垒控制。如图 7-7（D）所示，由于超薄的 MoS_2 层致使肖特基势垒合并，并在正偏压下形成单调的带斜率。因此，受激电子和空穴的分离及传输主要由栅极终端施加的外部正场下的热电子传输控制。

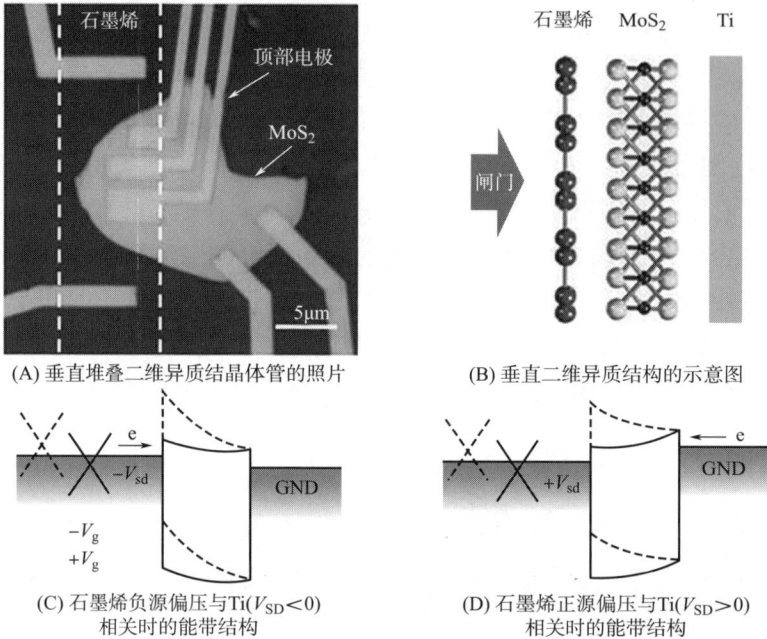

(A) 垂直堆叠二维异质结晶体管的照片

(B) 垂直二维异质结构的示意图

(C) 石墨烯负源偏压与Ti($V_{SD}<0$)相关时的能带结构

(D) 石墨烯正源偏压与Ti($V_{SD}>0$)相关时的能带结构

图 7-7　石墨烯/MoS$_2$/TiO$_2$异质结

　　与传统的异质结构不同，石墨烯/MoS$_2$异质结构很少产生在异质结构光电晶体管中可观察到的主导损耗效应（图 7-8）。这是由于半金属和半导体的原子级薄层造成的，但石墨烯/MoS$_2$界面的电荷浓度和极性易受到表面电荷杂质的影响。从能带图可见，电荷传输受外加偏置电压控制。

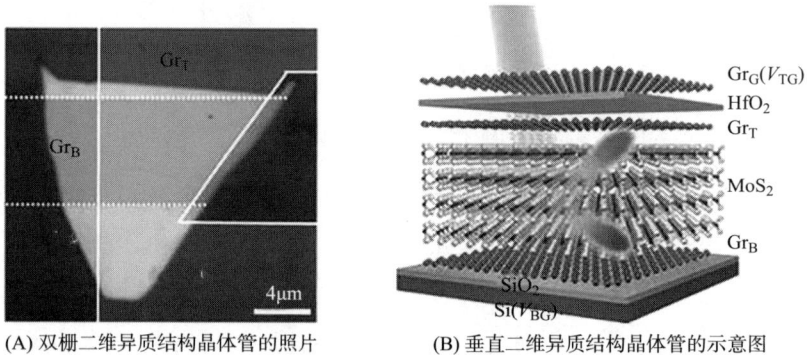

(A) 双栅二维异质结构晶体管的照片

(B) 垂直二维异质结构晶体管的示意图

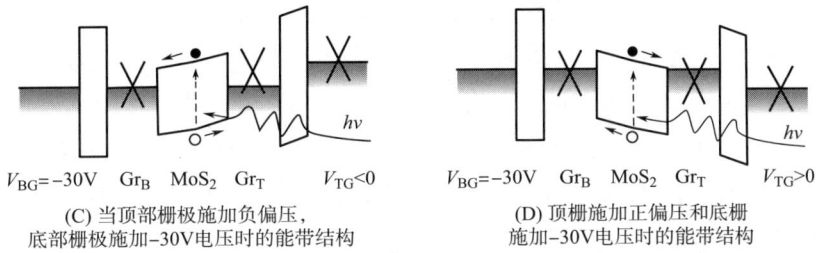

(C) 当顶部栅极施加负偏压，
底部栅极施加−30V电压时的能带结构

(D) 顶栅施加正偏压和底栅
施加−30V电压时的能带结构

图 7−8　石墨烯 /MoS$_2$ 异质结

如图 7−9 所示，使用剥离石墨烯 /MoS$_2$/Ti 形成的垂直 2D 异质结构在大电流整流中体现出接近理想的肖特基二极管的特性。此外，如图 7−9（B）所示，对于正极 V_B，导电性由石墨烯 /MoS$_2$ 界面处的肖特基势垒控制。如图 7−9（C）和（D）所示，肖特基势垒高度由施加的栅极电压 V_G 调节。与此相反，当在 V_B 处施加负偏压时，电导由 Ti/MoS$_2$ 界面处的肖特基势垒控制。

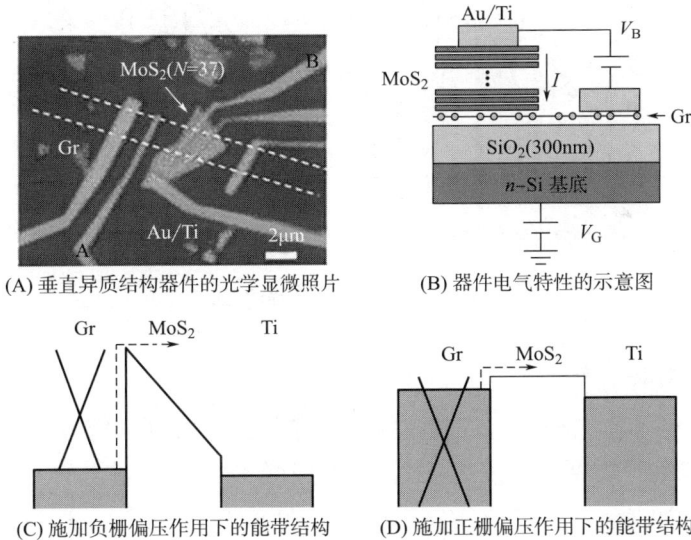

(A) 垂直异质结构器件的光学显微照片

(B) 器件电气特性的示意图

(C) 施加负栅偏压作用下的能带结构

(D) 施加正栅偏压作用下的能带结构

图 7−9　石墨烯 /MoS$_2$/Ti 垂直异质结

7.5.2　半金属 / 绝缘体

将半金属叠放在绝缘体上可能会在二者中产生一个带隙，这是半金属 / 绝缘体 2D 异质结构非常引人关注的特点。零带隙 2D 材料石墨烯在 h−BN 上堆叠时，可以产生 53meV 的微小带隙。这种带隙产生是 h−BN 片层上石墨烯薄层采取了固定取向的结果，即一个石墨烯碳原子位于 h–BN 的硼亚晶格上方，另一个碳原子位于 h–BN 环中心之上。当石墨烯 /h–BN/ 石墨烯结构的 2D 异质结构上产生温度梯度时，会产生较小的热电电压。此电压会显著影响隧道晶体管和二极管的电性能。如图 7–10（A）中的垂直示意图所示，硅衬底上的石墨烯 /h–BN 2D 异质结构垂直场效应晶体管（FET）产生穿过 h–BN 薄层的量子隧穿。在高栅极电压或 h–BN 层较厚时，此隧穿 FET 开 / 关电流更大。如图 7–10（B）所示，在外加栅极电压下，由于石墨烯的弱屏蔽作用，底部和顶部石墨烯电极中的载流子浓度增加。与传统氧化物基绝缘体材料制成的平面场效应管结构相比，在这种垂直结构里隧穿电子移动速度极高。Fiori 等利用 DFT 和基于非平衡格林函数的原子物理工具模拟了垂直石墨烯 /h–BN 异质结构。结果发现，h–BN 是有效的电流阻挡层，电流调制高达 5 个数量级，与参考文献中的实验结果类似。因此，这类结构制备的垂直场效应管比平面场效应管表现出更优越的性能。

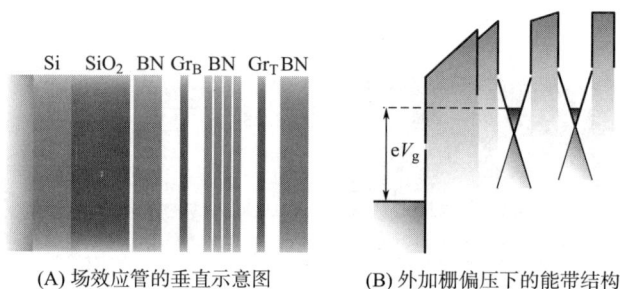

(A) 场效应管的垂直示意图　　　　(B) 外加栅偏压下的能带结构

图 7–10　半金属 / 绝缘体

7.5.3　半导体 / 半导体

半导体 / 半导体结构具有许多传统异质结构无法实现的特性和应用，是颇具应用前景的二维异质结构。图 7–11（A）为带有横向金属触点的 MoS_2/WSe_2 异质结的示意图和照片。如图 7–11（A）所示，在 WSe_2 上堆叠 MoS_2 形成的 2D 异质结构，由于是原子级薄层而没有耗尽区。但 MoS_2/WSe_2 2D 异质结构具有与常规 p–n 结二极管类似的电流—电压特性。由于带弯曲，正向没有明显的势垒，而反向有很大的势垒。通过隧道介导的层间再结合模拟器件的正向偏置电流。这种层间再结合可以用 SRH 再结合和 Langevin 再结合来描述，SRH 复合是由多数载流子隧穿进入禁带中的陷阱态介导的，Langevin 再结合是由图 7–11（B）和（C）中的能带剖面中的库仑相互作用介导的。图 7–11（B）和（C）分别为 MoS_2/WSe_2 异质结构在横向和垂直方向上的能带分布。此外，随着 MoS_2/WSe_2 异质结中原子层数增加，其 p-n 光电二极管特性显著改善，且抑制了电极之间的直接隧穿。此外，随着厚度增加，整体传输曲线从线性变为整流二极管特性，而此特性变化是由直接隧穿电流的指数级下降引起的。

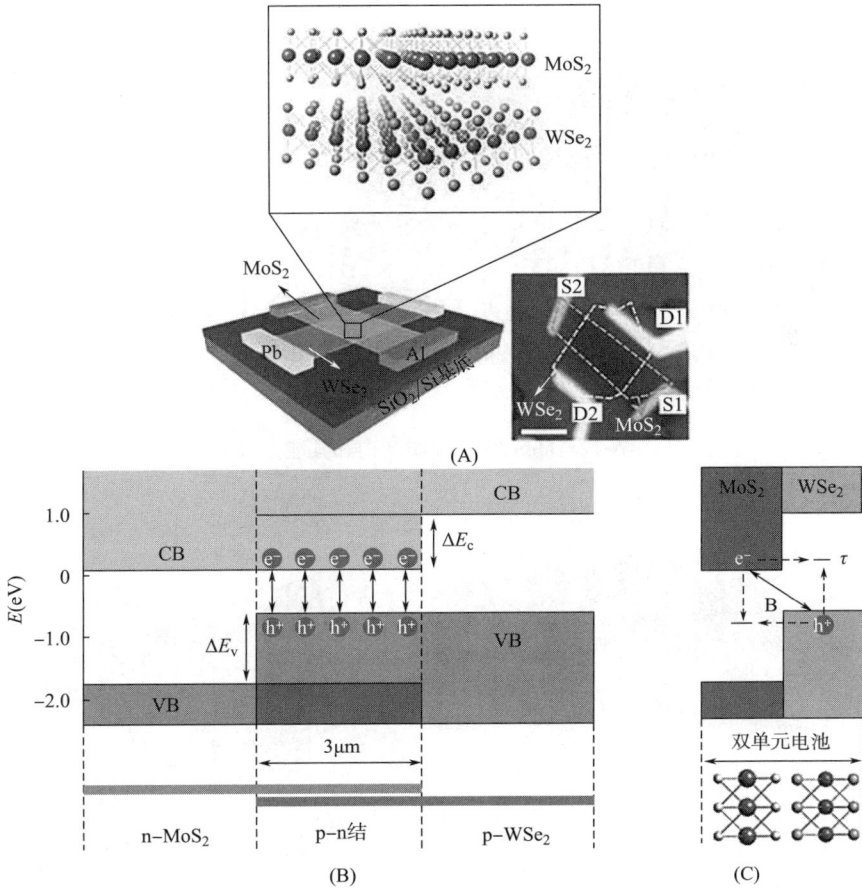

图 7-11　MoS$_2$/WSe$_2$ 异质结

图 7-12 给出了 2D 异质结构的一个有趣特征，两个原子堆叠薄层间的量子耦合导致 MoS$_2$/WS$_2$ 结构形成 II 型异质结。在异质结中，导带最小值出现在 MoS$_2$ 侧，而价带最大值出现在 WS$_2$ 侧。因此，在 MoS$_2$/WS$_2$ 异质结构中的高效电荷分离是可能的，且与单层膜的激子结合能相比，MoS$_2$ 和 WS$_2$ 之间的带偏移更小。

图 7-13（A）和（B）是用于制造太阳能电池的 MoS$_2$/WSe$_2$ 异质结构及其能带图。图 7-13（A）为 MoS$_2$/WSe$_2$ 异质结构太阳能电池，图 7-13（B）为短路下

的横向能带图，图 7-13（C）为不同温度下的器件电流与栅极电压关系，插图是 −75V 和室温下的 I—V 特性，图 7-13（D）为外加栅极电压下的电荷输模型。与场效应晶体管类似，器件是通过栅极电压控制。如图 7-13（C）所示，当栅极电压合适，可获得原子级厚度 p-n 结的特性。图 7-13（D）为施加栅极电压时建

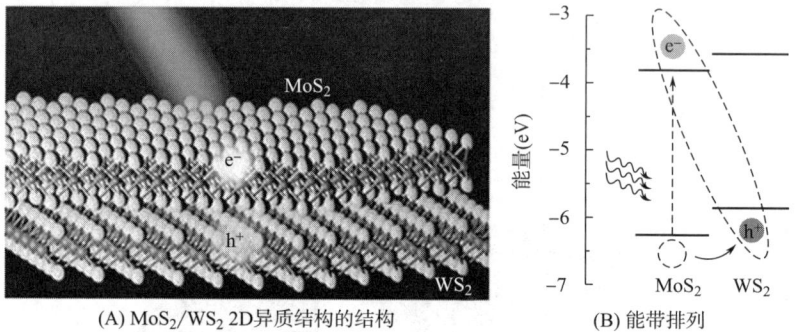

(A) MoS₂/WS₂ 2D异质结构的结构

(B) 能带排列

图 7-12　MoS₂/WS₂ 异质结构和其能带排列

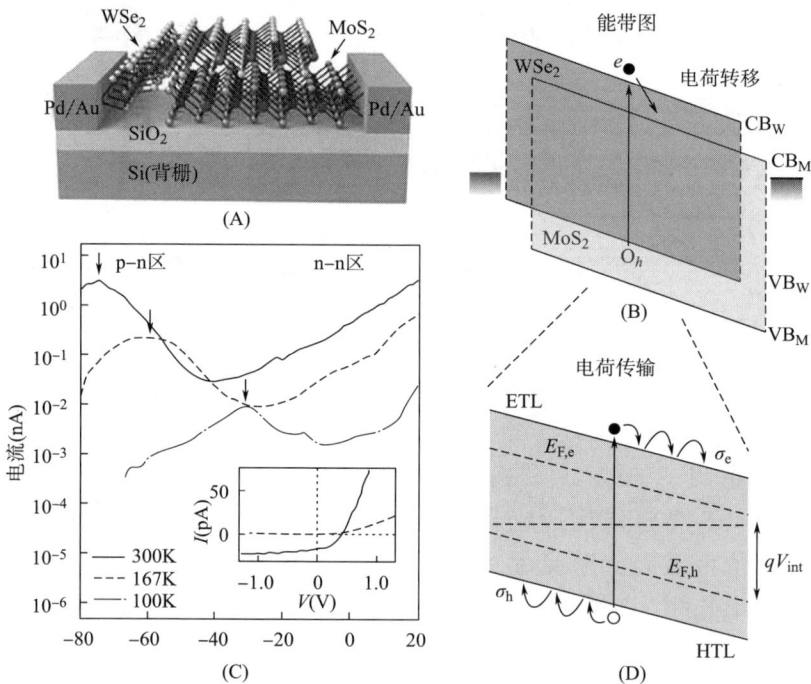

图 7-13　异质结构太阳能电池的器件物理

立了横向场，导致 MoS$_2$ 片产生电子净浓度，而 WSe$_2$ 片中产生空穴净浓度。因此，由 WSe$_2$/MoS$_2$ 异质结构制成的太阳能电池表现出传输受限行为，而不是基于肖克利二极管方程的性能。

7.5.4　半导体 / 绝缘体

半导体 / 绝缘体这类二维异质结构在器件应用中的探索和使用相对较少。实际上如图 7-14 所示，2D 介电层，即 h-BN 有助于载流子的快速传输，因此将 h-BN 层置于 SiO$_2$ 上时，可以获得高的载流子迁移率。图 7-14（A）和（B）是两种不同组合的异质结构。图 7-14（C）显示了高载流子迁移率导致 h-BN FET 的漏电流较大。图 7-14（B）是 h-BN 在 SiO$_2$ 上和 MoS$_2$ 层下的组合。此结构中的 h-BN 有效地保护 MoS$_2$ 层免受 SiO$_2$ 衬底中带电杂质影响而产生的库仑散射。此外，在 MoS$_2$ 下使用 h-BN 层，形成了更好的晶体匹配，减少了器件的滞后。Srivastava 和 Fahad 发现在 MoS$_2$/h-BN/MoS$_2$ 层间隧穿 FET 中，存在由栅极诱导的层间隧穿控制的电流传输。在源极和漏极之间，发射流的传输占主导地位。此外，通过使用低带隙绝缘体或宽带隙的分层半导体，可以改善层间隧穿 FET 的通断电流比。

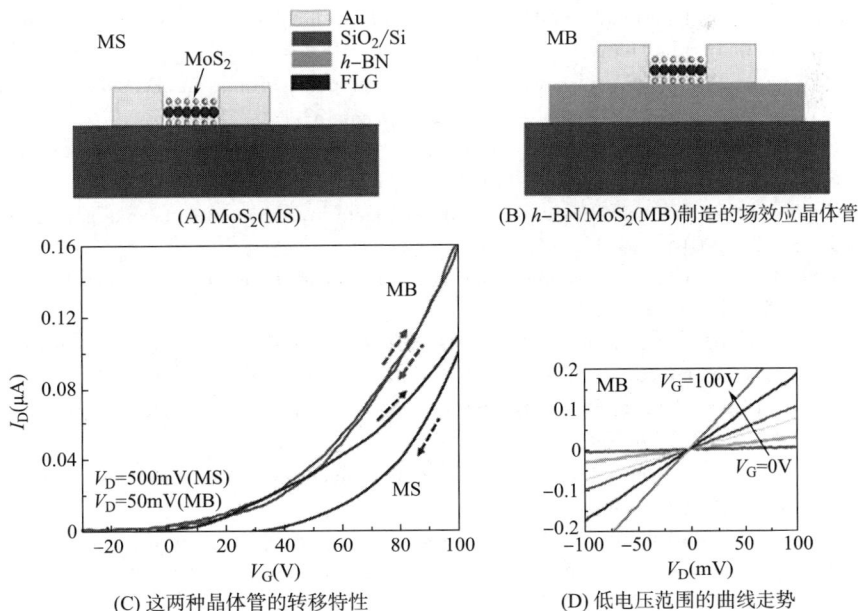

（A）MoS$_2$(MS)

（B）h-BN/MoS$_2$(MB)制造的场效应晶体管

（C）这两种晶体管的转移特性

（D）低电压范围的曲线走势

图 7-14　效应晶体管的使用

7.6 结论

二维异质结构的应用为电子和光电子先进半导体器件的发展提供了新的机遇。将单个单层二维材料堆叠形成异质结构时，其材料特性变得更丰富且更有利用价值。异质结构中载流子的传输是复杂的，主要受隧穿、热离子、肖特基等机制控制。异质结构的性能主要由单个 2D 材料的带隙及其能带排列影响。因此，需要对这些异质结构的器件物理进行充分的研究，以了解器件的输出结果及其物理机理。电荷传输机制以及堆叠结构赋予了二维异质结构的引人特质，令其在开发下一代的超快电子和光电子器件的应用和研究中备受关注。

参考文献

［1］ Y. Liu，N.O. Weiss，X. Duan，H.C. Cheng，Y. Huang，X. Duan，Van der Waals heterostructures and devices，Nat. Rev. Mater. 1（9）（2016）1–17.

［2］ G. Rawat，D. Somvanshi，Y. Kumar，H. Kumar，C. Kumar，S. Jit，Electrical and ultraviolet–adetection properties of E–beam evaporated n–TiO_2 capped p–Si nanowires heterojunction photodiodes，IEEE Trans. Nanotechnol. 16（1）（2017）49–57.

［3］ A.C. Ferrari，et al.，Science and technology roadmap for graphene，related two–dimensional crystals，and hybrid systems，Nanoscale 7（11）（2015）4598–4810.

［4］ K.S. Thygesen，Calculating excitons，plasmons，and quasiparticles in 2D materials and van der Waals heterostructures，2D Mater. 4（2）（2017）aa6432.

［5］ G.R. Bhimanapati，et al.，Recent advances in two–dimensional materials beyond graphene，ACS Nano. 9（12）（2015）11509–11539.

［6］ A. Gupta，T. Sakthivel，S. Seal，Recent development in 2D materials beyond graphene，Prog. Mater. Sci. 73（2015）44–126.

［7］ K.S. Novoselov，et al.，Two–dimensional gas of massless Dirac fermions in graphene，Nature 438（7065）（2005）197–200.

［8］ X. Li，X. Wang，L. Zhang，S. Lee，H. Dai，Chemically derived ultrasmooth graphene nanoribbon semiconductors，Science（80–.）319（5867）（2008）1229–1232.

［9］ T. Ando，A.B. Fowler，F. Stern，Electronic properties of two–dimensional systems，Rev. Mod. Phys. 54（2）（1982）437–672.

［10］ L.V. Keldysh，Coulomb interaction in thin semiconductor and semimetal films，Soviet Physics JETP 29（11）（1979）658–660.

［11］ P. Cudazzo，I.V. Tokatly，A. Rubio，Dielectric screening in two–dimensional insulators：implications for excitonic and impurity states in graphane，Phys. Rev. B – Condens. Matter Mater. Phys 84（8）（2011）1–7.

［12］ A. Splendiani，et al.，Emerging photoluminescence in monolayer MoS_2，Nano Lett. 10（4）（2010）1271–1275.

［13］　M. Velický，P.S. Toth，From two-dimensional materials to their heterostructures：an electrochemist's perspective，Appl. Mater. Today 8（2017）68-103.

［14］　W. Choi，N. Choudhary，G.H. Han，J. Park，D. Akinwande，Y.H. Lee，Recent development of two-dimensional transition metal dichalcogenides and their applications，Mater. Today 20（3）（2017）116-130.

［15］　L.F. Mattheiss，Band structures of transition-metal-dichalcogenide layer compounds，Phys. Rev. B 8（8）（1973）3719-3740.

［16］　P.D. Fleischauer，J.R. Lince，P.A. Bertrand，R. Bauer，Electronic structure and lubrication properties of MoS_2：a qualitative molecular orbital approach，Langmuir 5（4）（1989）1009-1015.

［17］　K.S. Novoselov，Nobel lecture：graphene：materials in the Flatland，Rev. Mod. Phys. 83（3）（2011）837-849.

［18］　V. Giacometti，B. Radisavljevic，A. Radenovic，J. Brivio，A. Kis，Single-layer MoS_2 transistors，Nat. Nanotechnol. 6（3）（2011）147-150.

［19］　R.A. Bromley，A.D. Yoffe，R.B. Murray，Band structures of some transition-metal dichalcogenides. 3. group Vi a—trigonal prism materials，J. Phys. Part C Solid State Phys. 5（7）（1972）759.

［20］　C.H. Lee，et al.，Tungsten ditelluride：a layered semimetal，Sci. Rep. 5（2015）1-8.

［21］　W.J. Schutte，J.L.D.E. Boer，F. Jellinek，Structures of tungsten disulfide and diselenide，System 209（2）（1987）207-209.

［22］　P.B. James，M.T. Lavik，The crystal structure of $MoSe_2$，Acta Crystallogr. 16（11）（1963）1183.

［23］　W.G. Dawson，D.W. Bullett，Electronic structure and crystallography of $MoTe_2$ and WTe2，J. Phys. C Solid State Phys. 20（36）（1987）6159-6174.

［24］　O. Knop，R.D. MacDonald，Chalkogenides of the transtion elements：Ⅲ. molybdenum ditelluride，Can. J. Chem. 39（1061）（1961）897-904.

［25］　K.S. Novoselov，V.I. Fal'ko，L. Colombo，P.R. Gellert，M.G. Schwab，K. Kim，A roadmap for graphene，Nature. 490（2012）192-200.

［26］　S.Z. Butler，et al.，Progress，challenges，and opportunities in two-dimensional materials beyond graphene，ACS Nano 7（4）（2013）2898-2926.

［27］　J. Jeon，et al.，Layer-controlled CVD growth of large-area two-dimensional MoS_2 films，Nanoscale 7（5）（2015）1688-1695.

［28］　F. Withers，T.H. Bointon，D.C. Hudson，M.F. Craciun，S. Russo，Electron transport of WS_2 transistors in a hexagonal boron nitride dielectric environment，Sci. Rep. 4（2014）4967.

［29］　H.S. Lee，et al.，MoS_2 nanosheet phototransistors with thickness-modulated optical energy gap，Nano Lett. 12（7）（2012）3695-3700.

［30］　S. Das，H.-Y. Chen，A.V. Penumatcha，J. Appenzeller，High performance multilayer MoS_2 transistors with scandium contacts，Nano Lett. 13（1）（2013）100-105.

［31］　A. Chernikov，et al.，Electrical tuning of exciton binding energies in monolayer WS_2，Phys. Rev. Lett. 115（12）（2015）126802.

［32］　S. Tongay，et al.，Defects activated photoluminescence in two-dimensional semiconductors：interplay between bound，charged and free excitons，Sci. Rep. 3（1）（2013）2657.

［33］　W.S. Yun，S.W. Han，S.C. Hong，I.G. Kim，J.D. Lee，Thickness and strain effects on electronic structures of transition metal dichalcogenides：2H- MX2 semiconductors（M=Mo W；X=S，Se，Te），Phys. Rev. B 85（3）（2012）033305.

［34］　K.F. Mak，C. Lee，J. Hone，J. Shan，T.F. Heinz，Atomically thin MoS_2：a ew direct-gap semiconductor, Phys. Rev. Lett. 105（13）（2010）136805.

［35］ R. Coehoorn, C. Haas, J. Dijkstra, C.J.F. Flipse, R.A. de Groot, A. Wold, Electronic structure of MoSe$_2$, MoS$_2$, and WSe$_2$. I. band–structure calculations and photoelectron spectroscopy, Phys. Rev. B 35（12）（1987）6195–6202.

［36］ D. Akinwande, N. Petrone, J. Hone, Two–dimensional flexible nanoelectronics, Nat. Commun. 5（2014）1–12.

［37］ L. Wang, et al., One–dimensional electrical contact to a two–dimensional material, Science（80–.）. 342（2013）614–617.

［38］ R. Fivaz, E. Mooser, Mobility of charge carriers in semiconducting layer structures, Phys. Rev. 163（3）（1967）743–755.

［39］ D.E. Soule, Magnetic field dependence of the Hall effect and magnetoresistance in graphite single crystals, Phys. Rev. 112（3）（1958）698–707.

［40］ S. Cho, et al., Bandgap opening in few–layered monoclinic MoTe$_2$, Nat. Phys. 11（6）（2015）482–486.

［41］ A. Allain, A. Kis, Electron and hole mobilities in single–layer WSe$_2$, ACS Nano 8（7）（2014）7180–7185.

［42］ X. Wang, et al., Chemical vapor deposition growth of crystalline monolayer MoSe$_2$, ACS Nano 8（5）（2014）5125–5131.

［43］ D. Braga, I. Gutiérrez Lezama, H. Berger, A.F. Morpurgo, Quantitative determination of the band gap of WS$_2$ with ambipolar ionic liquid–gated transistors, Nano Lett. 12（10）（2012）5218–5223.

［44］ H.Y. Lv, W.J. Lu, D.F. Shao, Y. Liu, S.G. Tan, Y.P. Sun, Perfect charge compensation in WTe$_2$ for the extraordinary magnetoresistance: from bulk to monolayer, Epl. 110（3）（2015）.

［45］ P. Tonndorf et al., Photoluminescence emission and raman response of MoS$_2$, MoSe$_2$, and WSe$_2$ nanolayers, in: CLEO: 2013, 2013, p. QTu1D.1.

［46］ K.K. Kam, B.A. Parklnclon, Detailed photocurrent spectroscopy of the semiconducting group VI transition metal dichaicogenldes, J. Phys. Chem. 86（1982）463–467.

［47］ C. Ruppert, O.B. Aslan, T.F. Heinz, Optical properties and band gap of single– and few–layer MoTe$_2$ crystals, Nano Lett. 14（11）（2014）6231–6236.

［48］ W. Zhao, et al., Evolution of electronic structure in atomically thin sheets of ws$_2$ and wse$_2$, ACS Nano 7（1）（2013）791–797.

［49］ J. Augustin, et al., Electronic band structure of the layered compound Td–WTe$_2$, Phys. Rev. B 62（16）（2000）10812–10823.

［50］ A.K. Geim, I.V. Grigorieva, Van der Waals heterostructures, Nature 499（7459）（2013）419–425.

［51］ L.A. Ponomarenko, et al., Tunable metalinsulator transition in double–layer graphene heterostructures, Nat. Phys. 7（12）（2011）958–961.

［52］ X. Cui, et al., Multi–terminal transport measurements of MoS$_2$ using a van der Waals heterostructure device platform, Nat. Nanotechnol. 10（6）（2015）534–540.

［53］ K. Andersen, S. Latini, K.S. Thygesen, Dielectric genome of van der Waals heterostructures, Nano Lett. 15（7）（2015）4616–4621.

［54］ G.A. Tritsaris, et al., Perturbation theory for weakly coupled two–dimensional layers, J. Mater. Res. 31（7）（2016）959–966.

［55］ C.H. Lee, et al., Atomically thin p–n junctions with van der Waals heterointerfaces, Nat. Nanotechnol. 9（9）（2014）676–681.

［56］ H. Fang, et al., Strong interlayer coupling in van der Waals heterostructures built from single-layer chalcogenides, Proc. Natl. Acad. Sci. 111（17）（2014）6198–6202.

［57］ K.T. Winther, K.S. Thygesen, Band structure engineering in van der Waals heterostructures via dielectric screening : the GΔW method, 2D Mater. 4（2）（2017）.

［58］ Z. Ben Aziza, et al., Tunable quasiparticle band gap in few-layer GaSe/graphene van der Waals heterostructures, Phys. Rev. B 96（3）（2017）1–8.

［59］ S.H. Guo, X.L. Yang, F.T. Chan, K.W. Wong, W.Y. Ching, Analytic solution of a two-dimensional hydrogen atom. II. relativistic theory, Phys. Rev. A 43（3）（1991）1197–1205.

［60］ S. Latini, T. Olsen, K.S. Thygesen, Excitons in van der Waals heterostructures : the important role of dielectric screening, Phys. Rev. B – Condens. Matter Mater. Phys 92（24）（2015）1–13.

［61］ F. Hüser, T. Olsen, K.S. Thygesen, How dielectric screening in two-dimensional crystals affects the convergence of excited-state calculations : monolayer MoS_2, Phys. Rev. B – Condens. Matter Mater. Phys 88（24）（2013）1–9.

［62］ G. Clark, et al., Observation of long-lived interlayer excitons in monolayer $MoSe_2$–WSe_2 heterostructures, Nat. Commun. 6（1）（2015）4–9.

［63］ M. Palummo, M. Bernardi, J.C. Grossman, Exciton radiative lifetimes in two-dimensional transition metal dichalcogenides, Nano Lett. 15（5）（2015）2794–2800.

［64］ M.Y. Li, C.H. Chen, Y. Shi, L.J. Li, Heterostructures based on two-dimensional layered materials and their potential applications, Mater. Today 19（6）（2016）322–335.

［65］ T. Georgiou, et al., Vertical field-effect transistor based on graphene–WS_2 heterostructures for flexible and transparent electronics, Nat. Nanotechnol. 8（2）（2012）100–103.

［66］ W.J. Yu, et al., Vertically stacked multi-heterostructures of layered materials for logic transistors and complementary inverters, Nat. Mater. 12（3）（2013）246–252.

［67］ W.J. Yu, et al., Highly efficient gate-tunable photocurrent generation in vertical heterostructures of layered materials, Nat. Nanotechnol. 8（12）（2013）952–958.

［68］ R. Moriya, et al., Large current modulation in exfoliated-graphene/MoS_2/metal vertical heterostructures, Appl. Phys. Lett. 105（8）（2014）.

［69］ G. Giovannetti, P.A. Khomyakov, G. Brocks, P.J. Kelly, J. Van Den Brink, Substrate-induced band gap in graphene on hexagonal boron nitride : ab initio density functional calculations, Phys. Rev. B 76（7）（2007）2–5.

［70］ C.C. Chen, Z. Li, L. Shi, S.B. Cronin, Thermoelectric transport across graphene/hexagonal boron nitride/ graphene heterostructures, Nano Res. 8（2）（2015）666–672.

［71］ L. Britnell, et al., Field-effect tunneling transistor based on vertical graphene heterostructures, Science（80-.）335（2012）947–950.

［72］ G. Fiori, S. Bruzzone, G. Iannaccone, Very large current modulation in vertical heterostructure graphene/ h–BN transistors, IEEE Trans. Electron Devices 60（1）（2013）268–273.

［73］ X. Hong, et al., Ultrafast charge transfer in atomically thin MoS_2/WS_2 heterostructures, Nat. Nanotechnol. 9（9）（2014）682–686.

［74］ M.M. Furchi, F. Höller, L. Dobusch, D.K. Polyushkin, S. Schuler, T. Mueller, Device physics of van der Waals heterojunction solar cells, 2D Mater. Appl. 2（1）（2018）1–7.

［75］ G.H. Lee, et al., Flexible and transparent MoS_2 field-effect transistors on hexagonal boron nitridegraphene heterostructures, ACS Nano. 7（9）（2013）7931–7936.

［76］ A. Srivastava, M.S. Fahad, Vertical MoS_2/h–BN/MoS_2 interlayer tunneling field effect transistor, Solid. State. Electron. 126（2016）96–103.

第8章　二维过渡金属二硫化物的性能、异质结构及应用

Anitha Devadoss[1], Nagarajan Srinivasan[2], V.P. Devarajan[3], A. Nirmala Grace[4], Sudhagar Pitchaimuthu[5]

1. 斯旺西大学工程学院，纳米健康中心系统与工艺工程中心（SPEC），斯旺西市，英国
2. 印度桑达拉纳大学化学系，蒂鲁内尔维利，印度
3. KSR 女子文理学院，纳马卡尔蒂鲁琴戈德，印度
4. 维洛尔技术学院纳米技术研究中心，维洛尔，印度
5. 斯旺西大学工程学院（海湾校区），材料研究中心多功能光催化剂和涂料组，斯旺西市，英国

8.1　引言

可持续能源基础设施发展是一个新兴主题，涉及全球能源需求管理，是协调不断增长的人口、共享可再生能源率及人均能源强度间关系的重要议题。为实现 2030 年的能源目标，需要加强能源技术发展和基础设施建设。因此，可应用于能源相关技术领域的先进功能材料将是材料科学和工程领域重要且迅速发展的方向。

电催化在电能和化学能的相互转换中起关键作用，可应用于能量产生、能量转换和能量存储设备。例如，可再生能源（太阳能和风能）的间歇性使其需要储存能量的技术或是通过一个上坡的化学反应产生出富含能量的还原物种。利用可再生能源的电催化分解水是生产廉价燃料（氧气和发电）的重要方向。通过电池和超级电容器储存化学能也有望实现家用和工业应用。一般来说，电催化指的是由催化剂表面反应物间的电子转移引发的一类化学反应，可在温和的环境中运行，无须特殊的高温或高压设备，提供了一个更可控的生产反应途径。催化剂表面／电解质界面的有效电荷转移、高催化剂表面、耐久性和降低催化剂成本仍然是目前电催化技术的挑战。

低维纳米级催化剂具有高活性，例如，块状 Co 的表面是 CO_2 电还原反应

的不良催化剂，但 4 个原子厚的 Co 薄片的表面却具有催化活性。因此，纳米材料的形貌控制在高效电催化剂开发中具有重要意义，可用于开发可规模化和可持续的能源技术。与块状石墨或铂相比，单层或几层片状石墨烯（厚度在 1 ~ 10nm）在各种氧化还原反应中具有很高的电催化性能。自石墨烯发现以来，类似的二维（2D）片状结构在半导体领域受到关注，此类结构比相应的块状材料具有更高的活性表面积和电子传输性。2D 纳米材料中，过渡金属二硫化物（TMD）受到了极大的关注。TMD 是原子级薄片状半导体，化学通式为 AB_2（A 为过渡金属原子，如 Mo、W、Ta 和 Nb；B 为硫族原子，如 S、Se 或 Te）。

尽管关于 TMD 的基本性质及其应用的文章有很多，但 2D TMD 材料的加工—结构—性质关系及其电催化反应的控制仍需要详细的研究。因此，本章重点介绍层状 TMD 在电催化方面的发展趋势，主要有电催化反应。例如，TMDs 家族的 2D 材料二硫化钼（MoS_2），相比于其他材料［二硫化钨（WS_2）、二硒化钼（$MoSe_2$）、二碲化钼（$MoTe_2$）、二硒化钨（WSe_2）等］，目前对 MoS_2 的研究更广泛、深入。

本章主要由 MoS_2 电催化参数的理论和 2D MoS_2 在发电（水分解过程）和储能（电池和超级电容器）中的应用两部分组成。为了更深入地理解材料特性，每节中都给出了理论模拟结果。

8.2 MoS_2 电催化理论基础

TMD 的电化学活性定义为金属硫系化合物薄层在施加的氧化或还原电压下发生的氧化还原反应，与分析物无关。电催化反应发生在电极（包括催化剂）和溶液的界面上，催化剂的表面对物种吸附和电子转移起着关键作用，决定了反应的活性和催化剂的选择性。2D TMD 除了自身具有独特的性质外，还具有催化电化学反应的优点。为理解 2D TMD 的电催化性能，本章将 2D MoS_2 纳米薄片材料作为解释的模型。

8.2.1 薄层上的电子转移

电子是驱动电催化反应的主要电荷载体。通常，电子在活性位点和支撑电极间转移。由于表面畸变，二维材料的态密度比块状材料高很多，有利于电子以高迁移率沿二维导电通道传输。此外，在 2D 材料界面掺杂或插入其他成分或介质，有助于催化活性位点和支撑电极之间的电子扩散。Wang 等在垂直排列的 2D MoS_2 界面上掺杂锂离子，增强了电子传输，进而促进了电催化活性。电子在薄片层中的传递受片层表面、取向和厚度的影响，从而决定了导电性。TMD 的薄片性质使电化学反应的催化位置减少到单个薄片的尺寸，因而更易于接近。如图 8-1（A）所示，由于电子传输的表面主导和厚度依赖，MoS_2 薄片比其块材料导电性高。在栅极电压下，单层和多层 MoS_2 中的二维电子浓度（n_{2D}）为 $2×10^{13}$ ～ $1×10^{15}$ m^{-2}。MoS_2 单分子膜零栅电压下的残余浓度（V_g）为 $5.6×10^{12}$ $^{-2}$，远高于块状材料的值 $1.6×10^{10} cm^{-2}$。可见，2D 材料这种原子级厚度的平面结构具有显著的催化优势。

8.2.2 催化边缘

层状 2D TMD 材料由一个 ⅣB ～ ⅧB 族的过渡金属原子（M）夹在两个硫族原子（X：S、Se、Te）之间组成，它们被定义成一个单元 MX_2，其中 M–X 键是共价键。由图 8-1 横截面图可见，多个 TMD 层堆叠形成了块状 TMD 材料，相邻层间由弱范德瓦耳斯力相结合。克服这种层间弱相互作用，可以剥离出单层薄片。由于层状 TMD 的独特结构，其边缘和基面两种位置的性质是不同的，如图 8-1（B）所示。TMD 的电化学性能取决于其表面取向的类型。为进一步了解边缘位置在电催化反应中的优势，必须研究薄片 2D MoS_x 的微晶结构。Nørskov 等人最先证明，MoS_2 边缘的 ΔG_H 值是热中性的，是析氢反应（HER）的主要活性位点，图 8-1（C）所示。这项开创性的工作证明了 MoS_2 的活性位点位于平面边缘，从而引发 2D TMD 的研究朝提高活性边缘位点密度这一方向发展。而后，Jaramillo 等探索了 MoS_2 结构模拟与固氮酶和氢化酶等天然催化剂类似的活性位点。结果表明，MoS_2 的电化学催化 HER 活性与其边缘

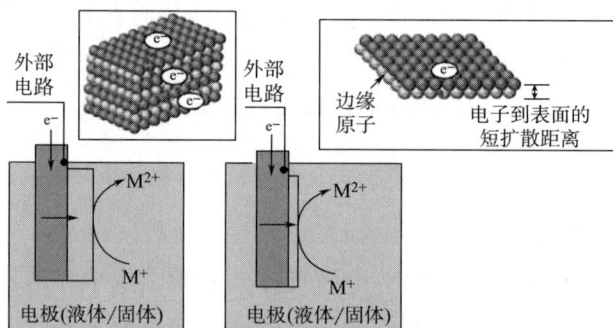

(A) 块状和2D MoS_2电极上电催化反应示意图

(B) 基面和边缘位置的单个MoS$_2$晶体示意图

(C) 不同元素金属的计算自由能图

(D) MoS$_2$的2H、3R和1T多型结构

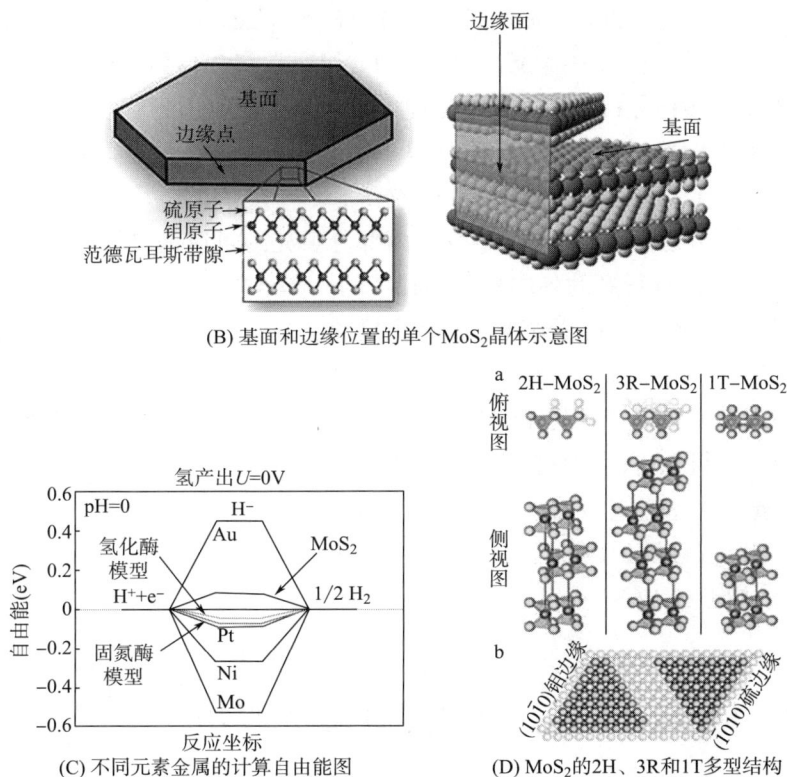

图 8-1　MX$_2$ 的催化边缘相关性能

长度呈线性相关。因此，MoS$_2$的催化活性中心位于平面边缘。自此，模拟天然催化剂活性位点结构的高活性、稳定的多相电催化剂的合成研究取得了巨大进展。为了最大限度地增加暴露边缘位点的数量，研究主要集中在开发 MoS$_2$ 的纳米结构上，包括晶体和非晶材料、金属 1T 多晶型和垂直排列结构以及分子模拟。另外，一直以来 MoS$_2$ 的基面被认为是对 HER 惰性的。然而，一些理论计算表明，MoS$_2$ 的惰性基面可以通过不同的途径激活，包括：杂原子掺杂、缺陷位生成和应变工程，成为潜在的活性位点。

8.2.3　晶相

如图 8-1（D）所示，TMD 以六角形、三角形和菱形结构的形式分别存在于不同多晶型 2H、1T 和 3R 中。其中 2H 和 3R 是半导体相，1T 是金属相。由于金属性的 1T-MoS$_2$ 的电导率高于半导体相的 MoS$_2$，因此 1T 结构有利于催化 HER 反应。但是 1T 相在自然界中并不存在，通常是通过锂插层 2H-MoS$_2$ 中间层的化

学剥离或热退火工艺制备。制得的单层 1T–MoS₂ 是热力学亚稳的，倾向于通过重新堆叠形成更稳定的 2H–MoS₂。因此，1T 相通常与 2H 型以多相形式共存。经常是在 TMD 的 2H 或 1T 相结晶中，过渡金属和硫原子的键排列为三棱柱或八面体。在 2H 相 TMD 中，过渡金属的非键 d 轨道分裂为 3 个简并态：$d_z^2(a_1)$，$d_x^2–y^2$，$xy(e)$ 和 $d_{xz, yz}(e')$。相反，1T 相 TMD 形成 d_z^2，$x^2–y^2(e_g)$ 和 $d_{xz, yz, xy}(t_{2g})$ 三个简并轨道。完全填充的轨道是半导体导电性，而部分填充的轨道是金属性的。与石墨烯相比，2D TMD 具有很高的各向异性和独特的晶体结构。由于这些优点，2D TMD 的材料性能可以通过不同的方法，如减小尺寸、嵌入、异质结构和合金化进行宽范围的调节。

从模型材料 2D MoS₂ 的固有特性可见 2D TMD 在电催化方面的优势。下面讨论 2D TMDs 材料在不同类型的电催化应用中的最新进展，如水分解氢燃料发电：金属离子电池和超级电容器。本节主要介绍了调整 2D TMD 性能的方法（包括：导电增强、层依赖性、调制 1T/2T 相、自缺陷产生、杂原子掺杂 / 产生、位点掺杂和异质结构形成）。

8.3　MoS₂ 在发电和储能领域的应用

8.3.1　水分解氢燃料发电

用水产氢是一种极具吸引力的储能策略。氢可以作为电燃料或化学燃料（氢）储存，其输送和消耗对环境的影响几乎可以忽略不计。基准催化剂具有高催化活性和低成本的特点。铂（Pt）等贵金属对 HER 反应有很高的催化活性，但它们价格昂贵且存量较小，无法大规模应用。因而，2D MoS₂ 薄层材料有望成为低成本替代品。然而，MoS₂ 的催化活性仍然低于 Pt，大幅度提高活性对其实际应用至关重要。传统的 2D MoS₂ 基为阴极的水分解电解槽如图 8–2（A）所示。在 2D MoS₂ 表面电催化水分解产氢由两个半反应组成：

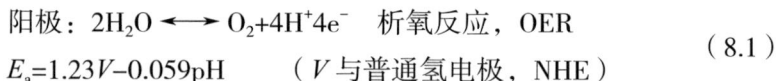

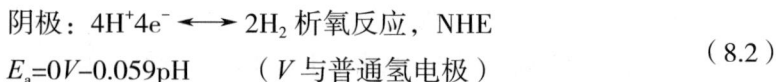

$$阳极：2H_2O \longleftrightarrow O_2+4H^++4e^- \quad 析氧反应，OER$$
$$E_a=1.23V–0.059pH \qquad （V 与普通氢电极，NHE） \qquad （8.1）$$

$$阴极：4H^++4e^- \longleftrightarrow 2H_2 \quad 析氧反应，NHE$$
$$E_a=0V–0.059pH \qquad （V 与普通氢电极） \qquad （8.2）$$

本节重点介绍在改进的 2D TMDs 阳极上发生的析氢反应。如图 8–2（B）所示，从热力学上看，HER 发生在外加电位为 0（与可逆氢电极，RHE）的情况下。然而，在实际操作中，需要较大的过电位（η_c），开发高效 HER 的电催化剂要降低这种过电位。一般地，电催化反应涉及两个电荷转移过程：①电子从催化剂表面流向电解质溶液中的质子，这可能会导致中间产物——氢原子吸附在催化剂表面上。②电子从催化剂下方的电极流向催化剂表面。因此，根据上节讨论的 TMDs 性质，这两种反应是不同的。活性中心的作用是通过降低氢原子的吸附自由能来促进第一次电荷转移。首先介绍在水分解反应中基于 2D MoS_2 阴极的新近研究。

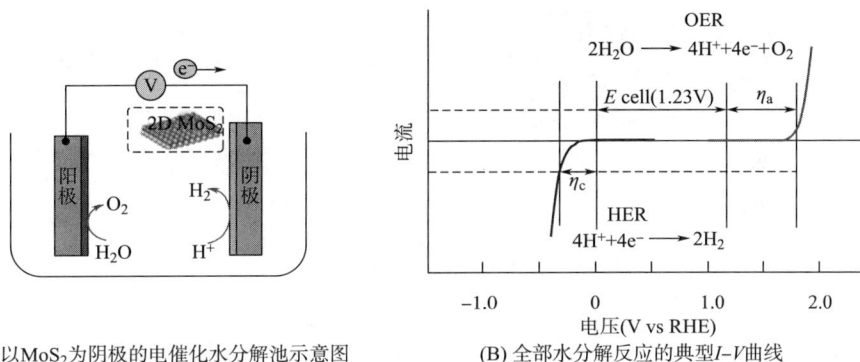

(A) 以MoS_2为阴极的电催化水分解池示意图　　(B) 全部水分解反应的典型I–V曲线

图 8-2　MoS_2 催化水解

8.3.1.1　二硫化钼纳米结构

如上所述，与其他结构相比，MoS_2 具有独特的层状晶体结构，具有强烈的形成片状纳米晶体的倾向。Jin 等探索了 MoS_2 相变对析氢性能的影响。他们通过锂插层化学剥离法，从半导体 $2H$–MoS_2 纳米结构出发，制得直接生长在石墨上的 $1T$–MoS_2。这种锂插层 $1T$ MoS_2 纳米片（经丁基锂处理）的催化析氢性能优于 $2H$ MoS_2 纳米片修饰的石墨电极。与 RHE（可逆氢电极）相比，$1T$–MoS_2 纳米片涂层石墨电极的过电位更低，为 $-187mV$，Tafel 斜率为 $43mV$/ 十年［图 8-3（B）］。从图 8-3（B）可以看出，大电流密度和低 Tafel 斜率表明，$1T$ 相 MoS_2 的催化活性显著增强。与 $2H$ 相相比，$1T$ 的高导电性而不是边缘位点的改善，才是其 HER 活性更高的原因。Chhowalla 等也证实金属性 MoS_2 中的电荷转移速率（动力学）是高性能析氢催化剂的关键参数，如图 8-3（C）所示。他们发现，在电化学氧化边缘部位后，$2H$–MoS_2 的 HER 活性显著降低，但 $1T$–MoS_2 不受影响。这清楚地解释了纳米片的边缘不是仅有的主要活性位点。此外，通过掺杂单壁碳纳米管提高 $2H$ 相的导电性，可显著提高 $2H$ 相的催化活性，然而，H^+ 在基面上的低效吸附限制了反应速率。

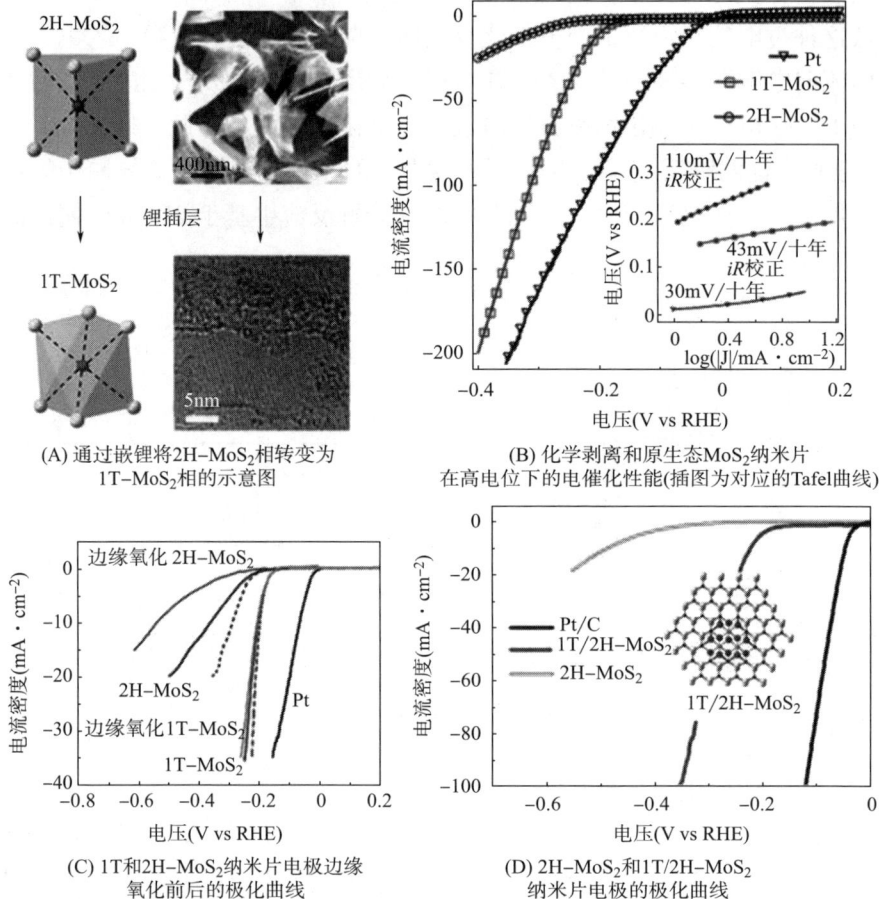

(A) 通过嵌锂将2H-MoS₂相转变为
1T-MoS₂相的示意图

(B) 化学剥离和原生态MoS₂纳米片
在高电位下的电催化性能(插图为对应的Tafel曲线)

(C) 1T和2H-MoS₂纳米片电极边缘
氧化前后的极化曲线

(D) 2H-MoS₂和1T/2H-MoS₂
纳米片电极的极化曲线

图8-3 2H-MoS₂ 相变对析氢性能的影响

因此，1T MoS₂ 相的高催化性能源自其有效的电荷转移速率。然而，因为 1T MoS₂ 仅在 95℃以下是亚稳的，在高温下金属 1T-MoS₂ 相会快速变回到 2H 相，受限其在高温下的应用。除了嵌锂方法外，还可利用球磨和超声技术制备高活性 MoS₂ 纳米片。在球磨法中，原材料是 MoO₃ 和 S 微粒。机械研磨可引入晶格缺陷和位错，从而增强了 MoS₂ 的析氢催化活性。经较低极性的挥发性溶剂（如氯仿）后处理的二硫化钼杂化结构，具有良好的电催化活性和低至 −0.190mV 的过电位。水热合成是另一种为 MoS₂ 纳米片引入缺陷的方法，特别是硫源材料对性能起着关键作用。Xie 等用硫脲作为硫源合成了有丰富缺陷的 5.9nm MoS₂ 纳米片。不饱和硫位点可以连接 MoS₂ 中的 S_2^{2-} 或顶端 S_2^-，提高 HER 活性。表面润湿性修饰的 MoS₂ 薄片为设计更高效的产气电极开辟了新途径。Lu 等通过水热技术制备了垂

直于基底排列的 MoS_2 纳米片，有趣的是，此法获得了超疏水的 MoS_2 表面。这有利于电极表面小气泡的快速离开，从而在高过电位下更快、更好地产氢。

传统的 MoS_2 理论认为，边缘位点的原子比基面上更容易实现电子跳跃，因而具有更高的催化活性。虽然多孔结构电极具有边缘位点的可控性，但参与催化反应的 MoS_2 片层数也会影响 HER 的整体性能。Yu 等定量证明了 MoS_2 的层依赖性电催化作用，并阐明层依赖性源于电子的层间跳跃。他们发现，每增加一层控制生长的原子级 MoS_2 薄膜，HER 中的催化活性降低 4.47 倍。此外，这种层依赖现象可用边缘较多的 MoS_2 金字塔形小板的催化效果验证。结果表明，提高电子的跳跃效率是合理设计具有最佳催化活性的 MoS_2 材料的关键。层间电子轨道的耦合可提高跳跃的效率。因此增加层间耦合，如金属离子或原子的插层，有望提高 MoS_2 材料的电催化性能。除边缘位置依赖性 HER 催化活性外，多相 1T/2H–MoS_2 的形成为此催化功能提供了更多的活性位置和更好的导电性。图 8-3（C）显示，1T/2H 混合相的 HER 活性高于 2H 相。与 2H 相的整合有助于亚稳 1T 相的稳定，避免其重新堆积及转变为 2H 相。因其活性更高、导电性更好和集成度更稳定，迄今为止，此 1T/2H MoS_2 催化剂有望表现出优异的 HER 性能。

在 Mo-S 晶格中掺杂外来原子可以改善边缘位点或改变物理性质（光学和电学行为），进而改善 HER 催化性能。MoS_2 的带隙能量在 1.2eV（体）和 1.8eV（单层）之间变化，能量取决于层厚度。因而可以根据杂原子离子半径对 MoS_2 片状结构进行掺杂。目前已有 Co、Ni、V 和 Li 成功掺杂到 MoS_2 晶体结构中的报道。在 MoS_2 结构中，Mo 边缘对于 HER 反应是活性的，而 S 边缘是惰性的，因此大多数掺杂方法都是为了改善 S 边缘。基于计算的方法有助于寻找合适的掺杂剂来改善 S 边缘，以提高 HER 活性。Li 等研究了 MoS_2 所有可能反应位点的催化活性，包括边缘位点、硫空位和晶界。他们发现硫空位为 HER 反应催化提供了另一个重要的活性中心，而晶界的催化活性要弱得多。此外，他们发现硫空位的催化活性在很大程度上取决于空位的密度和空位附近的局部晶体结构。

8.3.1.2　其他二维过渡金属二硫化物在析氢反应中的应用

WS_2 具有与 MoS_2 相似的层状结构和电子特征，当其从块状缩小到单层尺寸时，其电子带隙从间接（1.4eV）转变为直接（2eV）。因此近年来此材料也受到了广泛关注。为了获得对析氢反应的高催化性能，需要控制结构和调整性质。经过适当的修饰，WS_2 纳米结构也得到了多样性的发展。第一种重要的方法是化学处理 WS_2 纳米片。

第二种方法是强制水合法制备的锂插层 Li_xWS_2 材料。剥落下来的 WS_2 纳米片含有高浓度的被拉伸的 1T 相金属区域。WS_2 纳米片的催化活性来源于张力区，而压缩区的催化活性是惰性的。此外，纳米片的电性能还受到 1T 相和张力的影响，而电性能对纳米片的催化性能起着重要作用。有趣的是，如果假设自由能和应变之间有线性关系，当张力为 2.7% 时，片的自由能为零。因此，具有 1T 相的剥离态 WS$_2$ 比 2H 相（在 300℃下退火）表现出更高的催化活性，且与 Pt 纳米颗粒相当。

第三种方法是使用二维形貌的模板，如氧化石墨烯，WS$_2$ 纳米管制备 WS$_2$ 纳米片。与块状 WS$_2$ 相比，在石墨烯片上制备的 WS$_2$ 薄片有更多的边缘位点和催化活性。球磨和电化学技术也能有效地制备 WS$_2$ 纳米结构。例如，通过电化学方法掺杂 WS$_2$，制备 MWS$_x$（M=Ni，Co）。在此体系中，M—S—W 团簇被 MS 中心占据，增强了 WS$_2$ 纳米片在析氢反应中的催化活性。

8.3.2 电化学储能

8.3.2.1 储能器件中的二维过渡金属二硫化物

21 世纪以来，锂离子电池（LIB）因其体积小、能量密度高、环境友好等优点得到了广泛的研究和应用。一个典型的锂离子电池由一个阴极（正极）和一个阳极（负极）组成，这两个电极由一个含有锂离子的电解质连接在一起。两个电极通过分离器彼此隔离，分离器通常是微孔聚合物膜。这种膜在两个电极之间的锂离子交换中起关键作用，但在电子交换中不起作用。

图 8-4（A）和（B）是典型锂离子电池单元的示意图。简言之，在充电过程中，两个电极连接到外部电源，电子被迫从阴极释放，并从外部转移到阳极。同时，锂离子通过内部电解质从阴极移动到阳极。由此产生的外部能量通过电化学的方法以化学能的形式储存在电池中，储存在具有不同化学势的阳极和阴极组件中。放电时，电子通过外部负载从阳极转移到阴极实现外部用电，锂离子在电解质中从阳极转移到阴极。石墨因其离域 π 键的高导电性，以及适于锂离子扩散和插层的结构成为锂离子电池的首选阳极材料。然而，LIBs 上石墨阳极材料的理论比容量有限，一个锂离子只能与石墨片中的六个碳原子插层。锂在石墨中的嵌入是每六个碳原子中包含一个锂原子，这降低了石墨阳极材料的比容量（280 ~ 330mA·h/g）。此外，在充放电循环中，由于碳的工作电位较低，锂离子会持续沉积，从而导致枝晶的形成。这些枝晶是锂离子电子安全问题的主要来源，也是碳基阳极材料大规模应用的最大挑战。

为改善比电荷电容和安全问题，研究者主要努力开发具有以下特性的阳极材料：大的功率和能量密度；更高的循环寿命；快速充电时间；经济高效地管理电子设备和电动汽车的供应需求。最近，TMD 这种 2D 材料受到了很多关注。MoS$_2$

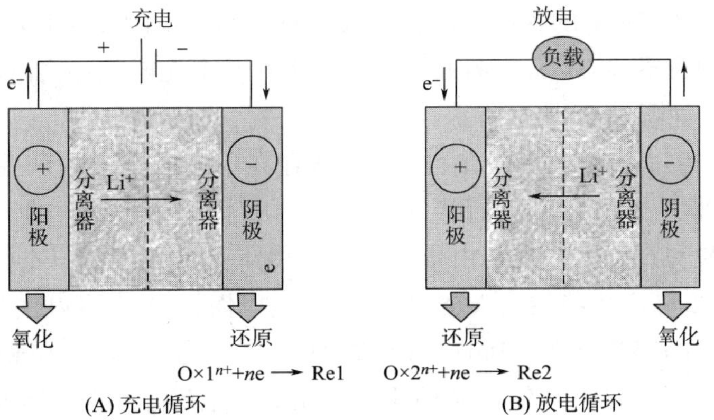

图 8-4　锂离子电池工作原理示意图

纳米片作为典型的二维过渡金属硫化物之一，因其层间距（0.65nm）易于嵌入金属离子，在锂离子电池阳极材料应用中前途好。此外，与其他材料相比，MoS_2具有成本低、容量高和合成路线灵活的优点。更重要的是，与碳相比，MoS_2具有更高的理论容量（670mA·h/g）。据报道，独立的MoS_2体系的比电容可达到530mA·h/g。Li 等从理论上研究了锂离子在不同形态的MoS_2（二维纳米片和一维之字形纳米带）中的吸附和扩散，并与块状结构进行了比较。结果表明，与块状MoS_2的层间距（6.18Å）相比，MoS_2纳米片的层间距（6.37Å）稍高，因此具有明显的锂离子插层。但MoS_2纳米片的锂离子结合能小于块状MoS_2。说明MoS_2纳米片并不是理想的阴极材料。因此，在不牺牲 Li 迁移率的情况下增加 Li 结合能是克服这个问题的必要条件。

Shu 等的研究表明，锂离子的连续插层在放电过程中会因逐层离解，而导致 2H 相 MoS_2 纳米片结构被破坏。同时，由于从 2H 相到 1T 相的超低跃迁势垒（约 0.1eV），锂离子的插层导致 MoS_2 纳米片结构转变，从而引起更快的容量衰减。为了在锂化过程中抑制 MoS_2 纳米片的离解，他们提出了一种三明治状石墨烯 /MoS_2/ 石墨烯结构，此结构在充电 / 放电过程中表现出高化学稳定性、优异的导电性和高锂离子迁移率，证明了改善阳极循环性能的可行性。Lian 等也认为高质量石墨烯片具有良好的电化学性能，可用于大可逆容量的锂存储。Hwan 等人通过一锅法水热反应，在约 30nm 的 MoS_2 纳米板上制备了无序的类石墨烯层。这种石墨烯 /MoS_2 纳米板的层间距离为 0.69nm，远大于石墨烯对应物的层间距（0.62nm）。扩展的层间距离和无序的石墨烯状形貌使电极在 50℃的温度下也具有优异的速率性能（53.1A/g），可逆容量为 700mA·h/g。全电池（$LiCoO_2$/MoS_2）测试也显示了高达 60 个循环的出色容量保持能力。如图 8-5（A）所示的 TEM

图像中，石墨烯/MoS$_2$的界面与晶格条纹的直径明显不同。与LIBs中的MoS$_2$阳极相比，这种石墨烯/MoS$_2$气凝胶基复合阳极在几个充电循环之内表现出稳定的比充电电容，如图8-5（B）所示。

Zhang等通过一锅水热法在石墨烯/酸存在下合成了形貌调控的MoS$_2$纳米片。MoS$_2$纳米片自组装成鸡冠状，在石墨烯片上有一个暴露的（100）面，这与在没有醋酸的石墨烯片上自由生长的大聚集体MoS$_2$片明显不同。石墨烯包覆的MoS$_2$或石墨烯衍生物混合MoS$_2$作为LIBs中阳极，具有良好的导电性并减少充和放电操作的容量衰减。David等将这种MoS$_2$/石墨烯复合材料应用于钠离子电池中，电极显示出良好的钠循环能力，相对于电极总重量，充电容量约稳定在230mA·h/g，库伦效率约为99%。其他钠离子电池的研究也证明，MoS$_2$/石墨烯复合材料具有克服电荷退化问题的可行性。金属纳米团簇（Ag$^+$）嵌入石墨烯/MoS$_2$纳米片复合材料中也可缓解电荷衰减问题。

除石墨烯外，聚合物和碳涂层也可以缓解MoS$_2$的电荷衰减。肖等PEO用稳定无序结构，制备了PEO/MoS$_2$比率为0.05的复合材料［图8-5（C）］。这种PEO/MoS$_2$复合材料的容量高达1000mA·h/g［图8-5（D）］。其他不同的合成路线也可以合成用于MoS$_2$基锂离子阳极的复合组合，如氮掺杂石墨烯/多孔g-C$_3$N$_4$纳米片/层状MoS$_2$杂化、CNTs@MoS$_2$和MoS$_2$@CMK-3碳基质，这些复合材料均

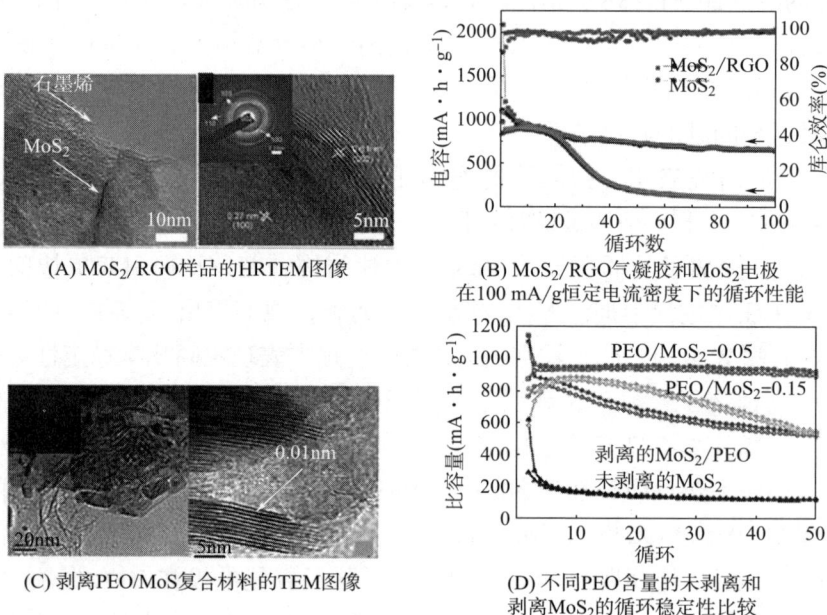

(A) MoS$_2$/RGO样品的HRTEM图像

(B) MoS$_2$/RGO气凝胶和MoS$_2$电极
在100 mA/g恒定电流密度下的循环性能

(C) 剥离PEO/MoS复合材料的TEM图像

(D) 不同PEO含量的未剥离和
剥离MoS$_2$的循环稳定性比较

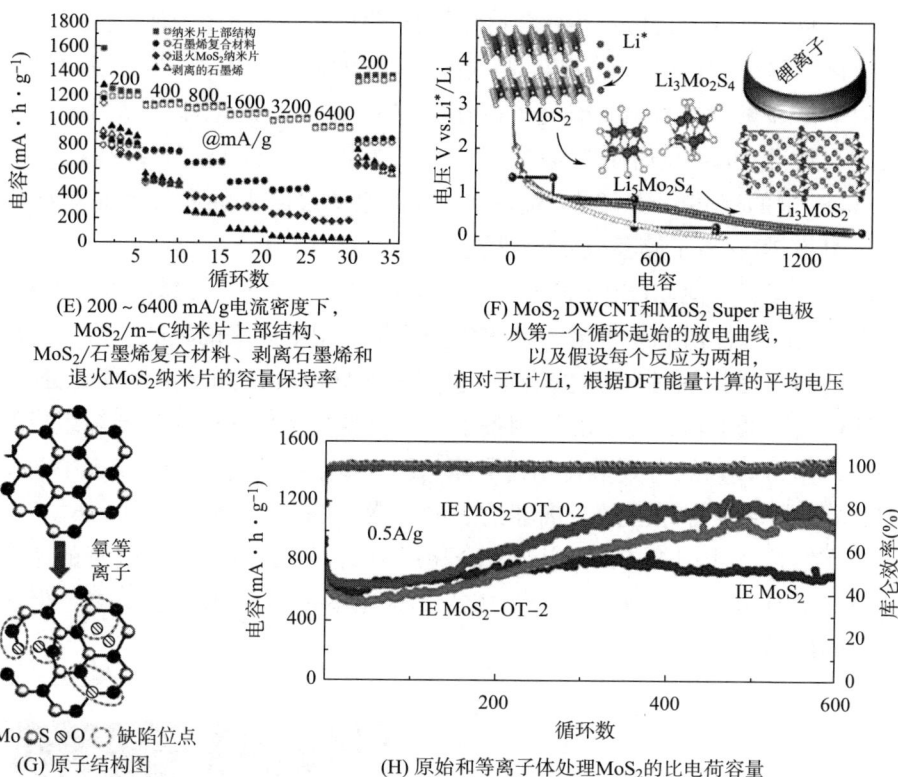

(E) 200 ~ 6400 mA/g电流密度下，
MoS$_2$/m-C纳米片上部结构、
MoS$_2$/石墨烯复合材料、剥离石墨烯和
退火MoS$_2$纳米片的容量保持率

(F) MoS$_2$ DWCNT和MoS$_2$ Super P电极
从第一个循环起始的放电曲线，
以及假设每个反应为两相，
相对于Li$^+$/Li，根据DFT能量计算的平均电压

(G) 原子结构图

(H) 原始和等离子体处理MoS$_2$的比电荷容量

图 8-5　二维过渡金属的电性能

具备良好的电池性能。

Jiang 等首先用油酸和多巴胺保护 MoS$_2$ 纳米片，将单层 MoS$_2$ 夹在 m-C 中间，然后使多巴胺在 MoS$_2$ 中间层自聚合，最后将所得的 MoS$_2$/聚多巴胺（MoS$_2$/PDA）在 850℃下退火 2h。以独特的介孔碳层（m-C）取代了传统的碳，制备了 2D MoS$_2$/介孔碳（MoS$_2$/m-C）杂化纳米结构。图 8-5（E）是与石墨烯/MoS$_2$ 和其他相关结构比较的 MoS$_2$/m-C 纳米片超结构的速率容量。MoS$_2$/m-C 纳米片超结构的 LIBs 性能比之前报道的 MoS$_2$/碳复合材料，甚至石墨烯基 MoS$_2$ 杂化材料都好。

George 等比较了等载量的标准 Super P 碳粉和碳纳米管（CNT）作为碳添加剂的机械作用。发现碳纳米管可使电容增加近 2 倍，电阻降低 45%，库仑效率超过 90%［图 8-5（F）］。Liu 等首次通过简便可控的方法利用氧等离子体［图 8-5（G）］对 MoS$_2$ 纳米片进行改性。经氧等离子体处理后，MoS$_2$ 纳米片产生空位/缺陷，并结合杂原子掺杂形成 Mo—O—C 键。经处理后，MoS$_2$ 获得了优异的电化学性能，具有高可逆容量、长期循环寿命和良好的速率性能。值得注意的是，在许多情况下，原始 MoS_2 和 MoS_2 基复合材料的容量实验结果远高于理论预期。

锂化过程中 2H 到 1T 的相变是一个有争议的问题。Wang 等通过原位高分辨率透射电子显微镜（TEM）研究了嵌锂后 MoS_2 纳米片的电化学动力学过程。结果表明，锂化 MoS_2 经历了三棱柱（2H）—八面体（1T）相变；锂离子占据了 $1T-LiMoS_2$ 中的层间 S—S 四面体位置。这种原子尺度上的原位实时表征研究有助于对 MoS_2 中锂离子储存机制的理解。

最近，锂硫电池（LSB）的开发引起很多关注。然而，S 做阴极还有些问题，如元素硫的绝缘性质和易形成多硫化物仍然是应用中面临的挑战。换句话说，锂硫电池的容量退化问题源于电解质，包括硫的导电性差和长链多硫化锂（LIPS）的溶解均会降低电池性能。郭等制备了一种由复合 2D MoS_2 和石墨烯组成的双功能夹层，作为 LSB 的有效多硫化物屏障［图 8-6（A）］。图 8-6（B）中两图分别是 MoS_2/石墨烯复合涂层的分离器的表面和横截图 SEM 图像，图 8-6（C）是电极的数字照片。使用 MoS_2/石墨烯复合涂层分离器，LSB 获得了优越的速率容量并改善了循环容量［图 8-6（E）］。之后，又有许多研究取得了进展，促进了相关材料的应用。

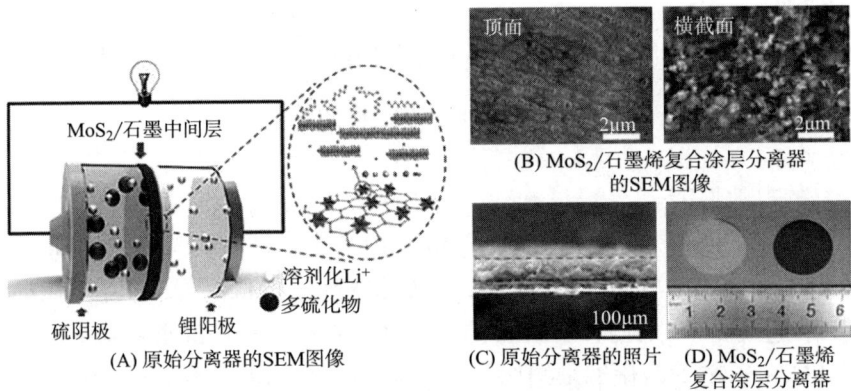

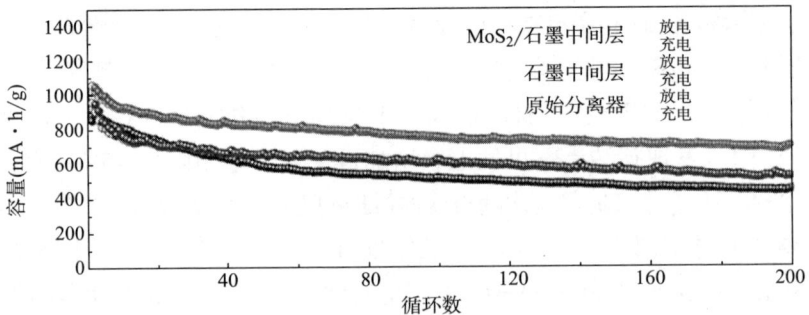

(A) 原始分离器的SEM图像

(B) MoS_2/石墨烯复合涂层分离器的SEM图像

(C) 原始分离器的照片

(D) MoS_2/石墨烯复合涂层分离器

(E) 电流密度为0.5A/g时，具有/不具有MoS_2/石墨烯夹层的LSB和石墨烯夹层LSB的循环性能对比

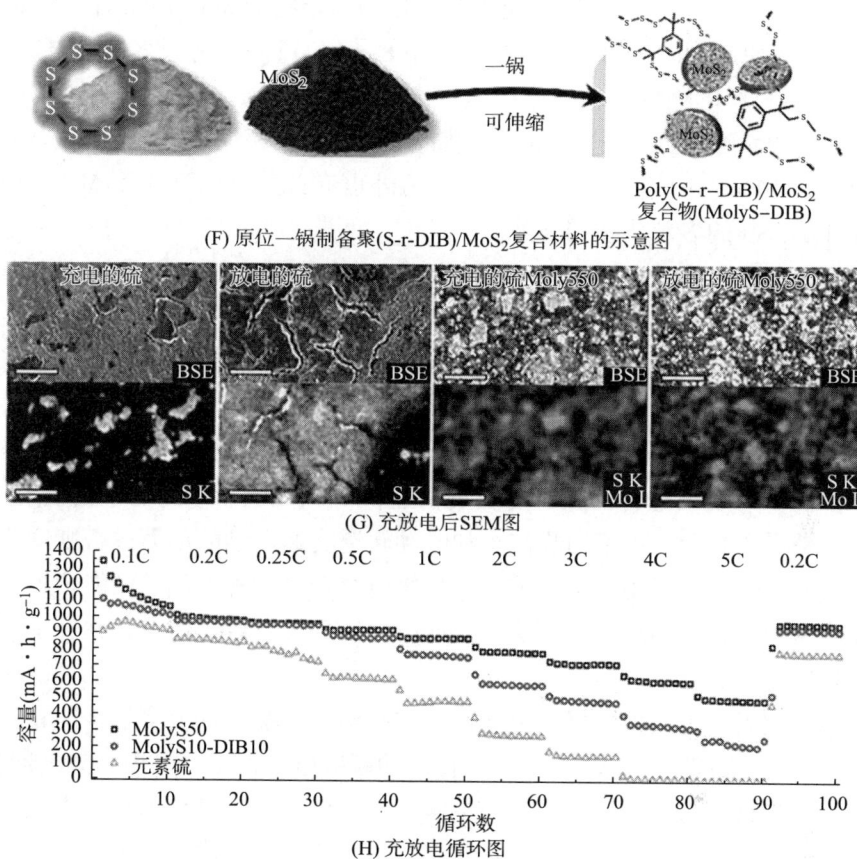

(F) 原位一锅制备聚(S-r-DIB)/MoS₂复合材料的示意图

(G) 充放电后SEM图

(H) 充放电循环图

图 8-6　原始分离器的相关参数

MoS₂/石墨烯复合涂层分离器和 LiPSs 潜在机制的确定。Choi Wonbong 等人同事开发了一种简单但有效的方法，在锂金属阳极上涂覆 2D MoS₂ 层，以实现高性能锂硫电池。将受 MoS₂ 保护的阳极与 S-碳纳米管复合阴极配对，制得的锂硫电池在 0.5C 下能量密度为 589W·h/kg，稳定循环 1200 次。在此电池中，锂离子可以在 MoS₂ 表面快速扩散，抑制锂枝晶生长。此外，在电化学循环过程中，涂层经历了从三角棱柱形态到八面体形态的相变。Manthiram 等人也做了类似的工作，他们设计了一种独立的三维石墨烯/1T MoS₂（3DG/TM）异质结构，此结构对锂多硫化物（LIPS）具有高效的电催化性能，能有效抑制锂硫电池中的多硫化物穿梭。1T-MoS₂ 的多孔 3D 结构和亲水性有利于电解质渗透和锂离子转移，石墨烯和 1T-MoS₂ 纳米片的高导电性有利于电子转移。Derlim 等制备了聚（S-r-DIB）/MoS₂ 复合材料，其中含有富硫基体和 MoS₂ 颗粒夹杂物，此复合材料作为锂硫阴极材料［图 8-6（F）］，能够通过充当多硫化物锚定物的 MoS_2 包裹体，减轻锂多硫化物氧化还原产物的溶解。元素扫描［图 8-6（G）］可见经过多次充电循环后，Mo_2S 50 复合材料的稳定性比原始硫基分离器高很多。此复合材料制成的锂硫电池阴极循环寿命延长至 1000 个循环，低容量衰减低至每循环 0.07%，在 5℃ 下可逆容量高达 500mA·h/g［图 8-6（H）］。另外也有几篇文献证实了 MoS_2/ 石墨烯复合材料是 LSB 的多硫化物的屏障。

由于 2D MoS_2 薄膜在 LIBs 中的应用发展，过渡金属氮化物或碳化物组成的 2D 无机化合物 MXenes，引起人们极大的兴趣。这类材料具有很高的导电性，在电池和超级电容器的阳极中有应用研究，在储氢和吸附剂等其他领域也有应用。

8.3.2.2 超级电容器中的二维过渡金属二硫化物

尽管电池可以支持设备全天工作，但其耗尽时，需要充电几个小时。一种电化学电容器——超级电容器，可以实现快速供电和充电（即高功率密度）。其中一种应用是再生制动，用于回收汽车和电动轨道交通车辆的动力，否则这些车辆会以热量的形式失去制动能量。因此，超级电容器是一种电化学储能装置，通过提供高功率密度、长循环寿命、快速充放电率和环境友好等优点，弥补了电池和传统电容器之间的差距。

典型的超级电容器由电极、电解质（包括电解质盐）和分离器（防止正负电极接触）组成，如图 8-7(A) 所示。在传统的超级电容器中，电极与集电器相连，并涂有活性炭粉。每个活性炭粉末与电解液接触的界面处都会形成双电层。在超级电容器充电时，正极侧的负离子和空位以及负极侧的正离子和电子会排列在界面上。这种离子和电子（空位）的排列状态被称为双电层，这个双层是由离子的物理运动形成的，没有像电池那样的化学反应。这使超级电容器具有优越的充放电循环寿命。活性炭表面的孔隙可以储存和释放离子。超级电容器的特性可以通过不同的方法进行测量，图 8-7（B）和（C）分别给出了模型循环伏安法（CV）和电流电荷密度（GCD）的曲线。两种曲线都具有电容特征，因而整个装置给出了理想的矩形 CV 曲线和三角形 GCD 曲线。基于全电容电极的电容式非对称超级电容器的电化学性能可以根据 $\Delta Q/\Delta U$ 比得出的电容进行评估。

根据 CV 曲线比电容可以通过下面的等式进行计算：

$$C = Q / (V \times m) \tag{8.3}$$

式中，C 为比电容（F/g）；m 为活性材料的质量（g）；Q 为充电和放电过程中的平均电荷（C）；V 为电势窗口（V）。

电流密度是材料单位横截面积的电流量，即电流密度（A/g）= 施加电流

（A）/ 电极材料量（g）。这部分将讨论基于 2D MoS$_2$ 的超级电容器的最新研究成果。主要讨论与标准活性炭或块状 MoS$_2$ 相比，新材料的性能与比电荷电容的关系。

如图 8-7（A）所示，碳基超级电容器被广泛研究报道。然而，离子扩散至碳材料中以及供电荷积累的表面积不足限制了其比电容和功率密度。MoS$_2$ 的二维层状结构不仅有利于电荷积累，且层界面的离子扩散也令氧化还原性能更好。此外，MoS$_2$ 片可以通过多种途径给单个原子 MoS$_2$ 片充电：一是形成片内和片间双层；二是中心的 +2 到 +6 的广泛氧化态的法拉第反应。钼原子与 RuO$_2$（理论电容约为 1000F/g）的理论电容相似，但使用水溶性电解质时 MoS$_2$ 电极的比电容通常可达 100F/g。理论电容值与实际值的差异是由于低电子电导率和范德瓦耳斯力导致的不可逆片层聚集，导致比表面积显著减少，从而阻碍了 MoS$_2$ 的电荷存储性能。这就需要寻求替代制备的方法。为提高 MoS$_2$ 的导电性，杂化电极可使用高导电的电催化辅助材料，如聚苯胺或石墨烯。

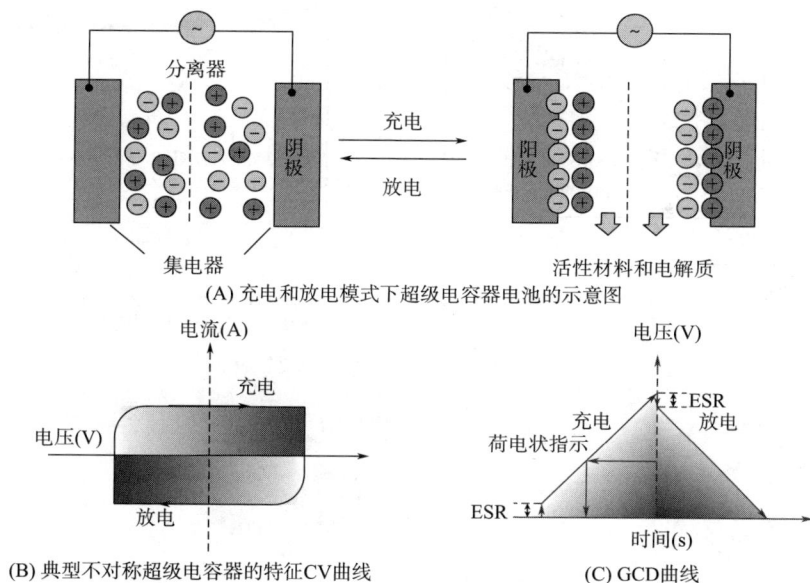

(A) 充电和放电模式下超级电容器电池的示意图

(B) 典型不对称超级电容器的特征CV曲线

(C) GCD曲线

图 8-7　超级电容器的原理和相关参数

图 8-8（A）是 Wang 等报道的合成聚苯胺（PANI）—MoS$_2$ 复合材料的示意图。聚合物 /MoS$_2$ 复合材料是通过苯胺单体直接插层并掺杂十二烷基苯磺酸（DBSA）制备的。随着 MoS$_2$ 含量的增加，PANI 和 MoS$_2$ 之间的插层作用提高了 MoS$_2$/PANI 纳米复合材料的导电性和热稳定性。这种结构有利于提高 MoS$_2$/PANI

电极的电容性能和循环稳定性。聚苯胺电极的比电容为131F/g，600次循环可保留42%的电容［图8-8（B）和（C）］。相比之下，优化后的MoS$_2$/PANI-38电极比电容高达390F/g，1000次循环后保持86%的电容。因此，将超级电容器电极的伪电容和双层电容协同结合，可获得一种MoS$_2$片改进电容。Tang等开发了一种基于溶液的技术，在2D MoS$_2$单分子膜上可控地生长聚吡咯（PPy）超薄膜，此复合层具有高比电容、高速率性能和良好的循环稳定性。

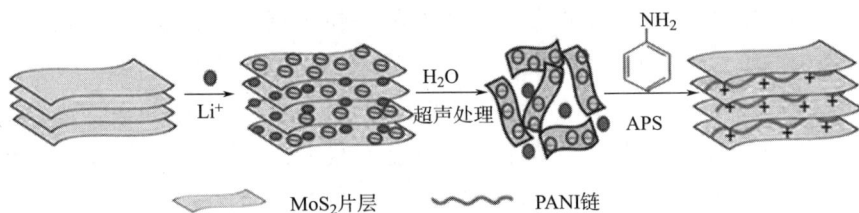

MoS$_2$片层　　　　PANI链

(A) 实验方法的示意图

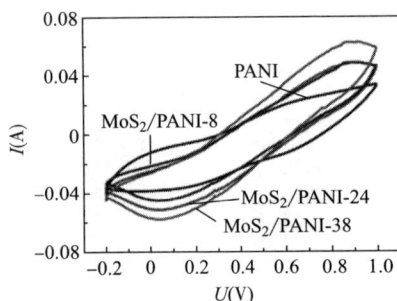

(B) PANI和MoS$_2$/PANI插层复合材料的CV曲线

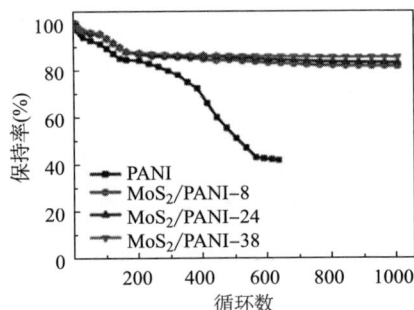

(C) 电流密度为0.8A/g时PANI和MoS$_2$/PANI插层复合材料的循环寿命

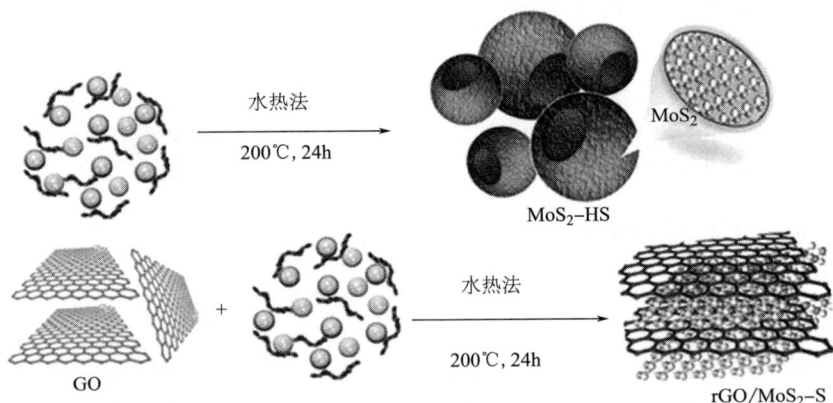

Mo前驱体　　　　硫脲　　　　PEG

(D) 合成MoS$_2$-HS和rGO/MoS$_2$-S杂化结构示意图

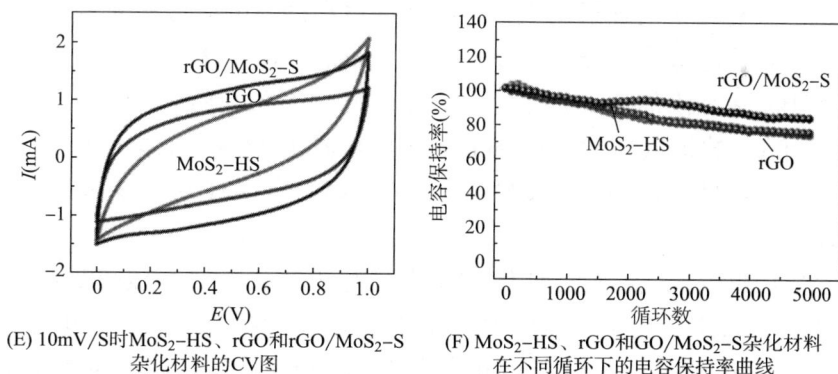

(E) 10mV/S时MoS$_2$-HS、rGO和rGO/MoS$_2$-S
杂化材料的CV图

(F) MoS$_2$-HS、rGO和GO/MoS$_2$-S杂化材料
在不同循环下的电容保持率曲线

图 8-8　MoS$_2$ 基及 rGO 复合材料的合成与电化学性能探究

相对应的，2D 石墨烯片也广泛与 2D MoS$_2$ 薄片结合，以提高 MoS$_2$ 的比电容。Kamila 等通过水热法［图 8-8（D）］制备了还原氧化石墨烯（rGO）/MoS$_2$-S 复合材料，此材料具有很高的重量电容值［（318 ± 14）F/g］和比能量 / 功率输值［（44.1 ± 2.1）W·h/kg 和（159.16 ± 7.0）W/kg］，以及比纯 rGO 和 MoS$_2$-H 片层更好的循环性能［5000 次循环后电容为（82 ± 0.95）%］，如图 8-8（E）和（F）所示。同样，Leite 等人使用微波技术制备了 rGO/MoS$_2$ 复合基超级电容器。MoS$_2$ 的顶层通过共价键（Mo—O—C）与 RGO 的氧直接结合，提高了电荷转移效率，从而提高了比电容。此外，他们认识到比电容值取决于 MoS$_2$ 浓度。尽管聚苯胺或石墨烯添加剂提高了 MoS$_2$ 超级电容器的电子导电性，但在复合过程中提高 1-T MoS$_2$ 相的稳定性仍然是具有挑战性的工作。Acerce 等通过化学剥离并重新堆叠的含有高浓度金属 1T 相的 MoS$_2$ 多层纳米片，可通过电化学法高效地在层间插入 H$^+$、Li$^+$、Na$^+$ 和 K$^+$ 等离子，并在各种水溶性电解质中产生 400 ~ 700F/cm^3 的电容值。这种金属离子插层多层 MoS$_2$ 材料也适用于非水溶有机电解质中的高压（3.5V）操作，具有优越的体积能量和功率密度值，库仑效率超过 95%，具有超过 5000 次的稳定循环性能。与其他研究相比，这些值非常高。Geng 等使用多层 M—MoS$_2$—H$_2$O 系统首次制备了具有大电容的超快速率超级电容器。

以水为溶剂，通过水热法制备以水分子覆盖纳米片两侧的 MoS$_2$ 单层［图 8-9（A）］。纯 M—MoS$_2$ 的超导电性有利于大功率超级电容器中的电子传输。M—MoS$_2$—H$_2$O 层间的纳米距离为 1.18nm，增加了比空间，有利于离子扩散，扩大了吸附离子的表面积。因此，M—MoS$_2$—H$_2$O 在 5mV/s 的扫描速率下电容高达 380F/g，在 10V/s 的扫描速率下电容仍保持 105F/g［图 8-9（B）和（C）］。此外，基于 M—MoS$_2$—H$_2$O 电极的对称超级电容器的比电容在 50mV/s 下高达 249F/g。

这意味着，具有离子可通过的大尺寸纳米通道和高效电荷传输的多层 M–MoS$_2$–H$_2$O 系统为超快超级电容器的开发提供了有效的储能策略。重要的是，在电极制备过程中，无须添加剂或黏合剂，M–MoS$_2$ 可以有效利用活性材料，并大大提高导电性和 Li$^+$ 的扩散性能。Savjani 等报道了通过对单源前体热注入——热分解，制备 4.5 至 11.5nm 的油酸胺封端的独立的高品质 1–H MoS$_2$ 纳米片［Mo$_2$O$_2$S$_2$（S$_2$COEt）$_2$］。

与小薄片相结合的高纯度单层片材的电容为 50.65mF/cm^2（电流密度为 0.37A/g），明显大于先前报道的超声法衍生 MoS$_2$ 材料的值。1T–MoS$_2$ 在 1A/g 电流密度下，三电极和两电极系统中的最大比电容分别为 379F/g 和 68.9F/g。对称高缺陷使 MoS$_2$ 超级电容器获得了出色的电池性能，能量密度为 21.3W·h/kg，功率密度为 750W/kg，3000 次循环后电容保持率为 92%。

这些发现表明，具有高缺陷密度的 1T MoS$_2$ 可以作为高性能超级电容器电极应用的潜在替代品。类似地，也可在 3D 氧化石墨烯骨架上涂覆缺陷诱导的 1–T MoS$_2$。电化学衍生的 1T MoS$_2$–石墨烯复合材料在水溶液体系中的体积电容超过 560F/cm^3，在非水电解质中的体积电容超过 250F/cm^3，在币形电池中 5000 次循环后，容量保持率超过 90%。有趣的是，层级纳米片衍生结构的纳米管 1T–MoS$_2$ 在电流密度为 1A/g 时，比电容高达 328.547F/g，在电流密度为 15A/g 时，比电容高达 243.66F/g。Jiang 等制备了不同 1T 浓度的 1T/2H MoS$_2$ 杂化材料超级电容器

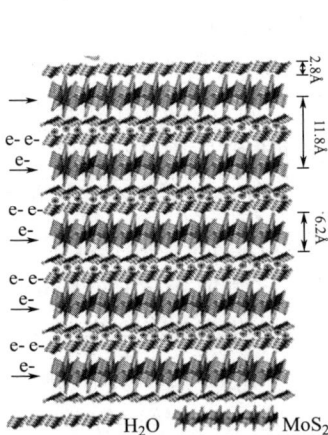

(A) 多层 M–MoS$_2$–H$_2$O 基对称超级电容器的示意图

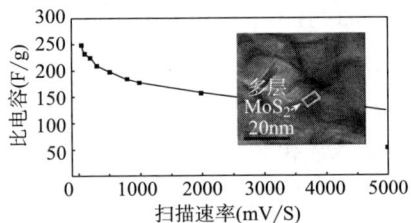

(B) 比电容与扫描速率的关系曲线和 MoS$_2$ 的 TEM 图像

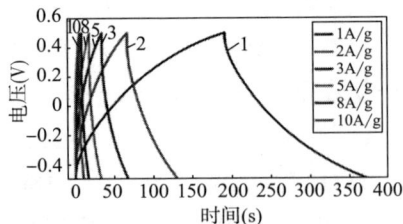

(C) 以 M–MoS$_2$ 作为两端电极以 1M Li$_2$SO$_4$ 为电解质的对称电池，在两个电极上测量不同电流密度下的恒流充电/放电曲线的电化学表征

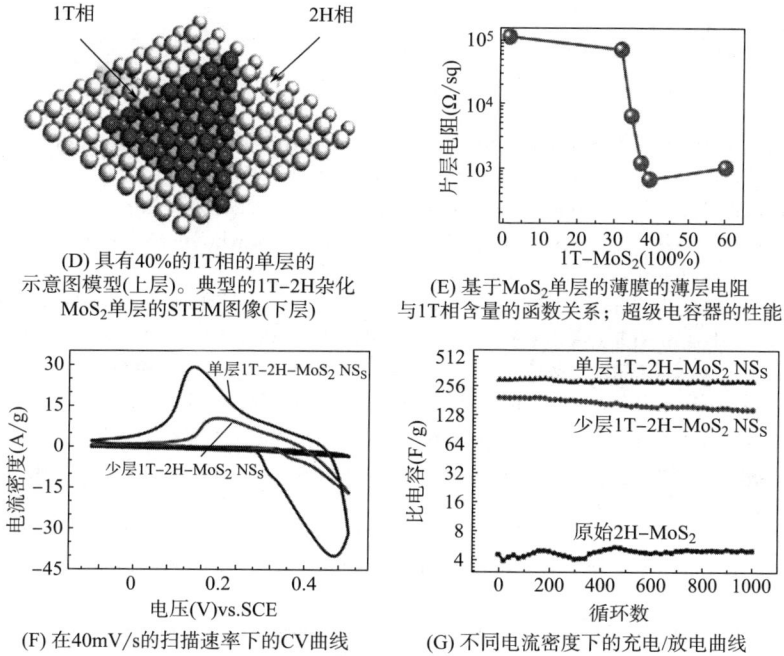

(D) 具有40%的1T相的单层的
示意图模型(上层)。典型的1T-2H杂化
MoS₂单层的STEM图像(下层)

(E) 基于MoS₂单层的薄膜的薄层电阻
与1T相含量的函数关系；超级电容器的性能

(F) 在40mV/s的扫描速率下的CV曲线

(G) 不同电流密度下的充电/放电曲线

图 8-9　MoS_2 及其化合物的电学性能

［图 8-9（D）和（E）］。优化后的 1-T 与 2H-MoS₂ 按质量比混合后，比容量比块状 MoS_2 高 100 倍。1-T MoS_2 的低电阻（$0.68k/cm^2$）对增加电荷传输、提高比电容和保留率起到了关键作用，因而其比电容高达 366.9F/g，经电流密度为 0.5A/g 的 1000 次循环后保留率为 92.2%［图 8-9（F）和（G）］。

8.4　结论

综上所述，本章讨论了 2D TMD 的基本原理和电催化性能。特别是 2D MoS₂ 在能源生产和存储应用方面的最新进展。广泛讨论了 MoS₂ 及其异质结构的结构—性能—电催化性能间的相互关系。综述了在水裂解制氢、电池和超级电容器中，促进催化边缘、2H-1T 相转移、原始和改性 MoS₂ 材料的电子导电性等关键参数。希望本章可帮助材料科学家设计高效的 2TMDs 电催化剂，开发高效、可持续的能源系统材料。

参考文献

［1］ S. Pitchaimuthu, S. Marappan, V. Kharton, Materials for energy technologies : recent developments and trends, Mater. Lett. 253（2019）195.

［2］ Electrocatalysis for the generation and consumption of fuels, Nat. Rev. Chem. 2（2018）0125.

［3］ V.R. Stamenkovic, D. Strmcnik, P.P. Lopes, N.M. Markovic, Energy and fuels from electrochemical interfaces, Nat. Mater. 16（2016）57.

［4］ S. Gao, Y. Lin, X. Jiao, Y. Sun, Q. Luo, W. Zhang, et al., Partially oxidized atomic cobalt layers for carbon dioxide electroreduction to liquid fuel, Nature 529（2016）68.

［5］ A. Ambrosi, C.K. Chua, N.M. Latiff, A.H. Loo, C.H.A. Wong, A.Y.S. Eng, et al., Graphene and its electrochemistry –an update, Chem. Soc. Rev. 45（2016）2458–2493.

［6］ A.K. Geim, K.S. Novoselov, The rise of graphene, Nat. Mater. 6（2007）183.

［7］ J. Gallagher, Heterogeneous catalysis : how heteroatom–doped graphenes make hydrogen faster, Nat. Rev. Chem. 2（2018）0138.

［8］ S.S. Chou, N. Sai, P. Lu, E.N. Coker, S. Liu, K. Artyushkova, et al., Understanding catalysis in a multiphasic two–dimensional transition metal dichalcogenide, Nat. Commun. 6（2015）8311.

［9］ X. Chia, M. Pumera, Layered transition metal dichalcogenide electrochemistry : journey across the periodic table, Chem. Soc. Rev. 47（2018）5602–5613.

［10］ C. Zhu, D. Gao, J. Ding, D. Chao, J. Wang, TMD–based highly efficient electrocatalysts developed by combined computational and experimental approaches, Chem. Soc. Rev. 47（2018）4332–4356.

［11］ H. Wang, Z. Lu, S. Xu, D. Kong, J.J. Cha, G. Zheng, et al., Electrochemical tuning of vertically aligned MoS_2 nanofilms and its application in improving hydrogen evolution reaction, Proc. Natl Acad. Sci. 110（2013）19701–19706.

［12］ Y. Yu, S.–Y. Huang, Y. Li, S.N. Steinmann, W. Yang, L. Cao, Layer–dependent electrocatalysis of MoS_2 for hydrogen evolution, Nano Lett. 14（2014）553–558.

［13］ N.P. Kondekar, M.G. Boebinger, E.V. Woods, M.T. McDowell, In situ XPS investigation of transformations at crystallographically oriented MoS_2 interfaces, ACS Appl. Mater. Interfaces 9（2017）32394–32404.

［14］ B. Hinnemann, P.G. Moses, J. Bonde, K.P. Jørgensen, J.H. Nielsen, S. Horch, et al., Biomimetic hydrogen evolution : MoS_2 nanoparticles as catalyst for hydrogen evolution, J. Am. Chem. Soc. 127（2005）5308–5309.

［15］ J.D. Benck, T.R. Hellstern, J. Kibsgaard, P. Chakthranont, T.F. Jaramillo, Catalyzing the hydrogen evolution reaction（HER）with molybdenum sulfide nanomaterials, ACS Catal. 4（2014）3957–3971.

［16］ D. Lembke, S. Bertolazzi, A. Kis, Single–layer MoS_2 electronics, Acc. Chem. Res. 48(2015)100–110.

［17］ T.F. Jaramillo, K.P. Jørgensen, J. Bonde, J.H. Nielsen, S. Horch, I. Chorkendorff, Identification of active edge sites for electrochemical H2 evolution from MoS_2 nanocatalysts, Sci. 317（2007）100–102.

［18］ J. Kibsgaard, Z. Chen, B.N. Reinecke, T.F. Jaramillo, Engineering the surface structure of MoS_2 to preferentially expose active edge sites for electrocatalysis, Nat. Mater. 11（2012）963.

［19］ J. Xie, H. Zhang, S. Li, R. Wang, X. Sun, M. Zhou, et al., Defect-rich MoS$_2$ ultrathin nanosheets with additional active edge sites for enhanced electrocatalytic hydrogen evolution, Adv. Mater. 25（2013）5807-5813.

［20］ C.G. Morales-Guio, X. Hu, Amorphous molybdenum sulfides as hydrogen evolution catalysts, Acc. Chem. Res. 47（2014）2671-2681.

［21］ D. Merki, S. Fierro, H. Vrubel, X. Hu, Amorphous molybdenum sulfide films as catalysts for electrochemical hydrogen production in water, Chem. Sci. 2（2011）1262-1267.

［22］ D. Kong, H. Wang, J.J. Cha, M. Pasta, K.J. Koski, J. Yao, et al., Synthesis of MoS$_2$ and MoSe$_2$ films with vertically aligned layers, Nano Lett. 13（2013）1341-1347.

［23］ M.A. Lukowski, A.S. Daniel, F. Meng, A. Forticaux, L. Li, S. Jin, Enhanced hydrogen evolution catalysis from chemically exfoliated metallic MoS$_2$ nanosheets, J. Am. Chem. Soc. 135（2013）10274-10277.

［24］ J. Deng, H. Li, J. Xiao, Y. Tu, D. Deng, H. Yang, et al., Triggering the electrocatalytic hydrogen evolution activity of the inert two-dimensional MoS$_2$ surface via single-atom metal doping, Energy Environ. Sci. 8（2015）1594-1601.

［25］ G. Gao, Q. Sun, A. Du, Activating catalytic inert basal plane of molybdenum disulfide to optimize hydrogen evolution activity via defect doping and strain engineering, J. Phys. Chem. C. 120（2016）16761-16766.

［26］ Y. Ouyang, C. Ling, Q. Chen, Z. Wang, L. Shi, J. Wang, Activating inert basal planes of MoS$_2$ for hydrogen evolution reaction through the formation of different intrinsic defects, Chem. Mater. 28（2016）4390-4396.

［27］ A. Kuc, T. Heine, The electronic structure calculations of two-dimensional transition-metal dichalcogenides in the presence of external electric and magnetic fields, Chem. Soc. Rev. 44（2015）2603-2614.

［28］ D. Voiry, M. Salehi, R. Silva, T. Fujita, M. Chen, T. Asefa, et al., Conducting MoS$_2$ nanosheets as catalysts for hydrogen evolution reaction, Nano Lett. 13（2013）6222-6227.

［29］ Z. Liu, Z. Gao, Y. Liu, M. Xia, R. Wang, N. Li, Heterogeneous nanostructure based on 1T-Phase MoS$_2$ for enhanced electrocatalytic hydrogen evolution, ACS Appl. Mater. Interfaces 9（2017）25291-25297.

［30］ H. Li, C. Tsai, A.L. Koh, L. Cai, A.W. Contryman, A.H. Fragapane, et al., Activating and optimizing MoS$_2$ basal planes for hydrogen evolution through the formation of strained sulphur vacancies, Nat. Mater. 15（2015）48.

［31］ L. Cheng, W. Huang, Q. Gong, C. Liu, Z. Liu, Y. Li, et al., Ultrathin WS$_2$ nanoflakes as a high-performance electrocatalyst for the hydrogen evolution reaction, Angew. Chem. Int. Ed. 53（2014）7860-7863.

［32］ Z. Wu, B. Fang, Z. Wang, C. Wang, Z. Liu, F. Liu, et al., MoS$_2$ nanosheets : a designed structure with high active site density for the hydrogen evolution reaction, ACS Catal. 3（2013）2101-2107.

［33］ D. Wang, Z. Wang, C. Wang, P. Zhou, Z. Wu, Z. Liu, Distorted MoS$_2$ nanostructures : an efficient catalyst for the electrochemical hydrogen evolution reaction, Electrochem. Commun. 34（2013）219-222.

［34］ D.Y. Chung, S.-K. Park, Y.-H. Chung, S.-H. Yu, D.-H. Lim, N. Jung, et al., Edge-exposed MoS$_2$ nanoassembled structures as efficient electrocatalysts for hydrogen evolution reaction, Nanoscale 6（2014）2131-2136.

［35］ Y. Yan, B. Xia, X. Ge, Z. Liu, J.-Y. Wang, X. Wang, Ultrathin MoS$_2$ nanoplates with rich active sites as highly efficient catalyst for hydrogen evolution, ACS Appl. Mater. Interfaces 5（2013）12794–12798.

[36] Z. Lu, W. Zhu, X. Yu, H. Zhang, Y. Li, X. Sun, et al., Ultrahigh hydrogen evolution performance of under–water "superaerophobic" MoS_2 nanostructured Electrodes, Adv. Mater. 26（2014）2683–2687.

[37] Z. Yin, H. Li, H. Li, L. Jiang, Y. Shi, Y. Sun, et al., Single–layer MoS_2 Phototransistors, ACS Nano 6（2012）74–80.

[38] H.S. Lee, S.–W. Min, Y.–G. Chang, M.K. Park, T. Nam, H. Kim, et al., MoS_2 nanosheet phototransistors with thickness–modulated optical energy gap, Nano Lett. 12（2012）3695–3700.

[39] H. Wang, C. Tsai, D. Kong, K. Chan, F. Abild–Pedersen, J. Nørskov, et al., Transition–metal doped edge sites in vertically aligned MoS_2 catalysts for enhanced hydrogen evolution, Nano Res. 8（2015）566–575.

[40] Y. Hou, B. Zhang, Z. Wen, S. Cui, X. Guo, Z. He, et al., A 3D hybrid of layered MoS_2/ nitrogen–doped grapheme nanosheet aerogels : an effective catalyst for hydrogen evolution in microbial electrolysis cells, J. Mater. Chem. A 2（2014）13795–13800.

[41] G. Li, D. Zhang, Q. Qiao, Y. Yu, D. Peterson, A. Zafar, et al., All the catalytic active sites of MoS_2 for hydrogen evolution, J. Am. Chem. Soc. 138（2016）16632–16638.

[42] Q.H. Wang, K. Kalantar–Zadeh, A. Kis, J.N. Coleman, M.S. Strano, Electronics and optoelectronics of two–dimensional transition metal dichalcogenides, Nat. Nano 7（2012）699–712.

[43] D. Voiry, H. Yamaguchi, J. Li, R. Silva, D.C.B. Alves, T. Fujita, et al., Enhanced catalytic activity in strained chemically exfoliated WS_2 nanosheets for hydrogen evolution, Nat. Mater. 12（2013）850–855.

[44] J. Yang, D. Voiry, S.J. Ahn, D. Kang, A.Y. Kim, M. Chhowalla, et al., Two–dimensional hybrid nanosheets of tungsten disulfide and reduced graphene oxide as catalysts for enhanced hydrogen evolution, Angew. Chem. Int. Ed. 52（2013）13751–13754.

[45] C. Choi, J. Feng, Y. Li, J. Wu, A. Zak, R. Tenne, et al., WS_2 nanoflakes from nanotubes for electrocatalysis, Nano Res. 6（2013）921–928.

[46] Z. Wu, B. Fang, A. Bonakdarpour, A. Sun, D.P. Wilkinson, D. Wang, WS_2 nanosheets as a highly efficient electrocatalyst for hydrogen evolution reaction, Appl. Catal. B : Environ. 125（2012）59–66.

[47] P.D. Tran, S.Y. Chiam, P.P. Boix, Y. Ren, S.S. Pramana, J. Fize, et al., Novel cobalt/ nickel–tungsten–sulfide catalysts for electrocatalytic hydrogen generation from water, Energy Environ. Sci. 6（2013）2452–2459.

[48] N.A. Kaskhedikar, J. Maier, Lithium storage in carbon nanostructures, Adv. Mater. 21（2009）2664–2680.

[49] Z. Yang, J. Zhang, M.C.W. Kintner–Meyer, X. Lu, D. Choi, J.P. Lemmon, et al., Electrochemical energy storage for green grid, Chem. Rev. 111（2011）3577–3613.

[50] Z. Xiong, Y.S. Yun, H.–J. Jin, Applications of carbon nanotubes for lithium ion battery anodes, Materials 6（2013）1138–1158.

[51] J.B. Goodenough, K.–S. Park, The Li–ion rechargeable battery : a perspective, J. Am. Chem. Soc. 135（2013）1167–1176.

[52] X. Wang, Z. Guan, Y. Li, Z. Wang, L. Chen, Guest–host interactions and their impacts on structure and performance of nano–MoS_2, Nanoscale 7（2015）637–641.

［53］ D. Su, S. Dou, G. Wang, Ultrathin MoS_2 nanosheets as anode materials for sodium-ion batteries with superior performance, Adv. Energy Mater. 5 (2015) 1401205.

［54］ Y. Li, D. Wu, Z. Zhou, C.R. Cabrera, Z. Chen, Enhanced Li adsorption and diffusion on MoS_2 Zigzag nanoribbons by edge Effects: a computational study, J. Phys. Chem. Lett. 3 (2012) 2221-2227.

［55］ H. Shu, F. Li, C. Hu, P. Liang, D. Cao, X. Chen, The capacity fading mechanism and improvement of cycling stability in MoS_2-based anode materials for lithium-ion batteries, Nanoscale 8 (2016) 2918-2926.

［56］ P. Lian, X. Zhu, S. Liang, Z. Li, W. Yang, H. Wang, Large reversible capacity of high quality grapheme sheets as an anode material for lithium-ion batteries, Electrochim. Acta 55 (2010) 3909-3914.

［57］ H. Hwang, H. Kim, J. Cho, MoS_2 nanoplates consisting of disordered graphene-like layers for high rate lithium battery anode materials, Nano Lett. 11 (2011) 4826-4830.

［58］ Y. Zhong, T. Shi, Y. Huang, S. Cheng, C. Chen, G. Liao, et al., Three-dimensional MoS_2/graphene aerogel as binder-free electrode for Li-ion battery, Nanoscale Res. Lett. 14 (2019). 85-85.

［59］ J. Xiao, D. Choi, L. Cosimbescu, P. Koech, J. Liu, J.P. Lemmon, Exfoliated MoS_2 nanocomposite as an anode material for lithium ion batteries, Chem. Mater. 22 (2010) 4522-4524.

［60］ H. Jiang, D. Ren, H. Wang, Y. Hu, S. Guo, H. Yuan, et al., 2D monolayer MoS_2-carbon interoverlapped superstructure: engineering ideal atomic interface for lithium ion torage, Adv. Mater. 27 (2015) 3687-3695.

［61］ C. George, A.J. Morris, M.H. Modarres, M. De Volder, Structural evolution of electrochemically lithiated MoS_2 nanosheets and the role of carbon additive in li-ion batteries, Chem. Mater. 28 (2016) 7304-7310.

［62］ Y. Liu, L. Zhang, Y. Zhao, T. Shen, X. Yan, C. Yu, et al., Novel plasma-engineered MoS_2 nanosheets for superior lithium-ion batteries, J. Alloys Compd. 787 (2019) 996-1003.

［63］ K. Zhang, H.-J. Kim, X. Shi, J.-T. Lee, J.-M. Choi, M.-S. Song, et al., Graphene/acid coassisted synthesis of ultrathin MoS_2 nanosheets with outstanding rate capability for a lithium battery anode, Inorg. Chem. 52 (2013) 9807-9812.

［64］ Y. Wang, B. Chen, D.H. Seo, Z.J. Han, J.I. Wong, K. Ostrikov, et al., MoS_2-coated vertical grapheme nanosheet for high-performance rechargeable lithium-ion batteries and hydrogen production, NPG Asia Mater. 8 (2016) e268.

［65］ E. Cha, M.D. Patel, J. Park, J. Hwang, V. Prasad, K. Cho, et al., 2D MoS_2 as an efficient protective layer for lithium metal anodes in high-performance Li-S batteries, Nat. Nanotechnol. 13 (2018) 337-344.

［66］ M.-R. Gao, Y.-F. Xu, J. Jiang, S.-H. Yu, Nanostructured metal chalcogenides: synthesis, modification, and applications in energy conversion and storage devices, Chem. Soc. Rev. 42 (2013) 2986-3017.

［67］ S. Shi, Z. Sun, Y.H. Hu, Synthesis, stabilization and applications of 2-dimensional 1 T metallic MoS_2, J. Mater. Chem. A 6 (2018) 23932-23977.

［68］ L. David, R. Bhandavat, G. Singh, MoS_2/graphene composite paper for sodium-ion battery electrodes, ACS Nano 8 (2014) 1759-1770.

［69］ D. Sun, D. Ye, P. Liu, Y. Tang, J. Guo, L. Wang, et al., MoS_2/graphene nanosheets from commercial bulky MoS_2 and graphite as anode materials for high rate sodium-ion batteries, Adv.

Energy Mater. 8（2018）1702383.

［70］ T.S. Sahu, S. Mitra, Exfoliated MoS₂ sheets and reduced graphene oxide-an excellent and fast anode for sodium-ion battery, Sci. Rep. 5（2015）12571.

［71］ G. Ji, Y. Yu, Q. Yao, B. Qu, D. Chen, W. Chen, et al., Promotion of reversible Li⁺storage in transition metal dichalcogenides by Ag nanoclusters, NPG Asia Mater. 8（2016）e247.

［72］ Y.M. Chen, X.Y. Yu, Z. Li, U. Paik, X.W. Lou, Hierarchical MoS₂ tubular structures internally wired by carbon nanotubes as a highly stable anode material for lithium-ion batteries, Sci. Adv. 2（2016）e1600021.

［73］ Y. Shi, Y. Wang, J.I. Wong, A.Y.S. Tan, C.-L. Hsu, L.-J. Li, et al., Self-assembly of hierarchical MoSx/CNT nanocomposites（2＜x＜3）: towards high performance anode materials for lithium ion batteries, Sci. Rep. 3（2013）2169.

［74］ X. Zhou, L.-J. Wan, Y.-G. Guo, Facile synthesis of MoS₂@CMK-3 nanocomposite as an improved anode material for lithium-ion batteries, Nanoscale 4（2012）5868-5871.

［75］ L. Wang, Z. Xu, W. Wang, X. Bai, Atomic mechanism of dynamic electrochemical lithiation processes of MoS₂ Nanosheets, J. Am. Chem. Soc. 136（2014）6693-6697.

［76］ C. Zhang, Passivating Li metal, Nat. Energy 3（2018）251.

［77］ P. Guo, D. Liu, Z. Liu, X. Shang, Q. Liu, D. He, Dual functional MoS₂/graphene interlayer as an efficient polysulfide barrier for advanced lithium-sulfur batteries, Electrochim. Acta 256（2017）28-36.

［78］ P.T. Dirlam, J. Park, A.G. Simmonds, K. Domanik, C.B. Arrington, J.L. Schaefer, et al., Elemental sulfur and molybdenum disulfide composites for Li-S batteries with long cycle life and high-rate capability, ACS Appl. Mater. Interfaces 8（2016）13437-13448.

［79］ J. He, G. Hartmann, M. Lee, G.S. Hwang, Y. Chen, A. Manthiram, Freestanding 1 T MoS₂/grapheme heterostructures as a highly efficient electrocatalyst for lithium polysulfides in Li-S batteries, Energy Environ. Sci. 12（2019）344-350.

［80］ H. Lin, L. Yang, X. Jiang, G. Li, T. Zhang, Q. Yao, et al., Electrocatalysis of polysulfide conversion by sulfur-deficient MoS₂ nanoflakes for lithium-sulfur batteries, Energy Environ. Sci. 10（2017）1476-1486.

［81］ C. Zhang, S.-H. Park, A. Seral-Ascaso, S. Barwich, N. McEvoy, C.S. Boland, et al., High capacity silicon anodes enabled by MXene viscous aqueous ink, Nat. Commun. 10（2019）849.

［82］ X. Tang, X. Guo, W. Wu, G. Wang, 2D metal carbides and nitrides（MXenes）as high-performance electrode materials for lithium-based batteries, Adv. Energy Mater. 8（2018）1801897.

［83］ J. Pang, R.G. Mendes, A. Bachmatiuk, L. Zhao, H.Q. Ta, T. Gemming, et al., Applications of 2D MXenes in energy conversion and storage systems, Chem. Soc. Rev. 48（2019）72-133.

［84］ N.K. Chaudhari, H. Jin, B. Kim, D. San Baek, S.H. Joo, K. Lee, MXene: an emerging two-dimensional material for future energy conversion and storage applications, J. Mater. Chem. A 5（2017）24564-24579.

［85］ P. Simon, Y. Gogotsi, B. Dunn, Where do batteries end and supercapacitors Begin? Sci. 343（2014）1210-1211.

［86］ M. Winter, R.J. Brodd, What are batteries, fuel cells, and supercapacitors? Chem. Rev. 104（2004）4245-4270.

［87］ Y. Shao, M.F. El-Kady, J. Sun, Y. Li, Q. Zhang, M. Zhu, et al., Design and mechanisms of asymmetric supercapacitors，Chem. Rev. 118（2018）9233–9280.

［88］ M. Yang，J.-M. Jeong，Y.S. Huh，B.G. Choi，High-performance supercapacitor based on three-dimensional MoS$_2$/graphene aerogel composites，Compos. Sci. Technol. 121（2015）123–128.

［89］ K.-J. Huang，L. Wang，Y.-J. Liu，Y.-M. Liu，H.-B. Wang，T. Gan，et al.，Layered MoS$_2$-graphene composites for supercapacitor applications with enhanced capacitive performance，Int. J. Hydrog. Energy 38（2013）14027–14034.

［90］ A. Gigot，M. Fontana，M. Serrapede，M. Castellino，S. Bianco，M. Armandi，et al.，Mixed 1T–2 H phase MoS$_2$/reduced graphene oxide as active electrode for enhanced supercapacitive performance，ACS Appl. Mater. Interfaces 8（2016）32842–32852.

［91］ J. Wang，Z. Wu，K. Hu，X. Chen，H. Yin，High conductivity graphene-like MoS$_2$/polyaniline nanocomposites and its application in supercapacitor，J. Alloys Compd. 619（2015）38–43.

［92］ S. Kamila，B. Mohanty，A.K. Samantara，P. Guha，A. Ghosh，B. Jena，et al.，Highly active 2D layered MoS（2）-rGO hybrids for energy conversion and storage applications，Sci. Rep. 7（2017）8378–8386.

［93］ H. Tang，J. Wang，H. Yin，H. Zhao，D. Wang，Z. Tang，Growth of polypyrrole ultrathin films on MoS$_2$ monolayers as high-performance supercapacitor electrodes，Adv. Mater. 27（2015）1117–1123.

［94］ E.G. da Silveira Firmiano，A.C. Rabelo，C.J. Dalmaschio，A.N. Pinheiro，E.C. Pereira，W.H. Schreiner，et al.，Supercapacitor electrodes obtained by directly bonding 2D MoS$_2$ on reduced graphene oxide，Adv. Energy Mater. 4（2014）1301380.

［95］ M. Acerce，D. Voiry，M. Chhowalla，Metallic 1T phase MoS$_2$ nanosheets as supercapacitor electrode materials，Nat. Nanotechnol. 10（2015）313.

［96］ X. Geng，Y. Zhang，Y. Han，J. Li，L. Yang，M. Benamara，et al.，Two-dimensional water-coupled metallic MoS$_2$ with nanochannels for ultrafast supercapacitors，Nano Lett. 17（2017）1825–1832.

［97］ L. Jiang，S. Zhang，S.A. Kulinich，X. Song，J. Zhu，X. Wang，et al.，Optimizing hybridization of 1 T and 2 H Phases in MoS$_2$ monolayers to improve capacitances of supercapacitors，Mater. Res. Lett. 3（2015）177–183.

［98］ N. Joseph，P. Muhammed Shafi，A. Chandra Bose，Metallic 1T–MoS$_2$ with defect induced additional active edges for high performance supercapacitor application，New J. Chem. 42（2018）12082–12090.

［99］ R. Naz，M. Imtiaz，Q. Liu，L. Yao，W. Abbas，T. Li，et al.，Highly defective 1T–MoS$_2$ nanosheets on 3D reduced graphene oxide networks for supercapacitors，Carbon 152（2019）697–703.

［100］ A. Ejigu，I.A. Kinloch，E. Prestat，R.A.W. Dryfe，A simple electrochemical route to metallic phase trilayer MoS$_2$: evaluation as electrocatalysts and supercapacitors，J. Mater. Chem. A 5（2017）11316–11330.

第9章 新兴二维异质结构材料在生物学上的应用

Sudipta Senapati, Pralay Maiti

印度理工学院（巴拿勒斯印度教大学），材料科学与技术学院，

瓦拉纳西，印度

9.1 引言

石墨烯材料的发现开启了一类全新材料——二维材料（2DMs）的研究。石墨烯自发现之日起，就受到学术和应用领域的高度关注，由于其具有高比表面积、良好的力学、电学、热学和化学特性，这些特性可用于制备不同种类的先进材料、光电器件、生物成像探针、传感器和超级电容器等。石墨烯的特性源于其 sp^2 碳的 0D、1D 和 3D 形式构成一个到多个原子或薄层单元（图 9-1），从而通过层内强 C—C 键和层间弱的相互作用形成 2D 有序结构。在过去的几年中，多

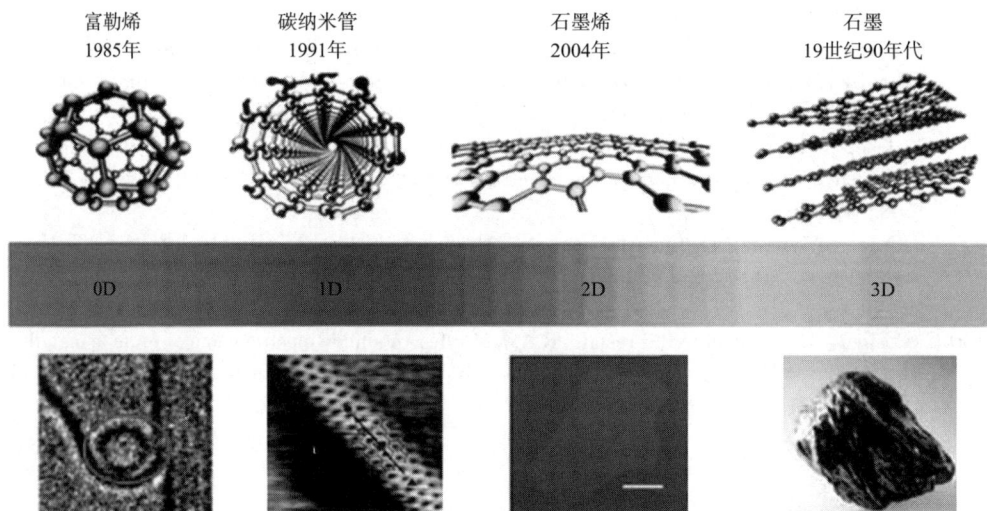

| 富勒烯 | 碳纳米管 | 石墨烯 | 石墨 |
| 1985年 | 1991年 | 2004年 | 19世纪90年代 |

图 9-1 基于维度的材料分类

种二维材料已被发现，包括硅、石墨碳氮化物（g–C$_3$N$_4$），六方氮化硼（h–BN）、合成硅酸盐黏土，层状双层氢氧化物（LDHs）、过渡金属二卤族化合物（TMDs）、和金属碳氧化合物（MXenes）。这些二维材料由共价键合的原子层网络组成，这些网络通过较弱的范德瓦耳斯力连接在一起，形成单个或几个原子厚的纳米片层。目前已开发出多种合成方法用于制备 2DMs，包括机械剥离法、溶剂辅助剥离法、等离子体制备法、化学合成法和化学气相沉积法（CVD）。

2DMs 在物理化学、热学和光学性质以及结构、尺寸、毒性和生物降解性方面具有广泛的用途。因此，这些 2DMs 可以用于多种应用，包括催化、锂离子电池、生物传感器、药物 / 基因传输载体、生物成像和组织工程等。2DMs 具有非常高的表面积，这使其适合于具有高度表面相互作用的应用。例如，正在探索将 2DMs 用作药物和基因的传输平台，2DMs 可以吸附和保护药物 / 基因分子的活性，并控制其缓慢释放。此外，2DMs 超级力学特性和骨传导性使其在骨组织工程中有良好应用前景。此外，它们的薄层结构在生物传感、基因测序和催化应用中有良好应用前景。还有一些 2DMs 对外界刺激（如近红外、太阳光等）反应非常迅速，这使其在基于光学的诊断及治疗中有良好应用前景，如生物成像、光动力治疗（PDT）和光热治疗（PTT）。2DMs 具有优异的生物相容性并可以直接分散在水介质中，拓展了其在生物医学领域的广泛应用。因此，2DMs 独特的性质和优异的性能决定了其成为生物医学和生物工程领域新的研究方向。

这一章讨论了 2DMs 的制备、结构、功能和其生物学应用，以及其特性与应用之间联系，还将对 2DMs 的安全性和毒性进行论述与展望。

9.2　二维材料的制备

目前，有多种方法可以制备拥有超级特性和应用潜能的 2DMs，如尺寸可调节、形态、层数和结构多样性。主要合成 2DMs 的制备方法，包括机械剥离法、溶剂剥离法、化学气相沉积法（CVD）和水热合成。在本章中，将简要地探讨这些方法的优点和局限性。

9.2.1　机械剥离法

机械剥离法可用于获得单层或数层厚的结晶二维层状材料。在这个过程中，用透明胶带粘在层状材料的两面，然后将粘有层状材料的胶带剥离，通过破坏层间弱范德瓦耳斯力作用，获得单层或数层厚的 2DMs。Geim 等人首次从高度定向热解石墨（HOPG）中分离出层状石墨烯薄片。受到这一发现的启发，机械剥离法也被应用于制备其他 2DMs 中。例如，通过机械剥离法从本体材料制备而得单层片状二硫化钼（MoS_2）、二硫化钨（WS_2）、铌联硒化物（$NbSe_2$），氮化硼（BN）和 $Bi_2Sr_2CaCu_2O_x$（称为 Bi-2212 相）。该方法的优点是简单、快速、纯度高、成本低，缺点是单分子层膜收率低，不适合大规模生产。

9.2.2　溶剂剥离法

溶剂剥离法是一种非常有用的技术可以代替机械剥离法制备高品质、大量的单层和数层 2DMs，如 MoS_2、WS_2、BN、碲化镍（$NiTe_2$）、$NbSe_2$、二碲化钼（$MoTe_2$）、铋碲化物（Bi_2Te_3）、二硒化钼（$MoSe_2$）、二硒化钽（$TaSe_2$）等。该工艺使用的溶剂有 N- 甲基吡咯烷酮（NMP）、二甲基甲酰胺（DMF）、环己基吡咯烷酮、N- 十二烷基吡咯烷酮等用于层状材料的剥离溶剂，而丁基锂和金属萘则用于收获剥离物。NMP、DMF 等表面张力特性与层状材料的表面张力特性相似，所以被用作收获片层材料的有效溶剂。

9.2.3　化学气相沉积法

CVD 是一种制备具有较大比表面积和均一厚度的 2DMs 常用技术之一，应用于电子和光电子的大规模制造。在典型的 CVD 合成中，由铜箔、镍箔或硅片制成的基板被置于管式炉中，在惰性气体的环境中暴露于高温的前体中。在合成过程中，前驱体化合物在基底表面反应或分解，形成单层或几层厚的 2DMs。例如，利用 CVD 技术，由 MoO_3 和 S 前驱体直接在 SiO_2/Si 基底上制备了大比表面积的连续 MoS_2 薄膜。虽然 CVD 技术提供了比表面积大、缺陷少、厚度可控的高质量 2DMs，但需要合适的基底材料、高温和高压限制了 CVD 方法的广泛应用。

9.2.4　水热合成法

水热合成法制备 2DMs 较 CVD 方法具有许多优势，如成本低、实验设备简单并且产量高。在典型的水热反应中，前体的均相溶液在不同温度下处理一定时间。例如，钼酸铵与硫或硒在 150～180℃ 的水合肼溶液中反应 48h 合成单层 MoS_2 和 $MoSe_2$。尽管这种方法具有很多优点，但通过水热合成工艺往往很难得到厚度和尺寸可控的高质量 2DMs。

9.3　二维材料的结构

石墨烯是一种以 sp^2 杂化连接的碳原子紧密堆积成单层二维蜂窝状晶格结构的新材料。材料的理化性质和生物学性质取决于材料的原子结构。2DMs 的特性受其层状结构的调控，2DMs 是包含一层或者几层原子层厚度的片状结构。例如，石墨烯是一种以 sp^2 杂化连接的碳原子通过共价键结合在一起的二维蜂窝状晶格结构。氧化石墨烯（GO）的结构同样基于 C 原子的蜂窝状晶格结构，然而其中一些 sp^2C 原子被 sp^3C 原子取代，从而与二维薄片上层或下层的—COOH、—OH 和环氧基相互作用。与石墨烯相比，这种改变导致氧化石墨烯结构中出现了显著的局部极性和缺陷。与石墨烯结构相似的其他 2DMs 有硅烯、锗烯、g-C_3N_4 和 h–BN。与基于单原子层厚度的片状石墨烯材料不同，其他的二维纳米材料，如 2D 纳米黏土、LDHs、TMOs 和 TMDs 由稳定的单晶单元组成。例如，LDHs 是阴离子纳米黏土，通式为 $\left[M^{II}_{1-z}M^{III}_z(OH)_2\right]^{z+}(A^{n-})_{z/n}\cdot xH_2O$，$M^{II}$ 是二价金属离子，如 Mg^{2+}、Zn^{2+} 等，M^{III} 是三价金属离子，如 Al^{3+}、Fe^{3+} 等，A^{n-} 是阴离子，如 NO_3^-、CO_3^{2-} 等。LDHs 结构来源于水镁石，其中一些二价金属离子被三价金属异构体取代，提供一个可以与氢氧根结合的位点，因此，这个增加的正电荷可被层间水合阴离子所中和。

9.4　二维材料在生物学上的应用

9.4.1　石墨烯基二维材料

石墨烯基 2DMs 包括石墨烯、氧化石墨烯（GO）和还原氧化石墨烯（rGO），它们是最早研究并被广泛应用于各种生物医学领域的二维材料。由于其具有比表面积大、机械强度高、生物相容性好、电信号增强和热传导效应，因此被广泛应用于生物研究领域，如生物成像、组织工程、药物递送和生物传感器。Qui 等人利用聚（N-异丙基丙烯酰胺）（PNIPAM）和石墨烯开发了一种机械强度好、导电性高、刺激响应性好的纳米复合气凝胶。

与纯 PNIPAM 气凝胶相比，极少量石墨烯（约 0.045% 体积分数）的加入显著提高了气凝胶的机械强度、导电性和热响应性能。Paul 等研究了一种高效的可注射水凝胶体系，使用聚（乙烯亚胺）（PEI）功能化氧化石墨烯（fGO）与

DNA$_{VEGF}$ 形成复合物，与低模量甲基丙烯酸明胶（GelMA）共混用于心肌修复治疗［图 9-2（A）］。图 9-2（A）展示了一种以氧化石墨烯（GO）和血管内皮生长因子 -165（VEGF）促血管生成基因为基础的纳米生物活性水凝胶的制备过程及随后注射治疗急性心肌梗死（AMI）受损心脏的关键步骤：①用聚乙烯亚胺（PEI）对 GO 纳米片进行功能化，形成阳离子 fGO；②然后将 fGO 与促血管生成基因（DNA$_{VEGF}$）结合形成 fGO$_{VEGF}$ 复合物，如扫描电镜图片所示；③将 fGO$_{VEGF}$ 复合物负载于低模量甲基丙烯酸明胶（GelMA）水凝胶中，紫外光交联形成；④可注射 fGO$_{VEGF}$ / GelMA 水凝胶（GG$_0$）；⑤然后在急性心内膜梗死大鼠心脏局部注射；⑥结果表明通过促进心肌血管生成，增强治疗效果，进而有助于减少瘢痕面积和改善心肌功能。与对照组和 DNA$_{VEGF}$/GelMA 组相比，经 fGO$_{VEGF}$/GelMA 水凝胶治疗的梗死心脏心肌毛细血管密度增加，瘢痕面积减少。此外，注射 fGO$_{VEGF}$/GelMA 14d 后超声心脏图显示，与各对照组相比，fGO$_{VEGF}$/GelMA 组心脏性能增强（$P<0.05$，$n=7$）［图 9-2（B）~（D）］。图 9-2（B）为 AMI 损伤大鼠心脏的示意图。后两张照片显示心肌梗死大鼠的心脏，箭头指向左心室受损区域。照片（水凝胶注射）显示可注射的 fGO / GelMA 水凝胶局部直接在心肌内

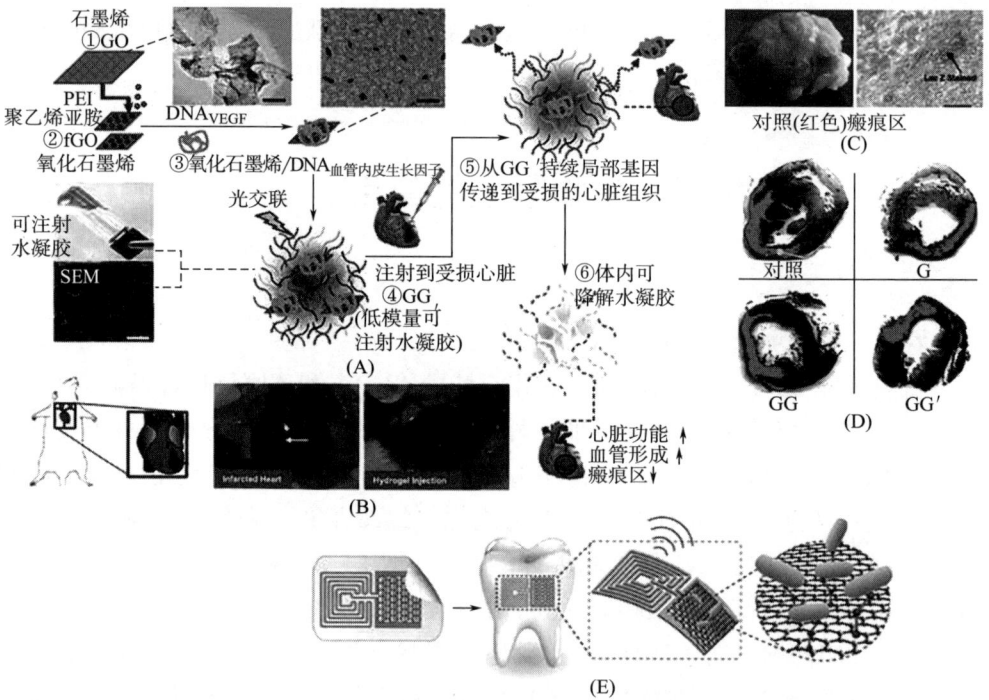

图 9-2 石墨烯基材料在组织工程和生物传感中的应用

向梗死周边区流动。图 9-2（C）通过 X-Gal 染色（箭头所指区域）和心室组织切片显微镜图片表明 Lac Z 报告基因在心脏区域表达，证明 GG₀ 水凝胶的体内基因传递和促血管生成作用。图 9-2（D）研究 GG₀ 水凝胶治疗后梗死大鼠心脏的瘢痕面积和心功能。左心室心肌切片 Sirius 染色显示心肌纤维化区域（灰色）。Sham 手术组和未治疗梗死组作为对照。灰色区域为 ECM 沉积的瘢痕组织，黑色区域为心肌。

Mannoor 等人展示了一种无线石墨烯基纳米传感器，用于检测黏附在牙釉质上的细菌［图 9-2（E）］。这种传感器基于石墨烯的无线生物传感器印刷在生物可吸收的丝上，并被附着在牙齿表面，以检测细菌的结合。将石墨烯纳米传感器打印到水溶性丝质基底膜上，通过电感线圈连接，将石墨烯 / 电极 / 丝质基底器件放到如牙釉质或组织等生物材料上，然后使用石墨烯抗菌肽（AMPs）进行功能化改性。这种生物传感器通过抗菌肽在石墨烯表面的自组装和重组过程，可用于专业检测牙釉质中黏附的病原体。

9.4.2　黏土基二维材料

硅酸盐黏土和层状双金属氢氧化物（LDHs）已在催化、阻燃、废水处理、外用乳膏等领域得到广泛应用，尽管其具有良好的理化性质和生物相容性，但其在生物医学领域的应用研究还相对较少。2D 黏土基材料中的 LDHs 半径为 10 ~ 200nm，厚度为 1 ~ 2nm，因此，适合将其应用于生物医学领域。LDHs 结构由带正电层的二价和三价金属离子与可交换的层间阴离子组成。带负电性的药物、DNAs、RNAs、多肽、蛋白等很容易通过直接合成、离子交换反应或共沉淀法插层于层间区域。Senapati 等人将抗癌药物插层到一系列具有不同层间阴离子的 Mg-Al LDHs 中（NO_{23}，CO_{223} 和 PO_{324}）采用简便的共沉淀法合成 LDHs，然后插入带负电荷的模型抗癌药物雷洛昔芬（RH）［图 9-3（A）］研究药物从 2D 材料层间释放行为发现，使用磷酸盐结合的 LDHs（LP-R）药物的释放符合快速释放动力学，而药物从硝酸基 LDHs（LN-R）层间的释放属于缓释动力学［图 9-3（B）］。与单纯药物相比，药物插层 LDHs 的体外抑瘤作用增强［图 9-3（C）］。纯 RH 和药物插层 LDHs 的体内抗肿瘤作用和系统毒性与对照组比较。而且，在药物 -LDHs 中，LP-R 显示出较好的肿瘤抑制率。体重指数、组织学和生化参数分析结果表明，单纯药物治疗组动物出现器官损伤，而药物插层 LDHs 治疗的动物毒性最小［图 9-3（D）］。

硅酸盐纳米颗粒与人类细胞具有细胞相容性，在水凝胶表面具有增强细胞黏附和细胞活力的潜力。硅酸盐纳米颗粒被发现能促进干细胞向成骨细胞分化，促进 I 型胶原的产生。

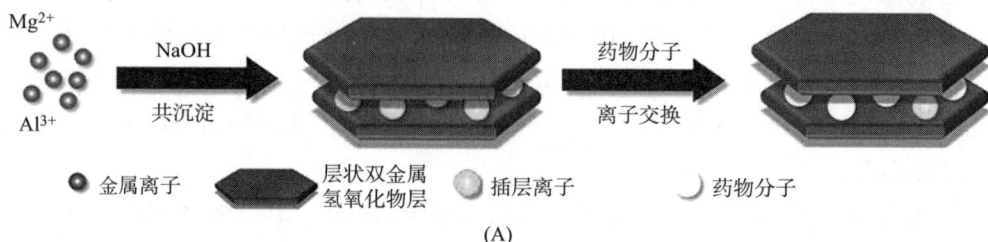

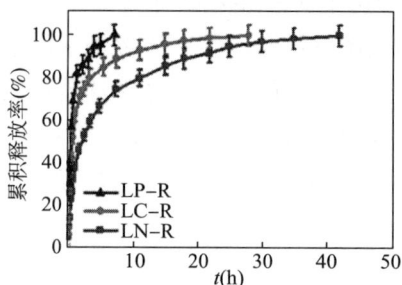

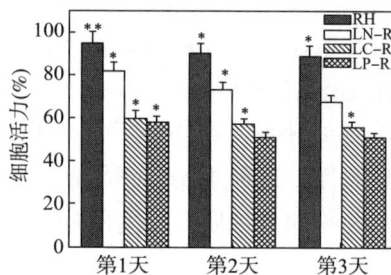

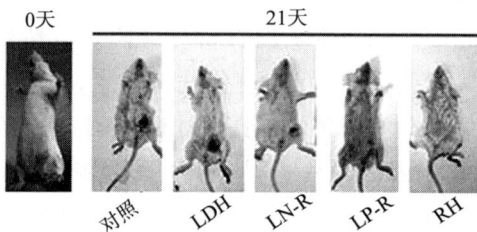

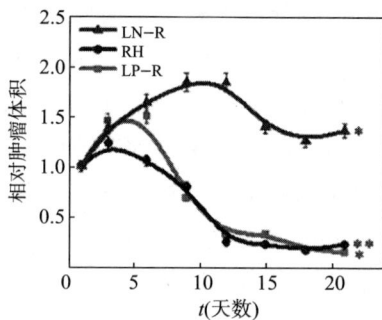

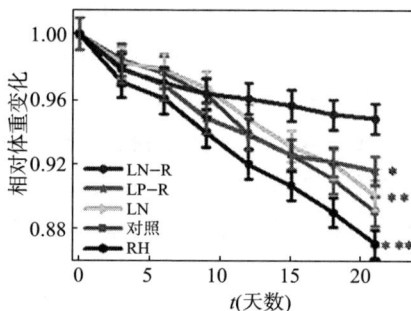

图 9-3　层状双金属氢氧化物（LDHs）在化疗中的应用

9.4.3　过渡金属基二维材料

TMOs 和 TMDs 具有多样性，是两种研究最多的二维过渡金属基材料。2DTMOs

包括纳米片层结构的二氧化锰（MnO_2）、二氧化钛（TiO_2）、氧化锌（ZnO）、四氧化三钴（Co_3O_4）、三氧化钨（WO_3）和氧化铁（FeO，Fe_2O_3）等。MnO_2 二维纳米片在成像、生物传感器和药物输送领域性能优异。Chen 等人开发了 MnO_2 纳米片层用于诊疗一体化应用，既可以用作核磁共振成像（MRI）的造影剂，又可以在弱酸性条件下快速分解释放药物。

　　TMDs 是由两侧为过渡金属原子厚层和中间为硫原子层（如 S、Se 或 Te），以三明治结构组成的 2DMs，其通式为 MX_2，其中 M 为过渡金属，X 为硫原子。MoS_2，WS_2 和 TiS_2 都属于这类的代表材料。TMD 2DMs 由于优异的光致发光、光吸收、直接带隙、高耐磨性能，适用于生物成像、生物传感器以及光热 / 光动力治疗（PTT/PDT）等领域，被认为是可应用于下一代生物医学领域最有前途的生物材料。

　　Zhao 等开发了以壳聚糖（CS）为基础的关节内给药系统 MoS_2@CS@Dex（MCDs），地塞米松（Dex）负载改性 2D MoS_2 用于近红外光响应治疗（PRT）[图 9-4（A）和（B）]。图 9-4（A）为利用壳聚糖（CS）修饰的具有近红外光响应能力的 MoS_2 纳米片负载抗炎药物地塞米松（Dex）构建的关节内递药系统 MoS_2@CS@Dex（MCD）的合成过程示意图。图 9-4（B）为在 $1W/cm^2$ 的近红外光源中光照 1h，经 CS（MoS_2@CS）改性后的 MoS_2 纳米片和未改性 MoS_2 纳米片的光热成像效果。该给药系统响应近红外光，并通过光热转换触发地塞米松的释放，因此 DEX 在关节腔内达到按需释放 [图 9-4（C）和（D）]。图 9-4（C）为 MoS_2 和 MoS_2@CS 1h 内的温度动力学变化。图 9-4（D）为采用不同功率密度的开闭交替 NIR 光照射 MCD 的药物释放曲线。关节内注射 MCDs 结合 NIR 辐射可在低全身剂量下 [图 9-4（E）和（F）]，提高局部特异性骨关节炎治疗效果。图 9-4（E）为在 808nm 近红外光源和 $0.4W/cm^2$NIR 激光功率密度辐射下，关节内注射等量生理盐水、MoS_2@ CS 和 MCD（1mg/kg）后，小鼠膝关节内光热效应和 MCD 滞留时间的图像。图 9-4（F）为 MCD 给药后不同时间间隔时小鼠膝关节对应的光声（PA）图像。

　　最近，Gogotsi 等人发现了一个新的二维过渡材料族 MXenes。MXenes 通常由多层三元碳化物 MAX 相选择性刻蚀为单层而合成，通式为 $M_{n+1}X_nT_x$，其中 M 代表早期过渡金属碳化物（Ti、Ta、Mo、Nb、V 和 Zr），X 是碳或氮，$n=1 \sim 3$，T 代表氧化物、氢氧化物或氟化物等表面官能团。MXenes 具有金属导电性、良好的机械性能和亲水性。Lin 等人开发了二维碳化钽（Ta_4C_3）的诊疗一体化的 MXenes，可用于双模光声 / 计算机断层成像（PA/CT）和高效治疗裸鼠人源肿瘤细胞移植模型小鼠的体内实体瘤光热消融。

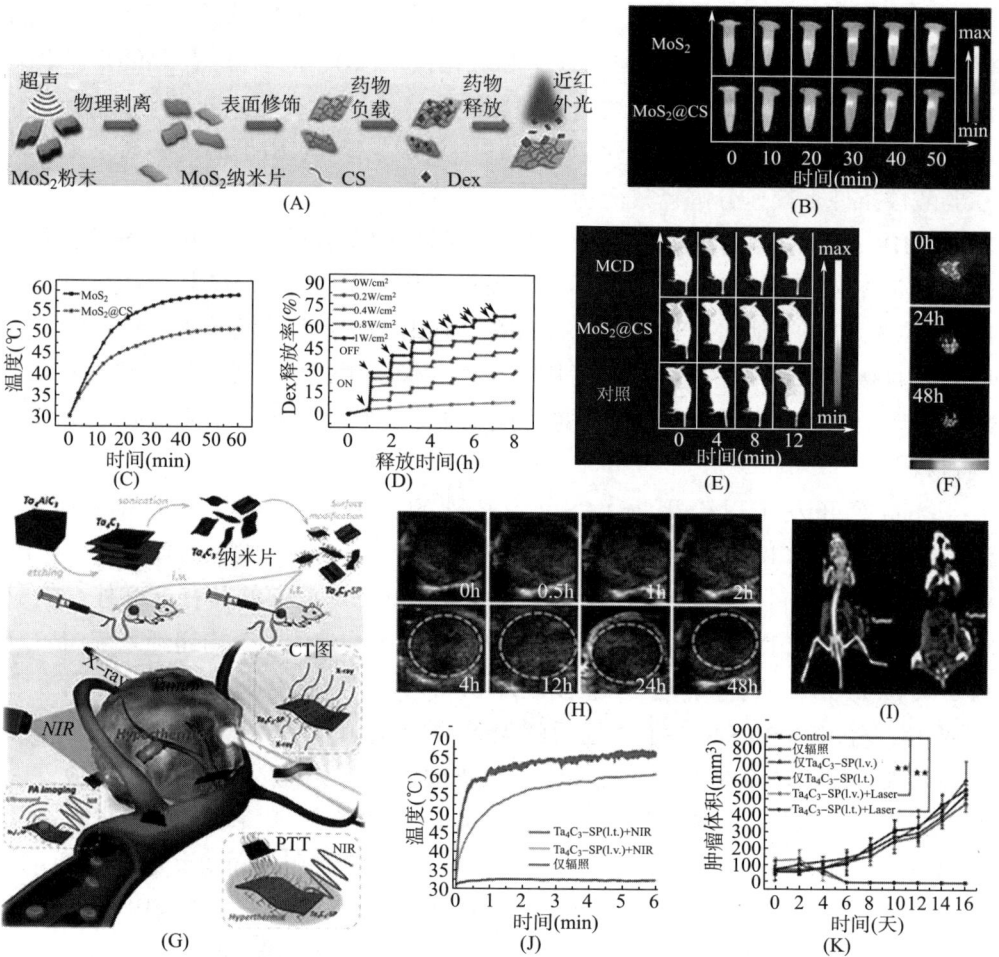

图 9-4　二维过渡金属基生物材料在诊疗一体化中的应用

　　采用氢氟酸（HF）刻蚀 MAX 相 Ta_4AlC_3 的两步液相剥离法制备了超薄的二维 Ta_4C_3 纳米片［图 9-4（G）］。图 9-4（G）为大豆磷脂修饰的 2D 碳化钽（Ta_4C_3）MXenes，Ta_4C_3SP 用于双模光声／计算机断层扫描成像（PA/CT）的示意图，在小鼠肿瘤移植瘤中具有增强的体内光热消融潜能。这些 MXene 纳米片表现出优异的近红外光热特性，具有优异的光热转换效率和较高的光热稳定性。由于 MXenes 具有较强的 X 射线衰减能力和较高的 NIR 吸光度，因此实现了肿瘤的增强体内 CT 和 PA 双模成像效果［图 9-4（H）～（J）］。图 9-4（H）为 4T1 荷瘤小鼠静脉注射 Ta_4C_3–SP（20mg/kg）后不同时间点肿瘤部位的 PA 图像。图 9-4（I）4T1 荷瘤小鼠静脉给药（10mg/mL，$200\mu L$）24h 后的 CT 对比（右）和三维重建

CT（左）图像。图9-4（J）4T1荷瘤小鼠不同组别肿瘤部位激光照射时体内光热温度的动力学变化。Ta_4AlC_3MXene再次被证明增强了肿瘤移植瘤体内光热消融潜能［图9-4（K）］。图9-4（K）为不同样品处理1次后肿瘤生长抑制曲线。

9.5　结论

2DMs是一种单向受限的材料，与其他纳米材料相比具有高比表面积和各向异性的物理化学性质。生物相容性的2DMs具有独特的生物学特性，可应用于生物医学和临床中。这一章旨在讨论各种合成技术、结构特征及其在生物医学领域有前途的应用。

参考文献

［1］ A.K. Geim, Graphene : status and prospects, Science 324（2009）1530–1534.

［2］ L. De Marchi, C. Pretti, B. Gabriel, P.A. Marques, R. Freitas, V. Neto, An overview of graphene materials : properties, applications and toxicity on aquatic environments, Sci. Total Environ. 631（2018）1440–1456.

［3］ B. Liu, K. Zhou, Recent progress on graphene–analogous 2D nanomaterials : properties, modeling and applications, Prog. Mater. Sci.（2018）.

［4］ A. Nag, A. Mitra, S.C. Mukhopadhyay, Graphene and its sensor–based applications : a review, Sens. Actuators A : Phys. 270（2018）177–194.

［5］ S. Trivedi, K. Lobo, H.R. Matte, Synthesis, properties, and applications of graphene, Fundamentals and Sensing Applications of 2D Materials, Elsevier, 2019, pp. 25–90.

［6］ S. Ren, P. Rong, Q. Yu, Preparations, properties and applications of graphene in functional devices : a concise review, Ceram. Int. 44（2018）11940–11955.

［7］ M. Khan, M.N. Tahir, S.F. Adil, H.U. Khan, M.R.H. Siddiqui, A.A. Al–warthan, et al., Graphene based metal and metal oxide nanocomposites : synthesis, properties and their applications, J. Mater. Chem. A. 3（2015）18753–18808.

［8］ C. Soldano, A. Mahmood, E. Dujardin, Production, properties and potential of graphene, Carbon. 48（2010）2127–2150.

［9］ T. Wang, D. Huang, Z. Yang, S. Xu, G. He, X. Li, et al., A review on graphene–based gas/vapor sensors with unique properties and potential applications, Nano–Micro Lett. 8（2016）95–119.

［10］ D. Chimene, D.L. Alge, A.K. Gaharwar, Two–dimensional nanomaterials for biomedical applications : emerging trends and future prospects, Adv. Mater. 27（2015）7261–7284.

［11］ K. Shehzad, Y. Xu, C. Gao, X. Duan, Three–dimensional macro–structures of two–dimensional nanomaterials, Chem. Soc. Rev. 45（2016）5541–5588.

［12］ C. Tan, X. Cao, X.-J. Wu, Q. He, J. Yang, X. Zhang, et al., Recent advances in ultrathin two-dimensional nanomaterials, Chem. Rev. 117（2017）6225-6331.

［13］ X. Peng, L. Peng, C. Wu, Y. Xie, Two dimensional nanomaterials for flexible supercapacitors, Chem. Soc. Rev. 43（2014）3303-3323.

［14］ H. Jin, C. Guo, X. Liu, J. Liu, A. Vasileff, Y. Jiao, et al., Emerging two-dimensional nanomaterials for electrocatalysis, Chem. Rev. 118（2018）6337-6408.

［15］ L. Niu, J.N. Coleman, H. Zhang, H. Shin, M. Chhowalla, Z. Zheng, Production of two-dimensional nanomaterials via liquid-based direct exfoliation, Small. 12（2016）272-293.

［16］ Z. Wang, W. Zhu, Y. Qiu, X. Yi, A. von dem Bussche, A. Kane, et al., Biological and environmental interactions of emerging two-dimensional nanomaterials, Chem. Soc. Rev. 45（2016）1750-1780.

［17］ H. Tian, M.L. Chin, S. Najmaei, Q. Guo, F. Xia, H. Wang, et al., Optoelectronic devices based on two-dimensional transition metal dichalcogenides, Nano Res. 9（2016）1543-1560.

［18］ C.R. Ryder, J.D. Wood, S.A. Wells, M.C. Hersam, Chemically tailoring semiconducting two-dimensional transition metal dichalcogenides and black phosphorus, ACS Nano. 10（2016）3900-3917.

［19］ L. Wang, D.W. Bahnemann, L. Bian, G. Dong, J. Zhao, C. Wang, Two-dimensional layered zinc silicate nanosheets with excellent photocatalytic performance for organic pollutant degradation and CO_2 conversion, Angew. Chem. Int. Ed.（2019）.

［20］ B. Anasori, M.R. Lukatskaya, Y. Gogotsi, 2D metal carbides and nitrides（MXenes）for energy storage, Nat. Rev. Mater. 2（2017）16098.

［21］ A.J. Mannix, Z. Zhang, N.P. Guisinger, B.I. Yakobson, M.C. Hersam, Borophene as a prototype for synthetic 2D materials development, Nat. Nanotechnol. 13（2018）444.

［22］ S. Yu, X. Wu, Y. Wang, X. Guo, L. Tong, 2D materials for optical modulation : challenges and opportunities, Adv. Mater. 29（2017）1606128.

［23］ R. Kumar, E. Joanni, R.K. Singh, D.P. Singh, S.A. Moshkalev, Recent advances in the synthesis and modification of carbon-based 2D materials for application in energy conversion and storage, Prog. Energy Combust. Sci. 67（2018）115-157.

［24］ Y. Fang, Y. Lv, F. Gong, A.A. Elzatahry, G. Zheng, D. Zhao, Synthesis of 2D-mesoporous-carbon/MoS_2 heterostructures with well-defined interfaces for high-performance lithium-ion batteries, Adv. Mater. 28（2016）9385-9390.

［25］ T.H. Bointon, CVD synthesis of graphene and advanced 2D materials, 2D Materials, CRC Press, 2018, pp. 1-18.

［26］ X. Xiao, H. Wang, P. Urbankowski, Y. Gogotsi, Topochemical synthesis of 2D materials, Chem. Soc. Rev. 47（2018）8744-8765.

［27］ X. Xiao, H. Yu, H. Jin, M. Wu, Y. Fang, J. Sun, et al., Salt-templated synthesis of 2D metallic MoN and other nitrides, ACS Nano. 11（2017）2180-2186.

［28］ B.L. Li, M.I. Setyawati, L. Chen, J. Xie, K. Ariga, C.-T. Lim, et al., Directing assembly and disassembly of 2D MoS_2 nanosheets with DNA for drug delivery, ACS Appl. Mater. Interfaces 9（2017）15286-15296.

［29］ S. Wang, Y. Chen, X. Li, W. Gao, L. Zhang, J. Liu, et al., Injectable 2DMoS_2-integrated drug delivering implant for highly efficient NIR-triggered synergistic tumor hyperthermia, Adv. Mater. 27（2015）7117-7122.

［30］ W. Tao, X. Zhu, X. Yu, X. Zeng, Q. Xiao, X. Zhang, et al., Black phosphorus nanosheets as a robust delivery platform for cancer theranostics, Adv. Mater. 29（2017）1603276.

［31］ X. Han，J. Huang，H. Lin，Z. Wang，P. Li，Y. Chen，2D ultrathin MXene–based drug–delivery nanoplatform for synergistic photothermal ablation and chemotherapy of cancer，Adv. Healthc. Mater. 7（2018）1701394.

［32］ N. Dubey，R. Bentini，I. Islam，T. Cao，A.H. Castro Neto，V. Rosa，Graphene：a versatile carbon–based material for bone tissue engineering，Stem Cell Int. 2015（2015）.

［33］ J.R. Xavier，T. Thakur，P. Desai，M.K. Jaiswal，N. Sears，E. Cosgriff–Hernandez，et al.，Bioactive nanoengineered hydrogels for bone tissue engineering：a growth–factor–free approach，ACS Nano. 9（2015）3109–3118.

［34］ G. Lalwani，A.M. Henslee，B. Farshid，L. Lin，F.K. Kasper，Y.–X. Qin，et al.，Two–dimensional nanostructure– reinforced biodegradable polymeric nanocomposites for bone tissue engineering，Biomacromolecules 14（2013）900–909.

［35］ T. Yang，M. Chen，Q. Kong，X. Luo，K. Jiao，Toward DNA electrochemical sensing by free–standing ZnO nanosheets grown on 2D thin–layered MoS_2，Biosens. Bioelectron. 89（2017）538–544.

［36］ X. Wang，F. Nan，J. Zhao，T. Yang，T. Ge，K. Jiao，A label–free ultrasensitive electrochemical DNA sensor based on thin–layer MoS_2 nanosheets with high electrochemical activity，Biosens. Bioelectron. 64（2015）386–391.

［37］ I. Gablech，J. Pekárek，J. Klempa，V. Svatoš，A. Sajedi–Moghaddam，P. Neužil，et al.，Monoelemental 2D materials–based field effect transistors for sensing and biosensing：Phosphorene，antimonene，arsenene，silicene，and germanene go beyond graphene，TrAC. Trends Anal. Chem. 105（2018）251–262.

［38］ X. She，J. Wu，H. Xu，J. Zhong，Y. Wang，Y. Song，et al.，High efficiency photocatalytic water splitting using 2D α–Fe_2O_3/g–C_3N_4 Z–scheme catalysts，Adv. Energy Mater. 7（2017）1700025.

［39］ G. Gao，A.P. O'Mullane，A. Du，2D MXenes：a new family of promising catalysts for the hydrogen evolution reaction，ACS Catal. 7（2016）494–500.

［40］ C. Zhu，D. Du，Y. Lin，Graphene and graphene–like 2D materials for optical biosensing and bioimaging：a review，2D Mater. 2（2015）032004.

［41］ S. Kim，S.M. Ahn，J.–S. Lee，T.S. Kim，D.–H. Min，Functional manganese dioxide nanosheet for targeted photodynamic therapy and bioimaging in vitro and in vivo，2D Mater. 4（2017）025069.

［42］ H. Dong，S. Tang，Y. Hao，H. Yu，W. Dai，G. Zhao，et al.，Fluorescent MoS_2 quantum dots：ultrasonic preparation，up–conversion and down–conversion bioimaging，and photodynamic therapy，ACS Appl. Mater. Interfaces 8（2016）3107–3114.

［43］ Y. Li，Z. Liu，Y. Hou，G. Yang，X. Fei，H. Zhao，et al.，Multifunctional nanoplatform based on black phosphorus quantum dots for bioimaging and photodynamic/photothermal synergistic cancer therapy，ACS Appl. Mater. Interfaces 9（2017）25098–25106.

［44］ K.S. Novoselov，A.K. Geim，S.V. Morozov，D. Jiang，Y. Zhang，S.V. Dubonos，et al.，Electric field effect in atomically thin carbon films，Science. 306（2004）666–669.

［45］ H. Li，J. Wu，Z. Yin，H. Zhang，Preparation and applications of mechanically exfoliated single–layer and multilayer MoS_2 and WSe_2 nanosheets，Acc. Chem. Res. 47（2014）1067–1075.

［46］ H. Wang，X. Huang，J. Lin，J. Cui，Y. Chen，C. Zhu，et al.，High–quality monolayer superconductor $NbSe_2$ grown by chemical vapour deposition，Nat. Commun. 8（2017）394.

［47］ R. Kershaw，M. Vlasse，A. Wold，The preparation of and electrical properties of niobium selenide and tungsten selenide, Inorg. Chem. 6（1967）1599-1602.

［48］ G.-X. Li, Y. Liu, B. Wang, X.-M. Song, E. Li, H. Yan, Preparation of transparent BN films with superhydrophobic surface, Appl. Surf. Sci. 254（2008）5299-5303.

［49］ M. Yoshimura, T.-H. Sung, Z.-E. Nakagawa, T. Nakamura, Preparation of Bi2Sr2CaCu2Ox superconductors from amorphous films by rapid quenching after rapid melting, Jpn. J. Appl. Phys. 27（1988）L1877.

［50］ J.N. Coleman, M. Lotya, A. O'Neill, S.D. Bergin, P.J. King, U. Khan, et al., Two-dimensional nanosheets produced by liquid exfoliation of layered materials, Science 331（2011）568-571.

［51］ J.R. Brent, D.J. Lewis, T. Lorenz, E.A. Lewis, N. Savjani, S.J. Haigh, et al., Tin（II）sulfide（SnS）nanosheets by liquid-phase exfoliation of herzenbergite : IV-VI main group two-dimensional atomic crystals, J. Am. Chem. Society. 137（2015）12689-12696.

［52］ P. Yasaei, B. Kumar, T. Foroozan, C. Wang, M. Asadi, D. Tuschel, et al., High-quality black phosphorus atomic layers by liquid-phase exfoliation, Adv. Mater. 27（2015）1887-1892.

［53］ Y.H. Lee, X.Q. Zhang, W. Zhang, M.T. Chang, C.T. Lin, K.D. Chang, et al., Synthesis of large-area MoS$_2$ atomic layers with chemical vapor deposition, Adv. Mater. 24（2012）2320-2325.

［54］ Z. Cai, B. Liu, X. Zou, H.-M. Cheng, Chemical vapor deposition growth and applications of two-dimensional materials and their heterostructures, Chem. Rev. 118（2018）6091-6133.

［55］ C. Wang, A.-W. Wang, J. Feng, Z. Li, B. Chen, Q.-H. Wu, et al., Hydrothermal preparation of hierarchical MoS$_2$-reduced graphene oxide nanocomposites towards remarkable enhanced visible-light photocatalytic activity, Ceram. Int. 43（2017）2384-2388.

［56］ N.T. Shelke, D.J. Late, Hydrothermal growth of MoSe$_2$ nanoflowers for photo-and humidity sensor applications, Sens. Actuators A : Phys.（2019）.

［57］ X. Li, L. Tao, Z. Chen, H. Fang, X. Li, X. Wang, et al., Graphene and related two-dimensional materials : structure-property relationships for electronics and optoelectronics, Appl. Phys. Rev. 4（2017）021306.

［58］ C. Mattevi, G. Eda, S. Agnoli, S. Miller, K.A. Mkhoyan, O. Celik, et al., Evolution of electrical, chemical, and structural properties of transparent and conducting chemically derived graphene thin films, Adv. Funct. Mater. 19（2009）2577-2583.

［59］ S. Balendhran, S. Walia, H. Nili, S. Sriram, M. Bhaskaran, Elemental analogues of graphene : silicene, germanene, stanene, and phosphorene, Small. 11（2015）640-652.

［60］ L. Liu, Y. Feng, Z. Shen, Structural and electronic properties of h-BN, Phys. Rev. B. 68（2003）104102.

［61］ S. Senapati, R. Shukla, Y.B. Tripathi, A.K. Mahanta, D. Rana, P. Maiti, Engineered cellular uptake and controlled drug delivery using two dimensional nanoparticle and polymer for cancer treatment, Mol. Pharm. 15（2018）679-694.

［62］ D.K. Patel, V. Gupta, A. Dwivedi, S.K. Pandey, V.K. Aswal, D. Rana, et al., Superior biomaterials using diamine modified graphene grafted polyurethane, Polymer. 106（2016）109-119.

［63］ S. Singh, K. Mitra, S. Senapati, R. Singh, Y. Biswas, S.K. Sen Gupta, et al., Water soluble fluorescent grapheme nanodots, Chem. Nano. Mat. 4（2018）1177-1188.

［64］ S. Senapati, D.K. Patel, B. Ray, P. Maiti, Fluorescent-functionalized graphene oxide for selective labeling of tumor cells, J. Biomed. Mater. Res. Part A（2019）.

［65］ D.K. Patel, S. Senapati, P. Mourya, M.M. Singh, V.K. Aswal, B. Ray, et al., Functionalized grapheme tagged polyurethanes for corrosion inhibitor and sustained drug delivery, ACS Biomater. Sci. Eng. 3（2017）3351–3363.

［66］ L. Qiu, D. Liu, Y. Wang, C. Cheng, K. Zhou, J. Ding, et al., Mechanically robust, electrically conductive and stimuli–responsive binary network hydrogels enabled by superelastic graphene aerogels, Adv. Mater. 26（2014）3333–3337.

［67］ A. Paul, A. Hasan, H.A. Kindi, A.K. Gaharwar, V.T. Rao, M. Nikkhah, et al., Injectable graphene oxide/ hydrogel–based angiogenic gene delivery system for vasculogenesis and cardiac repair, ACS Nano. 8（2014）8050–8062.

［68］ M.S. Mannoor, H. Tao, J.D. Clayton, A. Sengupta, D.L. Kaplan, R.R. Naik, et al., Graphene–based wireless bacteria detection on tooth enamel, Nat. Commun. 3（2012）763.

［69］ S. Senapati, A.K. Mahanta, S. Kumar, P. Maiti, Controlled drug delivery vehicles for cancer treatment and their performnce, Signal. Transduct. Target. Therapy. 3（2018）7.

［70］ S. Kumar, A.P. Singh, S. Senapati, P. Maiti, Controlling drug delivery using nanosheet–embedded electrospun fibers for efficient tumor treatment, ACS Appl. Bio Mater. 2（2019）884–894.

［71］ A.K. Mahanta, S. Senapati, P. Paliwal, S. Krishnamurthy, S. Hemalatha, P. Maiti, Nanoparticle–induced controlled drug delivery using chitosan–based hydrogel and scaffold : application to bone regeneration, Mol. Pharm. 16（2018）327–338.

［72］ S. Senapati, R. Thakur, S.P. Verma, S. Duggal, D.P. Mishra, P. Das, et al., Layered double hydroxides as effective carrier for anticancer drugs and tailoring of release rate through interlayer anions, J. Control. Release. 224（2016）186–198.

［73］ A.K. Gaharwar, N.A. Peppas, A. Khademhosseini, Nanocomposite hydrogels for biomedical applications, Biotechnol. Bioeng. 111（2014）441–453.

［74］ A.K. Gaharwar, R.K. Avery, A. Assmann, A. Paul, G.H. McKinley, A. Khademhosseini, et al., Shear–thinning nanocomposite hydrogels for the treatment of hemorrhage, ACS Nano. 8（2014）9833–9842.

［75］ Y. Chen, D. Ye, M. Wu, H. Chen, L. Zhang, J. Shi, et al., Break–up of two–dimensional MnO$_2$ nanosheets promotes ultrasensitive pH–triggered theranostics of cancer, Adv. Mater. 26（2014）7019–7026.

［76］ Y. Zhao, C. Wei, X. Chen, J. Liu, Q. Yu, Y. Liu, et al., Drug delivery system based on near–infrared lightresponsive molybdenum disulfide nanosheets controls the high–efficiency release of dexamethasone to inhibit inflammation and treat osteoarthritis, ACS Appl. Mater. Interfaces 11（2019）11587–11601.

［77］ H. Lin, Y. Wang, S. Gao, Y. Chen, J. Shi, Theranostic 2D tantalum carbide（MXene）, Adv. Mater. 30（2018）1703284.

［78］ M. Naguib, V.N. Mochalin, M.W. Barsoum, Y. Gogotsi, 25th anniversary article : MXenes : a new family of two–dimensional materials, Adv. Mater. 26（2014）992–1005.